全国中等职业学校机械类专业通用教材
全国技工院校机械类专业通用教材（中级技能层级）

机修钳工技能训练

（第四版）

人力资源社会保障部教材办公室组织编写

中国劳动社会保障出版社

简介

本书主要内容包括：基础知识及技能，划线，钳工常用加工方法，孔与螺纹加工，钳工辅助加工，装配与维修基础知识，固定连接的装配与修理，传动机构的装配与修理，轴承与轴组的装配与修理，机床导轨的检测与修理，卧式车床主要部件的装配与调整，卧式车床修理工艺，机械设备保养和中级技能考核训练。

本书由李书伟主编，李丽、王世杰、樊金磊、张军、杜文忠、于仲寒、王磊、王建、焦红军、郭向阳、杨子锋参加编写；赵孔祥、戴国东审稿，赵孔祥主审。

图书在版编目（CIP）数据

机修钳工技能训练 / 人力资源社会保障部教材办公室组织编写 . -- 4 版 . -- 北京：中国劳动社会保障出版社，2020

全国中等职业学校机械类专业通用教材　全国技工院校机械类专业通用教材 . 中级技能层级

ISBN 978-7-5167-4564-9

Ⅰ . ①机…　Ⅱ . ①人…　Ⅲ . ①机修钳工 – 中等专业学校 – 教材　Ⅳ . ①TG947

中国版本图书馆 CIP 数据核字（2020）第 128116 号

中国劳动社会保障出版社出版发行

（北京市惠新东街 1 号　邮政编码：100029）

*

三河市潮河印业有限公司印刷装订　　新华书店经销

787 毫米 ×1092 毫米　16 开本　19 印张　446 千字

2020 年 8 月第 4 版　　2025 年 1 月第 5 次印刷

定价：36.00 元

营销中心电话：400-606-6496

出版社网址：http: //www.class.com.cn

http: //jg.class.com.cn

前言

为了更好地适应全国技工院校机械类专业的教学要求，全面提升教学质量，人力资源社会保障部教材办公室组织有关学校的一线教师和行业、企业专家，在充分调研企业生产和学校教学情况、广泛听取教师对教材使用反馈意见的基础上，对全国技工院校机械类专业通用教材中所包含的车工、钳工、机修钳工、铣工、焊工、冷作工、机床加工等工艺学、技能训练教材进行了修订。

本次教材修订工作的重点主要体现在以下几个方面：

第一，合理更新教材内容。

根据机械类专业毕业生所从事岗位的实际需要和教学实际情况的变化，合理确定学生应具备的能力与知识结构，对部分教材内容及其深度、难度做了适当调整；根据相关专业领域的最新发展，在教材中充实新知识、新技术、新设备、新材料等方面的内容，体现教材的先进性；采用最新国家技术标准，使教材更加科学和规范。

第二，紧密衔接国家职业技能标准要求。

教材编写以国家职业技能标准《车工（2018 年版）》《钳工（2020 年版）》《铣工（2018 年版）》《焊工（2018 年版）》等为依据，涵盖国家职业技能标准（中级）的知识和技能要求，并在与教材配套的习题册、技能训练图册中增加了针对相关职业技能鉴定考试的练习题。

第三，精心设计教材形式。

在教材内容的呈现形式上，尽可能使用图片、实物照片和表格等形式将知识点生动地展示出来，力求让学生更直观地理解和掌握所学内容。针对不同的知识点，设计了许多贴近实际的互动栏目，在激发学生学习兴趣和自主学习积极性的同时，使教材“易教易学，易懂易用”。在教材插图的制作中采用了立体造型技术，同时部分教材在印刷工艺上采用了四色印刷，增强了教材的表现力。

第四，引入“互联网+”技术，进一步做好教学服务工作。

在《车工工艺学（第六版）》《车工技能训练（第六版）》《钳工工艺学（第六版）》等教材中使用了增强现实（AR）技术。学生在移动终端上安装App，扫描教材中带有AR图标的页面，可以对呈现的立体模型进行缩放、旋转、剖切等操作，以及观察模型的运动和拆分动画，便于更直观、细致地探究机构的内部结构和工作原理，还可以浏览相关视频、图片、文本等拓展资料。在部分教材中使用了二维码技术，针对教材中的教学重点和难点制作了动画、视频、微课等多媒体资源，学生使用移动终端扫描二维码即可在线观看相应内容。

本套教材中的工艺学教材配有习题册，技能训练教材配有技能训练图册。另外，还配有方便教师上课使用的电子课件，电子课件和习题册答案可通过技工教育网（http://jg.class.com.cn）下载。

本次教材的修订工作得到了辽宁、江苏、浙江、山东、河南等省人力资源和社会保障厅及有关学校的大力支持，在此我们表示诚挚的谢意。

人力资源社会保障部教材办公室

2020年8月

目录

第一单元

基础知识及技能

本单元主要学习游标卡尺、千分尺、游标万能角度尺和塞尺等量具的使用及测量方法。

本单元内容要边讲边练，熟悉所用量具的结构、使用方法及注意事项。通过技能训练，能正确使用这些量具对工件进行测量，并能准确读数。

课题一　机修钳工入门知识

在各项技能训练过程中，要把安全学习放在首位，必须始终贯彻“预防为主、安全第一”的安全生产方针。在生产过程中必须严格遵守安全操作规程，以防各类事故的发生。通过学习，了解机修钳工实习场地、设备和操作中常用的工具、夹具、量具、刃具等，掌握安全文明生产常识及“6S”管理的含义、内容及要求，并将其应用到整个实习中，以达到提高素质的目的。

<table>
<tr><th>作业名称</th><th>作业要点</th><th>工艺装备</th></tr>
<tr><td>1. 安全文明生产常识
2.“6S”管理
3. 常用设备操作及保养</td><td>1. 重点进行安全学习
2. 掌握“6S”管理，并贯穿到整个实习中
3. 了解常用工具、夹具、量具、刃具及设备</td><td>钳工工作台、常用工具及设备</td></tr>
<tr><th colspan="3">操作项目及要点</th></tr>
<tr><td colspan="3">1. 安全文明生产常识
（1）工作前按要求穿戴好防护用品。如使用电动工具须戴绝缘手套、穿胶鞋；使用手持照明灯时，电压不得高于 36 V</td></tr>
</table>

操作项目及要点
（2）不准擅自使用不熟悉的机床、工具、量具 （3）工作时常用的工具、夹具、量具应放在工作位置附近，并按一定规律合理摆放，以便随时取用；用后应及时保养并放回原处存放，严禁乱堆乱放 （4）不得用嘴吹或手直接拉、擦切屑 （5）设备修理前，在制定修理方案的同时应制定相应的安全措施。首先检查电源、气源是否断开。设备与动力线未切断时禁止检修。切断电源、气源后，必须在开关处挂“不准合闸”“不准合气”的警示牌 （6）多人作业时，要统一指挥、密切配合、动作协调、注意安全 （7）拆卸下来的零、部件应尽量放在一起，并按规定存放，不要乱丢乱放 （8）起吊和搬运重物时，应遵守起重工安全操作规程 （9）高空作业时必须戴安全帽，系安全带。不准上下投递工具和零件。心脏病、高血压患者禁止高空作业 （10）试运转设备前，要检查电源连接是否正确，各部分手柄、行程开关、撞块等是否灵敏可靠，传动系统的安全防护装置是否齐全，确认无误后方可接通电源试运转 **2.“6S”管理** （1）“6S”管理的含义 “6S”管理是优化现场管理的主要方法之一。“6S”管理是生产现场整理（Seiri）、整顿（Seiton）、清扫（Seiso）、清洁（Seiketsu）、素养（Shitsuke）、安全（Security）六项活动的统称 （2）“6S”管理的内容与要求 1）整理。区分要与不要的东西，现场不需要的东西坚决清除，做到生产现场无不用之物。通过整理，可以有效地提高场地的利用率，使行道通畅，消除混乱 整理是对停滞物的管理，重点是区分要与不要，在每个人的工位上，上下左右，在每台设备（包括工具箱）的周围，进行彻底搜寻，不需要的东西，坚决、果断地清理出现场 2）整顿。把必要的东西依规定位置摆放整齐，并加以标识，使用时随时能找到，减少寻找时间。现场整齐，一目了然，没有不安全因素，没有“跑、冒、滴、漏”现象 整顿是对整理后需要的东西进行整顿。其要点是：需要的东西定置摆放，能做到过目知数，用完的物品归还原位，工装器具要按类别、规格摆放整齐；其核心是每个人都参加整顿，在整顿过程中遵守各种管理规范，人人遵守且坚持，为提高工作效率打下基础 3）清扫。将生产和工作现场的灰尘、油污、垃圾清除干净，提高设备以及工装夹具的清洁度和润滑度，保证生产或工作现场地面整洁、干净。其要点是：每个人要把自己用的东西清扫干净，不是单靠清洁工来完成，清扫的目的就是要使生产时弄脏的现场恢复干净 4）清洁。整理、整顿、清扫这三项的坚持与深入就是清洁，还包括对人体有害的油、尘、噪声、有毒气体的根除。其要点是：坚持和保持，不搞突击。清洁可以美化现场，保证现场作业人员愉快地工作，消除灾害发生的根源

操作项目及要点

5）素养。培养现场作业人员执行作业、遵守现场规章制度的习惯和作风，提高人员的素质。这是“6S”管理的核心。没有人员素质的提高，“6S”管理不能顺利开展，即使开展了也不能坚持。因此“6S”管理要始终着眼于提高人员的素质

6）安全。重视安全教育，每时每刻都要有安全第一的观念，每个人都必须按安全操作规程作业，防患于未然。其目的是：建立安全的生产环境，所有的工作都应在保证安全的前提下开展

（3）“6S”管理与现场管理

“6S”管理的目的就是不断地改善现场，使现场环境和人员的心情处于最佳状态

1）将“6S”管理纳入岗位责任制。要使每一部门、每一个人员都有明确的岗位责任和工作标准。下面两表分别为某钳工车间的每日清扫内容和周末清扫内容实例

每日清扫实例

项目 / 内容 / 人员	地面	机床	工具	工位器具	铁屑
操作人员	清扫自己活动区地面	按设备日保养和日清扫标准执行	处理无用刀具，定位放好使用过的工具、量具、刀具和夹具	小车按规定放好	将工作区的铁屑清扫入铁屑箱
清扫人员	清扫各行走干道		把清扫工具放在自己的休息室	运铁屑车辆放置在固定位置	将铁屑箱内铁屑清除干净
辅助人员	保证车间地面清洁		使用的工具不随意放在现场		

每周清扫实例

项目 / 内容 / 人员	地面	机床	工具	工位器具	铁屑
操作人员	清扫自己活动区地面	按设备周清扫标准执行	做日清扫事项，擦洗管理点架，整理工具箱内部	小车按规定放好	彻底清除设备周围铁屑
清扫人员	清扫各主干道		把清扫工具放在自己的休息室	运铁屑车辆放置在固定位置	将铁屑箱内铁屑清除干净
辅助人员	清查现场有无自己负责的无用品。如有则清除	配合操作者进行设备保养	使用的工具不随意放在现场		

操作项目及要点

2）严格执行检查、评比、考核制度。检查、评比、考核是保证“6S”管理能坚持且不断改进的重要措施，必须严格执行。检查、考核的方法可以多种多样，应根据各单位的实际条件进行

评比可分为四个等级：4分—良好—绿色；3分—中等—蓝色；2分—及格—黄色（黄牌警告）；1分—差—红色（停工整顿）；将评比的结果及时公布，如图1–1所示

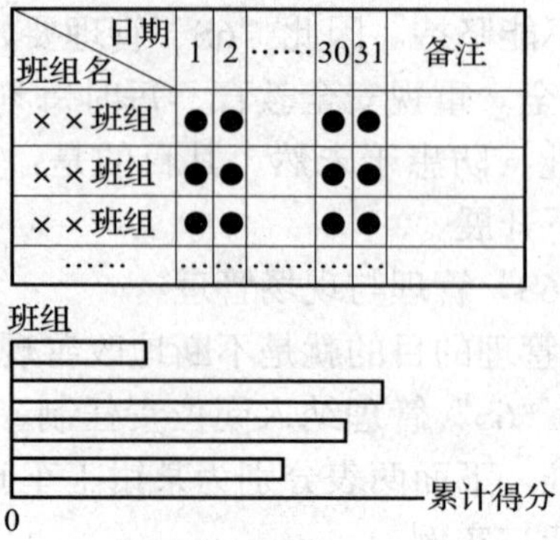

图表说明：

牌上的●分为绿、蓝、黄、红四种颜色

图1–1 “6S”管理评比牌格式

“6S”管理需要不懈地坚持，不断地改善和循环。其循环是以素养和安全为中心，并始终围绕着素养和安全的不断提高而不停地进行运转，因此在开展“6S”管理中，一定要紧紧抓住这个中心不放，如图1–2所示

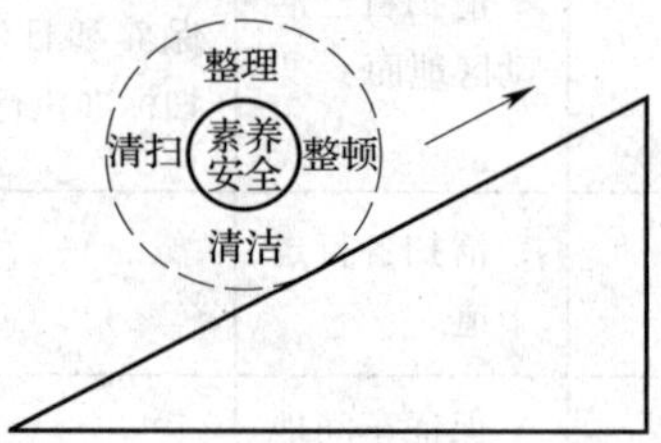

图1–2 “6S”循环

3. 常用设备操作及保养

（1）钳工工作台（见图1–3）

钳工工作台用来安装台虎钳和存放钳工常用工具、夹具、量具等。工具、夹具、量具应摆放整齐，以方便取用

图1–3 钳工工作台

操作项目及要点

（2）台虎钳

台虎钳是用来夹持工件的通用夹具，其规格用钳口宽度来表示，常用规格有 100 mm、125 mm、150 mm 等。台虎钳有固定式和回转式两种（见图 1–4）。两者不同之处是回转式可在底座上回转，因此使用方便，应用范围广。了解台虎钳的结构和各手柄的作用后可进行工件夹紧、松开及回转盘的回转、固定等基本动作训练，并学会台虎钳的日常保养

（3）砂轮机（见图 1–5）

砂轮机是用来刃磨各种刀具、工具的常用设备。使用时应严格遵守以下安全操作规程：

1）砂轮旋转方向要正确，只能使磨屑向下飞离砂轮

2）砂轮机启动后，应在砂轮旋转平稳后再进行磨削。若砂轮跳动明显，应及时停机修整

3）砂轮机托架和砂轮之间的距离应保持在 3 mm 以内，以防工件扎入而造成事故

4）磨削时，操作者应站在砂轮机的侧面，且用力不宜过大

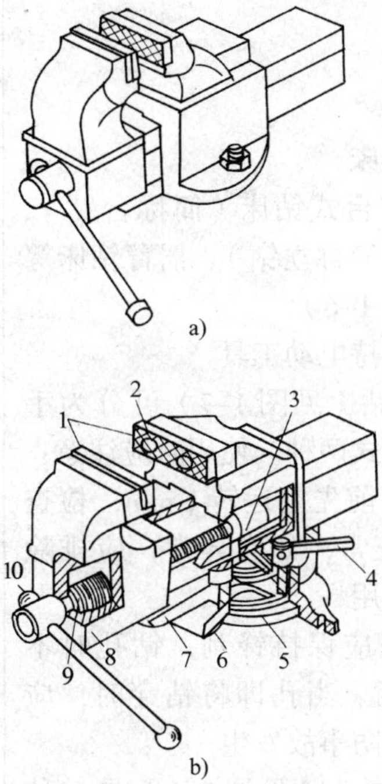

图 1–4　台虎钳

a）固定式　b）回转式

1—钳口　2—螺钉　3—螺母

4、10—手柄　5—夹紧盘　6—转盘座

7—固定钳身　8—活动钳身　9—丝杠

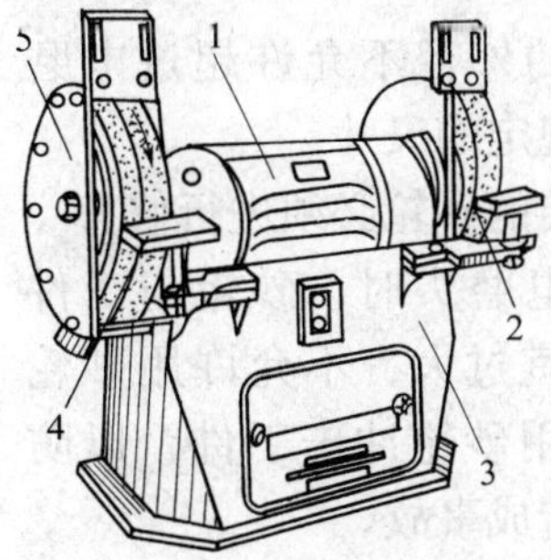

图 1–5　砂轮机

1—电动机　2—砂轮　3—砂轮机座

4—托架　5—防护罩

操作项目及要点

（4）钻床

钻床有台式钻床（简称台钻）、立式钻床（简称立钻）、摇臂钻床等类型（见图 1–6）

（5）手持电动工具

1）电钻（见图 1–7）可分为手枪式和手提式两种。使用时应注意：

①使用前先空运转 1 min，检查转动是否正常；如有异常，应排除故障后再使用

②钻头应保持锋利，钻孔时不宜用力过猛。当孔即将钻穿时，应减小压力以防事故发生

2）电磨头（见图 1–8）是一种高速磨削工具。使用时应注意：

①使用前先空运转 3 min，检查其传动及响声是否正常；如有异常的振动或噪声，应排除故障后再使用

②砂轮的外径不允许超过电磨头铭牌上所规定的尺寸

③新安装的砂轮必须进行修整

④使用电磨头时，砂轮与工件的接触力不宜过大，不允许用砂轮猛压工件或用砂轮冲击工件，以防砂轮爆裂而造成事故

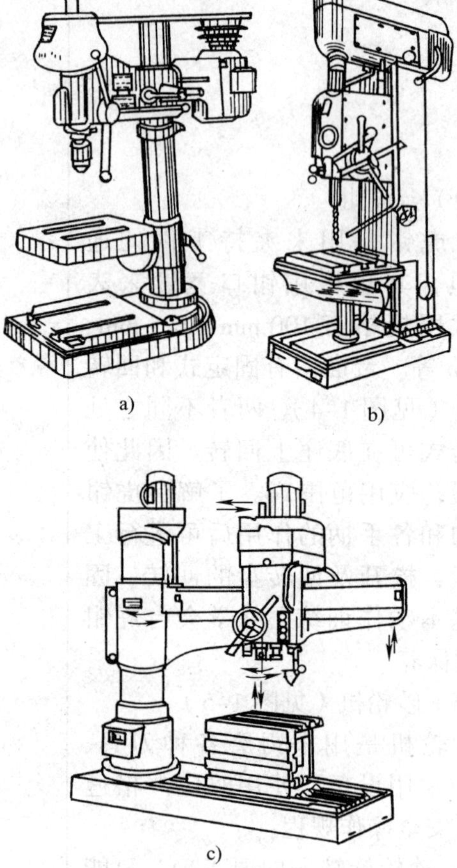

图 1–6　钻床

a）台式钻床　b）立式钻床　c）摇臂钻床

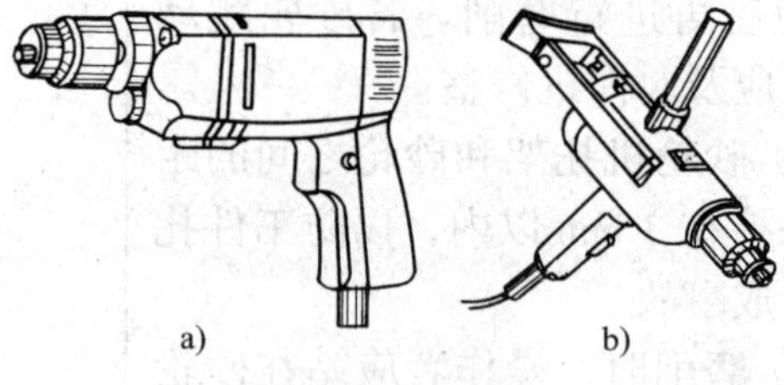

图 1–7　电钻

a）手枪式　b）手提式

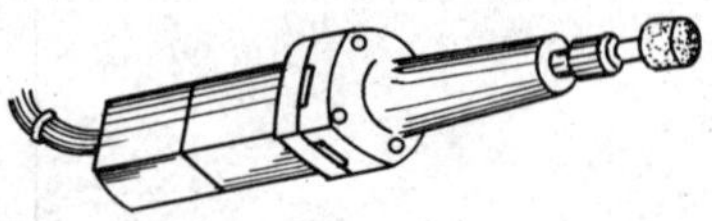

图 1–8　电磨头

课题二　机修钳工常用量具及测量

本课题主要学习机修钳工常用量具及其测量方法。通过技能训练，掌握游标卡尺、千分尺的使用及测量方法；了解其他一般量具的使用方法。

作业 1

作业名称	作业要点	工艺装备
游标卡尺的使用	1. 掌握游标卡尺的使用方法 2. 使用游标卡尺的注意事项	1. 游标卡尺 2. 测量外形尺寸用的工件 3. 测量槽宽和孔径尺寸用的工件

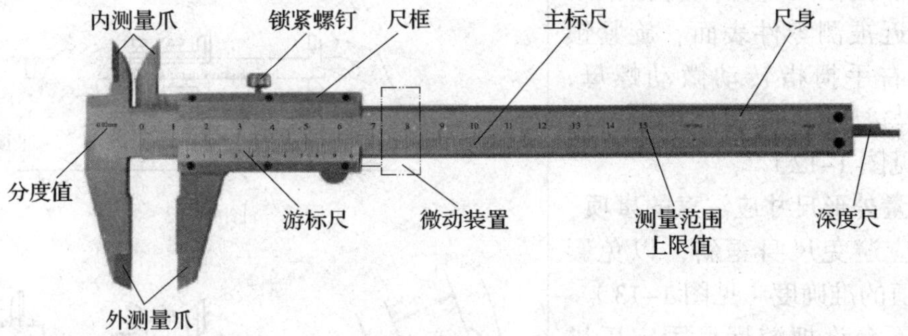

图 1-9　游标卡尺

操作项目及要点

1. 游标卡尺测量工件前的检查步骤

（1）放松制动螺钉

（2）将量爪测量面及尺身擦干净

（3）合拢量爪，透光检查两测量面间有无间隙

（4）在合拢量爪的情况下，检查刻线的零线是否对齐（见图 1-10）。零线不对齐的游标卡尺不允许使用

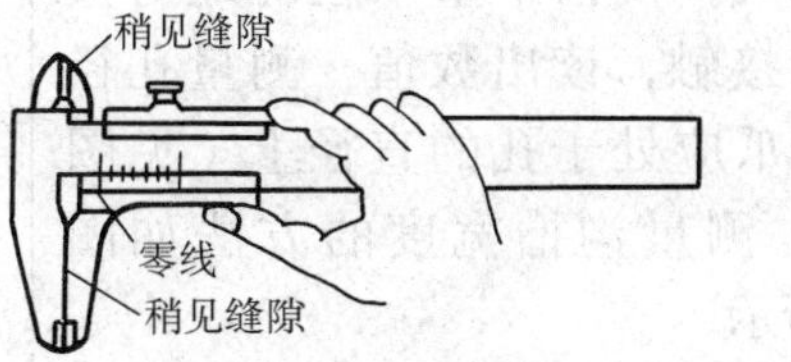

图 1-10

操作项目及要点	
2. 测量外形尺寸 （1）测量外形尺寸小的工件时，左手拿工件，右手握尺，量爪张开略大于被测工件尺寸，用右手拇指慢慢推动游标尺，使两量爪轻轻地与被测零件表面接触，读出尺寸数值（见图 1–11） （2）测量外形尺寸较大的工件时，应将工件放在平板或工作台面上，两手操作卡尺，左手握住尺身左端，右手握住尺身并用拇指推动游标尺靠近被测零件表面。旋紧锁紧螺钉，右手拇指转动微动螺母，使两量爪与被测零件表面接触，读出数值（见图 1–12） **3. 测量外形尺寸应注意的事项** （1）应避免尺身歪斜，以免影响测量数值的准确度（见图 1–13） （2）不允许把游标尺固定后进行测量，以免损坏量爪（见图 1–14） **4. 测量槽宽和孔径** （1）测量槽宽和孔径较小的工件时，量爪张开应略小于被测工件尺寸，然后用右手拇指慢慢拉动游标尺，使两个量爪轻轻地与被测表面接触，读出数值。测量孔径时，量爪应处于孔的直径上（见图 1–15）。测量沟槽宽度的方法如图 1–16 所示	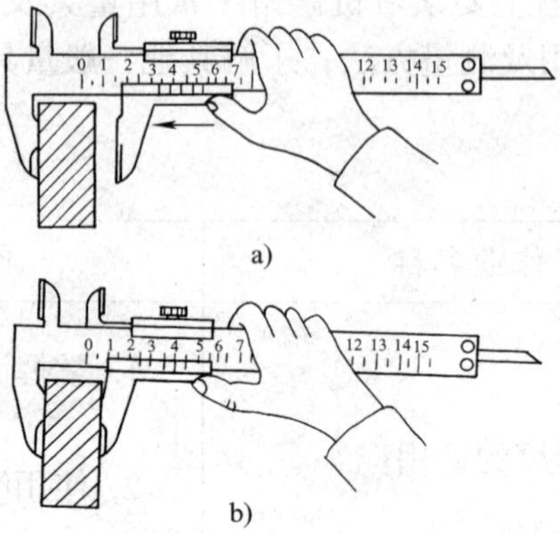 图 1–11 a）推动游标尺　b）轻轻接触零件表面 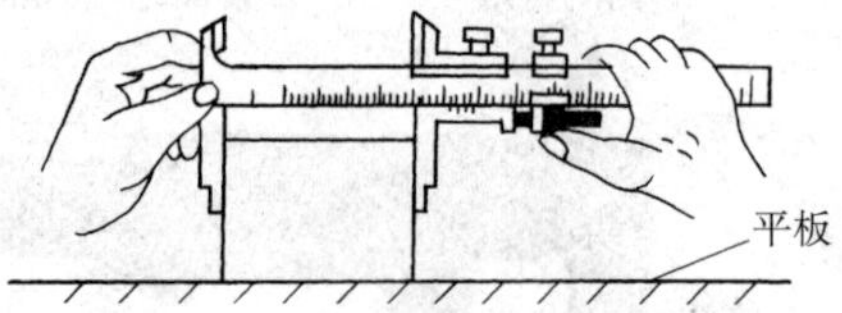 图 1–12 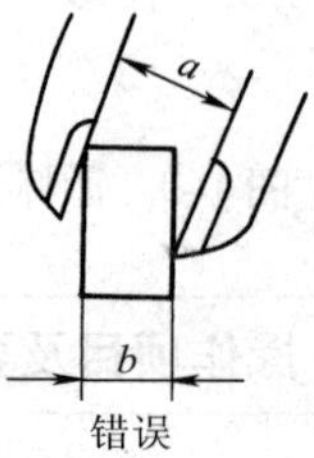 图 1–13 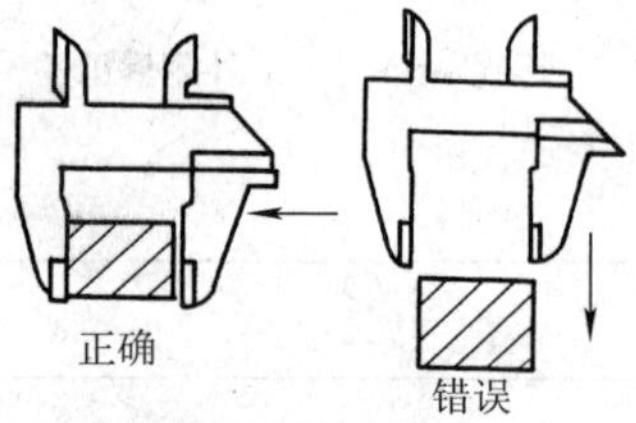 图 1–14 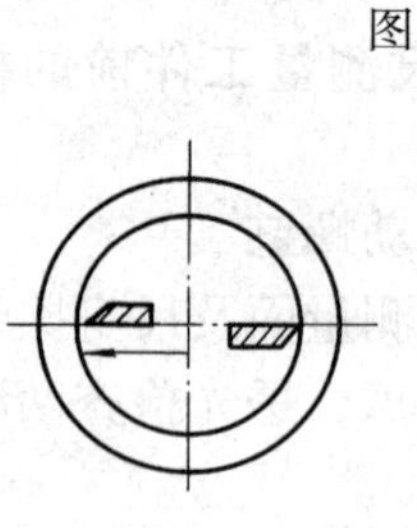 图 1–15

操作项目及要点

（2）测量槽宽和孔径尺寸较大的工件时，应将工件放在平板或工作台上，双手操作卡尺，用卡尺带圆弧的外测量爪测量，测量后的读数应加上量爪 10 mm 的宽度尺寸（见图 1–17）。测量时，尺身应垂直于被测表面，用右手拉动游标尺，接近工件被测表面，旋紧锁紧螺钉，右手拇指轻转微动螺母使量爪和被测表面接触，轻轻摆动一下卡尺（前后方向），使量爪处于槽的宽度或孔的直径部位，读出数值

5. 测量槽宽和孔径时应注意的事项

（1）测量槽宽时，应避免尺身歪斜，防止测量数值不准确

（2）测量孔径时，除避免尺身歪斜外，还应注意量爪一定要在孔的直径位置处（见图 1–18）

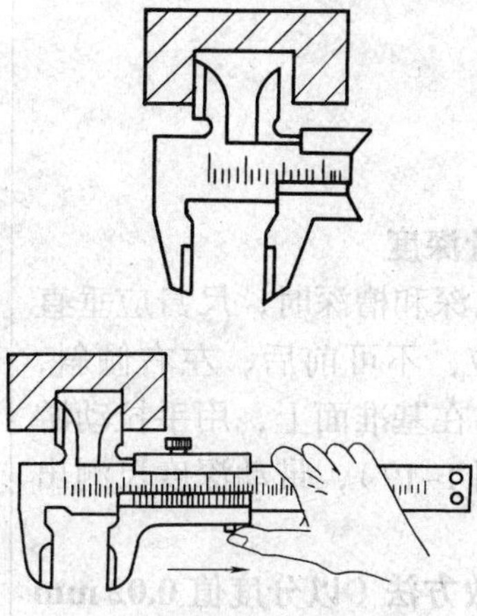

图 1-16

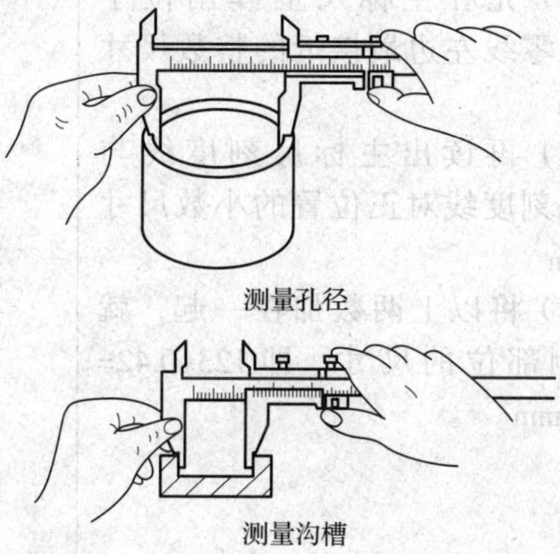

图 1–17

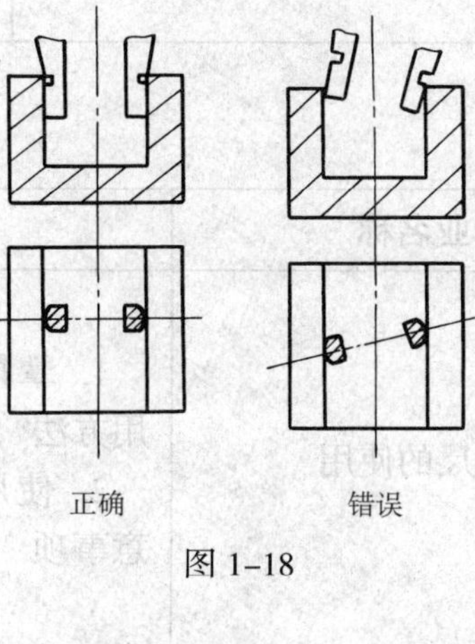

图 1–18

操作项目及要点	
6. 测量深度 测量孔深和槽深时，尺身应垂直于被测部位，不可前后、左右倾斜，尺身端部靠在基准面上，用手拉动游标尺（见图 1–19），带动深度尺测出尺寸 **7. 读数方法（以分度值 0.02 mm 的游标卡尺为例，见图 1–20）** （1）先在主标尺上读出位于游标尺零线左边最接近的整数尺寸 123 mm （2）再读出主标尺刻度线与游标尺刻度线对正位置的小数尺寸 0.42 mm （3）将以上两数加在一起，就是被测部位的尺寸，即 123+0.42=123.42 mm	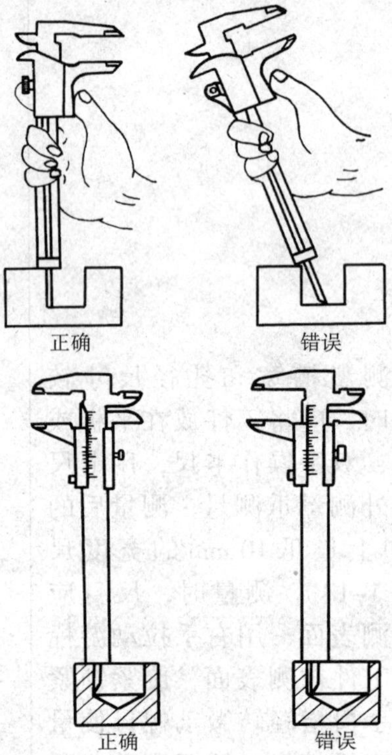 图 1–19 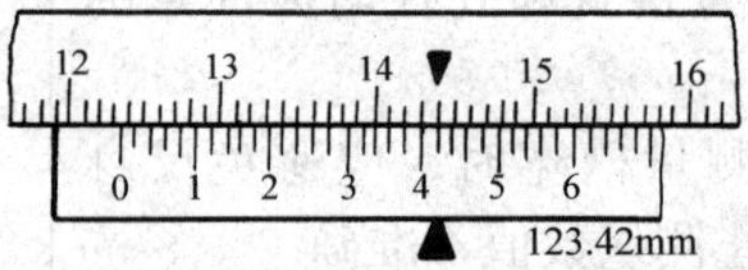 图 1–20

作业 2

作业名称	作业要点	工艺装备
外径千分尺的使用	1. 掌握外径千分尺的使用方法 2. 使用外径千分尺的注意事项	1. 外径千分尺 2. 测量用的矩形、圆柱形工件

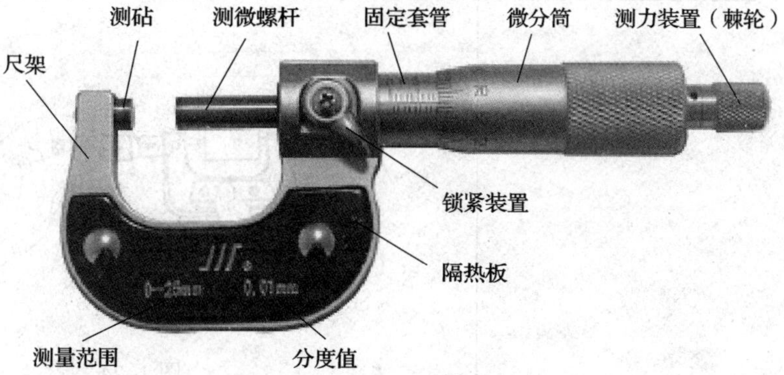

图 1–21　外径千分尺

操作项目及要点

1. 零位检查方法

（1）测量前，应先擦净测砧和测微螺杆端面，校正外径千分尺零位的正确性（见图 1–22）

（2）测量范围为 25 ~ 50 mm、50 ~ 75 mm、75 ~ 100 mm 的外径千分尺可通过校对量杆校正零位（见图 1–23）

（3）如两零线不重合，可将固定套管上的锁紧螺钉松动，用专用扳手调节固定套管的位置，使两零线重合，再把锁紧螺钉拧紧

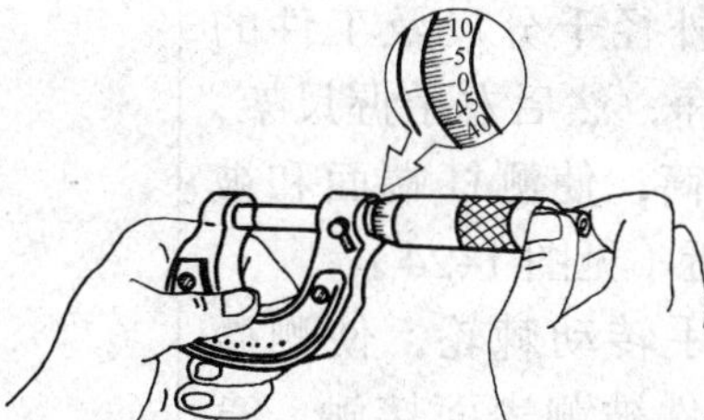

图 1–22

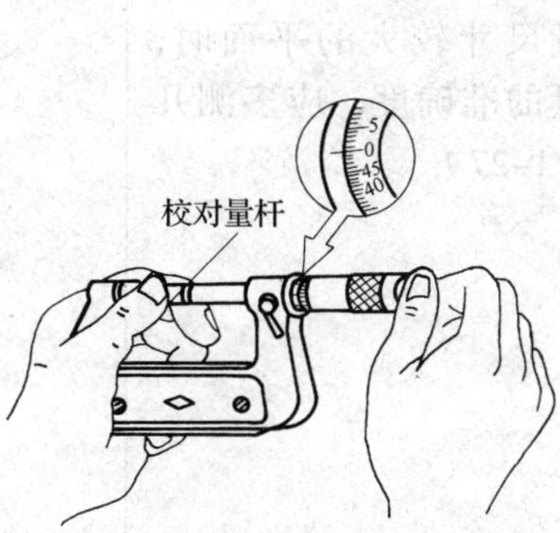

图 1–23

操作项目及要点

2. 使用方法

（1）选用与零件尺寸相适应的外径千分尺。如预估被测零件的基本尺寸大于 50 mm，则应选用测量范围为 50 ~ 75 mm 的外径千分尺

（2）先将外径千分尺及工件的测量表面擦干净，然后左手握尺架，右手转动微分筒，使测杆端面和被测工件表面接近（见图 1–24）

（3）用右手转动棘轮，使测微螺杆端面和工件被测表面接触，直到棘轮发出响声为止，读出数值（见图 1–25）

（4）测量外径时，测微螺杆轴线应通过工件直径（见图 1–26）

（5）测量尺寸较大的平面时，为了保证测量的准确度，应多测几个部位（见图 1–27）

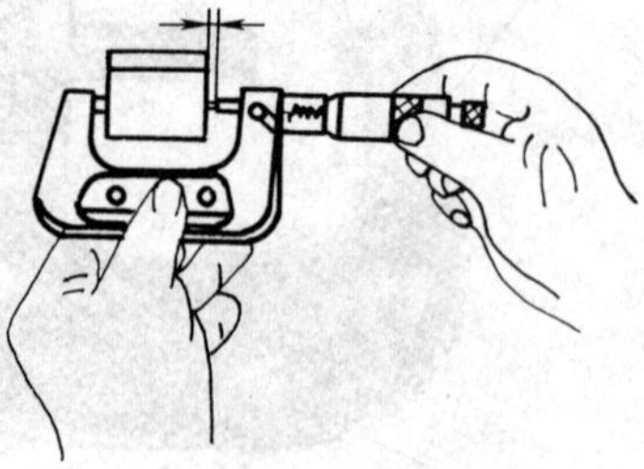

图 1–24

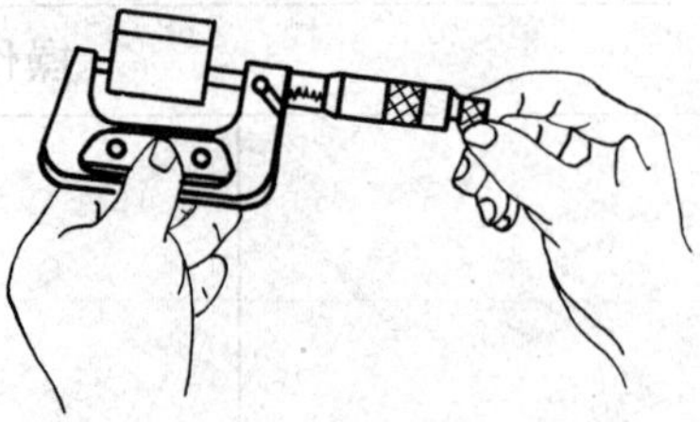

图 1–25

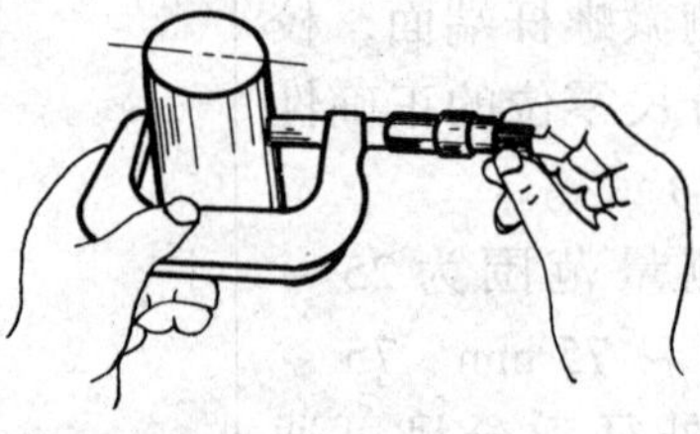

图 1–26

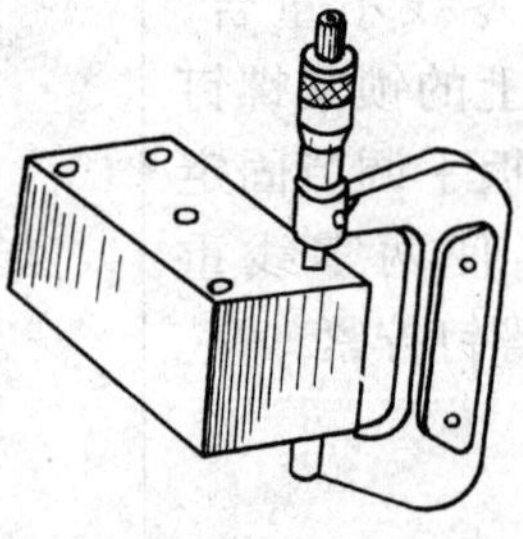

图 1–27

操作项目及要点

（6）测量小型工件时，可以用左手握工件，右手单独操作（见图1–28）

（7）测量结束后，应反向转动微分筒，使测微螺杆端面离开被测表面，再将外径千分尺退出（见图1–29）

（8）不允许使用外径千分尺测量工件的粗糙表面（见图1–30）

3. 读数方法（见图1–31）

（1）先在固定套管上读出与微分筒相邻近的整毫米或半毫米数

（2）再找出微分筒上和固定套管上的基准线对齐的刻线，乘以外径千分尺的分度值（0.01 mm），读出0.5 mm以下的小数尺寸

（3）将以上两个数值加在一起就是被测部位的尺寸

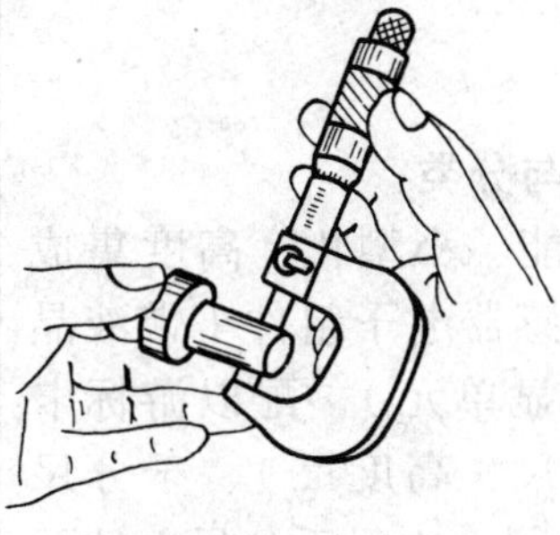

图 1–28

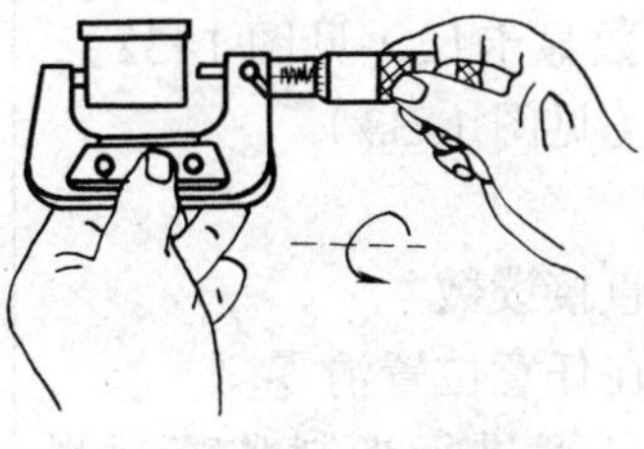

图 1–29

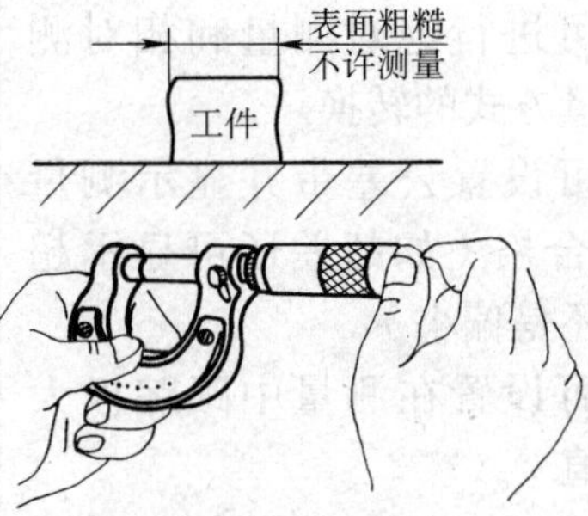

图 1–30

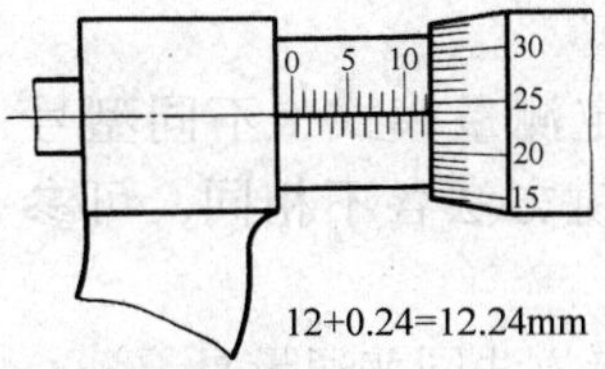

图 1–31

作业3

作业名称	作业要点	工艺装备
数显量具的使用	了解数显量具的类型、特点及使用	数显卡尺、数显千分尺

操作项目及要点

1. 组成与分类

以多功能、小型化、高度集成化的容栅传感器电子组件（带液晶显示器的数显单元），配以游标卡尺（含深度尺、高度尺）、千分尺（含外径千分尺、内径千分尺）这两大类普通量具的机械部分组件，形成了相应的数显卡尺（见图 1–32）、数显千分尺（见图 1–33）

2. 特点

（1）可直接读数

（2）可在任意位置清零

（3）可任意进行米制和英制测量数值转换

（4）可进行绝对测量和相对测量两种测量方式的转换

（5）可设置公差带并显示测量结果是否合格（如超差还可显示超差是偏大还是偏小）

（6）可设置在测量中跟踪极大值或极小值

（7）可瞬时锁定测量数据（适用于不便读数情况下）

3. 使用

（1）设定测量模式（不同型号数显量具按键方法各不相同，可参阅其说明书）

（2）测量方法同普通量具

（3）从显示器上直接读取结果

4. 用数显量具进行测量

对用游标卡尺、外径千分尺测量过的零件，用数显量具再测量一次

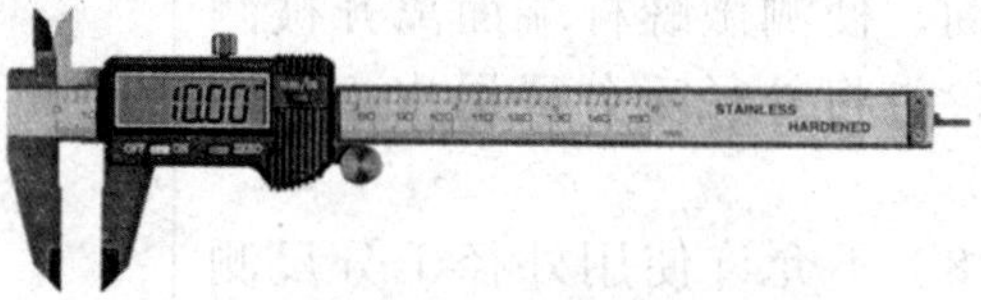

图 1–32　数显卡尺

图 1–33　数显千分尺

作业 4

作业名称	作业要点	工艺装备
游标万能角度尺的使用	掌握游标万能角度尺的使用方法	1. 游标万能角度尺 2. 外圆锥工件及其他角度工件

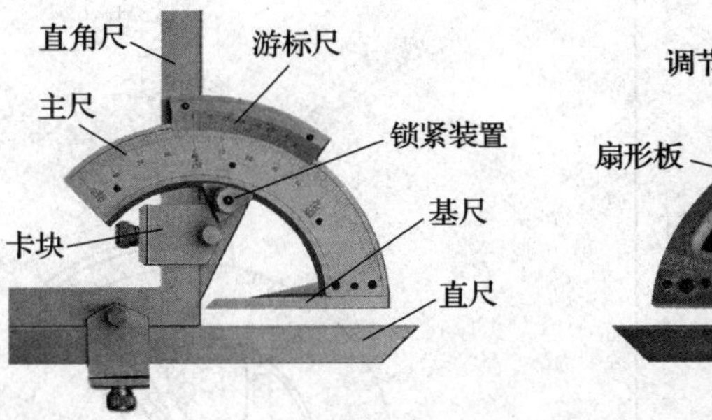

图 1–34　游标万能角度尺

操作项目及要点

1. 读数方法

游标万能角度尺的读数方法与游标卡尺相似，即先从主尺上读出游标尺“0”标记前的整度数，然后在游标尺上读出分的数值（格数 × 2′），最后两者相加就是测量角度的值。如图 1–35 所示，角度值为 10° +52′ =10° 52′

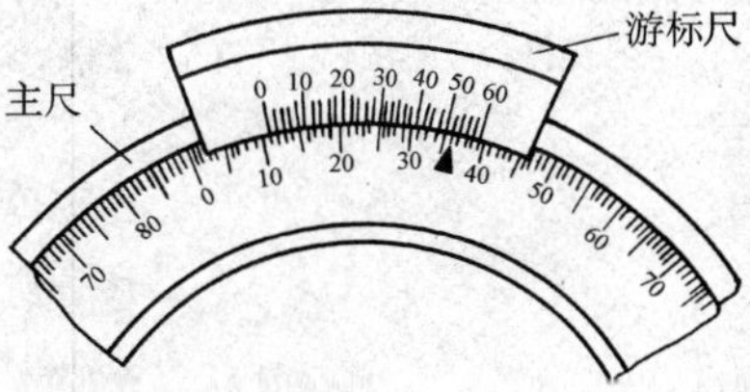

图 1–35

2. 测量工件的方法

（1）测量 0° ~ 50° 的外角度时，装上直角尺和直尺（见图 1–36）

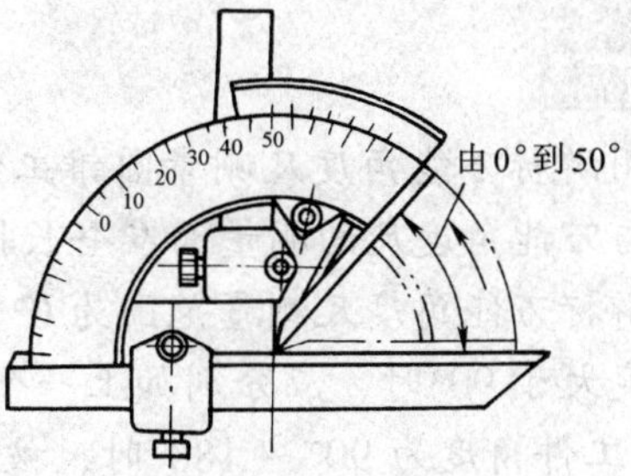

图 1–36

操作项目及要点

（2）测量 50° ~ 140° 的外角度时只装直尺（见图 1–37）

（3）测量 140° ~ 230° 的角度时只装直角尺（见图 1–38）

（4）测量 230° ~ 320° 的角度时拆下直角尺和直尺（见图 1–39）

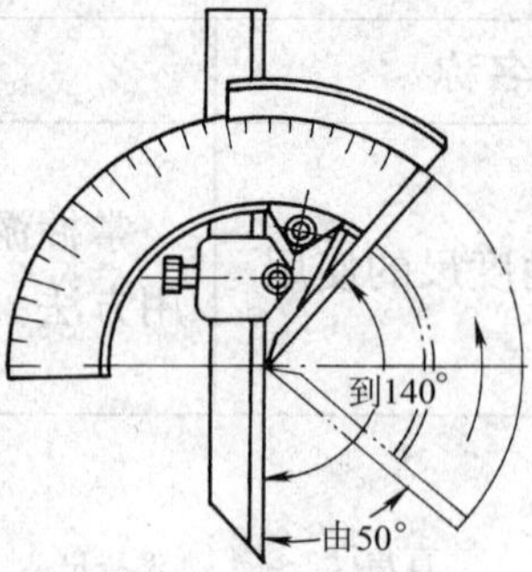

图 1–37

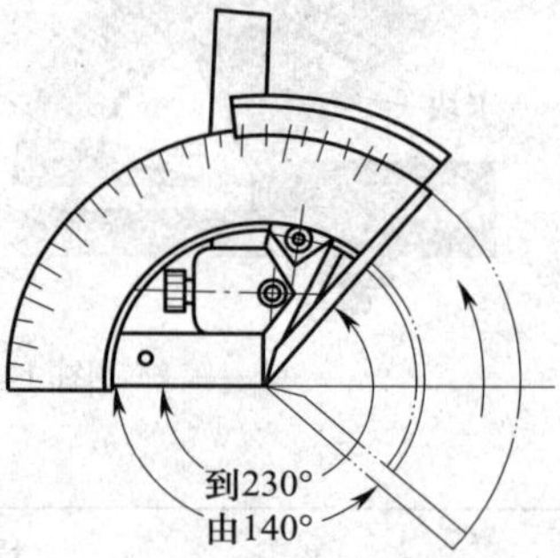

图 1–38

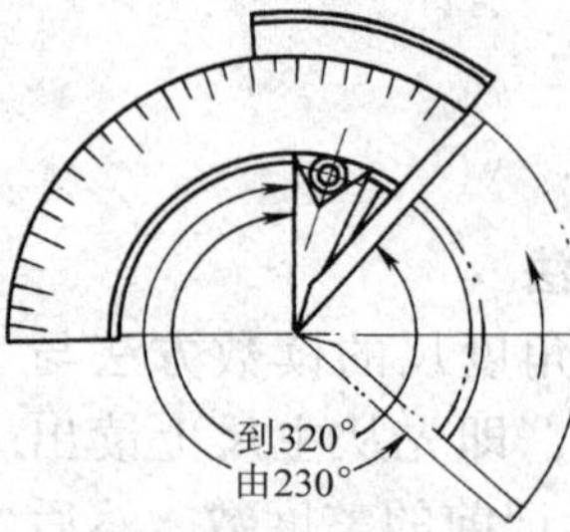

图 1–39

注意事项

（1）用游标万能角度尺测量圆锥工件角度时，应使基尺与工件锥体的母线方向一致，且工件应与万能角度尺的测量面在全长接触良好，避免误差（见图 1–40）

（2）游标万能角度尺测量范围为 0° ~ 320°，而主尺上的基本角度刻线只有 0° ~ 90°，如测量角度大于 90° 时，应分别加上一个基数（90°、180°、270°）

1）当工件角度为 90° ~ 180° 时，被测角度 =90° + 角度尺读数（见图 1–41）

2）当工件角度为 180° ~ 270° 时，被测角度 =180° + 角度尺读数（见图 1–42）

3）当工件角度为 270° ~ 320° 时，被测角度 =270° + 角度尺读数

操作项目及要点

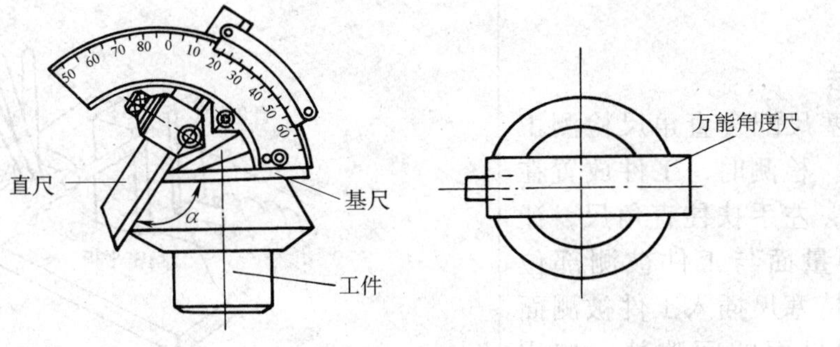

图 1–40

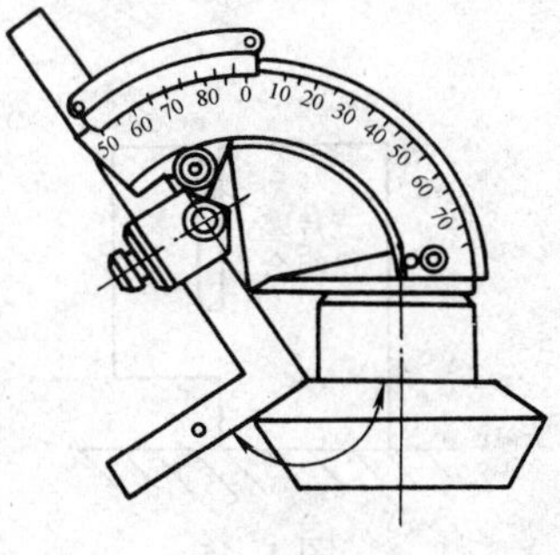

图 1–41

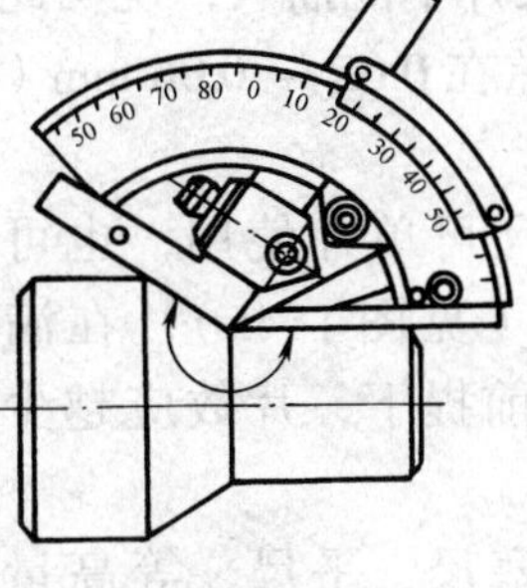

图 1–42

作业 5

作业名称	作业要点	工艺装备
塞尺的使用	掌握塞尺的使用方法	1. 塞尺 2. 测量用工件

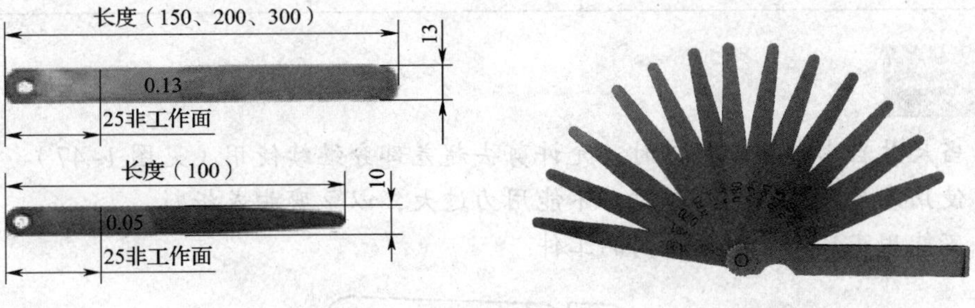

a)　　b)

图 1–43　塞尺

a）单片塞尺　b）成组塞尺

操作项目及要点

使用方法

（1）用塞尺配合直角尺检测工件的垂直度。检测时，工件放置在精密平板上，左手扶住直角尺，让直角尺的测量面与工件被测部位接触，右手持塞尺插入工件被测面与直角尺测量面的间隙处。如用 0.05 mm 的塞尺尺片能插入，而用 0.06 mm 的尺片不能插入，说明此工件垂直度误差在 0.05 ~ 0.06 mm（见图 1–44）

（2）塞尺可单片使用，也可多片重叠使用（见图 1–45），在满足所需尺寸的前提下，片数应越少越好

（3）用塞尺、平尺、等高量块（视情况）配合检测工作台台面的平面度时，应将工作台台面、平尺擦干净，再将平尺放到台面被检测部位（如需要可垫上等高量块），然后将需要的塞尺尺片塞入有间隙的部位。根据手感，可更换尺片，最后测出台面的平面度误差（见图 1–46）

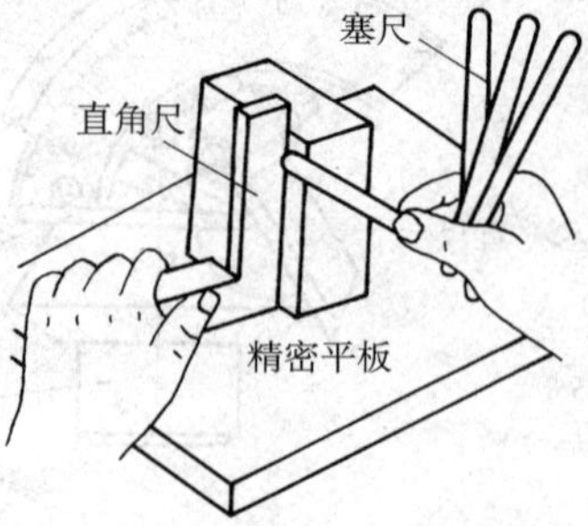

图 1–44

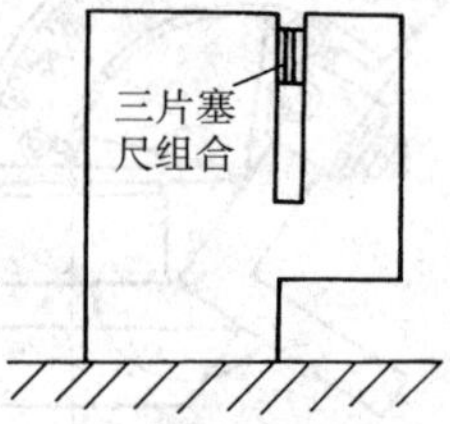

图 1–45

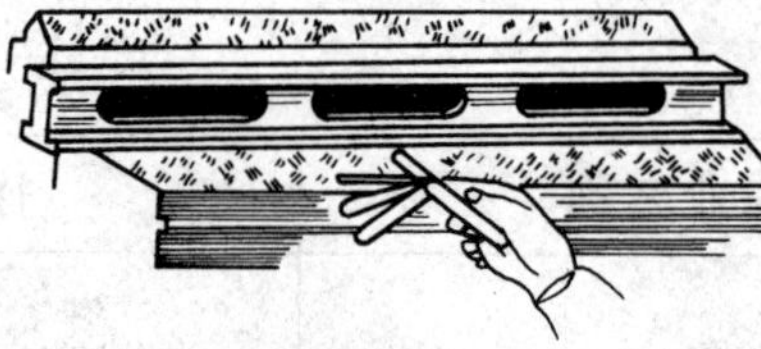

图 1–46

注意事项

（1）当尺片自由端前部超差时，允许剪去超差部分继续使用（见图 1–47）

（2）使用塞尺尺片测量工件时，不能用力过大，以免弯曲或折断

（3）不能用塞尺测量温度较高的工件

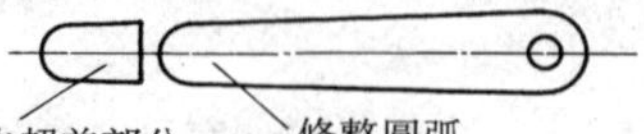

图 1–47

第二单元

划　　线

本单元主要学习划线工具及其使用、等分圆周的方法、划线借料的方法以及平面划线、简单立体划线的方法等内容。

本单元的重点是划线工具的使用和平面、立体划线的方法。通过技能训练，熟悉各种划线工具的使用方法，掌握对不同工件进行平面划线和对简单工件立体划线的技能。

课题一　相关工艺知识

本课题主要学习划线工具及其使用、用分度头等分圆周及划线借料等内容。通过技能训练掌握使用各种划线工具对一般工件进行划线的技能。

作业 1

作业名称	作业要点	工艺装备
划线工具及其使用	正确使用各种划线工具	下述各种划线工具
操作项目及要点		
1. 划线平板（见图 2–1） （1）划线平板用铸铁制成，表面经过精刨或刮削加工，其工作表面是划线及检测的基准 （2）划线平板一般放置在支架上，并应使工作表面处于水平状态 （3）划线平板工作表面应保持清洁。工件和工具在划线平板上都	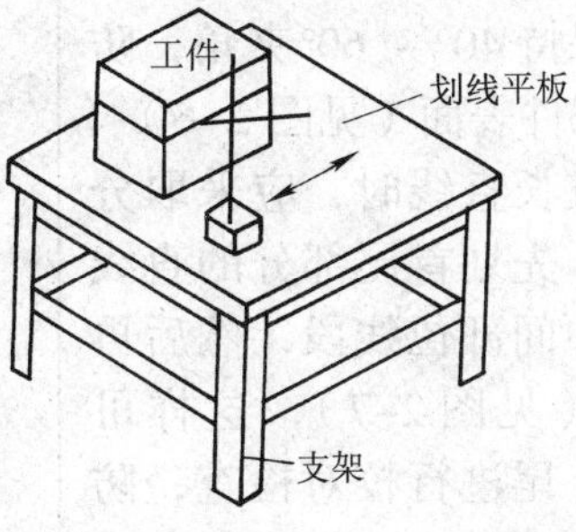 图 2–1	

操作项目及要点

要轻拿、轻放，避免损伤平板工作面。划线平板用后要擦拭干净，并涂上润滑油防锈

2. 划针

（1）划针用 $\phi3\sim\phi6$ mm 弹簧钢丝或高速钢制成，尖端磨成 15° ~ 20°（见图 2–2），并经淬火使之硬化。有的划针在尖端部位焊有硬质合金，耐磨性更好

（2）划线时，划针尖端要靠紧导向工具的边缘，上部向外侧倾斜 15° ~ 20°，沿划线方向倾斜 45° ~ 75°（见图 2–3）

（3）针尖要保持尖锐。划线要尽量一次完成，使划出的线条既清晰又准确。不用时，划针应套上塑料管，妥善保管

3. 划线盘（见图 2–4）

（1）划针的直头一端（焊有高速钢或硬质合金）用于划线，弯头一端用于工件安装时位置的找正

（2）用划线盘划线时，划针应尽量处于水平位置，不宜倾斜太大（见图 2–5），划针伸出部分尽量短些，并牢固夹紧，防止产生振动及尺寸变化

（3）划线盘在划线移动时，盘座底面应始终与划线平板台面贴紧（见图 2–5）

（4）划线时，划针（沿划线方向）与工件保持 40° ~ 60°夹角，防止划针扎入工件表面（见图 2–6）

（5）划较长直线时，应采取分段连接划法。先划首尾部分的直线线段，再划中间部位线段，然后再连接各线段（见图 2–7），这样可对各段的首、尾进行校对检查，防止划线出现误差

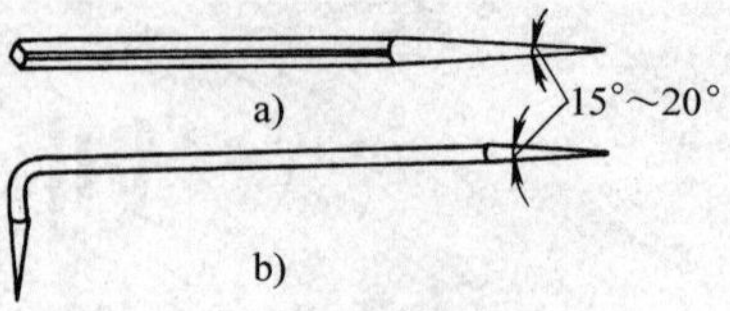

图 2–2

a）高速钢直划针　b）钢丝弯头划针

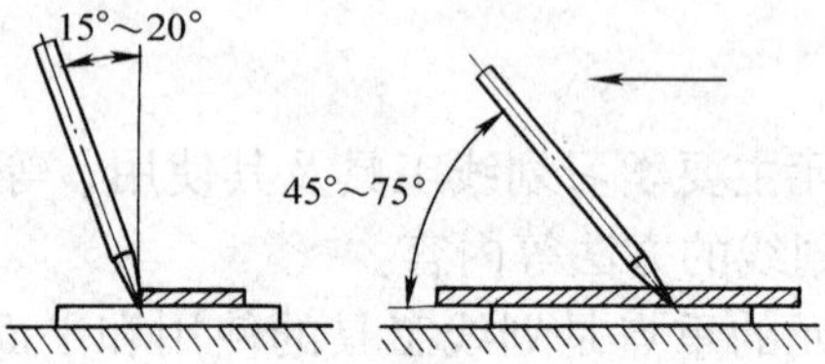

图 2–3

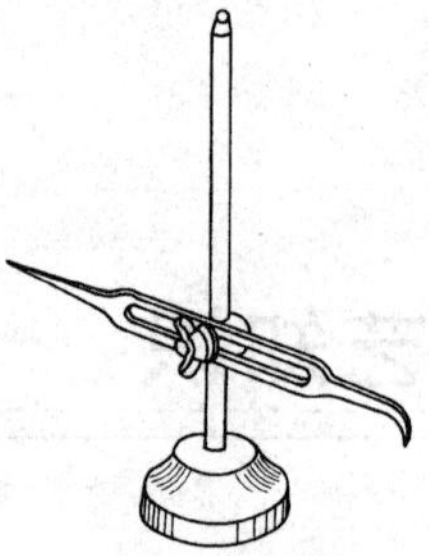

图 2–4

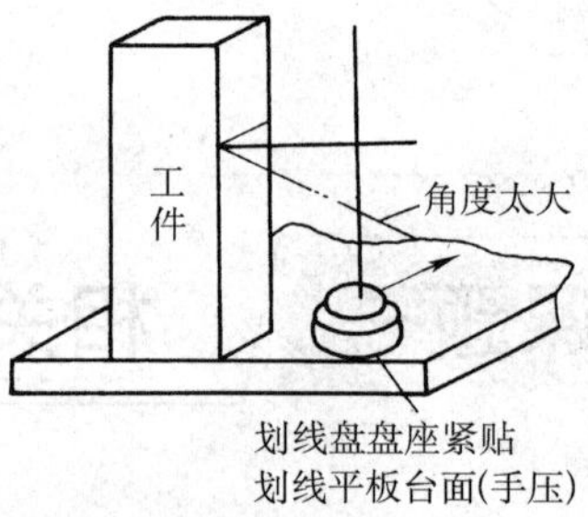

图 2–5

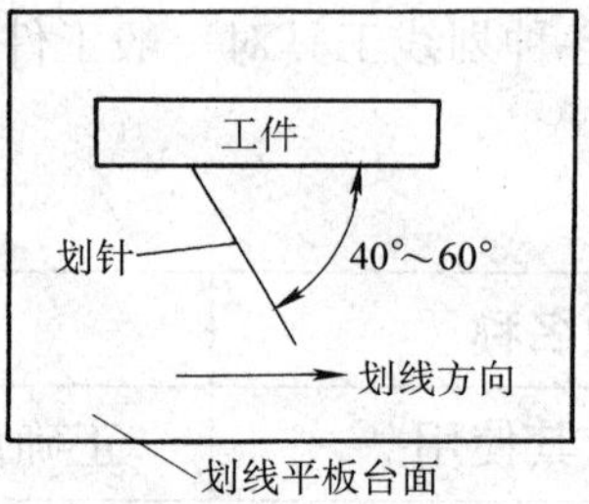

图 2–6

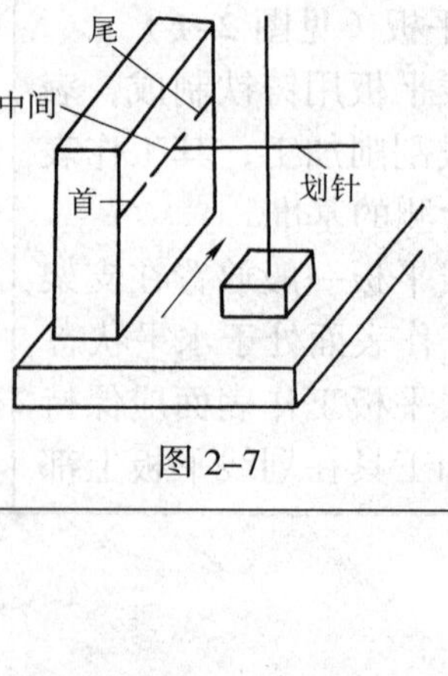

图 2–7

操作项目及要点

4. 划规

（1）划规用中碳钢或工具钢制成，两脚经热处理淬硬。划规的类型如图 2–8 所示

（2）划规用来划圆和圆弧、等分线段、等分角度以及量取尺寸等。划圆及圆弧时，应将压力作用到作为圆心的一脚，以防中心滑移（见图 2–9）

（3）用划规量取尺寸时，应沿钢直尺重复量取数次，以减少误差（见图 2–10）

（4）使用前应检查划规脚尖有无损坏，划规的两脚长短要磨得稍有不同，而且两脚合拢时脚尖能靠紧，并保持脚尖尖锐

5. 样冲

（1）样冲一般用工具钢制成，尖端处淬硬，其顶尖角度在用于加强界线标记时约为 40°，用于钻孔定中心时约为 60°

（2）打样冲眼开始时，样冲向外倾斜（见图 2–11a），使样冲尖端对正线的交点，然后直立样冲，用小锤子打击样冲顶部（见图 2–11b）。薄壁零件要轻打，粗糙表面要重打，精加工过的表面禁止打样冲眼

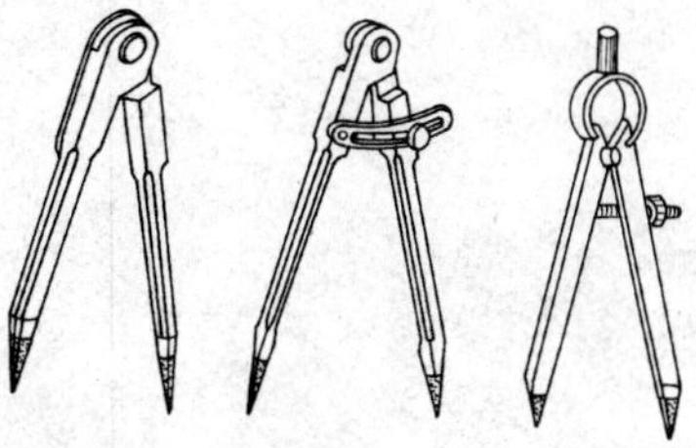

图 2–8

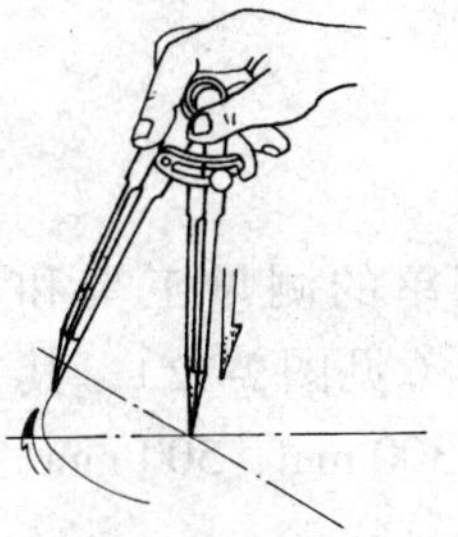

图 2–9

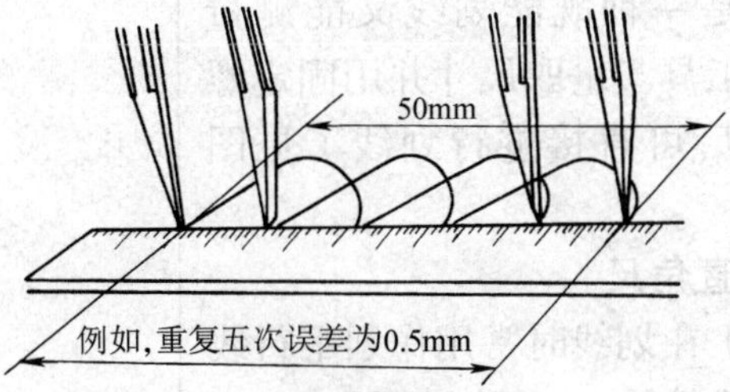

图 2–10

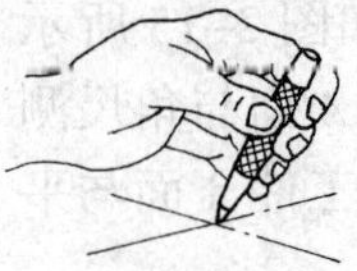

a)

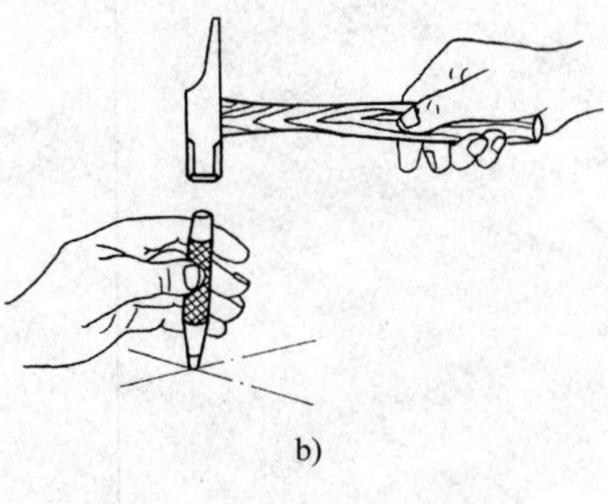

b)

图 2–11

a）向外倾斜　b）打击顶部

操作项目及要点

6. 钢直尺

它是一种简单的测量工具和划线的导向工具（见图2-12），其规格有150 mm、300 mm、500 mm、1 000 mm等几种

7. 游标高度尺

它是一种既能划线又能测量高度的工具。量取尺寸并用固定螺钉紧固后可直接进行划线（见图2–13）

8. 直角尺

（1）在划线时常用作划平行线或垂直线的导向工具（见图2–14）

（2）可用来找正工件在划线平板上的垂直位置。如图2–15所示调整千斤顶，使工件*A*面与角尺测量面贴合，从而保证工件*A*面与平板垂直

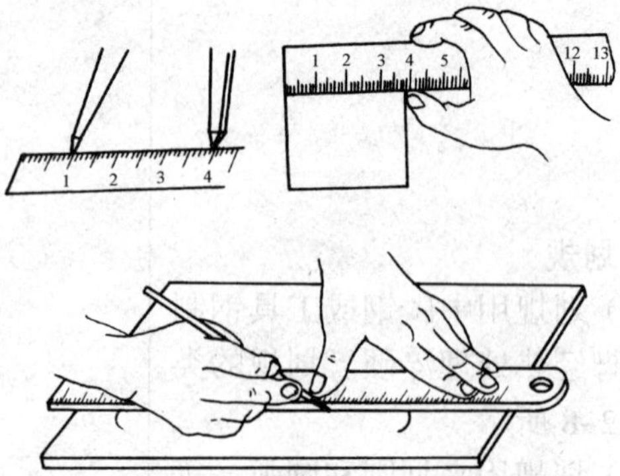

图2–12

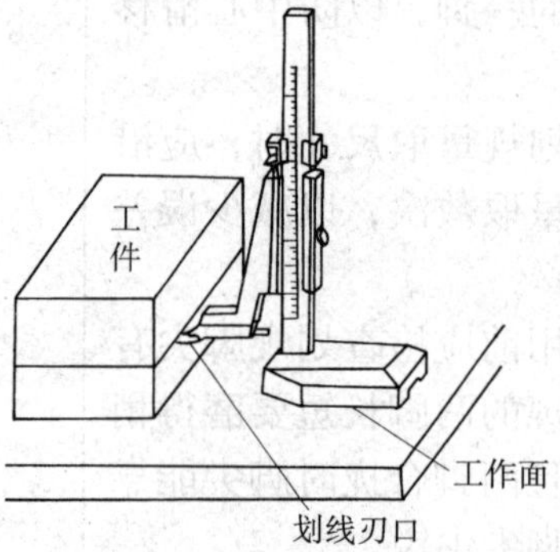

图2–13

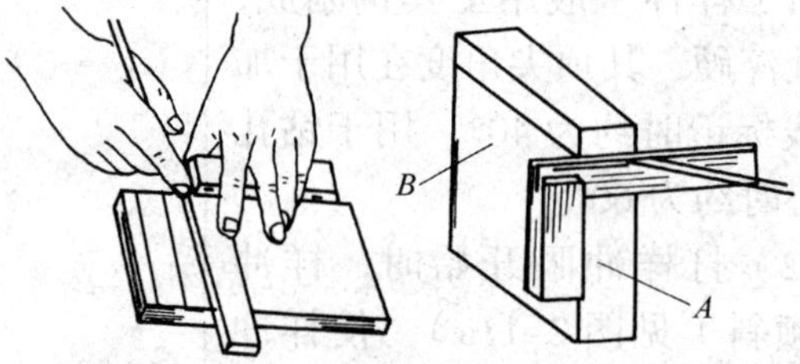

图2–14

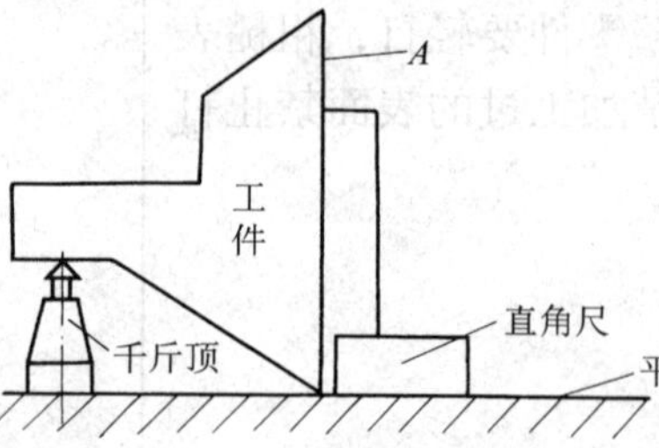

图2–15

操作项目及要点	
9. 游标万能角度尺 除测量角度、锥度之外，还可作为划线工具划出角度线（见图2–16）	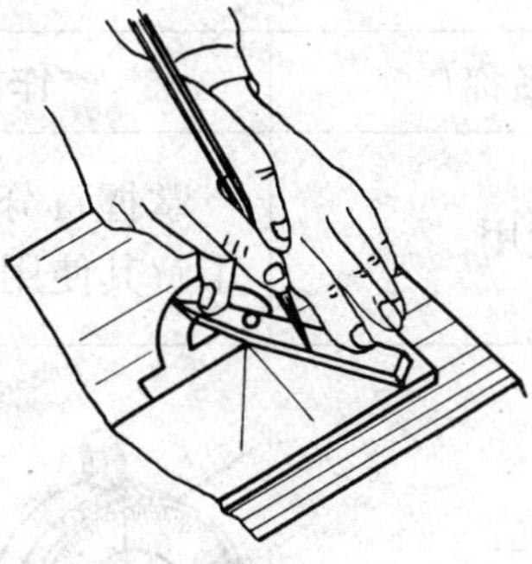 图 2–16

10. 支撑夹持工件的工具

支撑夹持工件的工具有垫铁、V形架、角铁、方箱和千斤顶等（见图2–17至图2–21）

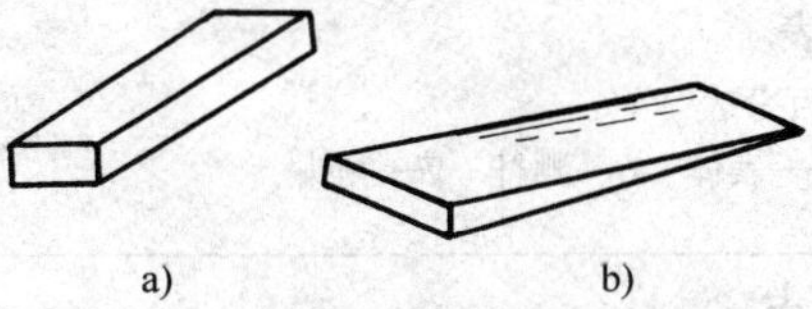

图 2–17 垫铁

a）平垫铁 b）斜垫铁

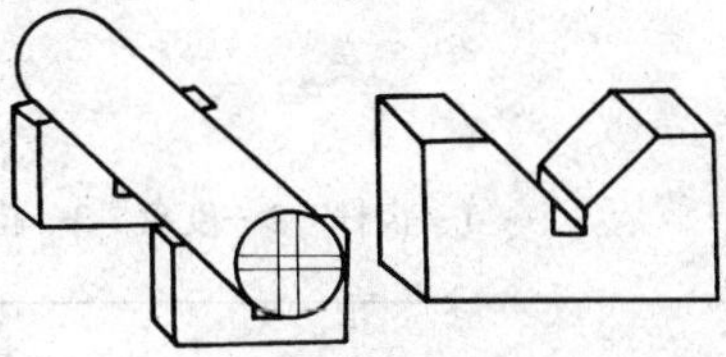

图 2–18 V形架

图 2–19 角铁

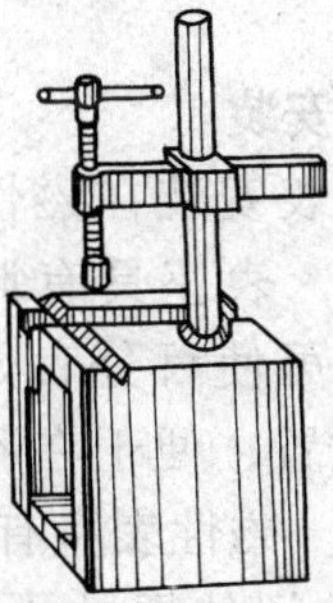

图 2–20 方箱

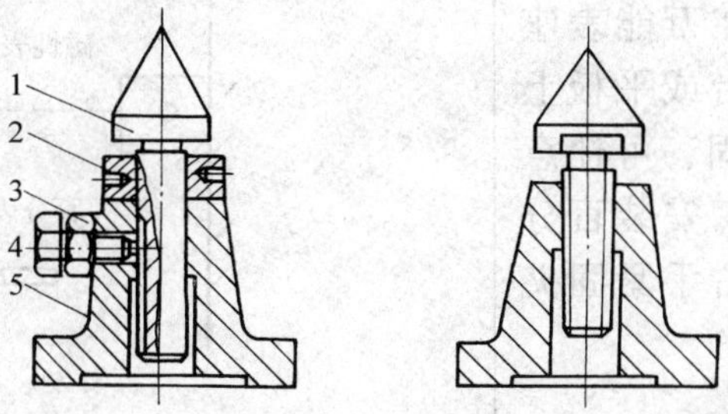

图 2–21 千斤顶

1—顶尖 2—螺母 3—锁紧螺母 4—螺钉 5—基体

作业 2

作业名称	作业要点	工艺装备
百分表的使用	掌握百分表的使用方法，了解其使用注意事项	1. 百分表 2. 表座及有关测量工具

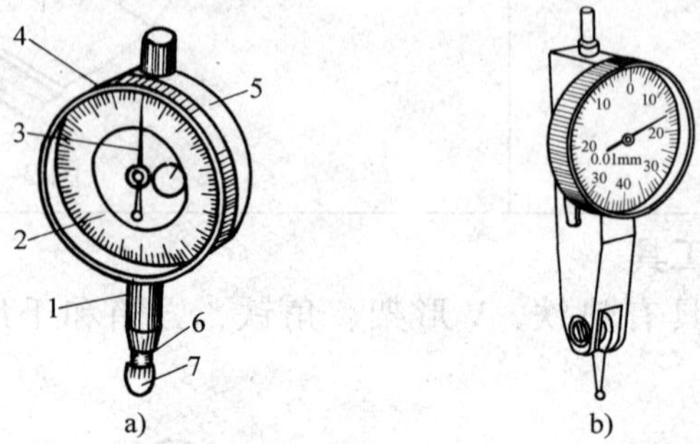

图 2–22　百分表

a）百分表　b）杠杆百分表

1—齿杆　2—度盘　3—指针　4—表圈　5—表体　6—测杆　7—测头

操作项目及要点

1. 百分表的安装

（1）将百分表安装在磁性表座上（见图 2–23），表座具有调节装置，通过调整，可使百分表处于任何方向和任何位置，便于在不同的情况下进行测量。磁性表座有吸力，可固定在任何空间位置的平面上，使用方便（见图 2–24）

（2）将百分表安装在万能表座上，多用于在机床工作台或平板上检测工件，具有装夹牢固、可任意调整、测量方便的特点。安装百分表时，左手扶住表杆，右手紧固夹紧螺母（见图 2–25）

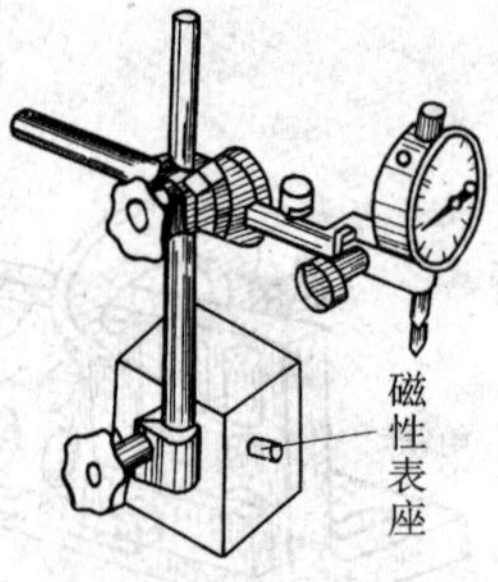

图 2–23

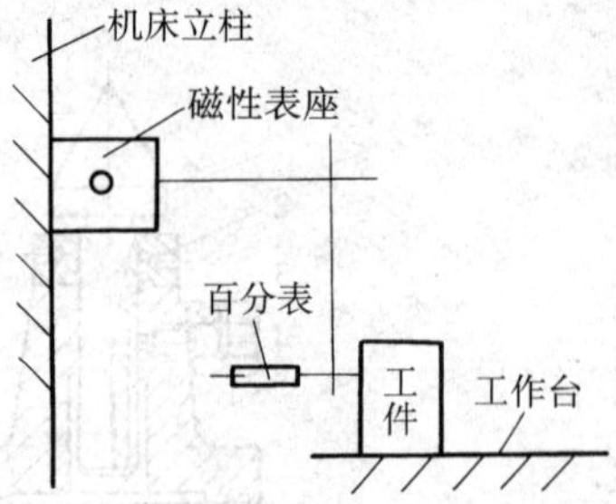

图 2–24

操作项目及要点	
（3）安装百分表时，测杆应垂直于被测表面（见图 2–26） （4）杠杆百分表安装在专用表座上，旋松紧固螺钉 4，百分表可在表杆上上下移动，使用表座 5，可在平板上移动测量（见图 2–27） （5）装夹杠杆百分表时，杠杆测头轴线最好平行于被测表面，如需要倾斜角度时，倾斜的角度越小，测量越精确（见图 2–28）	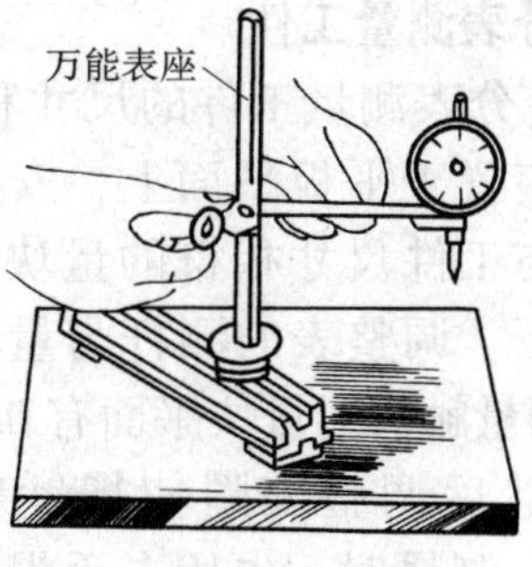 图 2–25 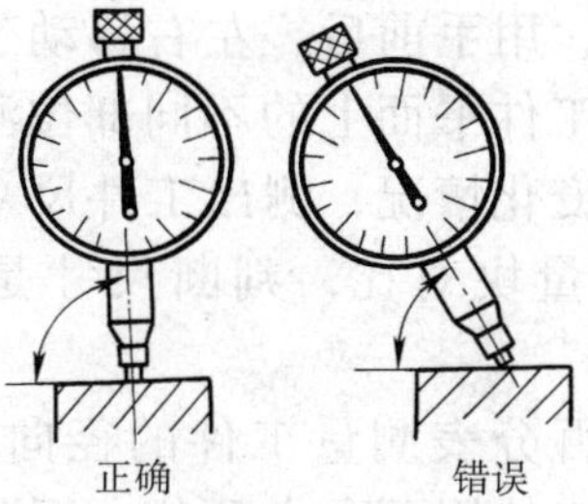 图 2–26

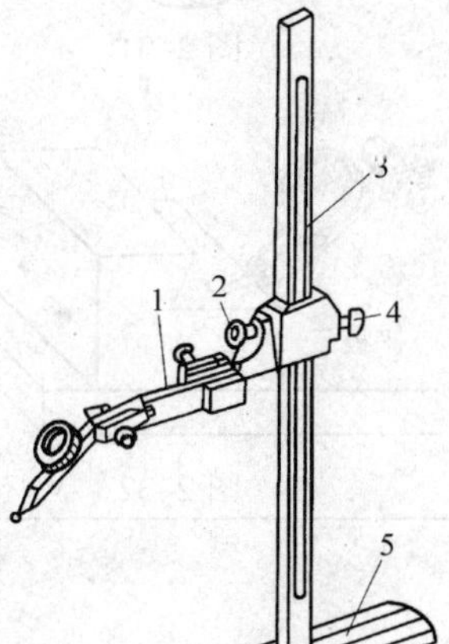

图 2–27

1—表头装夹装置　2—微调螺钉　3—表杆

4—紧固螺钉　5—表座

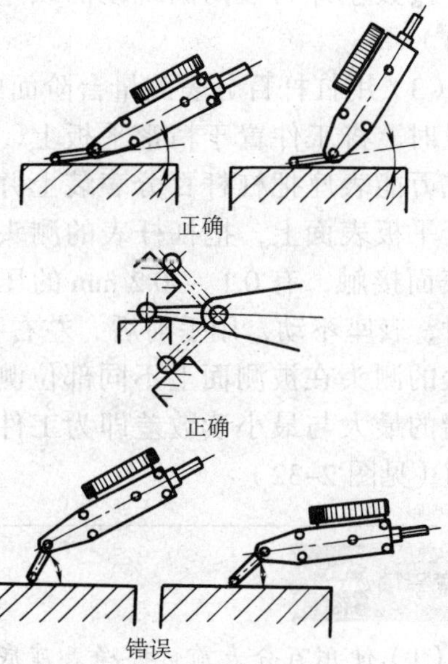

图 2–28

操作项目及要点

2. 用百分表测量工件

（1）用百分表测量工件的尺寸和平行度。测量时，表座置于平板平面上，安装好百分表后，选择与工件尺寸相符的量块组合，置于表的测杆下。调整表的测杆与量块平面垂直，使表的测量触头对量块平面有 0.5 ~ 1 mm 的压入量，然后调整表圈使指针对准零位（见图 2–29）。测量时，先用右手慢慢抬起活动测杆，将工件放入表的测头下，再慢慢放下活动测杆，用手前后、左右移动工件，使表的测头在工件平面上的不同部位测量，观察表的指针变化情况，测出工件尺寸和平行度，与标准量块对比，判断尺寸是否合格（见图 2–30）

（2）用百分表测量工件的径向圆跳动。测量时，将工件用两顶尖顶住，百分表的测头触及工件外圆面，并有 0.3 ~ 0.5 mm 的压入量。转动工件一周，表针所指的最大与最小读数差即为径向圆跳动的误差值（见图 2–31）

（3）用杠杆百分表测量台阶面的平行度。测量时，将工件置于精密平板上，用专用表座或万能表座把杠杆百分表装上并紧固，并置于平板表面上，把杠杆表的测头与工件被测表面接触，有 0.1 ~ 0.2 mm 的压入量。测量时，表座不动，用手前后、左右移动工件，使表的测头在被测面上不同部位测量，表针所指的最大与最小读数差即为工件平行度误差值（见图 2–32）

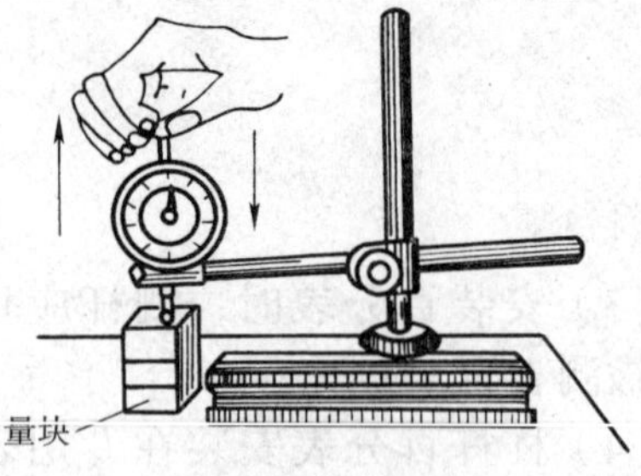

图 2–29

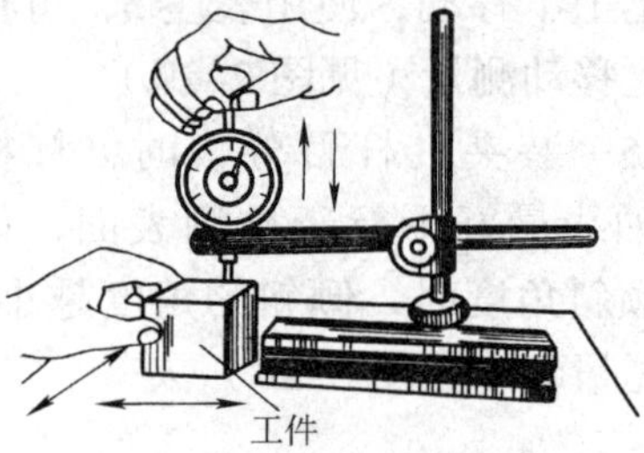

图 2–30

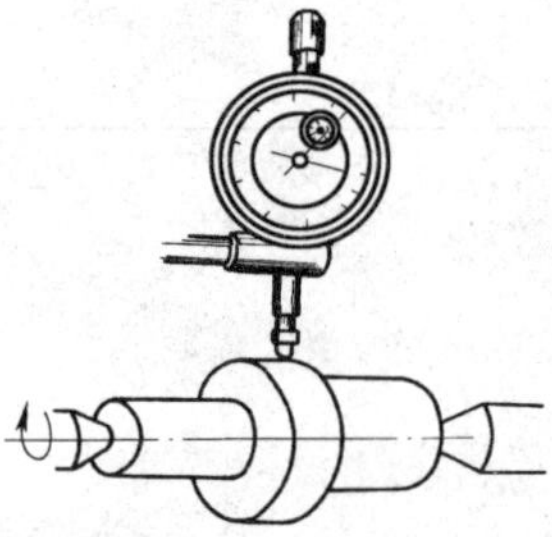
图 2–31

图 2–32

注意事项

（1）使用百分表前，擦净表座底面、平板平面、工作台面及工件被测表面和基准表面

（2）百分表在使用过程中应避免受到冲击和振动

（3）测量时，测杆的移动距离不能超出百分表的测量范围

（4）测量前和测量中应检查测头是否松动

（5）不允许用百分表测量粗糙的零件表面，否则会损坏百分表

作业 3

作业名称	作业要点	工艺装备
用分度头等分圆周	掌握用分度头等分圆周的方法	1. FW160 型分度头、三爪自定心卡盘 2. 尺寸为 $\phi 100\ \text{mm} \times 20\ \text{mm}$ 的工件一件 3. 划线平台、划线涂料 4. 游标高度尺、划针、划规

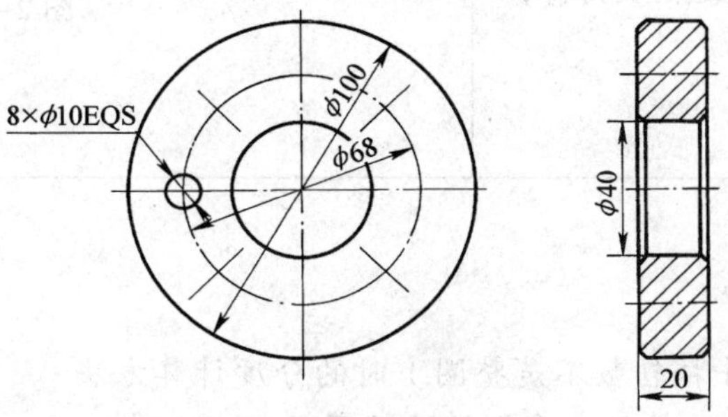

图 2-33　划等分线工序图

操作项目及要点

1. 装夹找正工件

将装有三爪自定心卡盘的分度头置于划线平板上，将要划线的工件夹在三爪自定心卡盘上。用百分表找正工件的径向和端面圆跳动，均应不大于 0.05 mm，找正后夹紧（见图 2-34）

2. 涂色

在工件外端面上涂上划线涂料

3. 计算分度的方法

$$n=\frac{40}{z}$$

式中　n——分度头手柄转数

z——工件等分数

$$n=\frac{40}{8}=5$$

即每划完一个孔位置后，手柄转 5 圈再划另一个孔的位置

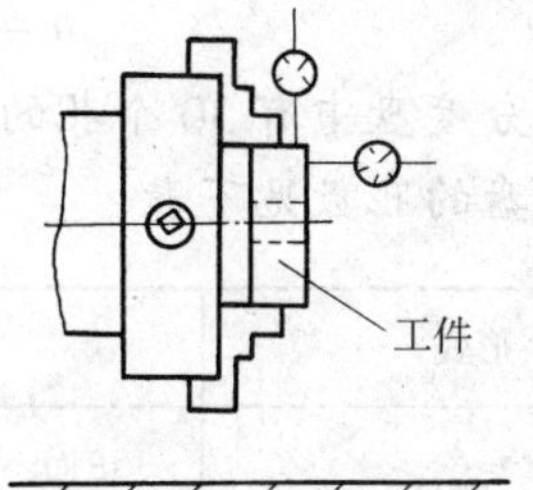

图 2-34

操作项目及要点	
4. 划中心线 依次划出 ϕ10 mm 孔的中心线（见图 2–35） **5. 划圆周线** 划 ϕ68 mm 圆周线 **6. 打样冲眼** 取下工件，在八条 ϕ10 mm 孔的中心线与 ϕ68 mm 圆的交点上打样冲眼	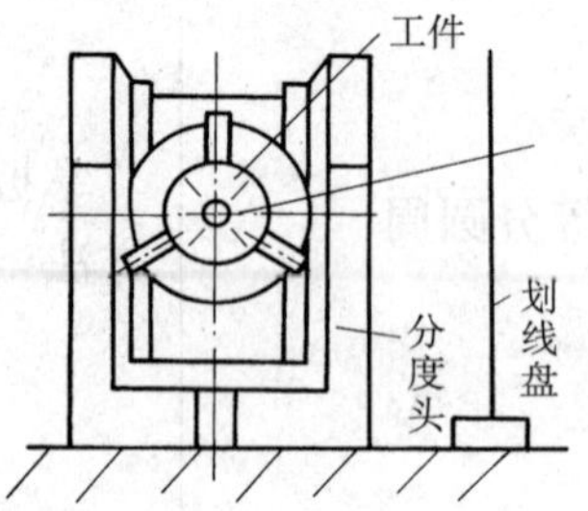 图 2–35

注意事项

（1）n 为分数（即手柄转数不是整圈）时的分度计算方法

如要把一圆周等分 12 等份，手柄转过的圈数

$$n=\frac{40}{12}=3\frac{4}{12}=3\frac{1}{3}$$

这时就要利用分度盘，根据分度盘各孔圈的孔数，将 1/3 分子、分母同时扩大相同的倍数，使它的分母数等于某一孔圈的孔数，而扩大后的分子数就是手柄转过的孔数。若 1/3 的分子、分母同时扩大 10 倍，即

$$\frac{1}{3}\times\frac{10}{10}=\frac{10}{30}$$

则手柄转过的圈数

$$n=\frac{40}{12}=3\frac{4}{12}=3\frac{1}{3}=3\frac{10}{30}$$

即手柄在分度盘中有 30 个孔的孔圈上，转 3 圈后再转 10 个孔

（2）分度盘的孔数见下表

分度头形式	分度盘的孔数
带一块分度盘	正面：24、25、28、30、34、37、38、39、41、42、43 反面：46、47、49、51、53、54、57、58、59、62、66
带两块分度盘	第一块　正面：24、25、28、30、34、37 　　　　反面：38、39、41、42、43 第二块　正面：46、47、49、51、53、54 　　　　反面：57、58、59、62、66

作业 4

作业名称	作业要点	工艺装备
借料	掌握借料的方法，保证零件加工质量	1. 齿轮箱体毛坯 2. 划线工具一套

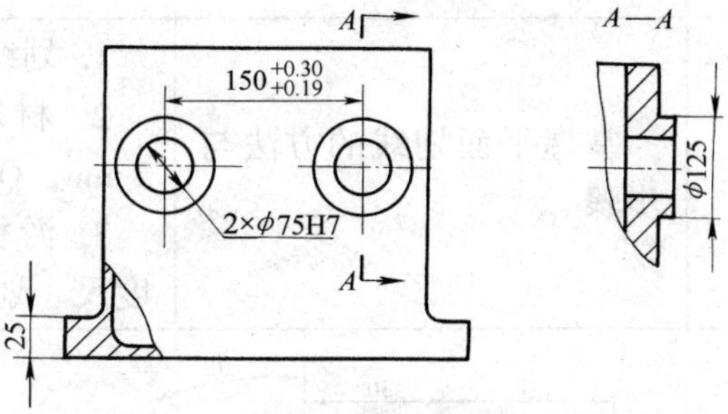

图 2-36　齿轮箱体

操作项目及要点

1. 检查毛坯分析问题

检查时发现，因铸造误差使 A、B 两孔中心距由规定的 150 mm 缩小为 144 mm，A 孔向右偏移 6 mm，按正常划线方法，保证不了产品质量（见图 2–37）

2. 借料

将 A 孔中心向左借过 3 mm，B 孔中心向右借过 3 mm，再划两孔的中心线和内孔加工线，能使两孔都分配到加工余量（见图 2–38）

3. 检验

检查加工余量是否合理，由于 A 孔误差平均到 A、B 两孔的凸台外圆上，虽使凸台外圆与内孔偏心，但偏移不明显，并不影响使用，证明借料合理

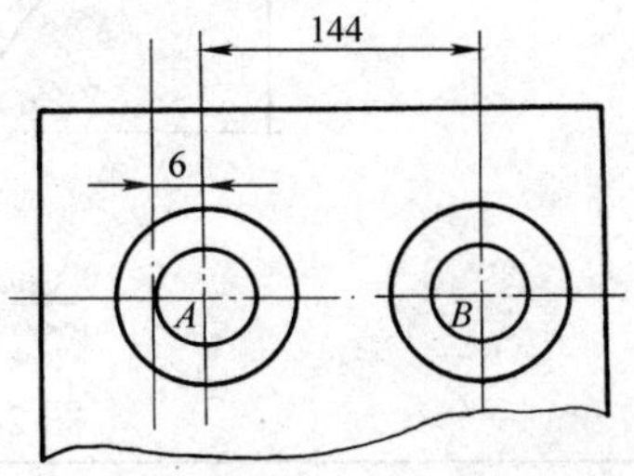

图 2–37

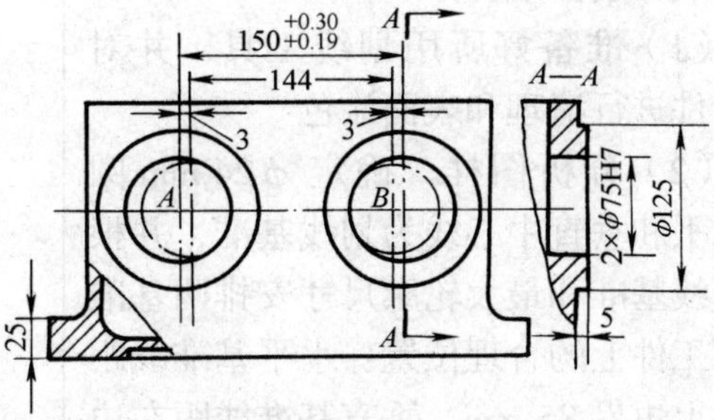

图 2–38

课题二　平面划线

本课题主要学习平面样板的划线方法。通过技能训练，能正确地选择划线基准，合理使用平面划线工具进行划线。要求线条清晰、粗细均匀，尺寸误差不大于 ±0.3 mm。

作业名称	作业要点	工艺装备
平面样板划线	掌握平面划线的方法与步骤	1. 划线靠铁、划线平板 2. 材料：120 mm × 120 mm × 2 mm，Q235 钢板 3. 游标万能角度尺、游标高度尺、划规、样冲、划针等

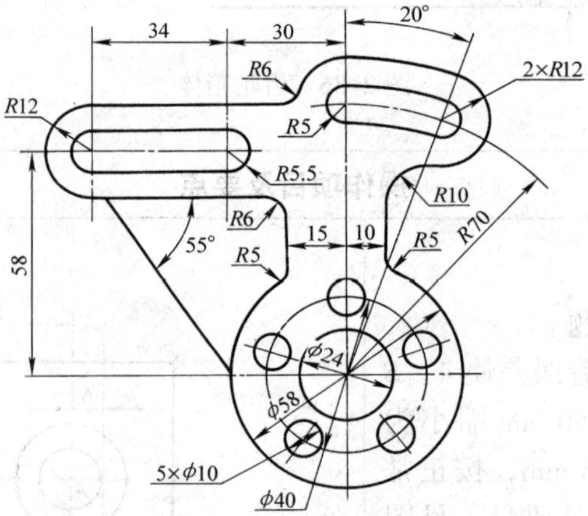

图 2-39　平面样板划线

操作项目及要点

以图 2-39 所示工件为例，平面样板划线方法如下：

（1）准备好所用划线工具，并对实习件进行清理和表面涂色

（2）分析图样，确定 ϕ24 mm 圆的水平和垂直中心线为划线基准，并根据划线基准和最大轮廓尺寸安排两基准线在工件上的合理位置：水平基准线距工件上边界 85 mm，垂直基准线距左边界 80 mm。划出两基准线，并在两线交点处打样冲眼（见图 2-40）

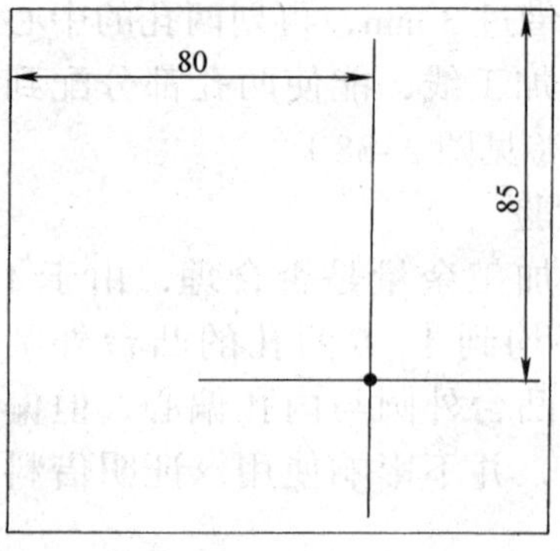

图 2-40

操作项目及要点	
（3）划 ϕ24 mm、ϕ40 mm 圆周线及 ϕ58 mm 圆弧，将 ϕ40 mm 圆周五等分后，在等分点上打样冲眼，并划出五个 ϕ10 mm 的圆周线（见图 2–41） （4）划出尺寸 15 mm、尺寸 10 mm 垂直线，并以 R5 mm 为半径分别作两线与 ϕ58 mm 圆弧的过渡圆弧（见图 2–42） （5）作 20°倾斜线及 R70 mm 圆弧，在圆弧与 20°倾斜线及垂直基准线交点处打样冲眼，作 20°弧形腰孔及外围轮廓线，并作 R10 mm 过渡圆弧（见图 2–43） （6）划出尺寸 30 mm、尺寸 34 mm 垂直线及尺寸 58 mm 水平线，在两交点处打样冲眼，划出 34 mm 长形腰孔及外围轮廓线及两 R6 mm 过渡圆弧。作 55°倾斜线 （7）检查校对	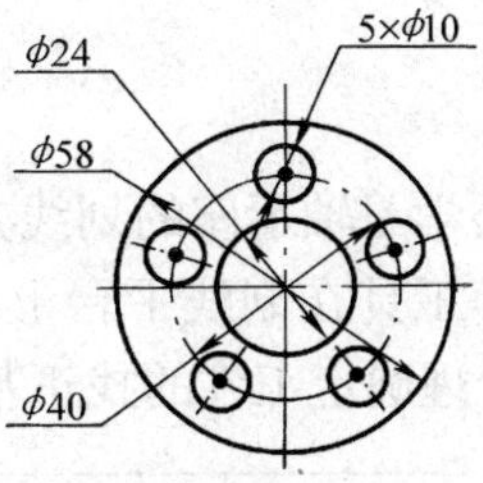 图 2–41 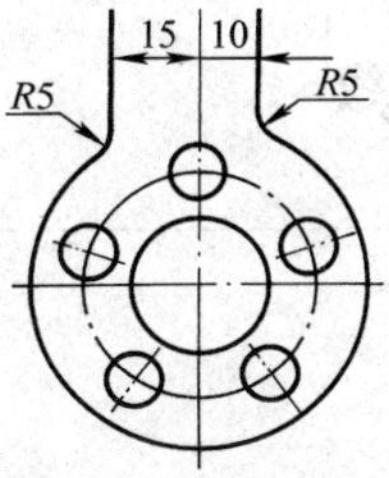 图 2–42 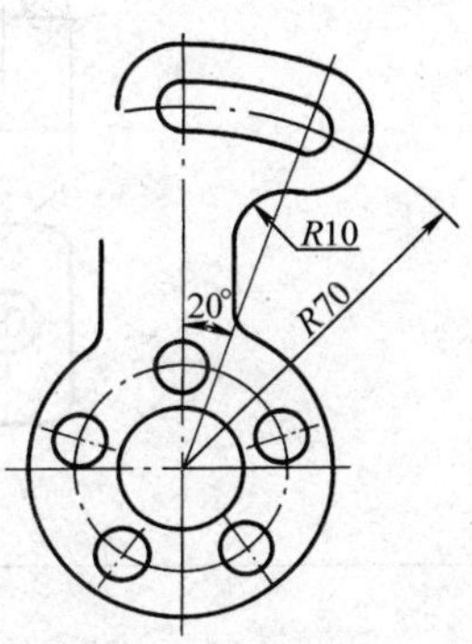 图 2–43

注意事项

（1）为熟悉各图形的作图方法，实习操作前可作一次纸上练习

（2）划线工具的使用方法及划线动作必须正确

（3）练习的重点是如何保证划线尺寸的准确性、划出线条细而清楚及冲点的准确性

（4）工具要合理放置。要把左手用的工具放在作业件的左边，右手用的工具放在作业件的右边，摆放整齐

（5）任何工件在划线后，都必须做一次仔细的复检校对工作，避免差错

课题三 立体划线

本课题主要学习轴承座的划线方法。通过技能训练，要求学会利用方箱、角铁、千斤顶、V形架、垫铁等工具在划线平台上正确安放、找正工件，并对中等复杂工件进行立体划线。在划线中，能合理确定工件的找正基准和划线基准，并能对有缺陷的毛坯进行合理的借料。

作业名称	作业要点	工艺装备
轴承座毛坯划线	掌握立体划线的方法及步骤	1. 轴承座毛坯一个 2. 划线涂料 3. 划线工具

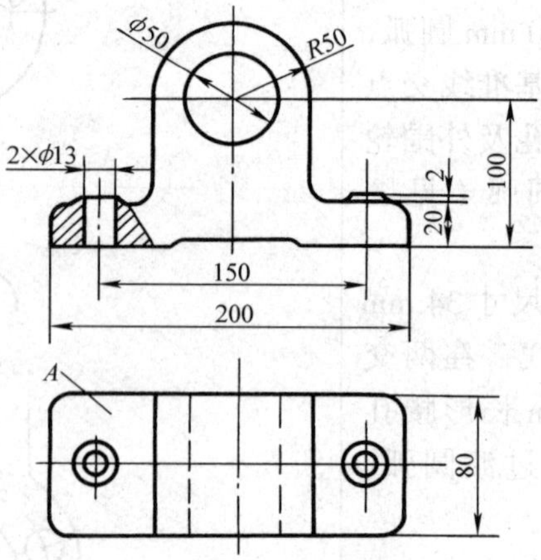

图 2–44 轴承座

操作项目及要点

1. 工件清理、涂色

将毛坯件上，特别是划线部位的型砂、浇注口、污垢、泥土清除干净，并将划线部位涂色

2. 工件分析

（1）图 2–44 所示轴承座需加工的部位有底面、轴承座内孔、两个螺钉孔及其上平面、两个大端面。需划线的尺寸共有三个方向，工件需安放三次才能划完全部线条。轴承座毛坯上已铸有 ϕ50 mm 毛坯孔，需先安装塞块并做好其他划线准备（见图 2–45）

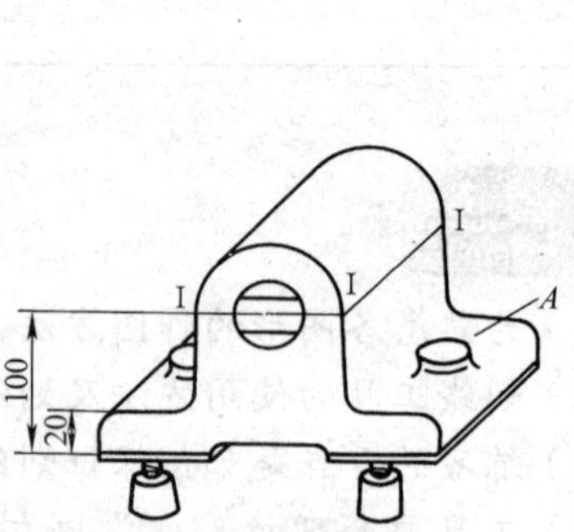

图 2–45

（2）划线的基准选定为轴承座内孔的两个相互垂直的中心平面Ⅰ—Ⅰ和Ⅱ—Ⅱ，以及两个螺钉孔的中心平面Ⅲ—Ⅲ（见图2–45、图2–46、图2–47）

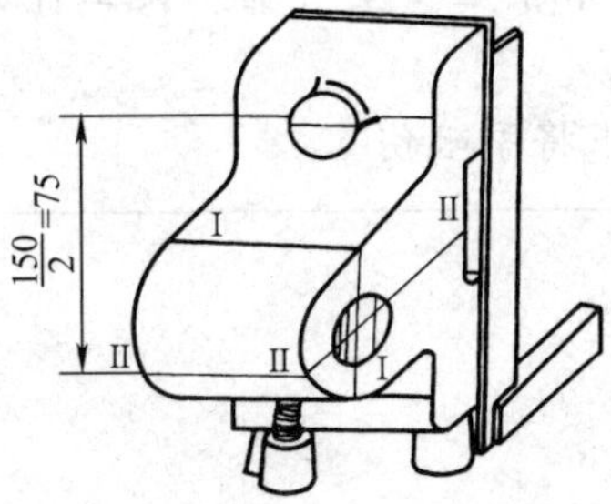

图2–46

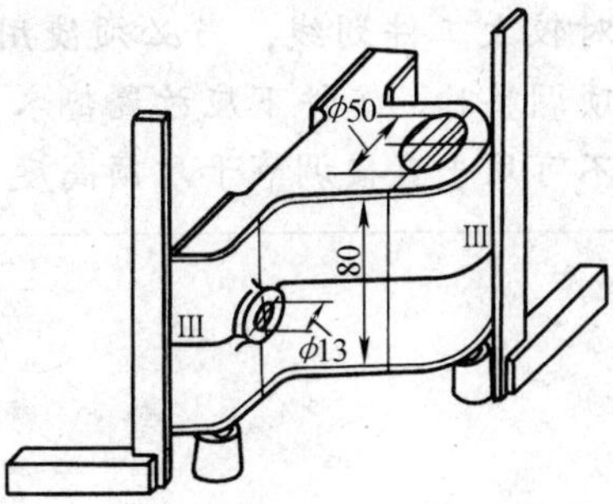

图2–47

3. 划线顺序

（1）先划底面加工线（见图2–45）。因为这一方向的划线工作将牵涉到主要部位的找正和借料

1）先确定 ϕ50 mm 轴承座内孔和 R50 mm 外轮廓中心。由于外轮廓不加工，所以应以 R50 mm 外圆为找正中心的依据。即先在装好中心塞块的孔两端用划规求出中心，然后用划规试划 ϕ50 mm 圆周线，看内孔四周是否料厚均匀。如果内孔与外轮廓偏心过多，就要做适当的借料

2）用三个千斤顶支撑轴承座底面，调整千斤顶高度并用划线盘找正，使两端孔中心初步调整到同一高度。由于 A 面不加工，为了保证在底面加工后尺寸20 mm的厚度在各处都均匀一致，还要用划线盘找平 A 面。两端孔中心既要保持同一高度，A 面又要保持水平位置。两者发生矛盾时，要兼顾两方面进行调整。待两端孔中心确定后，在孔中心打上样冲眼，划出基准线Ⅰ—Ⅰ和底面加工线、两个螺钉孔的上平面加工线

（2）划两螺钉孔的中心线（见图2–46）。将工件侧翻90°用千斤顶支撑，通过千斤顶的调整和划线盘的找正，使轴承座内孔两端的中心处于同一高度，同时用直角尺按已划出的底面加工线找正垂直位置。划出Ⅱ—Ⅱ基准线、两个螺钉孔的中心线

（3）划两个大端面的加工线（见图2–47）。将工件翻转至图示位置，用千斤顶支撑工件，通过千斤顶的调整和直角尺的找正，分别使底面加工线和Ⅱ—Ⅱ中心线处于垂直位置。以两个螺钉孔的中心为依据，试划两大端面的加工线。若两面加工余量相差过大，可通过上下调整螺钉孔的中心来借料。调整满意后即可划出Ⅲ—Ⅲ基准线和两个大端面的加工线

（4）用划规划出轴承座内孔和两个螺钉孔的圆周尺寸线

（5）检查无误后，在所划线条上打上样冲眼

操作项目及要点
注意事项 （1）用千斤顶做三点支撑时一定要稳固，防止倾倒。对较大工件应加辅助支撑，使工件安放平稳 （2）对较大工件划线，当必须使用吊车吊运时，吊索应安全可靠。大工件放在平台上用千斤顶调整时，工件下应放置垫木，以保证安全 （3）不可用手直接调节千斤顶高度，以防工件掉下将手砸伤

第三单元

钳工常用加工方法

本单元主要学习錾削、锯削、锉削和刮削的操作方法等内容。

在机修钳工作业中虽然机械加工代替手工操作的比例越来越大，但本单元所讲的各种手工操作方法，仍然是机修钳工必备的操作技能。通过技能训练，掌握錾削、锯削、锉削的操作技能；熟练掌握刮削的操作技能。

课题一　錾削

本课题主要学习錾削工具、錾削姿势及錾削方法等内容。通过技能训练，掌握正确、协调、自然的錾削姿势、动作，掌握各种錾子的刃磨和热处理方法，并熟练掌握平面、直槽、油槽及板料的錾削方法。

作业1

作业名称	作业要点	工艺装备
錾削工具与錾削姿势练习	1. 掌握錾子的刃磨与热处理方法 2. 掌握錾削的方法	1. 錾子、锤子 2. 工件 3. 台虎钳

图 3-1　錾削操作

操作项目及要点

1. 錾子

（1）錾子分扁錾、尖錾和油槽錾三种（见图 3–2）。其中，扁錾用于錾平面，去除凸缘、毛边和分割材料；尖錾用于錾削沟槽和分割曲线形板料；油槽錾用于錾削油槽

（2）錾子的刃磨方法

1）双手握錾子，在旋转的砂轮圆周面上进行刃磨

2）刃磨时，錾子的切削刃应高于砂轮中心，在全宽方向上左右来回平稳地移动，保证磨出合格的楔角（见图 3–3）

3）刃磨时加在錾子上的压力不能过大，并经常用水冷却刃口，防止其退火

4）錾削铜、铝等软材料时，錾子楔角可取 30° ~ 50°；錾削一般钢件等中等硬度材料时，錾子楔角可取 50° ~ 60°；錾削硬钢、铸铁等较硬材料时，錾子楔角可取 60° ~ 70°

5）楔角为 60° 的扁錾和尖錾刃磨尺寸如图 3–4 所示

6）刃磨后的楔角可用专用样板或游标万能角度尺检查（见图 3–5）

（3）錾子的热处理方法

1）淬火。錾子的材料为 T7A。把已磨好的錾子切削部分约 20 mm 长的一端，加热到 750 ~ 780 ℃（呈樱红色）后迅速取出，将錾子垂直放入冷水中冷却（浸入深度 5 ~ 6 mm），并沿水面缓缓移动，以提高淬火硬度，并使淬火部分与不淬火部分无明显界线

2）回火。錾子的回火是利用錾身的余热进行的。当淬火的錾子露出水面的部分呈黑色时，即从水中取

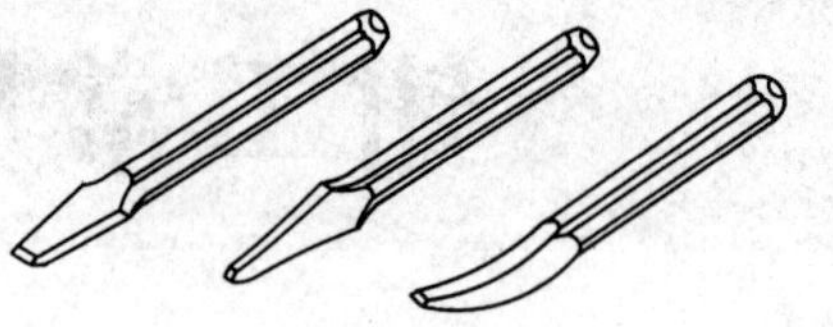

a)　b)　c)

图 3–2

a）扁錾　b）尖錾　c）油槽錾

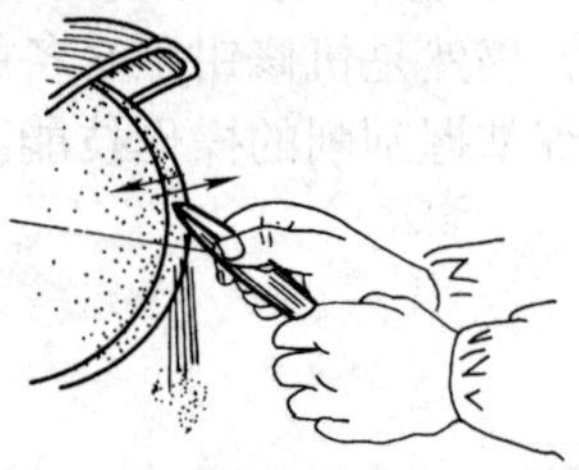

图 3–3

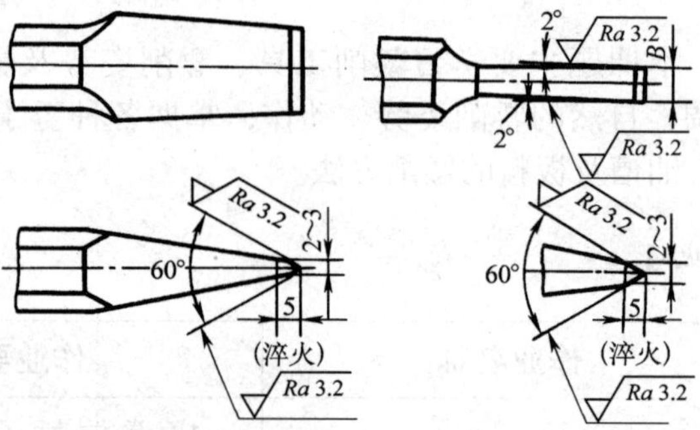

图 3–4

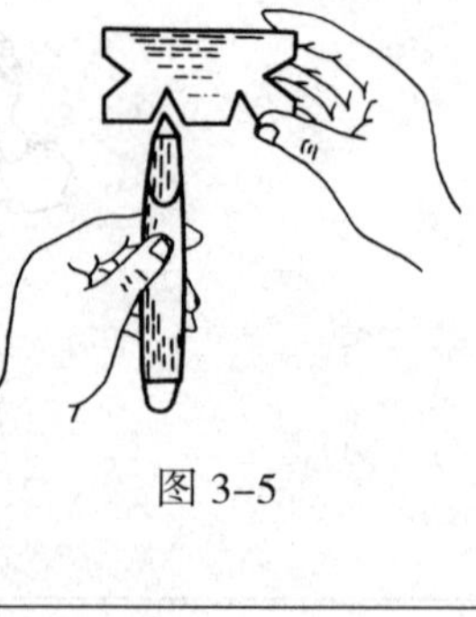

图 3–5

操作项目及要点

出，迅速擦去氧化皮，观察錾子刃部的颜色变化：刚出水时颜色为白色，随后由白色变为黄色，再由黄色变为蓝色。当錾子刃部的颜色介于黄色和蓝色之间时，将錾子再次放入水中冷却（见图 3–6）

2. 锤子

锤子由锤体、锤柄和倒楔组成（见图 3–7）。锤子规格（即锤头质量）有 0.22 kg、0.45 kg、0.91 kg 等多种

3. 錾削方法

（1）錾子的握法

1）正握法。用左手中指和无名指将錾子握住，小指自然合拢，食指和拇指自然接触，錾子头部伸出约 20 mm（见图 3–8a）

2）反握法。手心向上，手指自然捏住錾子，手掌悬空（见图 3–8b）

（2）锤子握法

1）紧握法。用右手五指紧握锤柄，拇指在食指上，虎口对准锤头方向，木柄尾端露出 15 ~ 30 mm，在挥锤和锤击过程中五指始终紧握（见图 3–9）

2）松握法。只用拇指和食指始终握紧锤柄，在挥锤时，小指、无名指、中指则依次放松。在锤击时，又以相反的次序收拢握紧（见图 3–10）。此种握法手不易疲劳，且锤击力大

（3）挥锤方法（见图 3–11）

1）腕挥。采用紧握法挥锤，用手腕的动作进行锤击运动。适用于錾削余量较小及錾削开始或结尾时

2）肘挥。采用松握法握锤，用肘和手腕一起挥动进行锤击运动。此法锤击力大

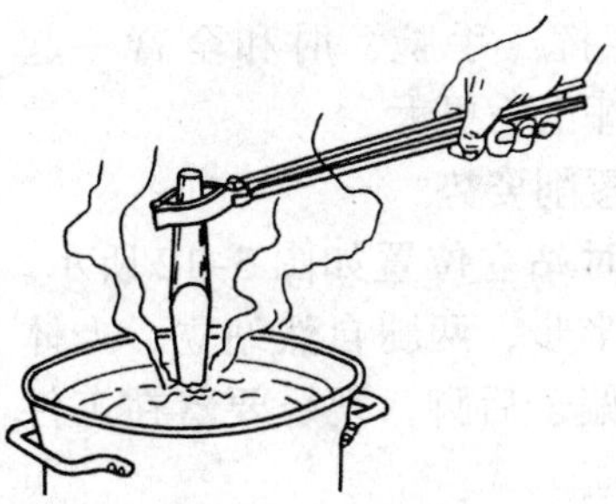

图 3–6

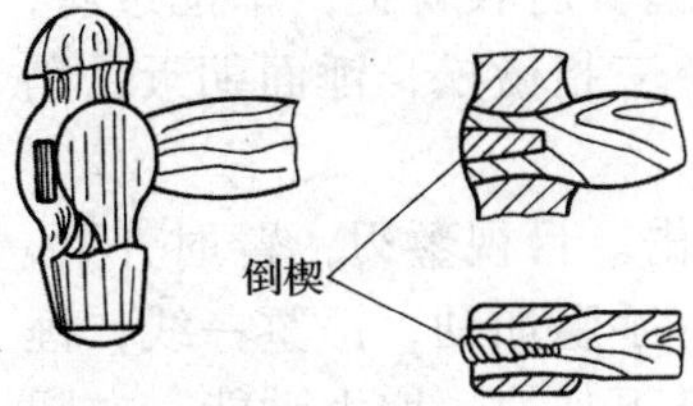

图 3–7

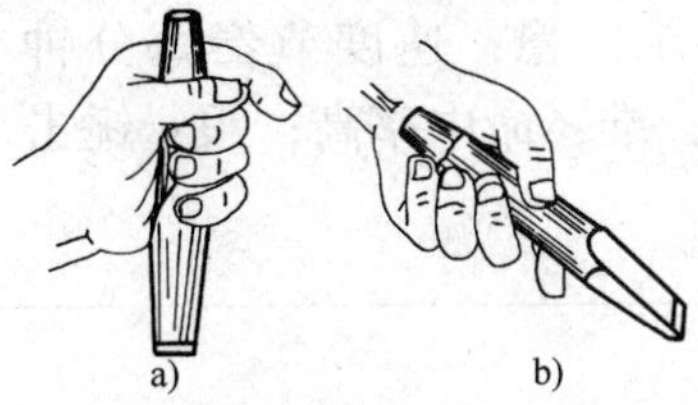

图 3–8

a）正握法　b）反握法

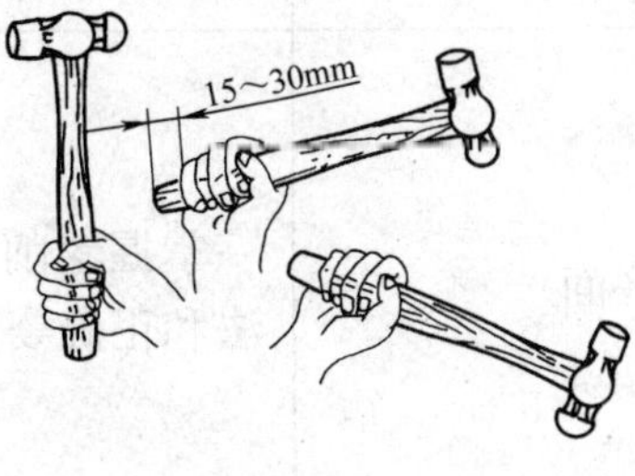

图 3–9

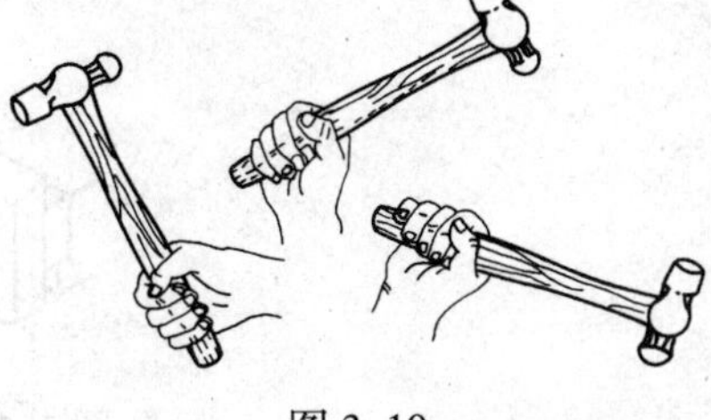

图 3–10

操作项目及要点	
3）臂挥。手腕、肘和全臂一起挥动，其锤击力更大 （4）錾削姿势 操作时站立位置如图 3-12 所示。左脚跨前半步，两腿自然站立，人体重心稍微偏于后脚，视线要落在工件的切削部位 （5）锤击要领 1）挥锤。肘收臂提，举锤过肩，手腕后弓，三指微松，锤面朝天，稍停瞬间 2）锤击。目视錾刃，臂肘齐下，收紧三指，手腕加劲，锤錾一线，锤走弧形，敲下加速，增大动能，左腿用力，右腿伸直 3）要求。稳：速度节奏每分钟 40 次左右；准：命中率高；狠：锤击有力	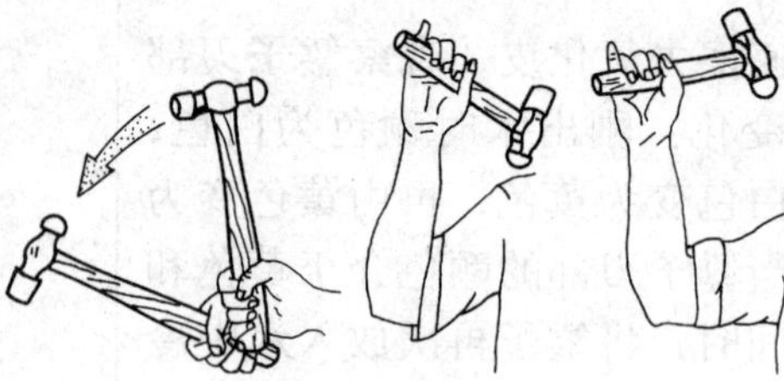 图 3-11 a）腕挥　b）肘挥　c）臂挥 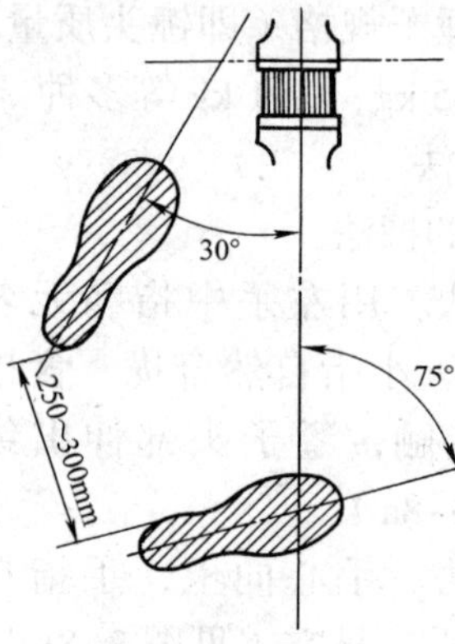 图 3-12

作业 2

作业名称	作业要点	工艺装备
錾削窄平面	掌握錾削窄平面的基本方法和正确姿势	1. 件 1：65 mm × 62 mm × 30 mm，HT200；件 2：ϕ70 mm × 80 mm，HT200。加工后件 1 转入本课题作业 3，件 2 转入本单元课题二 2. 扁錾两把（比工件略宽些） 3. 划线工具及划线平板
 图 3-13　錾削窄平面		

操作项目及要点

1. 起錾方法

（1）斜角起錾

錾削平面时，采用斜角起錾的方法，即先在工件的边缘尖角处錾出一个斜面，然后按正常的錾削角度逐步向中间錾削（见图 3–14）

（2）正面起錾

在錾削时，全部刃口贴住工件錾削部位端面，錾出一个斜面，然后按正常角度錾削（见图 3–15）

2. 錾削角度

錾削时后角是錾子后面与切削平面的夹角。一般錾削时后角 α_o 取 5° ~ 8°。后角过大錾子易扎入工件，后角过小錾子在錾削时易滑出（见图 3–16）

3. 錾削动作

錾削时，每錾削两三次后，可将錾子退回一些，暂停片刻，然后再继续錾削。这样，既可观察加工面情况，又可使手臂肌肉有节奏地放松

4. 尽头位置的錾削方法

当錾削接近工件尽头 10 ~ 15 mm 时，必须将工件掉头再錾去余下的部分，錾削脆性材料更应如此，否则工件尽头会崩裂（见图 3–17）

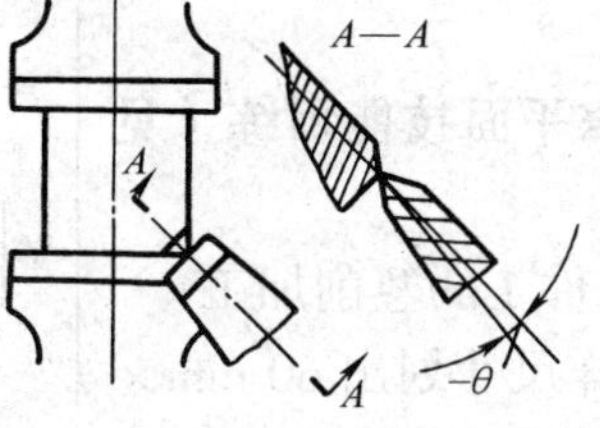

图 3–14

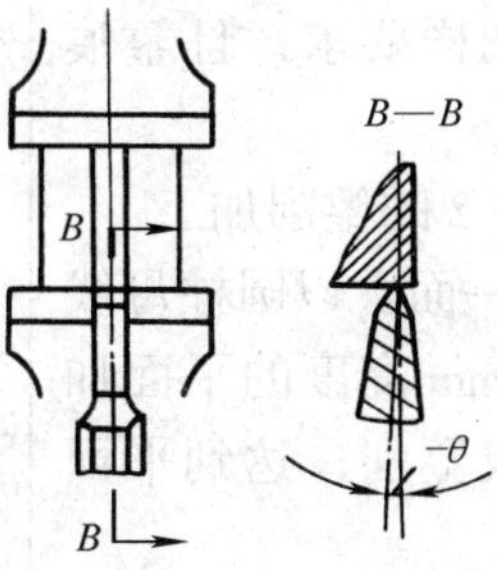

图 3–15

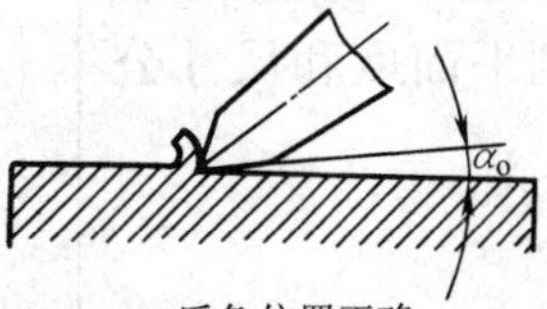

后角位置正确

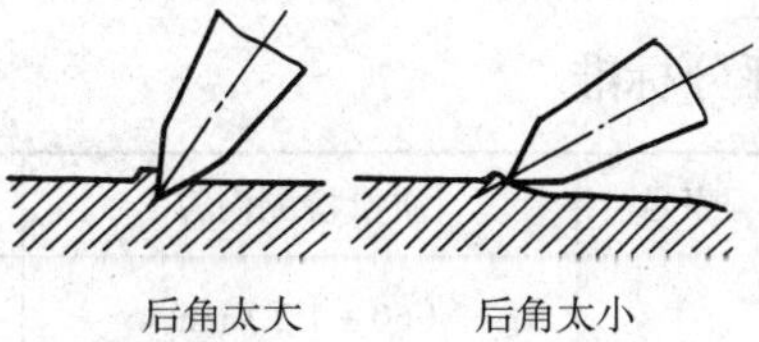

后角太大　　后角太小

图 3–16

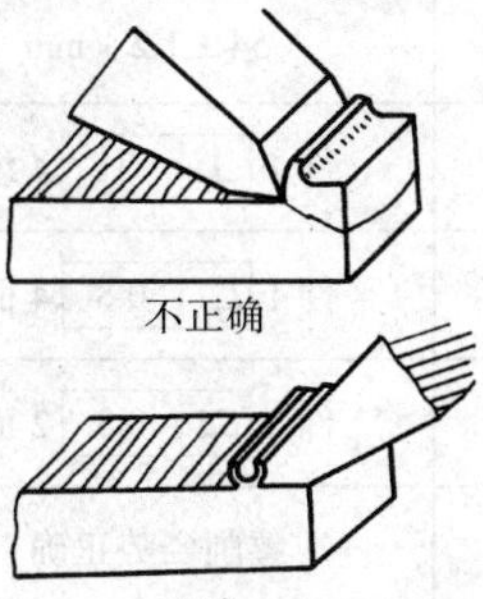

不正确

正确

图 3–17

操作项目及要点

5. 錾削窄平面技能训练（见图 3–18）

（1）完成件 1 的錾削加工

1）按图样尺寸划出 60 mm × 57 mm 尺寸的平面加工线

2）按图样各面的编号顺序依次錾削，达到图样要求，且錾痕整齐

（2）完成件 2 的錾削加工

1）錾削第一面。以圆柱母线为基准划出 62 mm 高度的平面加工线，然后按线錾削，达到平面度要求

2）以第一面为基准，划出相距为 54 mm 对面的平面加工线，按线錾削，达到平面度和尺寸公差要求

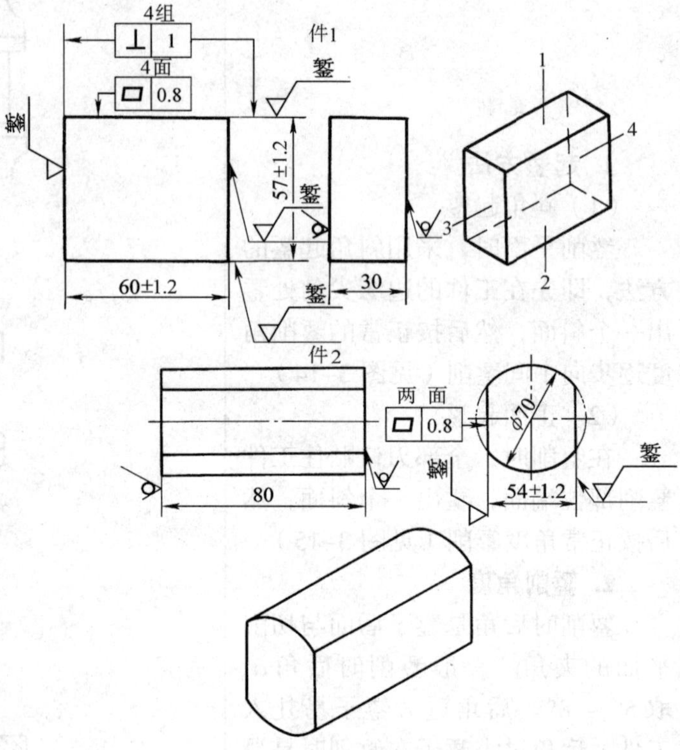

图 3–18

（3）评分标准

项目	序号	质量检测内容	配分	评分标准	检测结果	得分
錾削	1	（60 ± 1.2）mm	10	超差不得分		
	2	（57 ± 1.2）mm	10	超差不得分		
	3	（54 ± 1.2）mm	10	超差不得分		
	4	件 1 ⊥ 1 4 组	20	超差不得分		
	5	件 1 ⏥ 0.8 4 面	20	超差不得分		
	6	件 2 ⏥ 0.8 2 面	10	超差不得分		
	7	錾削姿势正确	10	目测，酌情扣分		
“6S”管理			10	酌情扣分		

操作项目及要点

6. 錾削平面时的质量问题和产生的原因

（1）表面粗糙

1）錾子刃口爆裂或刃口卷刃（见图 3–19a）不锋利

2）锤击力不均匀

3）錾子头部已锤平，使受力方向经常改变（见图 3–19b）

（2）表面凹凸不平（见图 3–20）

錾削中，后角过大，造成錾面凹下；后角过小，造成錾面凸起

（3）表面有梗痕（见图 3–21）

1）左手未将錾子放正和握稳，而使錾子刃口倾斜，錾削时錾刃梗入

2）錾子刃磨时，刃口磨成中凹

（4）崩裂或塌角（见图 3–22）

1）錾到尽头时，未掉头錾削工件，使其棱角崩裂

2）起錾量太多造成塌角

（5）尺寸超差

1）起錾时，尺寸不准

2）测量检查不及时

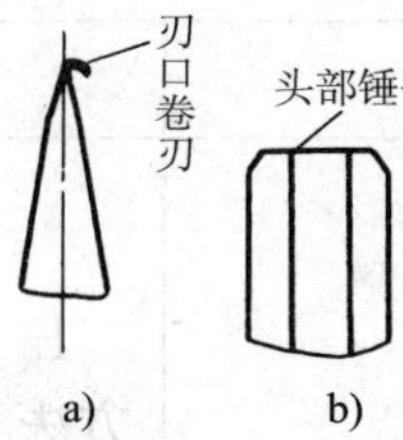

图 3–19

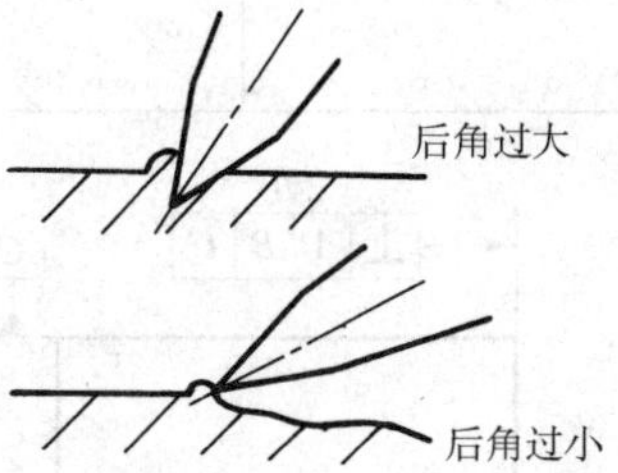

图 3–20

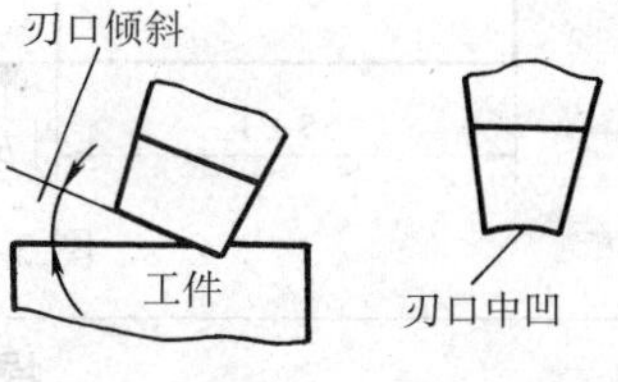

图 3–21

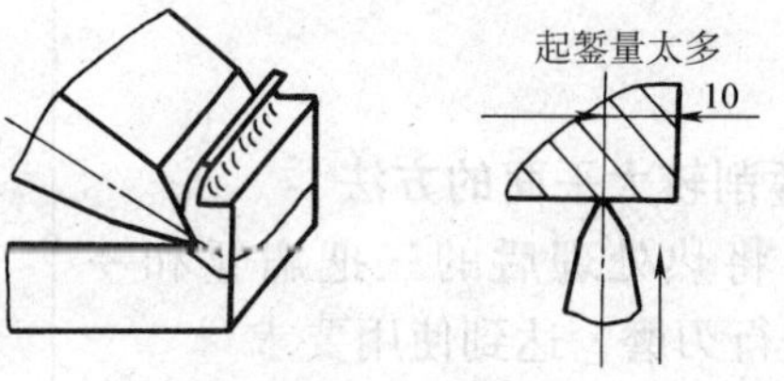

图 3–22

注意事项

（1）工件必须夹紧，以伸出钳口高度 10 ~ 15 mm 为宜，同时下面要加木垫

（2）錾削时要防止切屑飞出伤人，操作者需戴上防护眼镜

（3）錾子用钝后要及时刃磨，并保持正确的楔角，以防錾子从錾削部位滑出

（4）錾屑要用刷子刷掉，不得用手擦或用嘴吹

（5）锤柄有松动或损坏时要及时更换，以防锤体飞出；錾子头部、锤体头部和锤柄均不应沾油，以防打滑；錾子和锤子头部如有明显毛刺，要及时磨去

作业 3

作业名称	作业要点	工艺装备
錾削较大平面	1. 掌握较大平面的錾削方法 2. 保持正确的錾削姿势	1. 工件：由本课题作业 2 件 1 转来。加工后转入本课题作业 5 2. 划线工具一套 3. 扁錾三把、尖錾一把 4. 划线平板

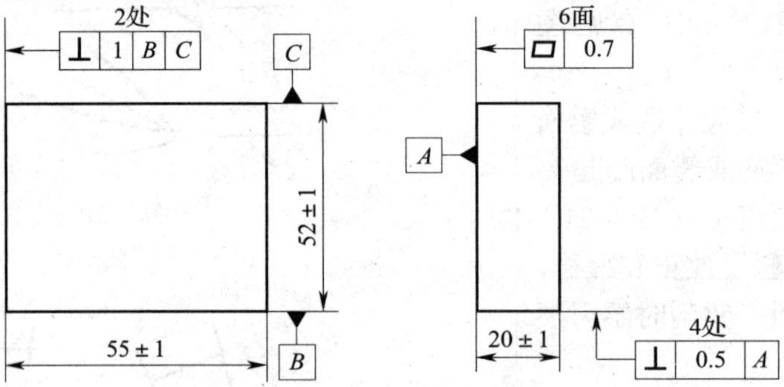

图 3-23 錾削较大平面

操作项目及要点

1. 錾削较大平面的方法

（1）将热处理后的三把扁錾和一把尖錾进行刃磨，达到使用要求

（2）检查来料尺寸，划线表面涂上涂料

（3）在平板上利用划线盘或游标高度尺，将工件四周划出厚度为 22 mm 的平面加工线（见图 3-24）

（4）将工件待加工的一面（即划线处）划出直向开槽线，控制好 22 mm 的尺寸（见图 3-25）

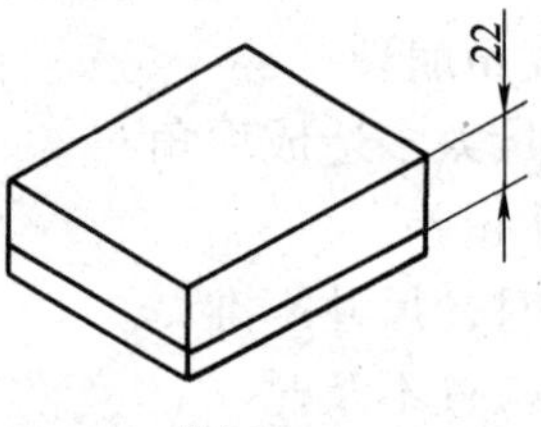

图 3-24

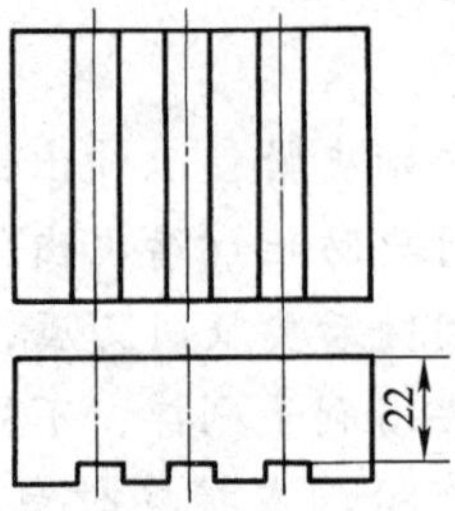

图 3-25

操作项目及要点

（5）先用尖錾錾出直槽，然后用扁錾以较大的錾削力錾去槽间凸起部分，最后顺直向进行平面的修整錾削，达到平面度要求，且錾痕整齐，方向一致（见图 3–26）

（6）以 A 面为基准划出厚度 20 mm 的加工线（四周）（见图 3–27）

（7）按（5）的方法加工，达到尺寸（20 ± 1）mm 的要求，并使平面的平面度误差小于 0.7 mm

（8）划出宽度为 54 mm 的平面加工线，四周先用尖錾錾出直槽，然后用扁錾錾去凸起部分，最后进行平面修整，使錾削达到平面度要求。然后以 B 面为基准线划出 52 mm 的加工线，用前述方法加工达到图样要求（见图 3–28）

（9）錾削（55 ± 1）mm 的方法与（8）相同

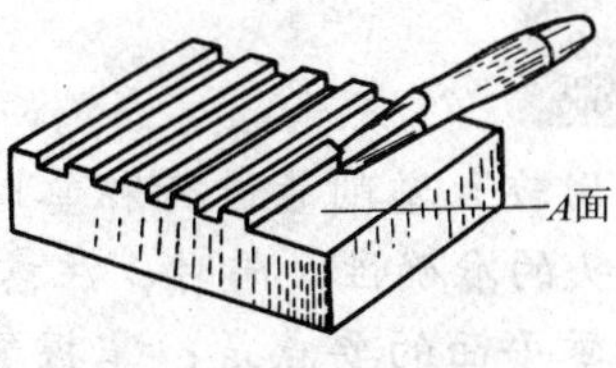

图 3–26

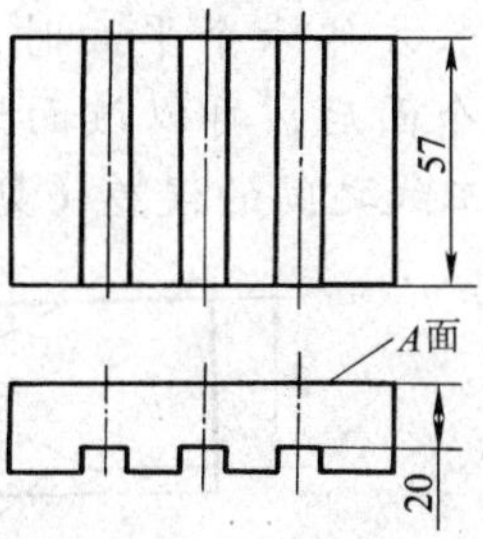

图 3–27

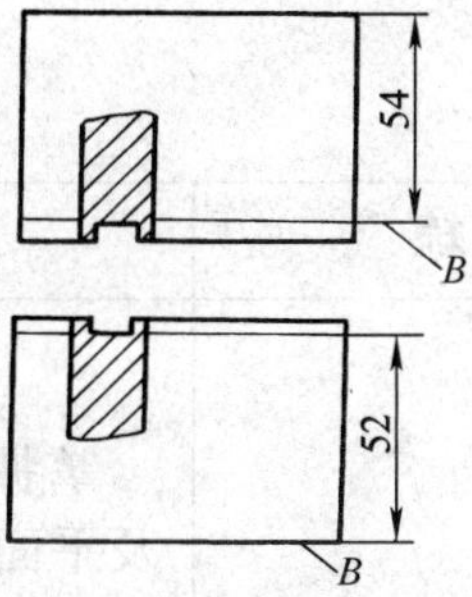

图 3–28

2. 评分标准

项目	序号	质量检测内容	配分	评分标准	检测结果	得分
錾削	1	（55 ± 1）mm	12	超差不得分		
	2	（52 ± 1）mm	12	超差不得分		
	3	（20 ± 1）mm	12	超差不得分		
	4	⊥ 0.5 A	12	超差不得分		
	5	⊥ 1 B C	14	超差不得分		
	6	▱ 0.7	18	超差不得分		
	7	錾削姿势正确	10	目测，酌情扣分		
"6S" 管理			10	酌情扣分		

操作项目及要点

注意事项

（1）采用较大錾削量进行粗錾时，要注意采用正确的錾削姿势以及不断提高锤击力量和保证锤头的准确性。同时，注意安全操作和防止工件端部产生崩裂现象

（2）精錾平面的要点是：掌握錾子的正确刃磨和握法，及时校正切削角度，运用均匀、适当的锤击力量

（3）錾削长方体六个平面时，为使所划的平面加工线能成为控制尺寸的正确界线，需在加工好一个面后，再以该面为基准作第二次划线，确保尺寸准确，以消除已加工面对已划平面加工线之间的误差（见图 3–29）

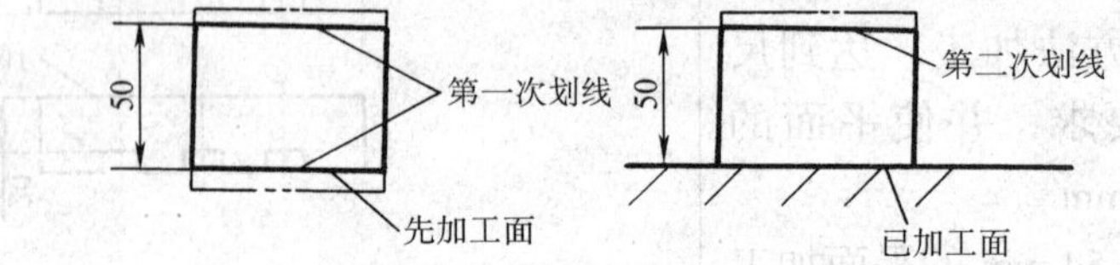

图 3–29

作业 4

作业名称	作业要点	工艺装备
錾削钢件	掌握在轴上錾削键槽及平面的技能	1. 工件：ϕ36 mm × 120 mm，45 钢。加工后转入第四单元课题五 2. 划线工具一套、划线平板、V 形架、锤子、錾子 3. 游标高度尺

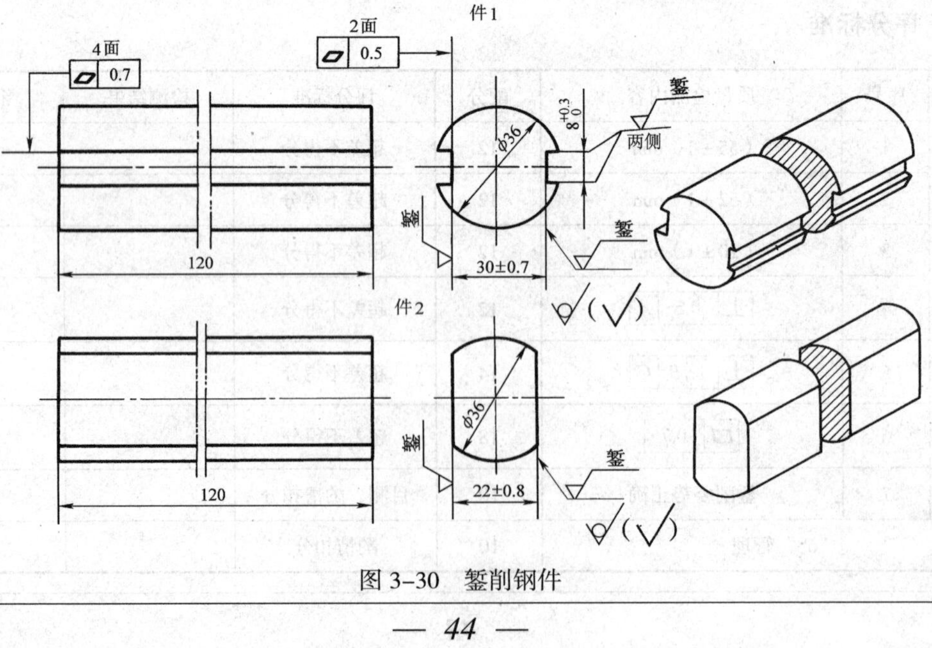

图 3–30　錾削钢件

<table>
<tr><th colspan="2">操作项目及要点</th></tr>
<tr><td>1. 完成件 1 的键槽錾削
（1）准备两把锻好并经过热处理的尖錾，按要求将錾子刃磨好，其楔角取 50° ~ 60°。尖錾刃口可小于槽宽尺寸 0.2 mm，使其有一定的锉修量
（2）检查来料尺寸，在划线处涂上划线涂料，按图样尺寸划出键槽线
（3）用扁錾将圆弧面錾平接近槽宽尺寸（见图 3–31）
（4）用尖錾錾削第一条键槽，达到图样要求，然后再錾削第二条键槽（见图 3–32）
（5）用锉刀修去加工毛刺和明显的凹凸处
2. 完成件 2（由件 1 转入）的平面錾削
（1）划出 22 mm 平面加工线
（2）粗、精錾削两平面，达到图样要求
（3）用锉刀修毛刺并在两端处倒角</td><td>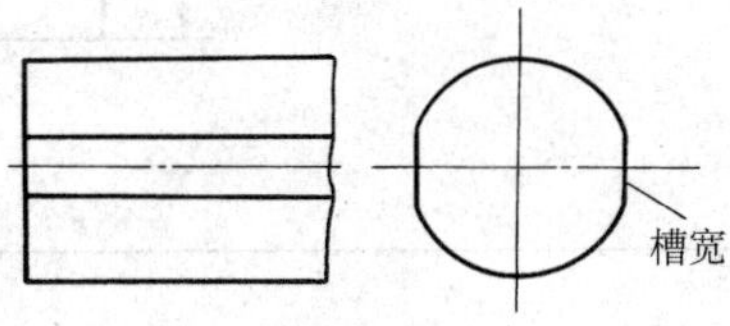

图 3–31
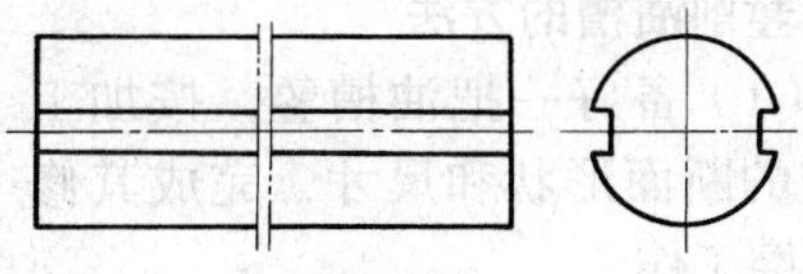
图 3–32</td></tr>
<tr><td colspan="2">注意事项
（1）錾削钢件时，錾子易扎入工件，要合理选择切削角度和錾削量
（2）钢件在粗錾时产生的是卷屑，精錾时切屑呈针状，应防止其刺伤手
（3）起錾的位置要准确，第一次的錾削量要小，便于掌握方向，把槽錾直，然后再适当增加錾削量
（4）为保证键槽的质量，錾子应放正、握稳，锤子落点要准，切削力顺着槽向</td></tr>
</table>

作业 5

作业名称	作业要点	工艺装备
錾削油槽	掌握錾削油槽的方法	1. 工件：由本课题作业 3 转来。加工后转入第四单元课题六作业 3 2. 划线工具一套、划线平板 3. 锤子、油槽錾 4. 游标高度尺

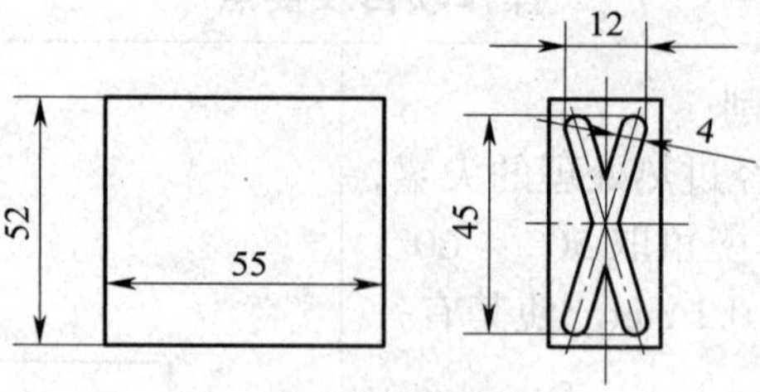

图 3-33　平垫铁

操作项目及要点

錾削油槽的方法

（1）备好一把油槽錾，按加工油槽的断面形状和尺寸，完成其修整刃磨工作

（2）检查来料尺寸，将工件的錾油槽面用锉刀锉平，并将划线处涂上划线涂料

（3）按图样的油槽形状及尺寸，在平垫铁侧面上划出油槽加工线。划线时，可按油槽宽度划出中心线（见图 3-34）

（4）起錾时，錾子应沿中心线慢慢地加深至尺寸要求。錾尽头时，刃口须慢慢翘起，保证槽底圆滑过渡（见图 3-35）

（5）用锉刀修去槽边毛刺

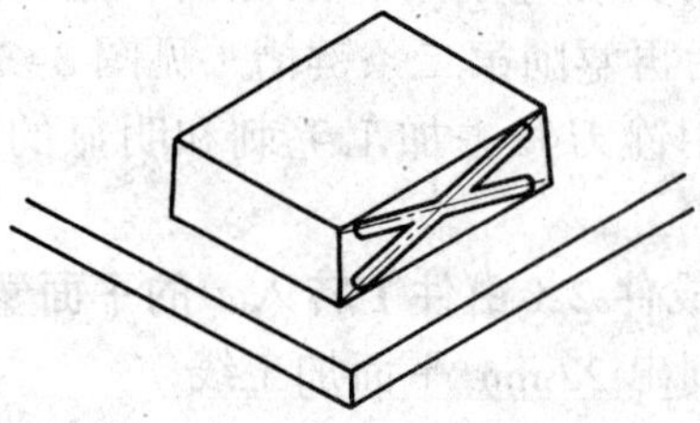

图 3-34

图 3-35

注意事项

（1）油槽錾的圆弧面应刃磨光洁、圆滑，其刃口形状与油槽断面的要求形状相符。可先在废件上做试验錾削，待符合要求后，再在工件上錾削

（2）在油槽錾削中要保持錾削角度一致，采用腕挥法锤击，锤击力量应均匀，使錾削出的油槽深浅一致

（3）錾削油槽一般要求一次成形，必要时可进行一定的修整。如发现錾削方向开始偏离要求或槽深发生变化时，必须及时加以纠正

作业 6

作业名称	作业要点	工艺装备
錾切板料	1. 掌握在台虎钳上和铁砧上錾切板料的技能 2. 掌握用密集钻孔配合錾子錾切板料的技能	扁錾、尖錾、铁砧、台虎钳、锤子及板料工件，加工后转入第五单元课题 3

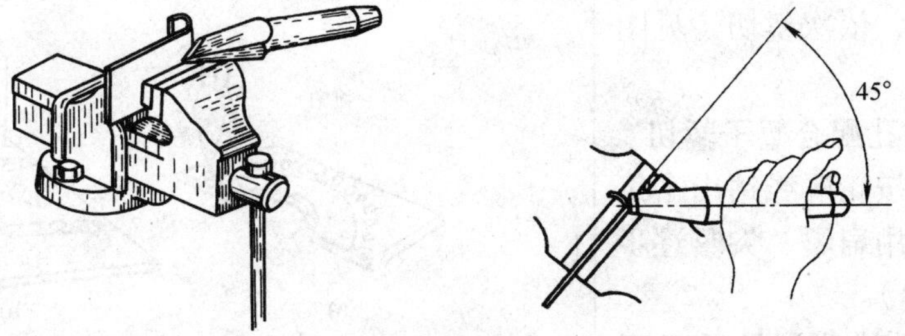

图 3–36　在台虎钳上錾切板料

操作项目及要点

1. 工件夹在台虎钳上錾切

錾切时，将板料按划线夹持成与钳口平齐，用扁錾沿着钳口并斜对着板料（约成 45°角）自右向左錾切（见图 3–36）

2. 在铁砧上或平板上錾切

（1）尺寸较大的板料或錾切线有曲线而不能在台虎钳上錾切时，可放在铁砧上或平板上錾切（见图 3–37）

（2）錾切用的錾子，其切削刃应磨有适当的弧形，使前后錾痕连接整齐（见图 3–38）

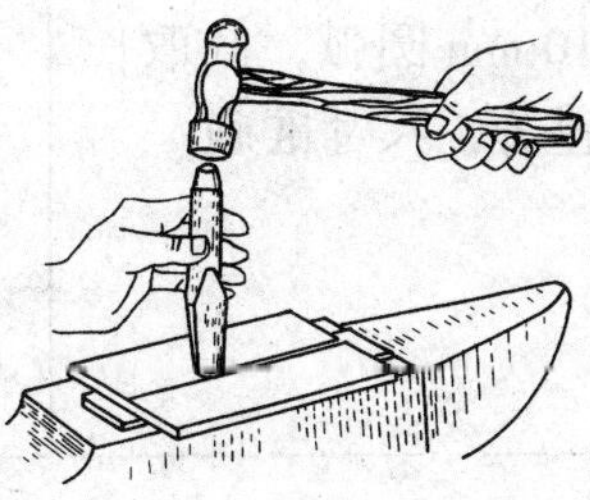

图 3–37

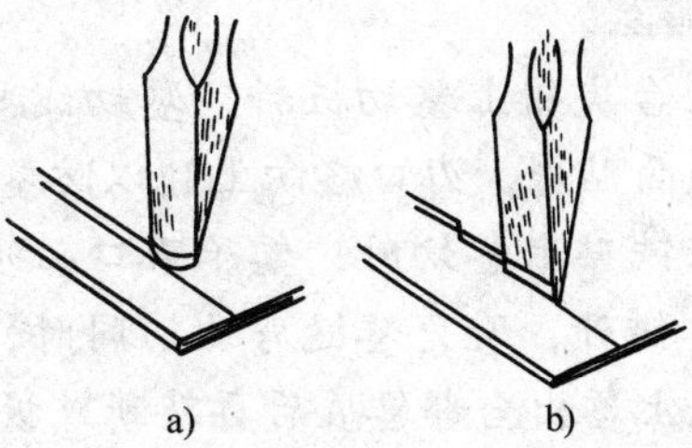

图 3–38

a）用圆弧刃錾錾痕易整齐　b）用平刃錾錾痕易错位

操作项目及要点

（3）当錾切直线段时，扁錾切削刃的宽度可宽些；錾切曲线段时，刃宽应根据曲率半径大小而定，使錾痕能与曲线基本一致

（4）錾切时，应由前向后錾，开始时錾子应放斜些，似剪切状，然后逐步放垂直，依次錾切（见图3–39）

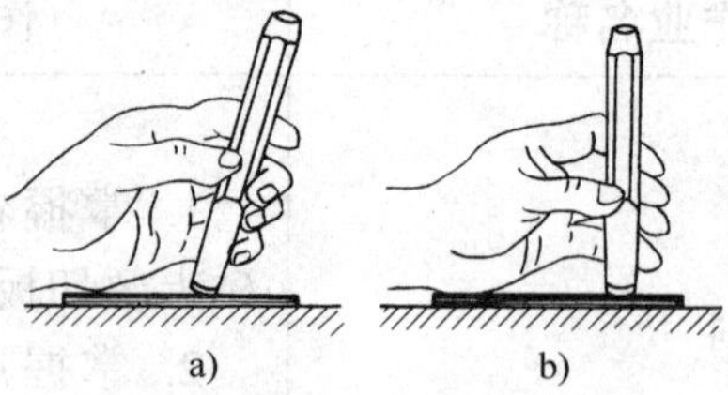

图 3–39

a）先倾斜錾切　b）后垂直錾切

3. 用密集钻孔配合錾子錾切

錾切前，先按轮廓线钻出密集的排孔，然后再用扁錾、尖錾逐步錾切（见图 3–40）

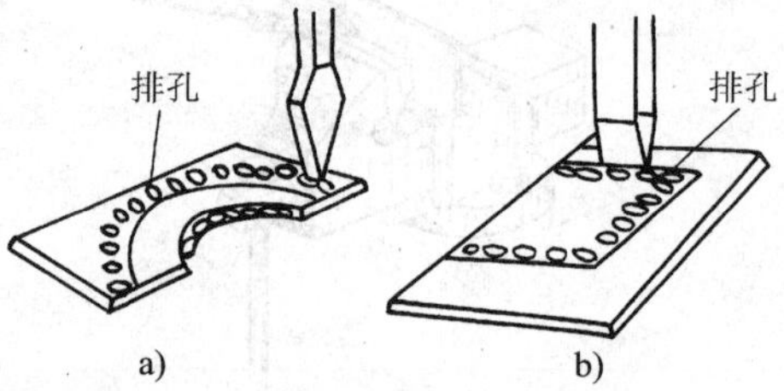

图 3–40

a）用密集钻孔配合尖錾錾切曲线

b）用密集钻孔配合扁錾錾切直线

4. 錾切板料技能训练（见图 3–41）

（1）按图完成 2 件内卡钳脚落料的划线，检查尺寸有无差错

（2）先錾切内卡钳钳角的长斜边，再錾切 $R10$ mm 圆弧，截取长度，达到錾痕整齐，尺寸准确

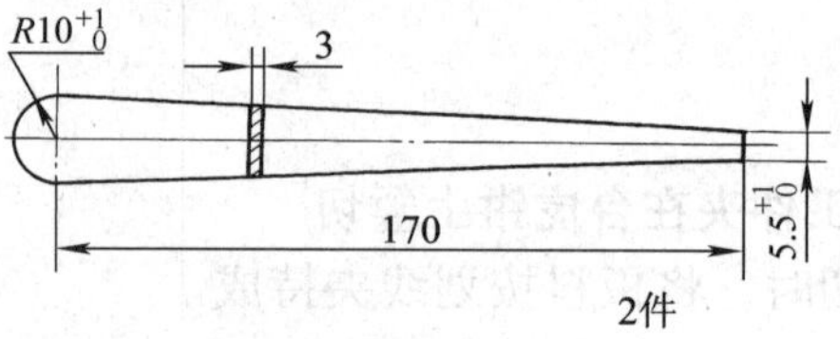

图 3–41

注意事项

（1）在台虎钳上錾切板料，錾切线要与钳口平齐，且要夹持牢固；錾子的后面部分要与钳口平面贴平，刃口略向上翘以防錾坏钳口表面

（2）在铁砧上錾切时，錾子刃口必须先对齐錾切线并成一定斜度錾切，要防止后一錾与前一錾错开，避免錾缝弯曲。同时，錾子不要錾到铁砧上。如不用垫铁时，应该用錾子在板料上錾出全部錾痕后再敲断或扳断

课题二　锯削

本课题主要学习手锯、锯削方法及锯削时常见问题的原因等内容。通过技能训练，学生能根据不同材料正确选用锯条，进行正确装夹，并能对各种材料进行正确的锯削，操作姿势正确，能达到一定的锯削精度。

作业名称	作业要点	工艺装备
锯削操作方法	掌握锯削基本操作要领，正确锯削各种材料	1. 锯弓、锯条 2. 工件：由本单元课题一作业 2 转来。加工后形成 54 mm × 45 mm × 22 mm、54 mm × 45 mm × 19 mm 的两工件转入本单元课题三作业 2，形成 54 mm × 44 mm × 34 mm 的工件转入本单元课题三作业 3 3. 游标卡尺

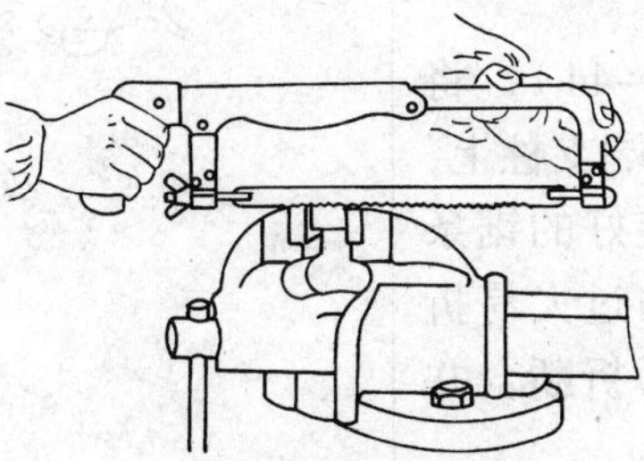

图 3–42　锯削操作

操作项目及要点

1. 手锯

（1）锯弓

锯弓是用来安装锯条的，有可调式和固定式两种（见图 3–43）

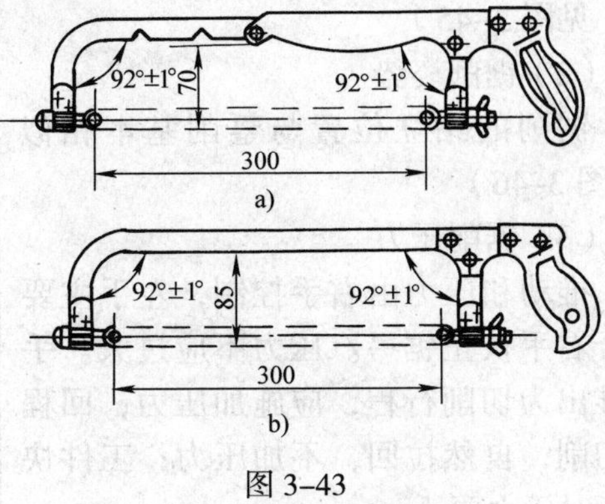

图 3–43

a）可调式　b）固定式

操作项目及要点

（2）锯条选用

根据工件材质和形状按下表选用不同齿距的锯条

工件材质及形状	锯齿粗细（每 25 mm 长度内的齿数）
软钢、铝、纯铜及较厚工件	粗齿（14 ~ 18）
普通钢材、铸铁、黄铜、厚壁管子、较厚的型钢等	中齿（22 ~ 24）
硬性金属，小而薄的型钢材料，薄壁管子等	细齿（32）
一般工厂中用，易于起锯	细齿变中齿（20 ~ 32）

（3）锯条的安装

应保证齿尖向前（见图 3–44），将锯条两端的安装孔装于锯弓两端支柱上，通过翼形螺母调节紧固。安装好的锯条松紧要适度，太紧时锯条受力过大易折断，太松时锯条易扭曲，也易折断，并且锯缝易歪斜

2. 锯削操作方法

（1）手锯握法

右手满握锯柄，左手轻扶在锯弓前端（见图 3–45）

（2）锯削姿势

锯削的站立位置与錾削基本相似（见图 3–46）

（3）锯削压力

推动和压力由右手控制，左手主要配合右手扶正锯弓。压力不应过大。手锯推出为切削行程，应施加压力；回程不切削，自然拉回，不加压力；工件快锯断时压力要小

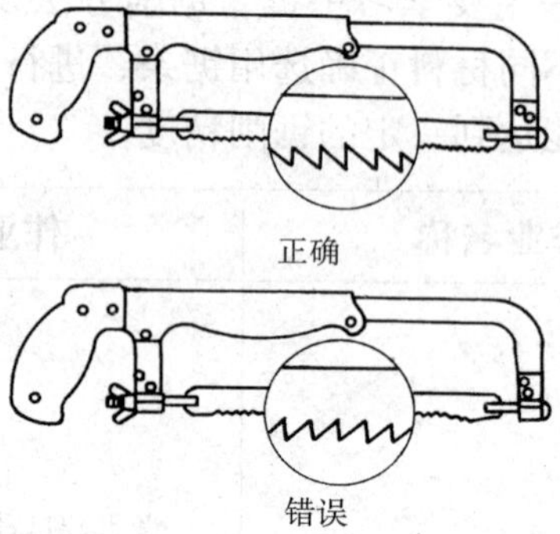

图 3–44

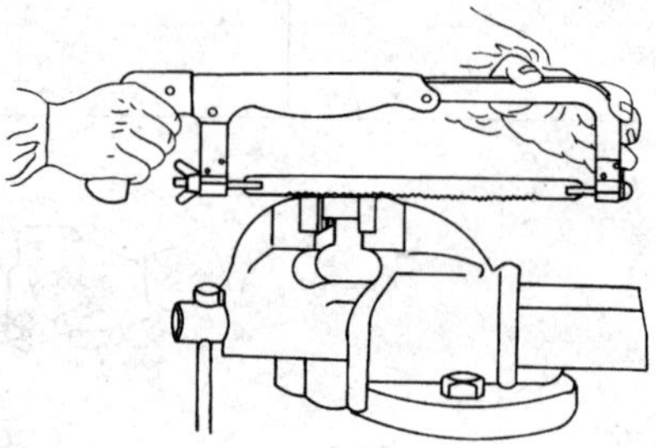

图 3–45

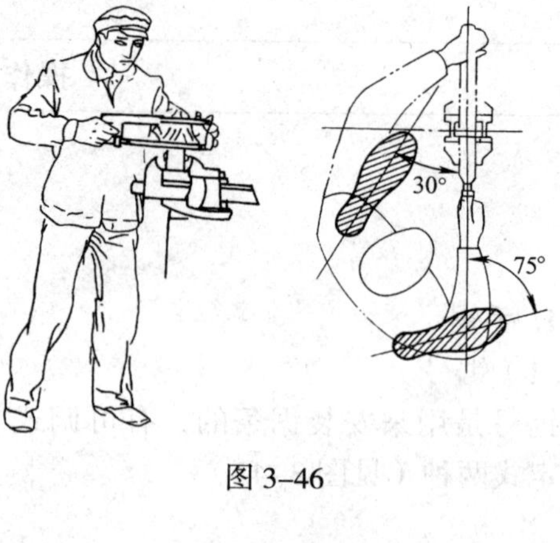

图 3–46

操作项目及要点

（4）运动和速度

锯削运动采用小幅度的上下摆动式运动。手锯推进时，身体略向前倾，双手随着力压向手锯的同时，左手上翘，右手下压。回程时，右手上抬，左手自然跟回。锯削速度一般为 40 次 /min，锯削硬材料慢些，锯削软材料快些

（5）工件的装夹

工件一般夹在台虎钳的左侧，工件伸出钳口不宜过长，锯缝离钳口约 20 mm，且与钳口侧面平行，夹紧要牢靠。同时，要避免将工件夹变形和夹坏已加工面

（6）起锯方法

起锯分远起锯和近起锯，一般情况下采用远起锯较好

1）起锯时，左手拇指靠住锯条，使锯条能正确地锯在所需位置上

2）行程要短，压力要小，速度要慢

3）起锯角在 15° 左右。起锯角太大，则起锯不平稳，锯齿易被工件棱边卡住而引起崩齿。起锯角太小，锯齿与工件同时接触的齿数较多，不易切入工件（见图 3–47）

4）起锯时，也可用三角锉先锉一个缺口，以便锯条切入

3. 各种材料的锯削方法

（1）管件锯削

1）锯削前划出垂直于管件轴线的锯削线

2）锯削时必须把管子夹正。对于薄壁管子和精加工过的管子，应夹在有 V 形槽的两木衬垫之间，以防管子被夹扁和表面被夹坏（见图 3–48）

3）锯削时，应逐次更换方向，在每个方向上都锯到管子内壁处，直到将管

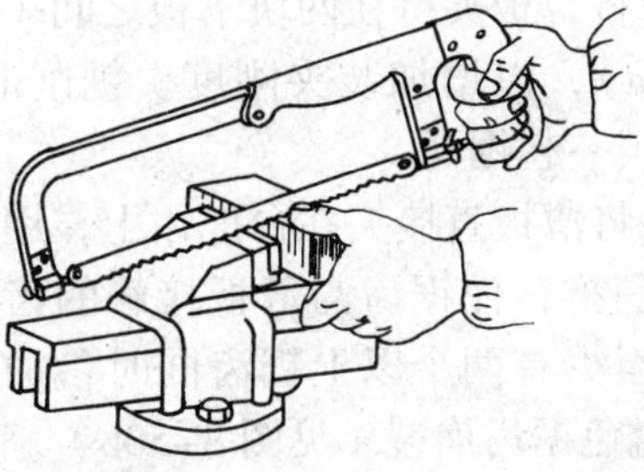

远起锯

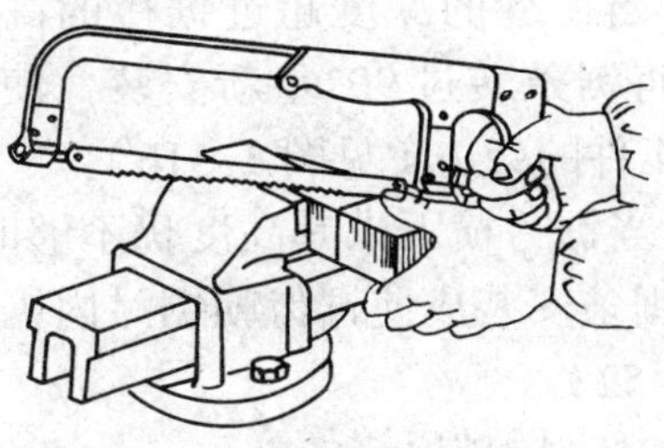

近起锯

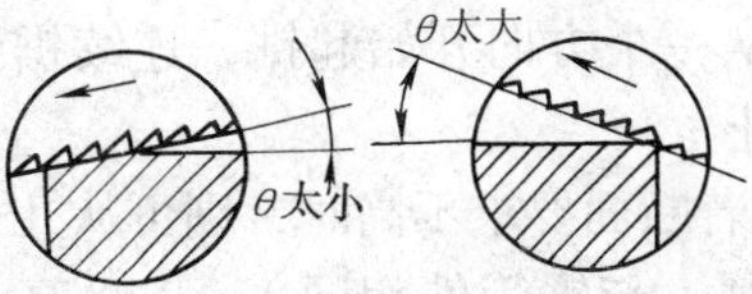

图 3–47

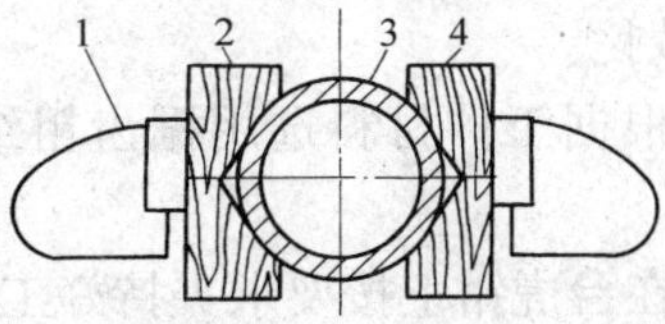

图 3–48

1—台虎钳　2、4—木衬垫　3—管件

操作项目及要点

子锯开为止（见图 3–49）。这称为转位锯削

（2）薄板材锯削

1）将薄板夹持在两块木板之间（见图 3–50a），以增加装夹刚度。锯削时，连同木板一起锯开

2）将薄板直接夹在台虎钳上，用手锯横向斜推，使锯齿与薄板接触的齿数增加（至少有两个以上锯齿同时参加锯削），避免锯齿崩裂（见图 3–50b）

（3）深缝锯削

1）当锯缝的深度超过锯弓的高度时，应将锯条转过 90° 重新安装，使锯弓转到工件的旁边（见图 3–51b）

2）当锯弓横下来其高度仍不够时，也可把锯条安装成使锯齿朝锯弓内锯削（见图 3–52）

（4）棒料锯削

1）被锯棒料的断面要求平整光洁时，应从一个方向开始起锯，连续锯到结束为止

2）若断面要求不高时，则可从几个方向锯削（与锯管件相同），以提高工作效率

4. 锯削技能训练

（1）检查来料尺寸，划线处涂上涂料

（2）划线

（3）根据工件材料选用锯齿粗细合适的锯条

（4）在台虎钳上按要求夹持好工件，进行锯削，达到尺寸（44 ± 0.8）mm，锯削断面的平面度误差不大于 0.4 mm，并保证锯痕整齐（见图 3–53a）

（5）同上操作，加工工件至要求的尺寸（见图 3–53b）

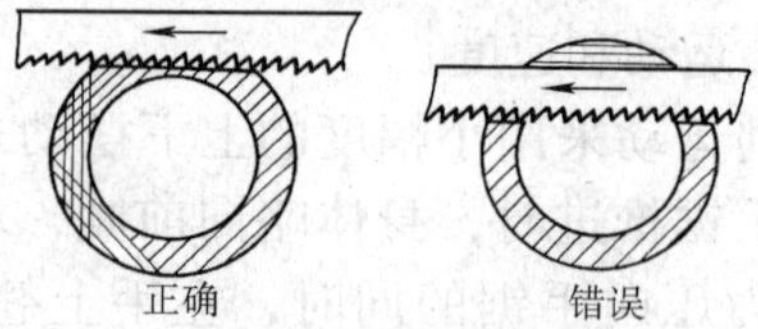

图 3–49

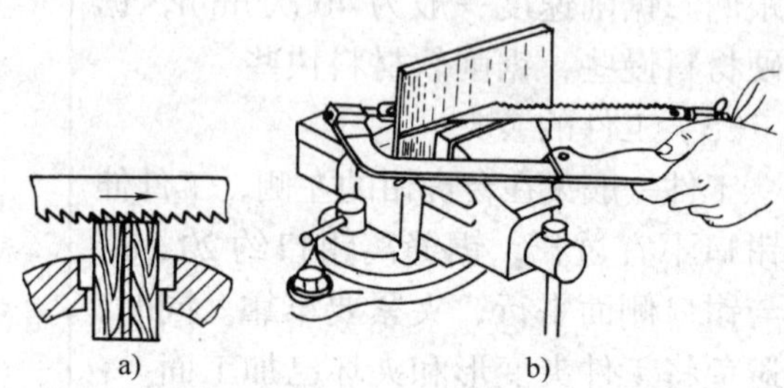

图 3–50

a）在木板间夹持　b）横向斜推锯

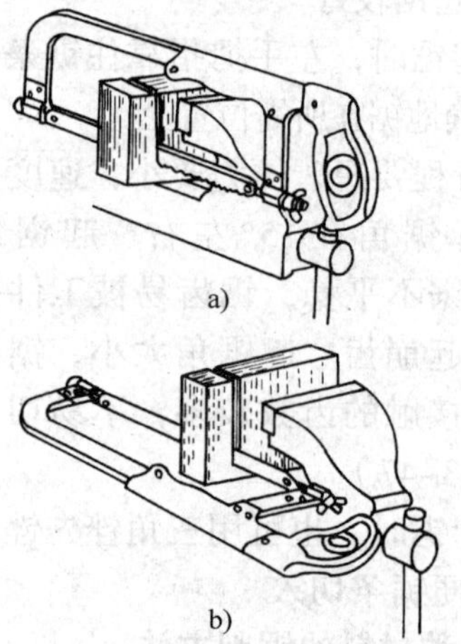

图 3–51

a）正常锯削　b）锯弓偏转锯削

图 3–52

操作项目及要点

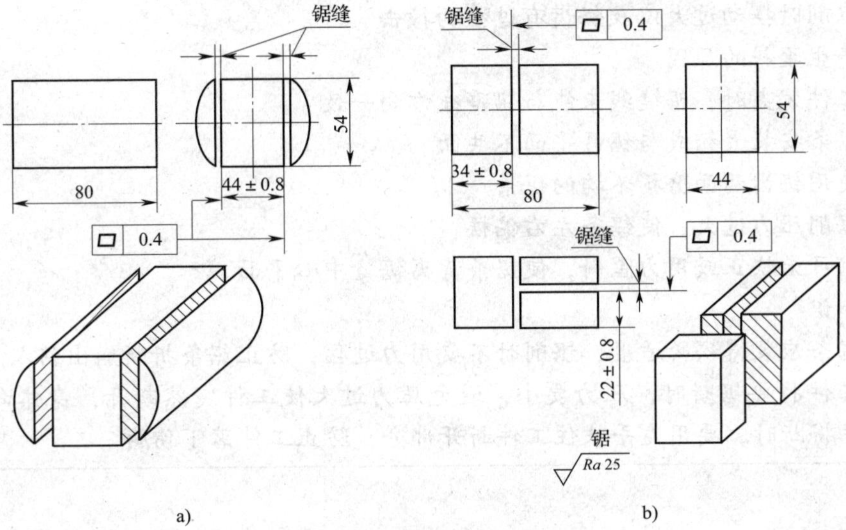

图 3–53

a）锯削圆弧　b）锯断

（6）评分标准

项目	序号	质量检测内容	配分	评分标准	检测结果	得分
锯削	1	（44 ± 0.8）mm	20	超差不得分		
	2	（34 ± 0.8）mm	20	超差不得分		
	3	（22 ± 0.8）mm	20	超差不得分		
	4	▱ 0.4	12	超差不得分		
	5	表面粗糙度 Ra25 μm	8	升高一级不得分		
	6	锯削姿势正确	10	目测，酌情扣分		
"6S" 管理			10	酌情扣分		

注意事项

锯条折断的原因

（1）工件未夹紧，锯削时工件有松动

（2）锯条装得过松或过紧

（3）锯削压力过大或用力突然偏离锯缝方向

（4）强行纠正歪斜的锯缝或更换新锯条后仍在原锯缝过猛锯削

（5）锯削时，锯条中间局部磨损，当拉长锯削时被卡住引起折断

（6）中途停止锯削时，手锯未从工件中取出而碰断

锯齿崩裂的原因

（1）锯条选择不当，如锯薄板料、管件时用粗齿

（2）起锯角太大

操作项目及要点
（3）锯削时摆动过大以及锯齿有过猛的撞击 锯缝产生歪斜的原因 （1）工件装夹时，锯缝线未能与铅垂线方向一致 （2）锯条安装太松或与锯弓平面不共面 （3）使用锯齿两面磨损不均的锯条 （4）锯削压力过大，使锯条左右偏摆 （5）锯弓未扶正或用力歪斜，使锯条背离锯缝中心平面 安全知识 （1）锯条应装得松紧适度，锯削时不要用力过猛，防止锯条折断崩出伤人 （2）工件将要锯断时，压力要小，避免压力过大使工件突然断开，身体向前冲造成事故。工件将断时，要用左手扶住工件断开部分，防止工件落下伤脚

课题三 锉削

本课题主要学习平面、曲面的锉削方法。通过技能训练，掌握正确的锉削姿势和动作要领以及工件平面、曲面等的锉削技能。

作业 1

作业名称	作业要点	工艺装备
锉削操作方法	掌握锉削的姿势和动作要领以及各种基本锉削方法	1. 大号、中号、小号平锉 2. 工件 3. 毛刷、钢丝刷等

图 3-54　锉削操作

操作项目及要点

1. 锉刀柄的装拆方法

锉刀柄的安装如图 3–55a 所示，先将锉刀舌放入木柄孔中，再用左手轻握木柄，右手将锉刀扶正，逐步镦紧，或用锤子轻轻击打木柄，直到锉刀舌插入木柄的长度约 3/4 为止。拆卸锉刀柄的方法如图 3–55b 所示，在平板上或台虎钳钳口轻轻将木柄敲松后取下。

2. 锉刀握法

（1）平锉长度大于 250 mm 时，用右手握紧手柄，柄端顶住掌心，拇指放在手柄的上部，其余四指满握手柄；左手用中指、无名指捏住锉刀的前端，拇指根部压在锉刀头上，食指、小指自然收拢（见图 3–56）

（2）中小型锉刀握法如图 3–57 所示

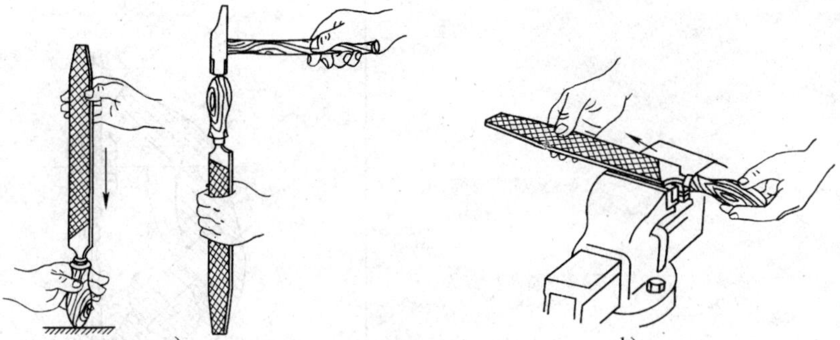

a)　　b)

图 3–55

a）装锉刀柄　b）拆锉刀柄

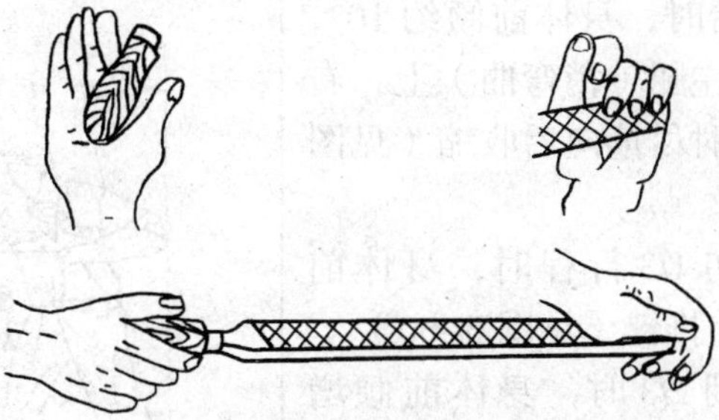

图 3–56

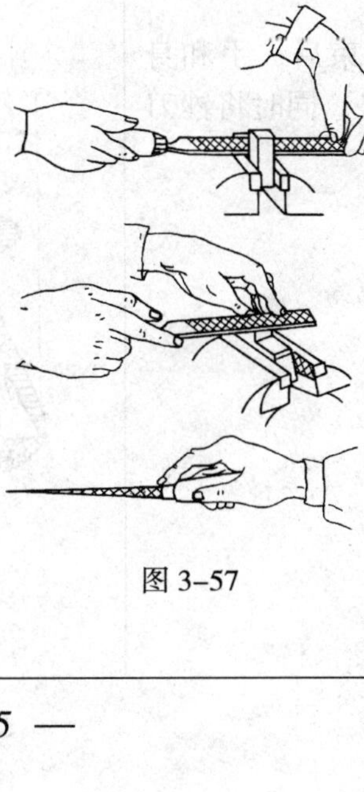

图 3–57

操作项目及要点

3. 锉削姿势

（1）两脚站立位置和姿势与錾削相似（见图 3–58）

（2）锉削动作

1）开始时，身体前倾约 10°，身体重心在左腿（稍弯曲）上，右腿伸直，右肘尽量向后收缩（见图 3–59）

2）最初 1/3 行程时，身体前倾约 15°向前推锉（见图 3–60）

3）锉到 2/3 时，身体前倾增至 18°（见图 3–61）

4）锉最后 1/3 时，右肘继续推进锉刀，身体退回到 15°左右（见图 3–62）

5）锉削行程结束后，手和身体都恢复到原来姿势，同时将锉刀略提起退回

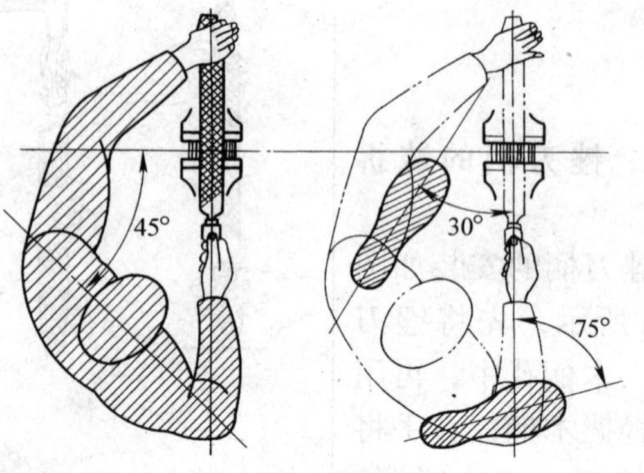

图 3–58

图 3–59

图 3–60

图 3–61

图 3–62

操作项目及要点	
4. 锉削力和锉削速度 （1）要锉出平直的平面，必须使锉刀保持直线的锉削运动。为此，锉削时右手的压力要随锉刀推动而逐渐增加，左手的压力要随锉刀推动而逐渐减小，回程时不加压力，以减少锉齿的磨损（见图 3–63） （2）锉削速度一般为 40 次 /min 左右，推锉时稍慢，回程时稍快，动作要自然协调 **5. 平面锉削** （1）顺向锉（见图 3–64） 采用顺向锉锉削时，锉刀运动方向与工件夹持方向始终一致。在锉宽平面时，为使整个加工表面能均匀地锉削，每次退回锉刀时，应在横向做适当的移动。因顺向锉的锉纹整齐美观，因此面积不大的平面锉削和精锉时常采用	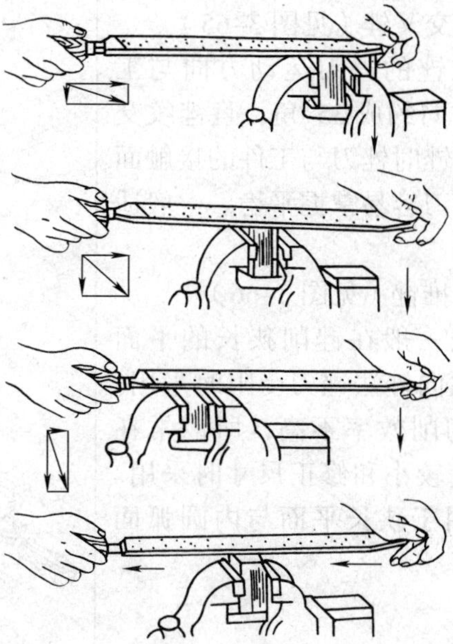 图 3–63 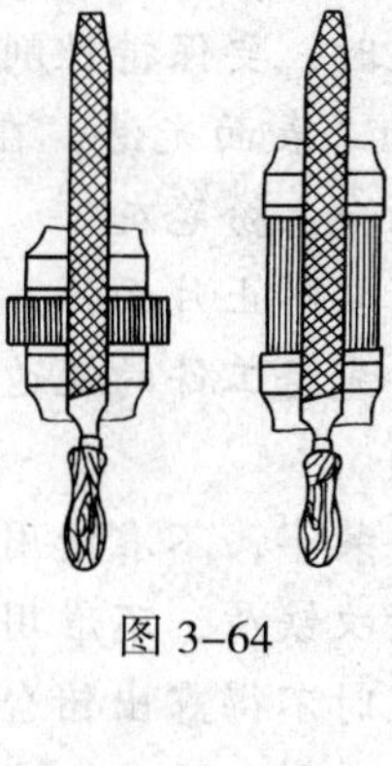 图 3–64

操作项目及要点	
（2）交叉锉（见图 3–65） 交叉锉的锉刀运动方向与工件夹持方向约成35°角，且锉纹交叉。交叉锉时锉刀与工件的接触面增大，锉刀容易掌握平稳。一般适用于粗锉 （3）推锉（见图 3–66） 推锉一般在锉削狭长的平面或采用顺向锉法锉刀受阻时采用。推锉法切削效率不高，所以常在加工余量较小和修正尺寸时采用。推锉还用于狭长平面与内圆弧面的连接面	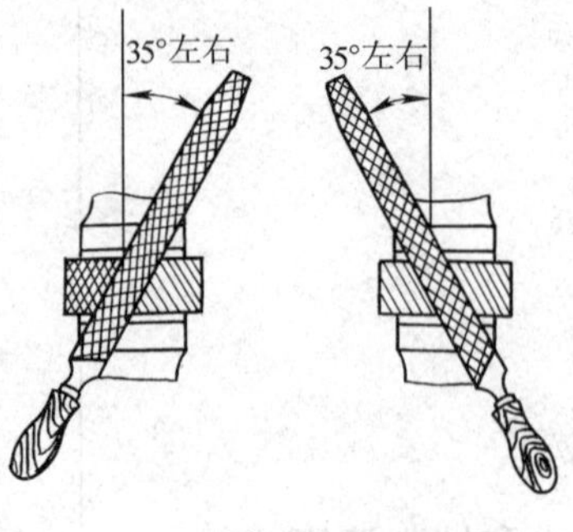 图 3–65 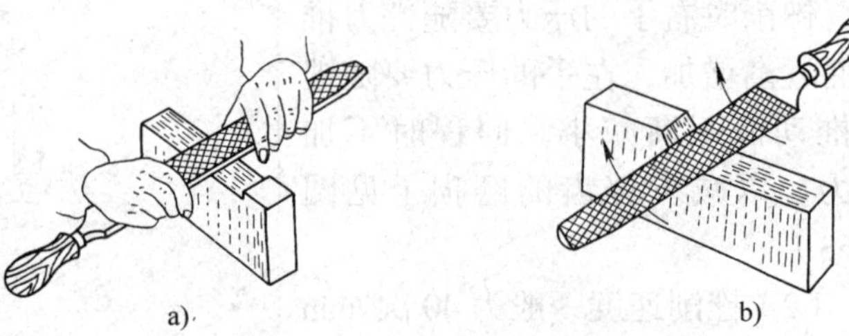 图 3–66 a）推锉平面　b）推锉平面与内圆弧面的连接面

注意事项

锉削注意事项

（1）锉削练习时，要保持锉削姿势正确，随时纠正不正确的姿势动作

（2）为保证加工表面光洁，在锉钢件时，必须经常用钢丝刷清除嵌入锉刀齿纹内的锉屑，并在齿面上涂上粉笔灰

（3）在加工时要防止片面性，要考虑工件的全部精度要求

（4）测量时要先将工件的锐边倒钝，去毛刺，保证测量的准确性

安全注意事项

（1）锉刀柄要装牢，不准使用锉刀柄有裂纹的锉刀和无刀柄的锉刀

（2）不准用嘴吹铁屑，不准用手清理铁屑，也不准用手摸、擦锉削面

（3）锉刀放置时不得露出钳台边

（4）夹持工件已加工面时，应使用保护垫片，较大工件要加木垫

作业 2

作业名称	作业要点	工艺装备
锉削长方体	1. 掌握确定锉削顺序的一般原则 2. 正确使用刀口形直尺检查工件平面度 3. 正确使用游标卡尺或千分尺检查工件平行度 4. 正确使用直角尺检查工件垂直度 5. 掌握锉削长方体的方法	1. 工件：由本单元课题二转来。加工后件 1 转入本单元课题四作业 2，件 2 转入第四单元课题一 2. 300 mm 粗板锉、250 mm 细板锉 3. 台虎钳、刀口形直尺、游标卡尺、千分尺、钢直尺、直角尺

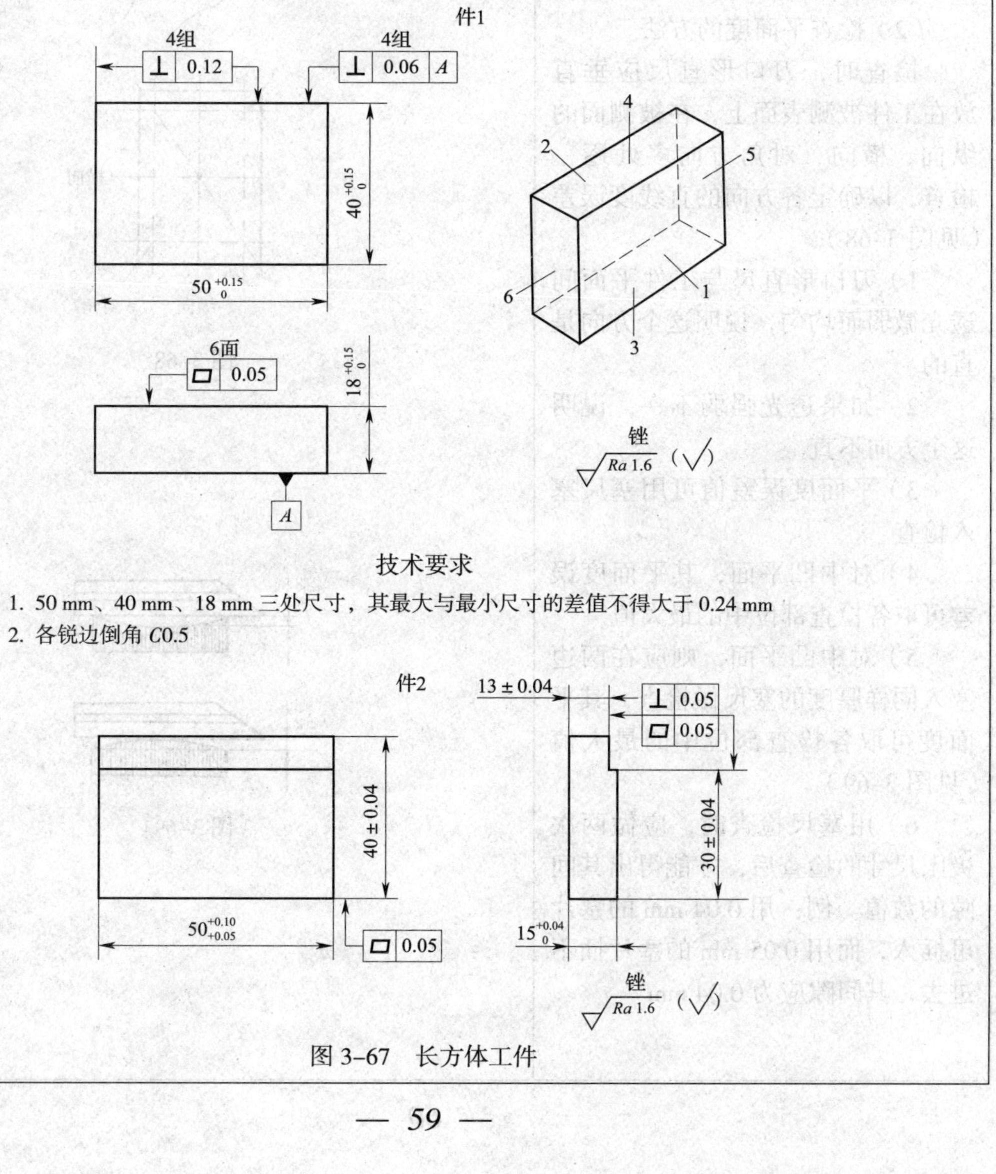

图 3–67　长方体工件

操作项目及要点

1. 锉削与检验

（1）确定锉削顺序的一般原则

1）选择最大的平面作基准面锉平，达到平面度要求

2）先锉平行面达到规定的平面度、平行度要求后，再锉与其相关的垂直面，以便于控制尺寸和精度要求

3）平面与曲面连接时，应先锉平面再锉曲面，以便于圆滑连接

（2）检查平面度的方法

检查时，刀口形直尺应垂直放在工件被测表面上，在被测面的纵向、横向、对角方向多处逐一检查，以确定各方向的直线度误差（见图 3–68）

1）刀口形直尺与工件平面间透光微弱而均匀，说明这个方向是直的

2）如果透光强弱不一，说明这个方向不直

3）平面度误差值可用塞尺塞入检查

4）对中凹平面，其平面度误差可取各检查部位中的最大值

5）对中凸平面，则应在两边塞入同样厚度的塞尺做检查，其平面度可取各检查部位中的最大值（见图 3–69）

6）用塞尺检查时，应做两次极限尺寸的检查后，才能得出其间隙的数值。例：用 0.04 mm 的塞片可插入，而用 0.05 mm 的塞片插不进去，其间隙应为 0.04 mm

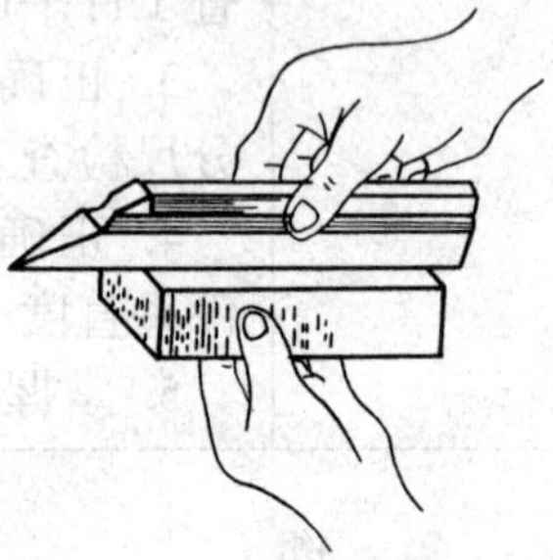

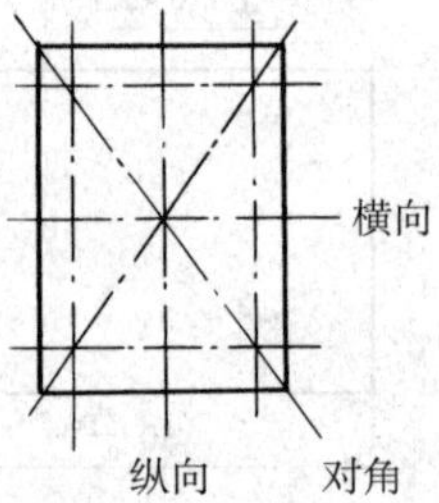

图 3–68

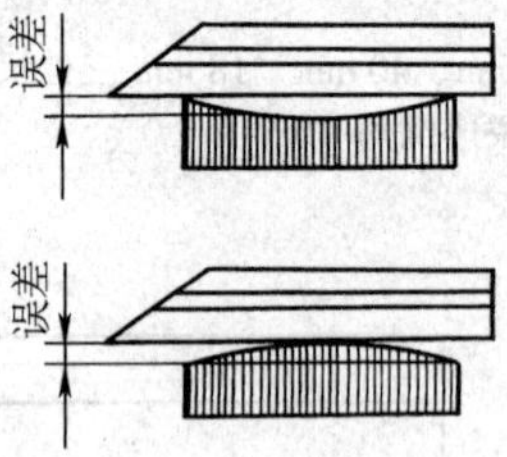

图 3–69

操作项目及要点	
（3）检查平行度的方法 以锉平的基面为基准，用游标卡尺或千分尺在不同点测量两平面间厚度，根据读数确定该位置是否超差（见图 3–70） （4）用直角尺检查工件垂直度的方法 1）先将直角尺尺座的测量面紧贴工件的基准面，然后从上逐步轻轻向下移动，使直角尺的测量面与工件的被测表面接触（见图 3–71a），用眼睛平视观察其透光情况，以此来判断工件被测面与基准面是否垂直。检查时，直角尺不可斜放（见图 3–71b） 2）在同一平面上改变不同的检查位置时，直角尺不可在工件表面上拖动，以免磨损影响直角尺本身精度 **2. 件 1 锉削步骤** （1）选 1 面为基准面，粗、精锉 1 面，达到平面度及表面粗糙度要求 （2）按实习件各面的编号顺序，结合划线，依次对各面进行粗、精锉削达到图样要求 （3）全部作精度复检，并作必要的修整锉削 （4）各锐边做 $C0.5$ 的均匀倒角	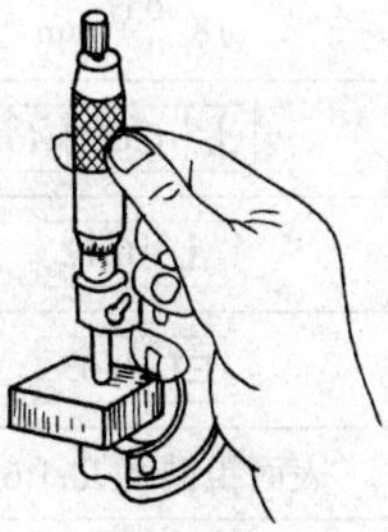 图 3–70 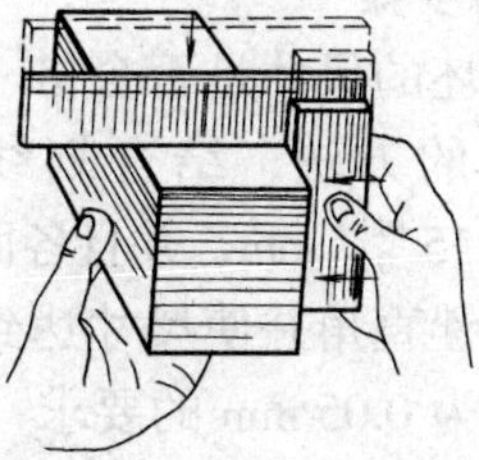 a）  b） 图 3–71 a）正确　b）不正确

操作项目及要点

（5）评分标准

项目	序号	质量检测内容	配分	评分标准	检测结果	得分
锉削	1	$50^{+0.15}_{0}$ mm	10	超差不得分		
	2	$40^{+0.15}_{0}$ mm	10	超差不得分		
	3	$18^{+0.15}_{0}$ mm	10	超差不得分		
	4	⊥ 0.06 A	12	超差不得分		
	5	⊥ 0.12	12	超差不得分		
	6	▱ 0.05	18	超差不得分		
	7	表面粗糙度 $Ra1.6$ μm	8	升高一级不得分		
	8	锉削姿势正确	10	目测，酌情扣分		
"6S" 管理			10	酌情扣分		

3. 件 2 锉削步骤

（1）检查毛坯的尺寸是否合格

（2）按件 1 的方法，结合划线，依次对各面进行粗、精锉削，达到 $50^{+0.10}_{+0.05}$ mm ×（40 ± 0.04）mm × $15^{+0.04}_{0}$ mm，并且各面的平面度均为 0.05 mm，垂直度和平行度符合图样要求

（3）粗、精锉直角并使尺寸达到（13 ± 0.04）mm 和（30 ± 0.04）mm 精度要求，且垂直度和平面度均为 0.05 mm 的要求

（4）各锐边做 $C0.5$ 的均匀倒角

（5）评分标准

项目	序号	质量检测内容	配分	评分标准	检测结果	得分
锉削	1	$50^{+0.10}_{+0.05}$ mm	10	超差不得分		
	2	（30 ± 0.04）mm	10	超差不得分		
	3	（40 ± 0.04）mm	10	超差不得分		
	4	（13 ± 0.04）mm	10	超差不得分		
	5	$15^{+0.04}_{0}$ mm	10	超差不得分		
	6	▱ 0.05	12	超差不得分		
	7	⊥ 0.05	12	超差不得分		
	8	表面粗糙度 $Ra1.6$ μm	8	升高一级不得分		
	9	倒角	8	不加工不得分		
	10	锉削姿势正确	5	目测，酌情扣分		
"6S" 管理			5	酌情扣分		

作业 3

作业名称	作业要点	工艺装备
锉削曲面	掌握曲面锉削和精度检验方法	1. 平锉、圆锉、半圆锉 2. 工件：由本单元课题二转来

操作项目及要点

1. 外圆弧面及圆柱面的锉削

（1）顺向锉

锉削时，锉刀向前，右手下压，左手随着上提（见图 3–72），用于精锉圆弧面

（2）横向锉

锉刀作直线推进的同时，绕圆弧面中心作圆弧摆动（见图 3–73），适用于粗加工圆弧面

（3）将方形零件锉成圆柱形

应先锉成棱形（八角形、十六角形），然后再按（1）锉成圆柱（见图 3–74）

2. 内圆弧面及圆孔的锉削

采用圆锉、半圆锉进行锉削。锉削时要同时完成 3 个运动：前进运动、顺圆弧面向左或向右移动、绕锉刀中心线转动（见图 3–75）

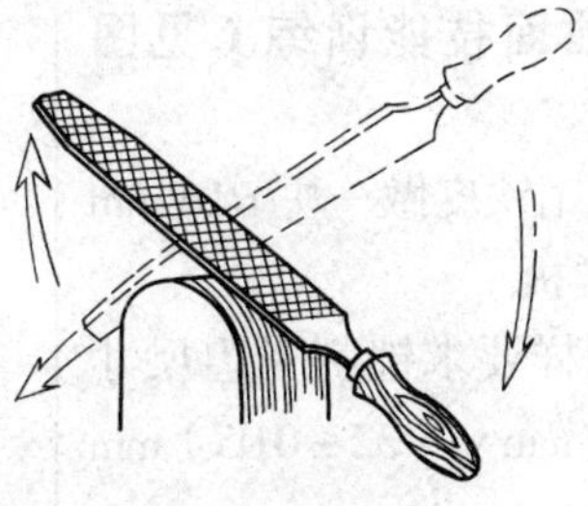

图 3–72

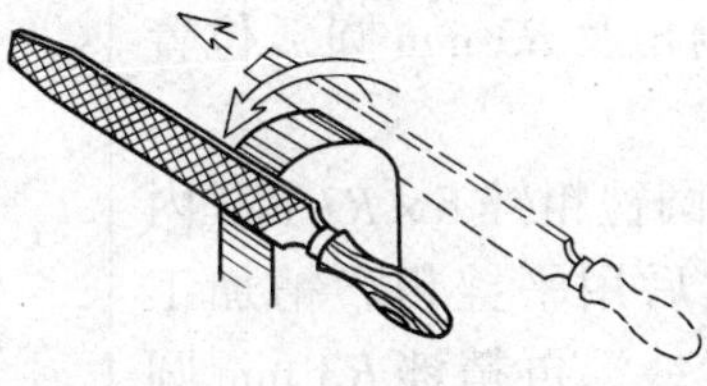

图 3–73

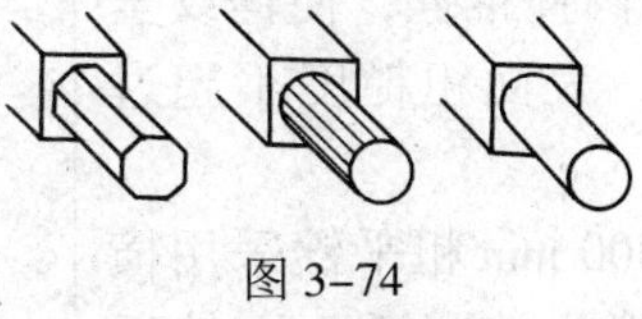

图 3–74

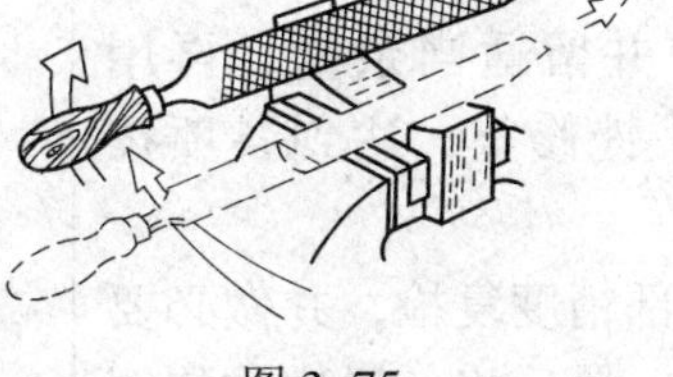

图 3–75

操作项目及要点

3. 球面锉削

球面锉削是外圆弧面锉削方法中的顺向锉与横向锉的有机结合（见图 3–76）

4. 曲面形体的线轮廓度检查方法

可用曲面样板通过塞尺或透光法进行检查（见图 3–77）

5. 锉削曲面技能训练（见图 3–78）

（1）每人用铁皮做一块 *R*16 mm 及 *R*3 mm 的样板

（2）按图样要求锉削对边尺寸为（42 ± 0.05）mm ×（32 ± 0.05）mm 的四方体

（3）按图样尺寸划 *R*16 mm 和 4 处 3 mm 倒角及 *R*3 mm 圆弧位置的加工线

（4）用圆锉粗锉 8 × *R*3 mm 内圆弧面，然后用平锉粗、精加工倒角至加工线，再精锉 *R*3 mm 圆弧并与倒角平面连接圆滑，最后用 150 mm 半圆锉推锉，使锉纹全部成为直向，表面粗糙度不超过 *Ra*1.6 μm

（5）用 300 mm 粗平锉采用横向锉法，粗锉两端圆弧面至接近 *R*16 mm 加工线，然后顺着圆弧锉正圆弧面，并留适当余量，再用 250 mm 细平锉修整，达到各项技术要求

（6）全部精度复检，并做必要的修整锉削，最后将各锐边均匀倒钝

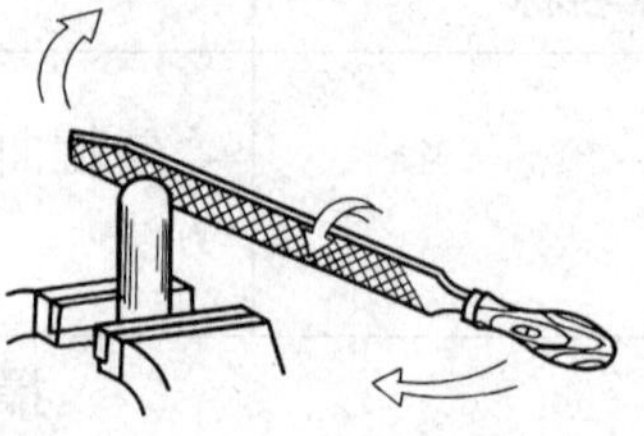

图 3–76

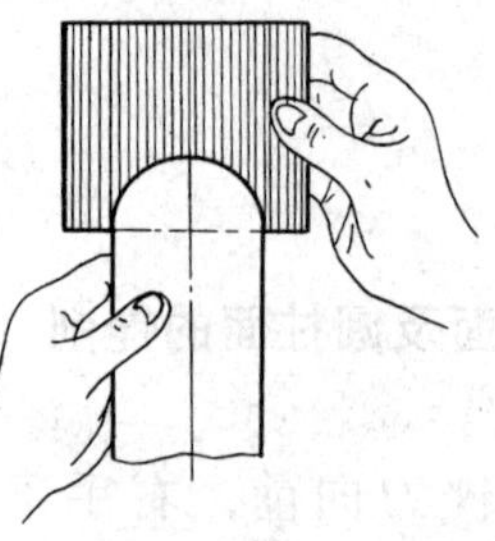

图 3–77

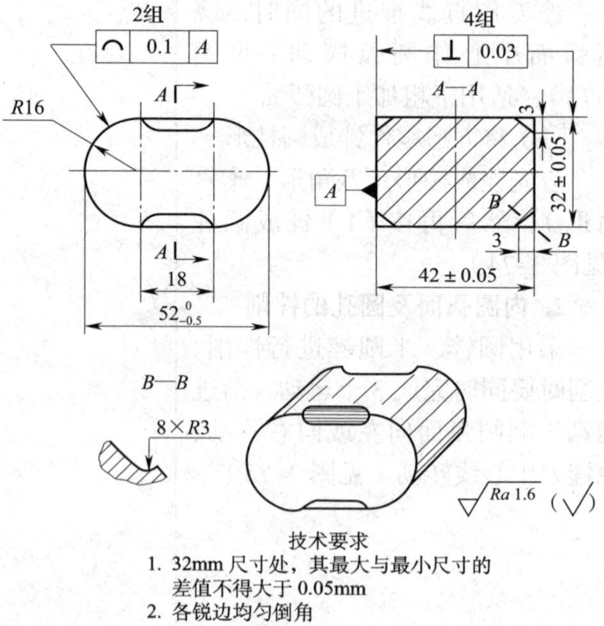

图 3–78

操作项目及要点

（7）评分标准

项目	序号	质量检测内容	配分	评分标准	检测结果	得分
锉削	1	（42 ± 0.05）mm	8	超差不得分		
	2	（32 ± 0.05）mm	8	超差不得分		
	3	$52_{-0.5}^{0}$ mm	8	超差不得分		
	4	⊥ 0.03 （4 组）	12	超差不得分		
	5	⌒ 0.1 *A* （2 组）	10	超差不得分		
	6	3 mm × 3 mm 倒角（4 组）	8	超差不得分		
	7	*R*3 圆弧与 3 mm × 3 mm 倒角连接正确（8 组）	16	连接不正确不得分		
	8	表面粗糙度 *Ra*1.6 μm	10	升高一级不得分		
	9	锉削姿势正确	10	目测，酌情扣分		
"6S" 管理			10	酌情扣分		

课题四 刮削

本课题主要学习平面刮削、平行面与垂直面的刮削及曲面刮削等内容。通过本课题的训练，掌握刮削的基本操作以及对平面和曲面的刮削操作，并达到精度要求。

作业 1

作业名称	作业要点	工艺装备
平面刮削	1. 掌握平面刮削的基本方法 2. 基本掌握刮削原始平板的技能	1. 工件：平板三块 2. 平面刮刀 3. 其他有关刮削平面工具

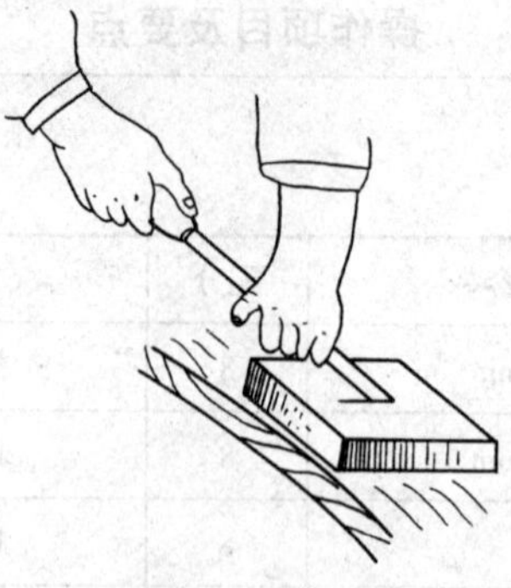

图 3–79　刮削

操作项目及要点

1. 平面刮刀的刃磨与热处理

（1）粗磨后面、前面

1）粗磨后面。分别将刮刀后面贴在砂轮侧面上。开始时应先接触砂轮边缘，再慢慢放平在侧面上，不断地前后移动进行刃磨，使两后面均平整，在刮刀的全宽上不应有显著的厚薄差别（见图 3–80）

2）粗磨前面。为防止刮刀抖动，应先以一定角度接触砂轮，再转至水平，在砂轮轮缘上平稳地左右移动，并保持端面与刀身中心线垂直（见图 3–81）

（2）热处理

将粗磨好的刮刀头部（长约 25 mm），放在炉火中缓慢加热到 780 ~ 800 ℃（呈樱红色），取出后迅速放入冷水（或 10% 的盐水）中冷却，浸入深度 8 ~ 10 mm，并将刮刀沿着水面缓缓移动，待冷却到刮刀露出水面部分呈黑色时，由水中取出，观察其刃部颜色变为白色时，再迅速将刮刀浸入水中完全冷却即可（见图 3–82）

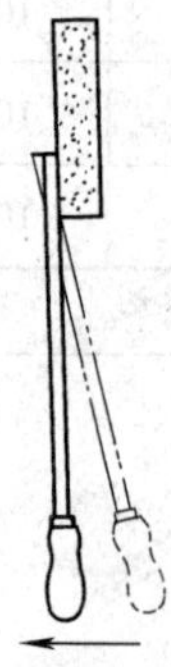

图 3–80

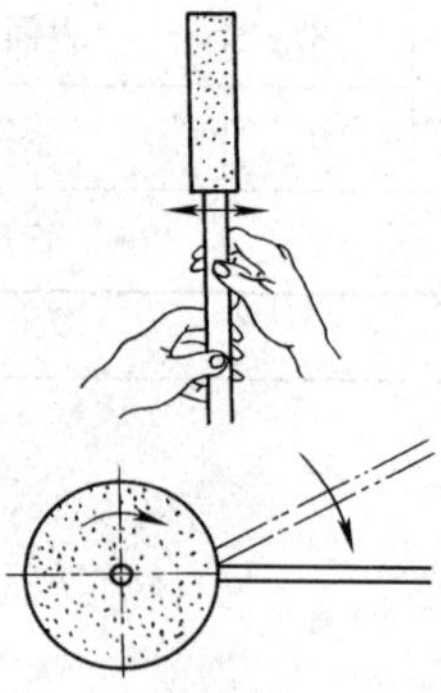

图 3–81

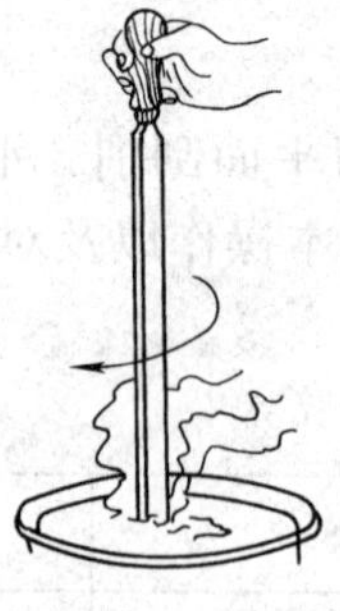

图 3–82

操作项目及要点

（3）细磨

经过热处理后的刮刀在细砂轮上细磨，直至达到刮刀形状和几何角度要求。刃磨时，应避免刀口部分退火，动作和方法同粗磨。平面刮刀头部形状和角度如图 3–83 所示

（4）精磨

精磨时，在油石上滴上适量润滑油，先按图 3–84 所示方法刃磨两后面，达到光洁平整。然后精磨前面：一种方法是左手扶住手柄，右手紧握刀身，使刮刀直立在油石上，略带前倾，推时磨锐刀口，拉时刮刀提起，如此反复，直至符合形状、角度要求及刃口锋利为止（见图 3–85）。另一种方法是将刮刀上部靠在肩上，两手握刀身，拉动时磨锐刀口，推时刮刀提起，此法速度虽然慢，但易掌握（见图 3–86）

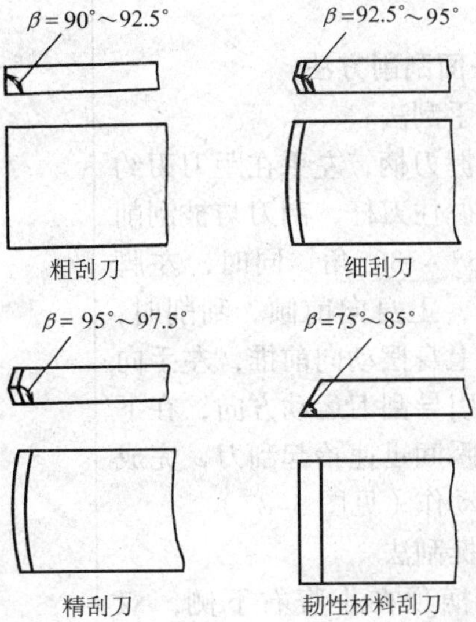

图 3–83

图 3–84

图 3–85

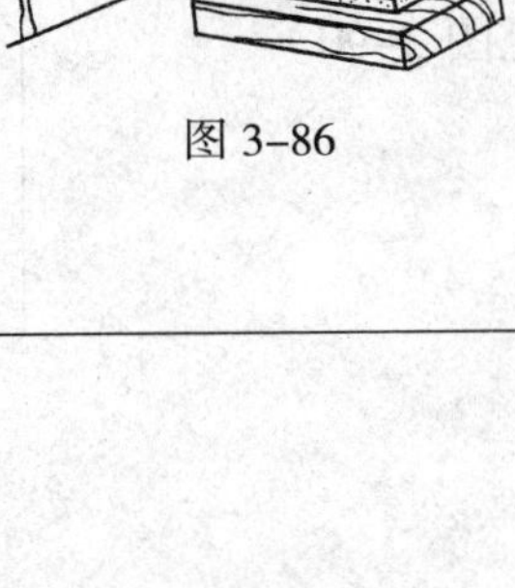

图 3–86

操作项目及要点

2. 平面刮削方法

（1）手刮法

右手握刀柄，左手在距刀刃约 50 mm 处握住刀杆，刮刀与被刮削表面成 25° ~ 30° 角。同时，左脚前跨一步，上身向前倾。刮削时，右臂利用上身摆动向前推，左手向下压，并引导刮刀运动方向，在下压推挤的瞬间迅速抬起刮刀，完成一次刮削动作（见图 3–87）

（2）挺刮法

将刀柄顶在小腹右下侧，双手握刀距刃口约 80 mm 处（左手在前、右手在后）。刮削时，左手下压落刀要轻，利用腿和臀部力量使刮刀向前推挤，双手引导刮刀前进。在推挤后的瞬间，双手将刮刀提起，完成一次刮削动作（见图 3–88）

3. 原始平板的刮削方法

（1）刮削步骤

刮削原始平板采用的方法与步骤按图示顺序进行（见图 3–89）

（2）研点法

1）先直研（纵向、横向）以消除纵横起伏误差，通过几次循环刮削，达到各平板显点一致

2）然后采用对角研点以消除平面的扭曲误差，直到无论是直研、对角研均达到三块平板显点完全一致为止（见图 3–90）

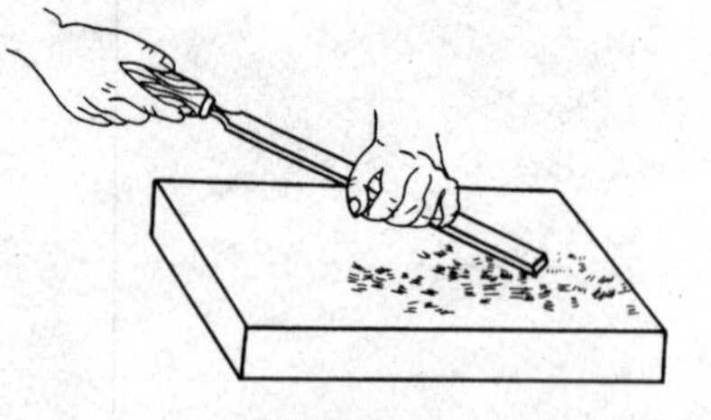

图 3–87

图 3–88

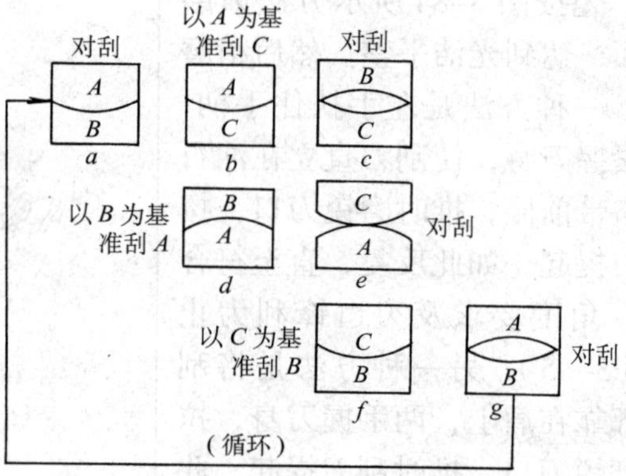

图 3–89

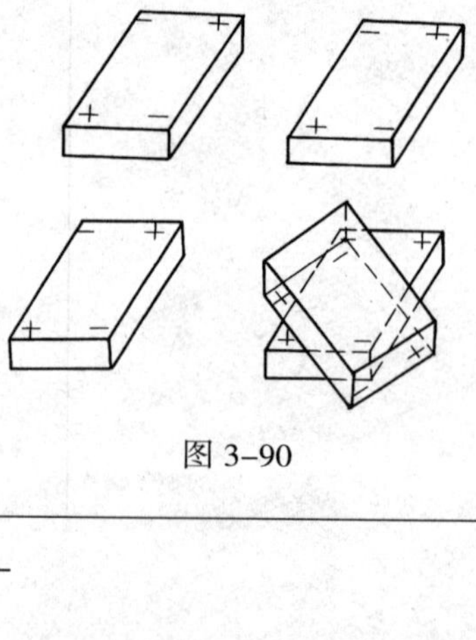

图 3–90

操作项目及要点

4. 刮削面缺陷分析

缺陷形式	特征	产生原因
深凹痕	刮削面研点局部稀少或刀迹与显点高低相差太多	1. 粗刮时用力不均匀，局部落刀太重或多次刀迹重叠 2. 刀刃磨得弧形弯曲程度过大
撕痕	刮削面上有粗糙的条状刮痕，较正常刀迹深	1. 刀刃不光滑或不锋利 2. 刀刃有缺口或裂纹
振痕	刮削面上出现有规则的波纹	多次同向刮削，刀迹没有交叉
划痕	刮削面上划出深浅不一的直线	研点时夹有沙粒、铁屑等杂质，或显示剂不清洁
刮削面精度不准确	显点情况无规律的改变且捉摸不定	1. 推磨研点时压力不均匀，研具伸出工件太多，或者是因为按照出现的假点刮削造成 2. 研具本身不准确

注意事项

刮削注意事项

（1）正确的刮削姿势、动作是本课题的重点，必须严格训练

（2）要重视刮刀的修磨，正确刃磨刮刀是提高刮削速度和保证精度的基本条件

（3）粗刮是为了获得工件初步的形状精度和位置精度，一般都要刮去较多的金属，所以刮削要有力，每刀的刮削量要大；而细刮和精刮主要是为了提高刮削表面的光整度和接触点数，所以必须挑点准确，刀迹细小、光整。因此，不要在平板还没有达到粗刮要求的情况下，过早地进入细刮工序。这样既影响刮削速度，也不易将平板刮好

（4）在原始平板研刮中，每三块轮刮后应调换一次研点方法，并在粗刮到细刮的过程中，逐渐缩短研点移动距离，逐步减薄显示剂涂层，使显点真实、清晰

（5）在刮削中要勤于思考、善于分析，随时掌握工件的实际误差情况，并选择适当的部位进行刮削修整，以最小的加工量和刮削时间来达到技术要求

安全注意事项

（1）刮削前，工件应倒钝锐边，以防伤手

（2）刮削中因操作者高度不够需要在脚下垫脚踏板时，要安放平稳、可靠，以防人跌倒受伤

（3）挺刮时，刮刀柄应安装可靠，防止木柄破裂使刮刀柄端穿过木柄伤人

（4）工件要装夹牢固，大型工件要安放平稳，搬动时要注意安全

（5）刮削至工件边缘时，不可用力过猛，以免失控（如连刀带人冲出），发生事故

（6）刮刀用后，刀头部要用纱布包裹好，妥善放置

作业 2

作业名称	作业要点	工艺装备
平行面和垂直面的刮削	掌握平行面与垂直面刮削及测量的技能	1. 工件：由本单元课题三作业 2 转来。加工后转入第四单元课题三 2. 刮削工具一套 3. 有关量具

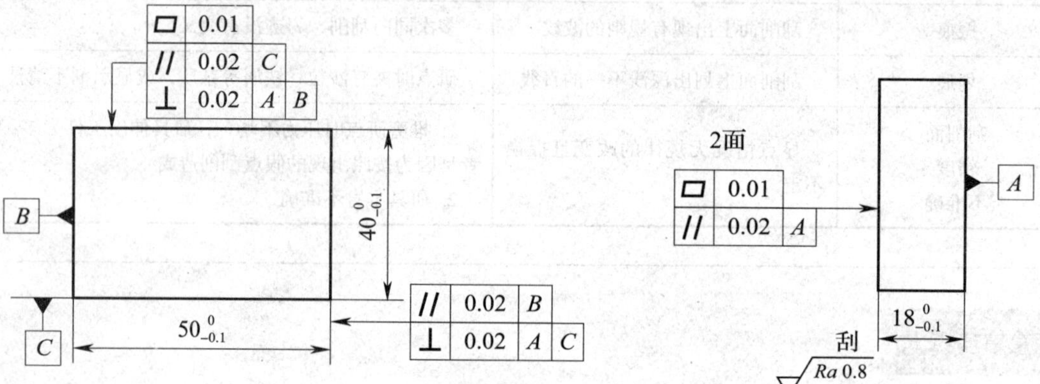

技术要求

25mm×25mm范围内接触点不少于16点

图 3–91　刮削长方体

操作项目及要点

1. 两个大平行平面的刮削

（1）各棱边倒角 $C1$

（2）选用标准平板作测量基准

（3）先刮削基准面，达到表面粗糙度及接触点要求（见图 3–92）

（4）刮削基准面的平行面

1）先用百分表测量该面对基准面的平行度误差，以确定粗刮时的刮削部位及刮削量，结合涂色显点进行粗刮，以保证平面度要求（见图 3–93）

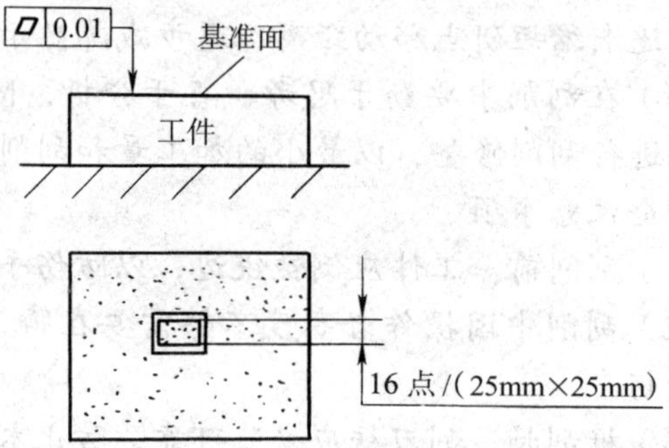

图 3–92

操作项目及要点

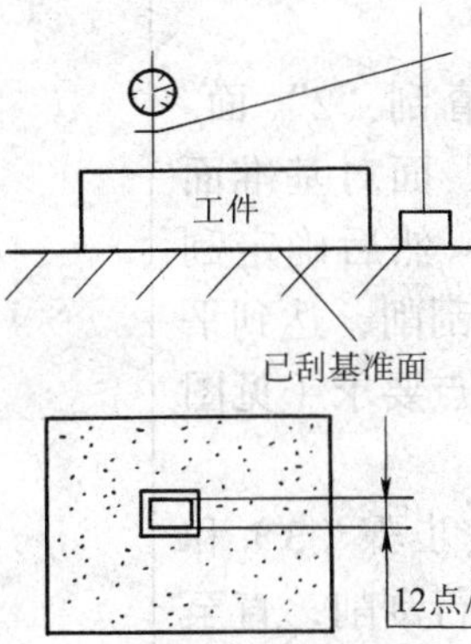

图 3–93

2）在保证平面度和初步达到平行度的情况下进入细刮。细刮时根据涂色显点来确定刮削部位，同时用百分表进行测量，并刮削修正（见图 3–94）

图 3–94

3）细刮达到要求后按研点进行精刮，直至达到表面粗糙度及接触点要求（见图 3–95）

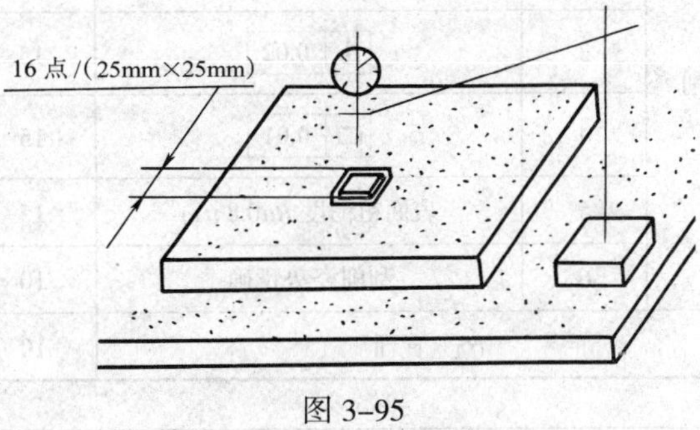

图 3–95

2. 四个垂直面的刮削

（1）选一个大平面作为基准面（若无已刮削好的基准面，应先刮基准面）

（2）粗、细、精刮“1”面。刮削前先用直角尺检查“1”面相对已刮基准面的垂直度，来确定其刮削部位，结合涂色显点刮削，达到平面度和垂直度及接触点要求（见图 3–96）

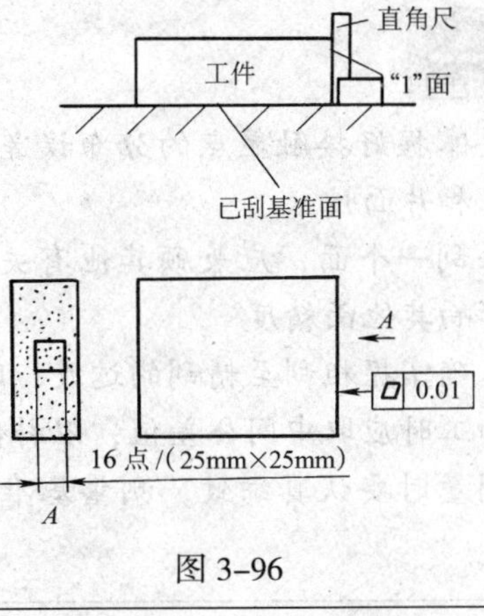

图 3–96

操作项目及要点

（3）粗、细、精刮“2”面。先用直角尺检查“2”面对基准面及“1”面的垂直度，然后确定刮削部位，并结合显点刮削，达到平面度、垂直度及接触点要求（见图 3–97）

（4）其余两面按步骤（3）和平行面的刮削方法进行刮削，直至达到平面度、垂直度、平行度及接触点要求

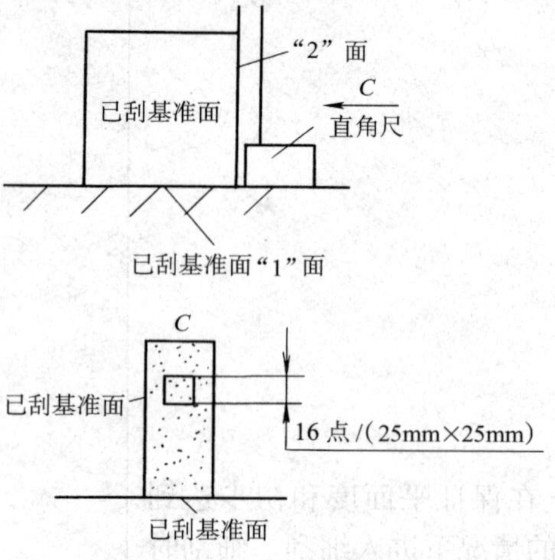

图 3–97

（5）评分标准

项目	序号	质量检测内容	配分	评分标准	检测结果	得分
刮削	1	16 点 /（25 mm × 25 mm）	20	超差不得分		
	2	// 0.02	15	超差不得分		
	3	⊥ 0.02	15	超差不得分		
	4	▱ 0.01	15	超差不得分		
	5	表面粗糙度 $Ra0.8$ μm	15	升高一级不得分		
	6	刮削姿势正确	10	目测，酌情扣分		
“6S”管理			10	酌情扣分		

注意事项

（1）要掌握好接触显点的分布误差与垂直度、平行度误差的不同情况，防止刮削修整的盲目性和片面性

（2）每刮一个面，应兼顾其他有关面，以保证各项技术指标达到要求，避免因修整某一面时影响其他面精度

（3）正确掌握粗刮至精刮的过渡，既要保证精度，又要提高效率

（4）加工时应取中间公差值，以补偿测量误差和留有修整余量

（5）测量时要认真细致，测量基准面和被测面必须擦干净，保证测量的可靠性和准确性

作业 3

作业名称	作业要点	工艺装备
曲面刮削	1. 掌握曲面刮刀的刃磨与热处理方法 2. 基本掌握曲面刮削的技能	1. 工件：轴瓦 2. 刮削工具 3. 量具 4. 刮削用显示剂

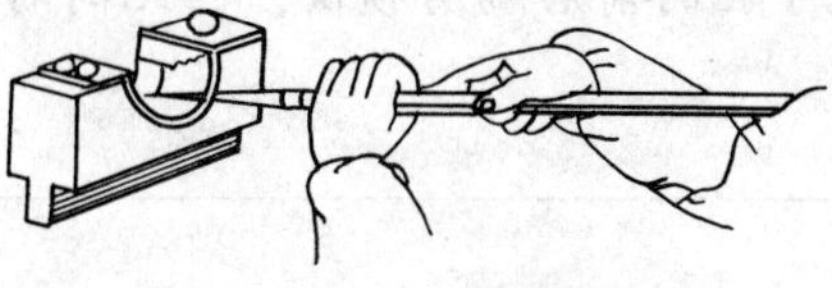

图 3–98　刮削轴瓦

操作项目及要点

1. 三角刮刀的刃磨

方法是：右手握柄，左手轻压刀刃，两刀刃同时放在油石上，顺着油石长度方向反复移动，同时按弧形上下摆动，刃磨三个面直至锋利为止（见图 3–99）

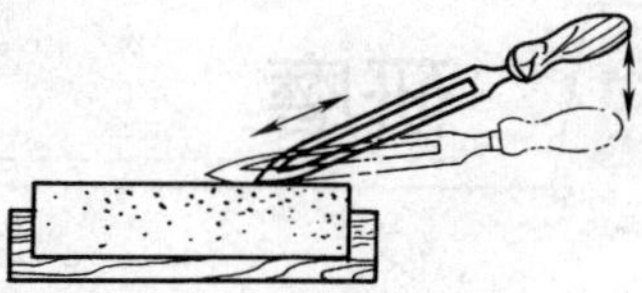

图 3–99

2. 内曲面刮削姿势

（1）第一种姿势

右手握刀柄，左手掌心向下，四指横握刀身，拇指抵着刀身。刮削时，左右手同作圆弧运动，且顺着曲面使刮刀作后拉或前推运动，刀迹与曲面轴线成 45° 夹角，且交叉进行（见图 3–100）

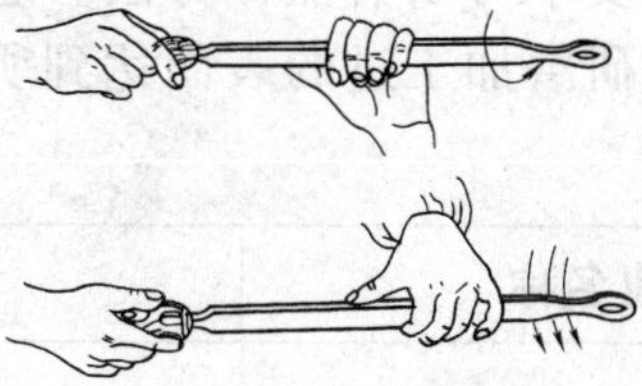

图 3–100

（2）第二种姿势

将刮刀柄搁在右手臂上，双手握住刀身。刮削时，动作和刮刀运动轨迹同第一种姿势（见图 3–101）

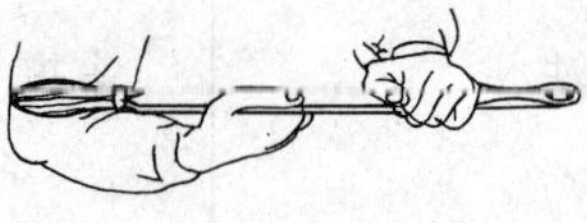

图 3–101

3. 外曲面刮削姿势

两手捏住平面刮刀的刀身，用右手掌握方向，左手加压或提起，刮削时刮刀面与外曲面倾斜角约为 30°，交叉刮削（见图 3–102）

图 3–102

注意事项

（1）刮削有色金属（如铜合金）时，显示剂可选蓝油，精刮时可用蓝油和红丹粉同时显点，使显点色泽分明

（2）刮削时用力不可太大，否则易发生抖动，使表面产生振痕

（3）每刮过一遍之后，下一遍刮削应交叉进行

（4）在一般情况下，由于孔的前后端磨损快，因此刮削内孔时，前后端的研点要多些，中间段的研点要少些

课题五　研磨

本课题主要学习研磨操作方法。通过技能训练，掌握平面和内、外圆柱面的研磨加工方法，并使研磨加工过的表面达到所要求的尺寸精度、形状精度和极小的表面粗糙度值。

作业名称	作业要点	工艺装备
研磨操作方法	掌握各种研磨的操作方法	1. 工件：各种平面工件和内、外圆工件 2. 各种研具及研磨剂 3. 测量工具

粗研　　精研

图 3–103　研磨平面

操作项目及要点

1. 平面研磨方法

（1）研磨前，先用煤油或汽油把研磨平板的工作表面清洗干净并擦干，然后在研磨平板上涂上适当的研磨剂，把工件放在研磨平板上，用手按住工件进行研磨

（2）先在有槽的平板上粗研，再用光滑平板精研

（3）各种平面工件研磨的运动轨迹形式

1）一般平面研磨时采用 8 字形或螺旋线轨迹（见图 3–104）

2）窄平面研磨时，用金属块作导向靠铁（金属块和平板相互垂直），并跟金属块一起采用直线往复轨迹研磨（见图 3–105）

3）平直圆角研磨采用直线摆动式研磨轨迹的方法（见图 3–106）

4）多工件及小型工件研磨时，采用 C 形夹头，将工件夹在一起研磨（见图 3–107）

（4）研磨时压力要适中，粗研时压力可大些，速度 40 ~ 60 次 /min；精研时压力可小些，速度 20 ~ 40 次 /min

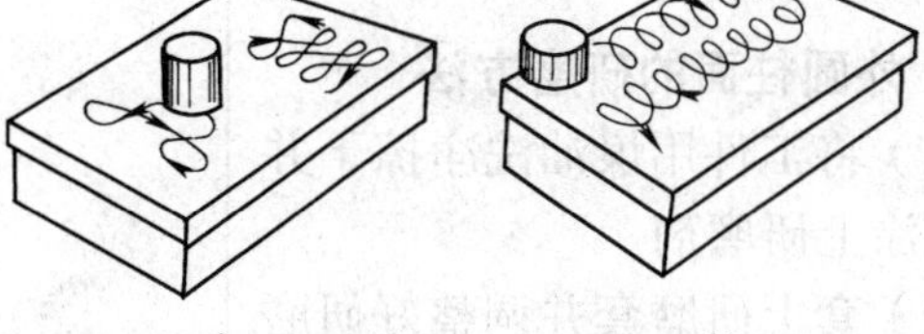

a)　　b)

图 3–104

a）8 字形轨迹　b）螺旋线轨迹

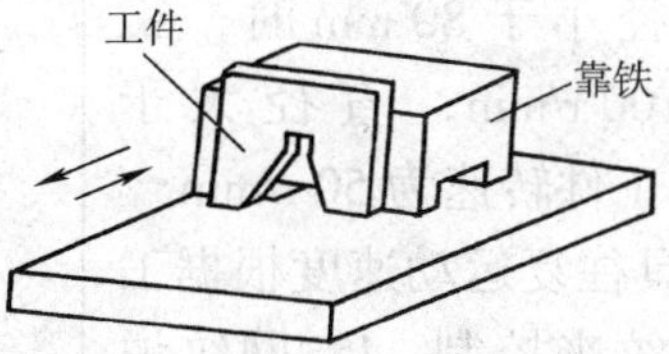

图 3–105

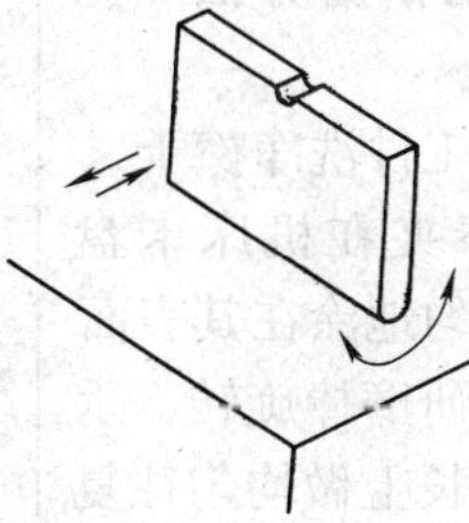

图 3–106

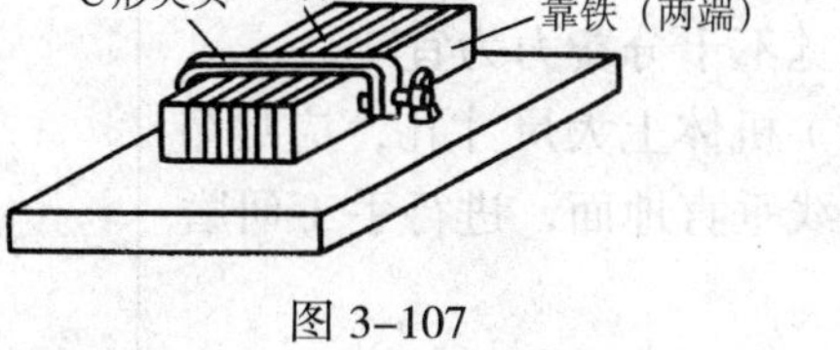

图 3–107

操作项目及要点

2. 外圆柱面的研磨方法

（1）将工件用煤油洗净擦干并均匀地涂上研磨剂

（2）套上研磨套并调整好研磨间隙，其松紧程度以手能转动为宜

（3）通过机床夹住工件旋转，同时手握研具做轴向往复运动进行研磨（见图 3–108）

（4）直径小于 80 mm 时，工件转速为 100 r/min；直径大于 100 mm 时，工件转速为 50 r/min

（5）研具往复运动速度根据工件磨出的网纹来控制，45° 网纹说明速度适当（见图 3–109）

（6）研具应经常掉头研磨

3. 内圆柱面的研磨方法（见图 3–110）

（1）用煤油将工件洗净擦干

（2）将研磨棒夹在机床卡盘上，并将研磨剂均匀地涂在其表面

（3）研磨时，研磨棒旋转，手持工件在研磨棒全长上做均匀往复运动，研磨速度取 0.3 ~ 1 m/s

（4）根据研磨情况更换更大直径的研磨棒，以达到工件要求的尺寸精度。其配合松紧程度以手把持工件感觉不十分费力为宜

（5）机体上大尺寸孔，应尽量使其轴线垂直地面，进行手工研磨

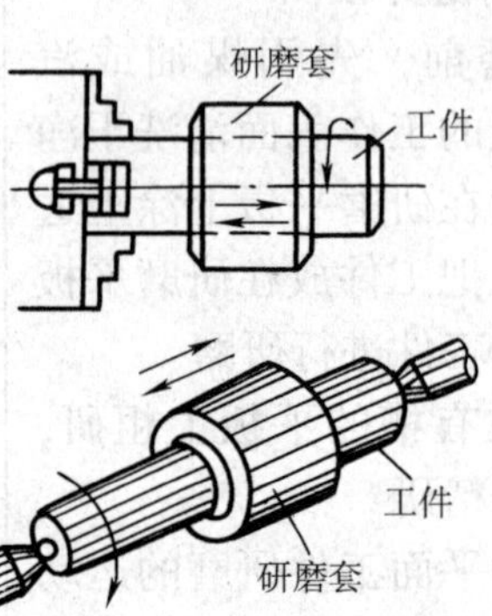

图 3–108

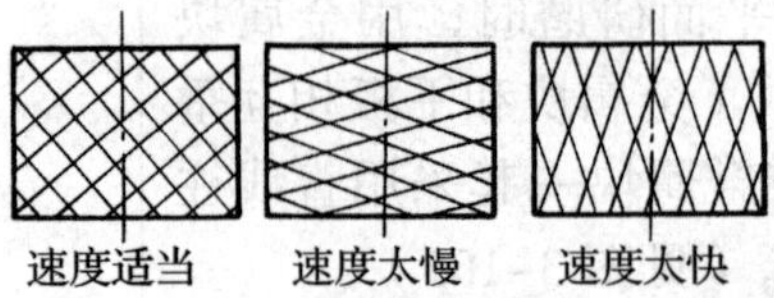

图 3–109

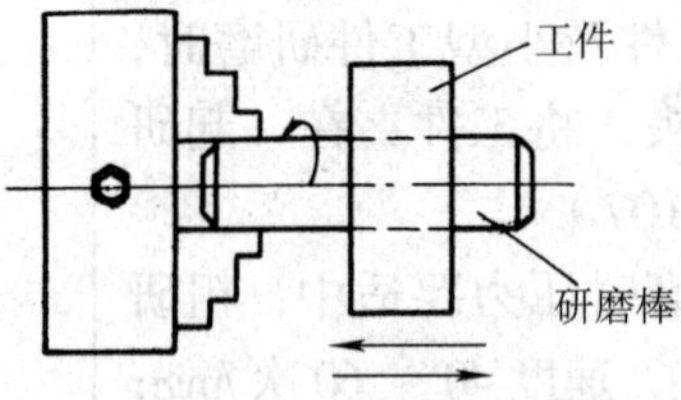

图 3–110

操作项目及要点

4. 研磨面常见缺陷分析

缺陷形式	产生原因
表面粗糙度值大	1. 磨料太粗 2. 研磨剂选用不当 3. 研磨剂涂得薄而不均 4. 研磨时忽视清洁工作，研磨剂中混入杂质
研磨表面呈凸形	1. 研磨时压力过大 2. 研磨剂涂得太厚，工件边缘挤出的研磨剂未及时擦去，仍继续研磨 3. 运动轨迹没有错开 4. 研磨平板选用不当
孔口扩大	1. 研磨剂涂抹不均匀 2. 研磨时孔口挤出的研磨剂未及时擦去 3. 研磨棒伸出太长 4. 研磨棒与工件孔之间的间隙太大，研磨时研具相对于工件孔的径向摆动太大 5. 工件内孔本身或研磨棒有锥度
孔成椭圆形或圆柱孔有锥度	1. 研磨时没有更换方向或及时掉头 2. 工件材料硬度不均或研磨前加工质量太差 3. 研磨棒本身的制造精度低

课题六 综合技能训练（一）

通过本次综合技能训练，达到巩固和提高划线、锉削、锯削、研磨以及精度测量等基本操作技能的目的，并能按图样加工一般零件，满足图样上所有技术要求。

作业名称	作业要点	工艺装备
制作刀口形直角尺	1. 掌握刀口形直角尺制作与检验的操作 2. 提高锉削及研磨技能	1. 工件：105 mm × 75 mm × 6 mm，45 钢。余料转入第四单元课题二 2. 机修钳工常用工具、量具 3. 研磨工具、研磨剂、煤油、靠铁

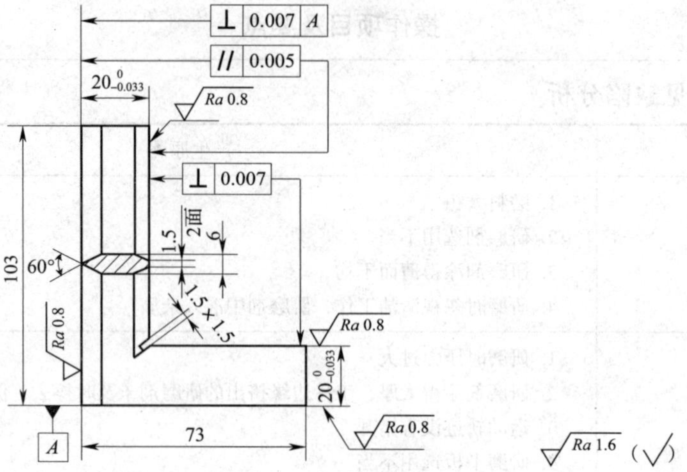

图 3–111　刀口形直角尺

操作项目及要点

（1）检查来料尺寸，按图样要求划线

（2）按划线锯去多余材料，留有锉削余量（见图 3–112）

（3）锉削步骤（见图 3–113）

1）先锉削面 1，再锉削面 2，并以面 1 为基准修整外角垂直度，达到 0.015 mm，表面粗糙度 $Ra1.6$ μm

2）以面 1 为基准加工面 5，达到尺寸 20 mm、平行度 0.015 mm 的要求

3）以面 2 为基准加工面 6，达到尺寸 20 mm、平行度 0.015 mm、面 6 与面 5 垂直度 0.015 mm 的要求

4）锯削 1.5 mm × 1.5 mm 的工艺槽

5）注意面 1、面 2 与面 3 的垂直度小于 0.05 mm

6）划刀口斜面加工线，并对其锉削，达到刃口两侧斜面对称、平整、交线清晰平直

（4）热处理　高频淬火（不要求掌握）

（5）研磨（见图 3–114）

1）选用粒度号为 100 ~ 280 的磨料，用靠铁作导靠，粗研磨尺座和尺的内、外侧测量面，初步达到图样要求

2）选用 W14 ~ W7 研磨粉，仍用靠铁作导靠，精研磨尺座和尺内外侧测量面，达到图样技术要求

（6）用煤油对角尺清洗，做全面的精度检验

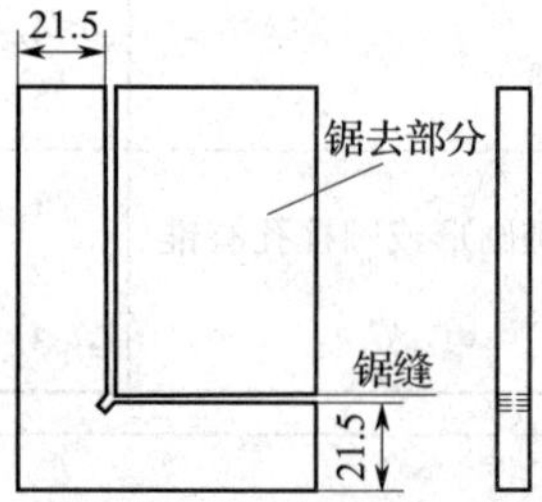

图 3–112

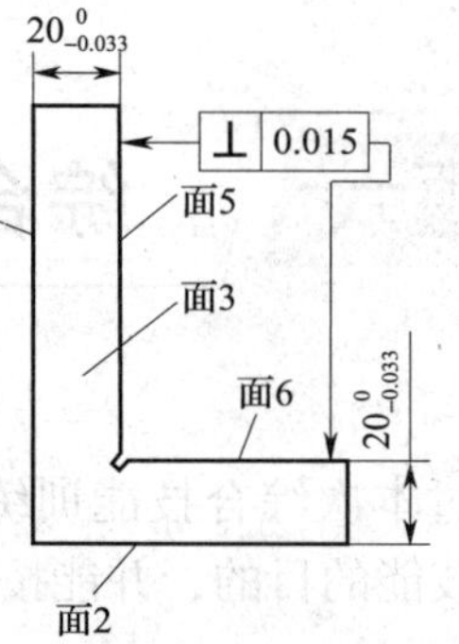

图 3–113

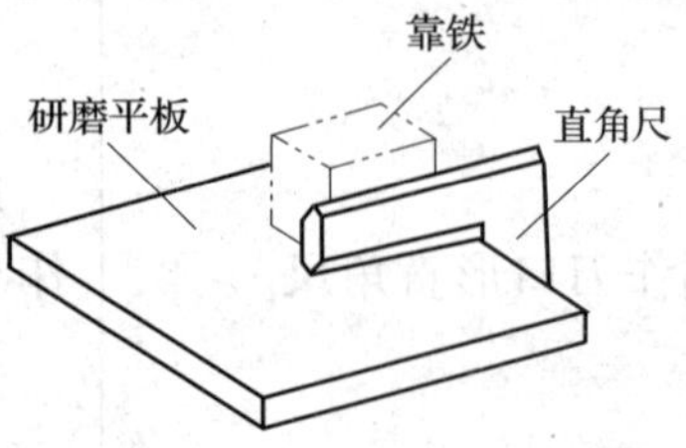

图 3–114

操作项目及要点

（7）评分标准

项目	序号	质量检测内容	配分	评分标准	检测结果	得分
锉削与研磨	1	$20_{-0.033}^{0}$ mm（2 处）	20	超差不得分		
	2	⊥ 0.007（2 处）	20	超差不得分		
	3	// 0.005	10	超差不得分		
	4	刀口斜面 60°（2 面）	10	超差不得分		
	5	刀口 1.5 mm	4	超差不得分		
	6	槽 1.5 mm × 1.5 mm	2	不加工全扣分		
	7	表面粗糙度 *Ra*0.8 μm（4 处）	8	升高一级不得分		
	8	表面粗糙度 *Ra*1.6 μm（8 处）	16	升高一级不得分		
		"6S" 管理	10	酌情扣分		

第四单元

孔与螺纹加工

本单元主要学习钻孔、锪孔、铰孔等孔加工方法和攻螺纹与套螺纹等内容。

本单元的重点是麻花钻、群钻的修磨和保证钻孔的准确性。通过技能训练，基本掌握钻头刃磨、钻孔、攻螺纹和套螺纹的方法。

课题一　钻孔

本课题主要学习钻床操纵、钻头修磨及钻孔方法等内容。通过技能训练，要求掌握台钻、立钻的操纵与保养，掌握标准麻花钻的修磨方法，熟悉群钻的修磨方法、钻孔时工件常用的装夹方法以及钻孔时转速的选择方法，掌握划线钻孔方法，并能进行一般孔的钻削加工。

作业名称	作业要点	工艺装备
钻孔操作方法	掌握钻床操纵、钻头修磨及划线钻孔的基本技能	1. 工件：由第三单元课题三作业2转来。加工完成后转入本单元课题三 2. 钻床及钻头 3. 样板 4. 划线工具

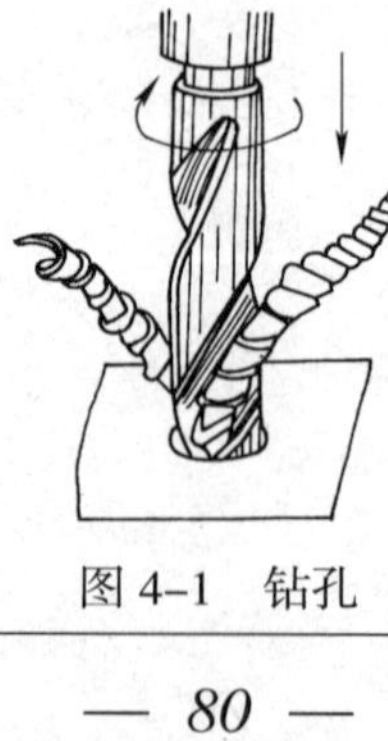

图 4–1　钻孔

操作项目及要点

1. 钻床操纵

（1）台式钻床操纵（见图4–2）

1）启动。检查各手柄位置正常后，操纵电源开关13使主轴正、反转启动或停止

2）主轴手动进给。逆时针转动进给手柄6时主轴下移，顺时针转动进给手柄6时主轴上移

3）定程切削。松开调整螺母4，调整定位杆2位置至所需行程，再拧紧调整螺母4即可

4）机头的上下移动。松开锁紧手柄7，转动升降摇把1使头架升降至所需位置，再拧紧锁紧手柄7

5）主轴变速。关闭电源开关，取下防护罩，松开螺钉11，推动电动机调松V带，根据所需主轴转速将V带套入相应的槽内，推动电动机前后移动使V带调整至松紧合适（见图4–3）时拧紧螺钉11，装上防护罩

（2）立式钻床操纵（见图4–4）

1）启动。检查钻床各部件是否处于正常位置。正常后打开电源开关，按下启动按钮，主轴转动

2）主轴进给

①手动进给。转动手动进给手柄3实现手动进给

②机动进给。将手动进给手柄3位置的后盖向外拉出，再将手动进给手柄3逆时针转20°即可得到机动进给。停止机动进给

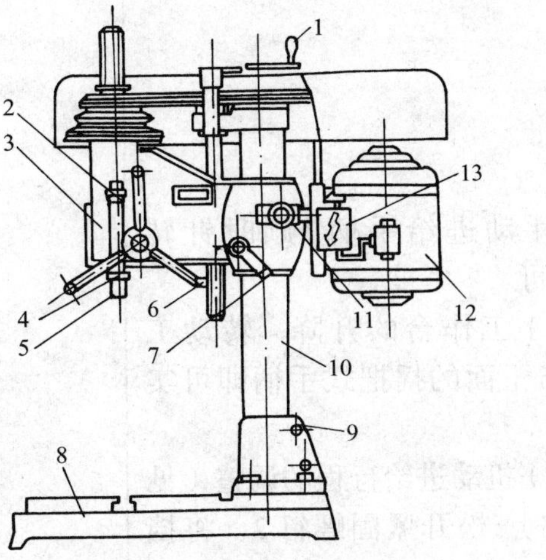

图4–2

1—升降摇把　2—定位杆　3—机头　4—调整螺母
5—主轴　6—进给手柄　7—锁紧手柄　8—底座
9—立柱座　10—立柱　11—螺钉　12—电动机
13—电源开关

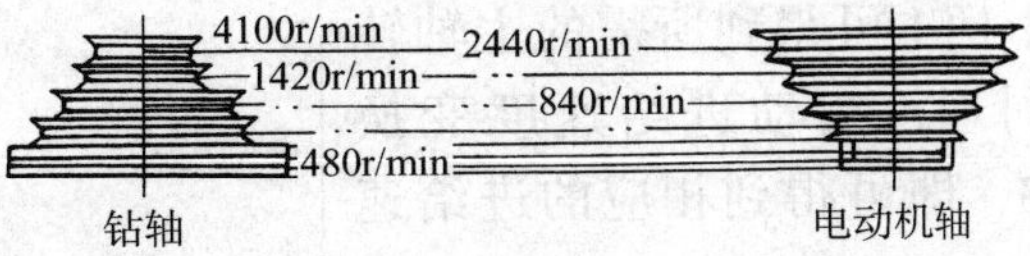

图4–3

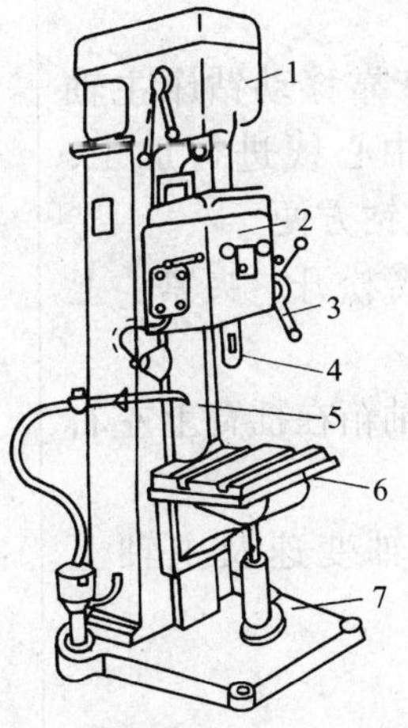

图4–4

1—变速箱　2—进给箱　3—手动进给手柄
4—主轴　5—床身　6—工作台　7—底座

操作项目及要点

时将手动进给手柄3顺时针转20°即可

3）工作台的升降。转动工作台6下面的摇把式手柄即可实现

4）机动进给行程的调整（见图4–5）。松开紧固螺钉2，将挡铁3调整至所需行程后，再将紧固螺钉2锁紧，完成调整

5）主轴转速和进给速度的变换（见图4–6）。按下主轴停止按钮，参照变速标牌调整主轴变速手柄1可得到所需的主轴转速。同理，拨动进给速度变换手柄3，即可得到相应的进给速度

（3）摇臂钻床操纵（见图4–7）

摇臂钻床依靠移动钻床主轴对准工件上的中心线进行加工，所以加工时比立钻方便

1）练习摇臂松开、夹紧、上升、下降

2）练习主轴箱在摇臂上左右移动

3）练习主轴变速及主轴上升、下降

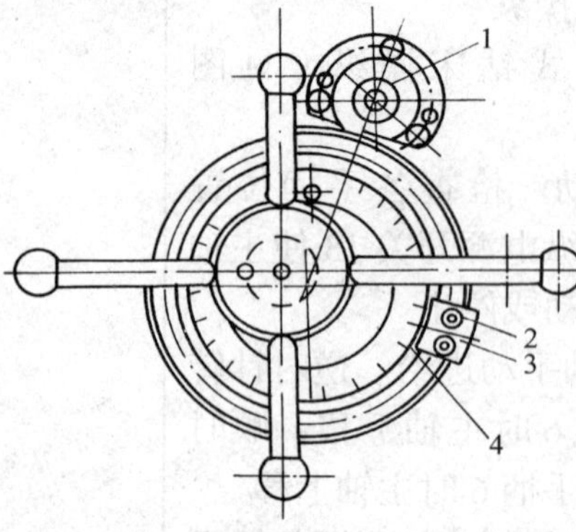

图4–5

1—挡铁开关　2—紧固螺钉　3—挡铁　4—刻度盘

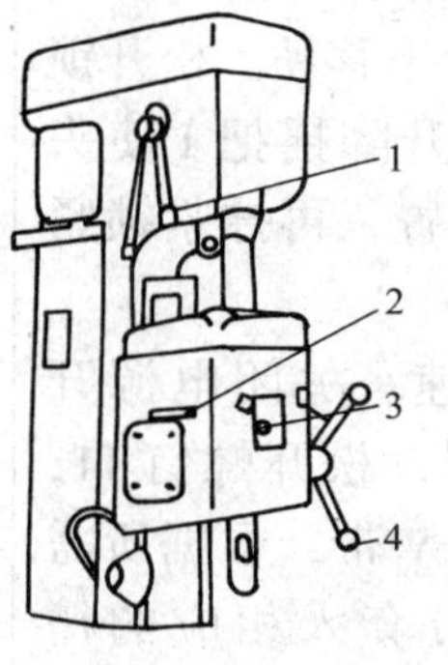

图4–6

1—主轴变速手柄　2—自动进给手柄
3—进给速度变换手柄　4—手动进给手柄

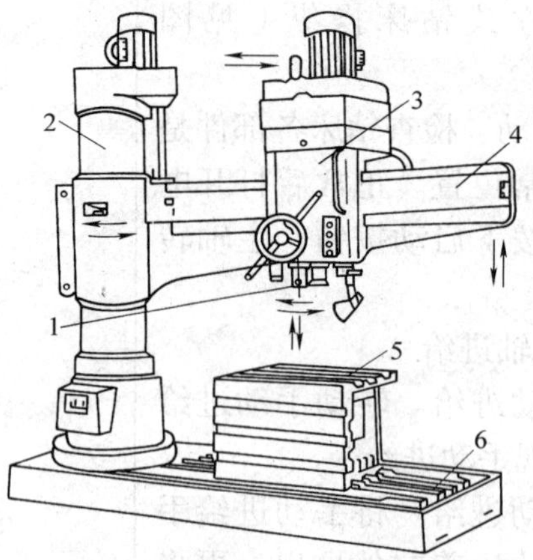

图4–7

1—主轴　2—立柱　3—主轴箱
4—摇臂　5—工作台　6—底座

操作项目及要点

2. 刃磨钻头的方法

（1）麻花钻的刃磨

1）右手握住麻花钻的头部，左手握住柄部

2）麻花钻与砂轮轴心线的夹角为 58°~59°（见图 4–8）

3）钻身向下倾斜 8° ~15°（见图 4–9）

4）使主切削刃略高于砂轮水平中心，先接触砂轮，右手缓慢地使麻花钻绕自身的轴线由下向上转动，逐渐加大修磨压力，这样便于磨出后角，其下压速度及幅度随后角的大小而变化。刃磨时两手动作的配合要协调，两后面经常轮换，直到符合要求（用样板检查）（见图 4–10）

5）麻花钻横刃的修磨方法：对于直径 5 mm 以上的麻花钻必须磨短横刃，并适当增大近横刃处的前角，要求把横刃磨短成 b=0.5~1.5 mm，使内刃斜角 τ=20°~30°，内刃处前角 γ_τ= 0° ~–15°（见图 4–11）

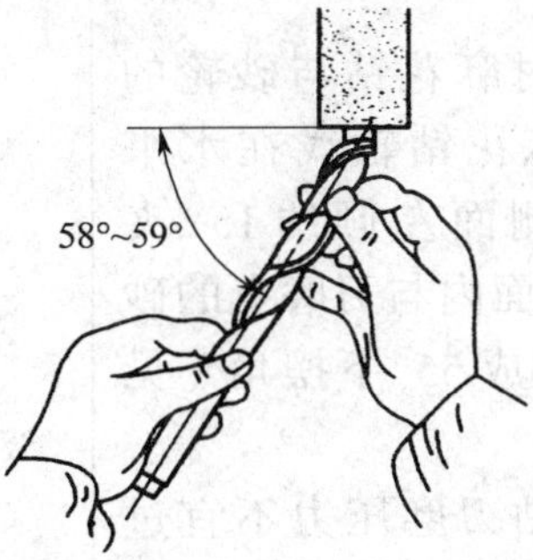

图 4–8

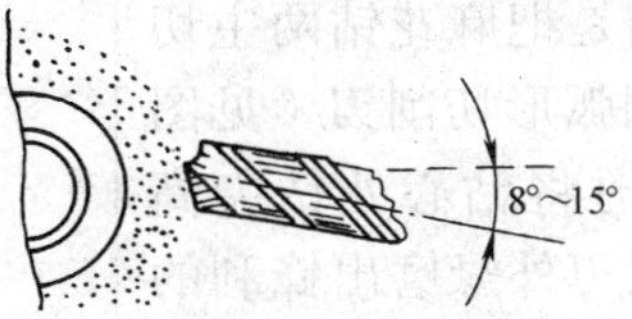

图 4–9

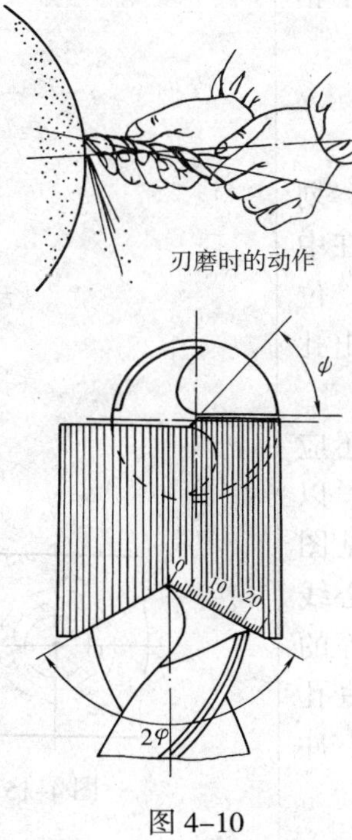

图 4–10

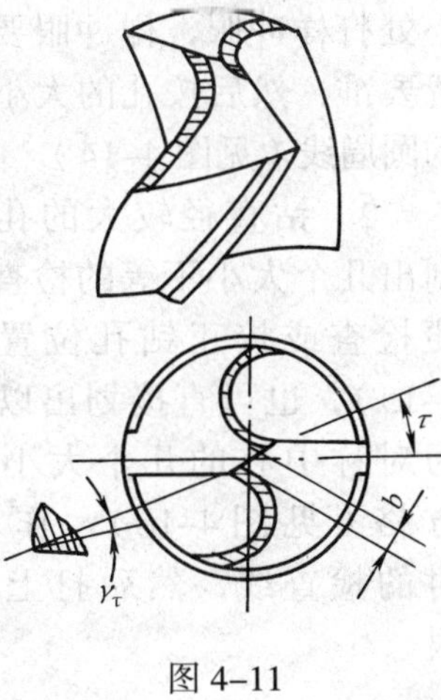

图 4–11

操作项目及要点

6）刃磨时麻花钻与砂轮的相对位置：麻花钻轴线在水平面内与砂轮侧面左倾约15°夹角，在垂直平面内与刃磨点的砂轮半径方向约成55°下摆角（见图4–12）

7）麻花钻刃磨压力不宜过大，并要经常蘸水冷却，以防退火

（2）薄板群钻的修磨

薄板群钻是把麻花钻两主切削刃修磨成圆弧形切削刃（见图4–13）。修磨时将钻心处钻尖高度磨低，切削刃外缘磨出锋利的两个钻尖，与钻心处钻尖相差仅仅0.5~1.5 mm，圆弧刃深度 h' 为所钻板厚 δ +1 mm左右，两条圆弧刃外缘和钻心处形成三个钻尖

3. 划线钻孔的方法

（1）钻孔时的工件划线

1）按孔的位置尺寸要求，划出孔位置的十字中心线，并在中心处打样冲眼，样冲眼要小，位置要准，然后按孔的大小划出孔的圆周线（见图4–14）

2）钻直径较大的孔，还应划出几个大小不等的检查圆，以便检查或校正钻孔位置（见图4–15），也可直接划出以中心线为对称中心的几个大小不等的方格（见图4–16），作为钻孔时的检查线，然后打上中心冲眼

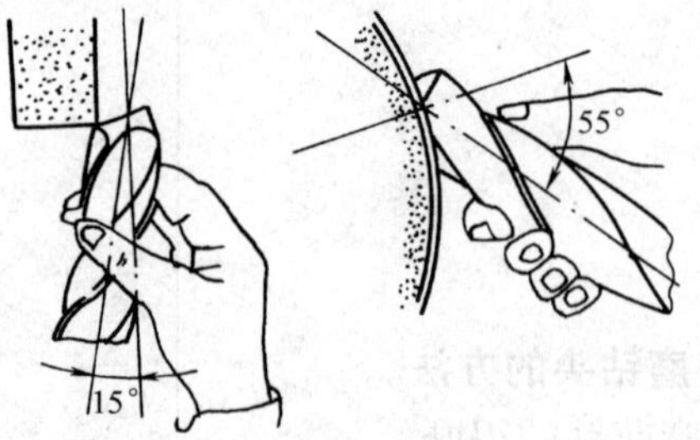

图4–12

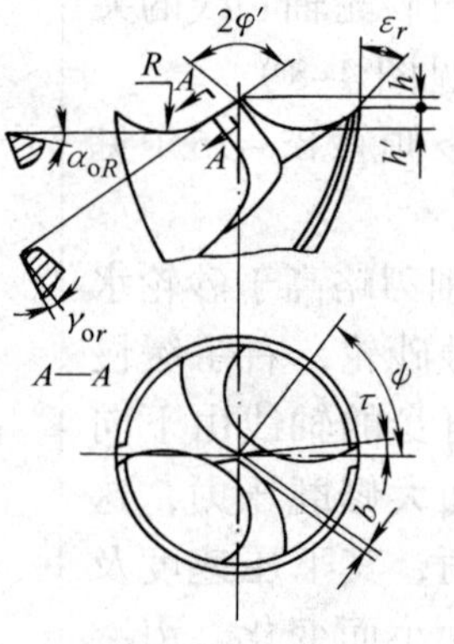

图4–13

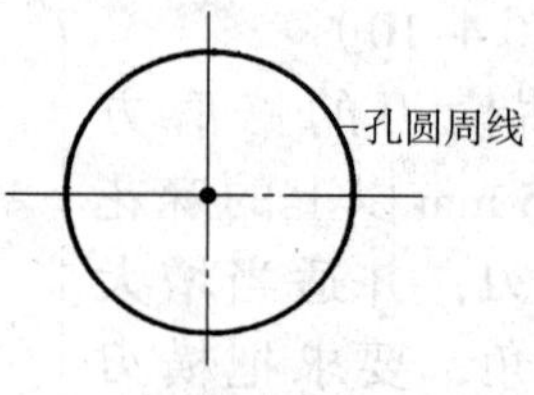

图4–14

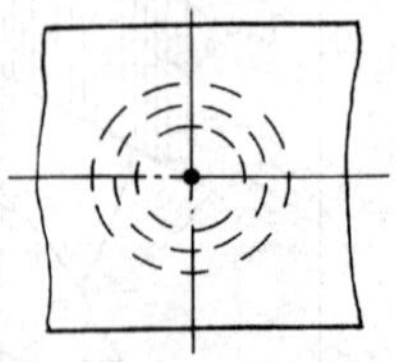

图4–15

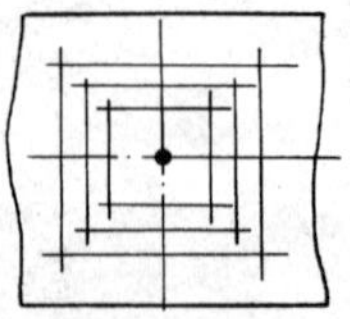

图4–16

操作项目及要点

（2）工件装夹方法

1）平整的工件用平口虎钳装夹。装夹时，工件表面与钻头垂直（见图 4–17a）。钻直径大于 8 mm 孔时，必须将平口虎钳用螺栓或压板固定（见图 4–17b）

2）圆柱形工件可用 V 形架装夹。装夹时，应使钻头中心线与 V 形架两斜面的对称平面重合（见图 4–18）。还可用三爪自定心卡盘装夹（见图 4–19）

3）对较大工件且钻孔直径在 10 mm 以上时，可用压板夹持的方法钻孔。装夹时，压板螺栓应尽量靠近工件，垫铁应比工件压紧表面高度稍高，以保证对工件有较大的压紧力，当压紧面已加工时，应垫上衬垫防止压伤工件（见图 4–20）

4）在小型工件或薄板件上钻小孔时，可将工件放置在定位块上，用手虎钳夹持（见图 4–21）

5）底面不平或加工基准在侧面的工件，可用角铁进行装夹，并将角铁用压板固定在钻床工作台上（见图 4–22）

（3）钻头的装拆方法

1）直柄钻头的装拆。直柄钻头用钻夹头夹持（见图 4–23）

2）锥柄钻头的装拆。锥柄钻头用柄部的莫氏锥体直接与钻床主轴连接。连接时，应使矩形舌部的方向与主轴上的腰形孔中心线

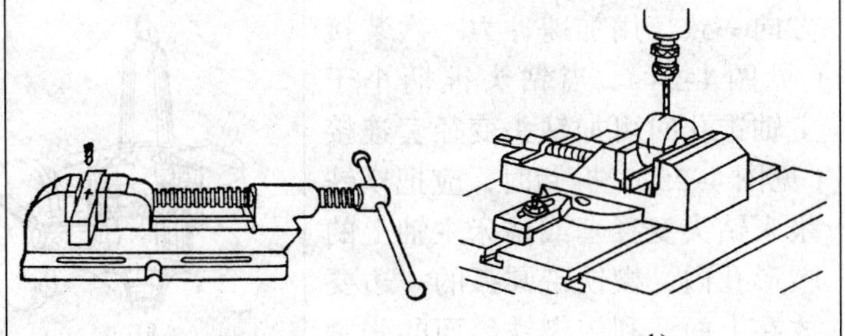

a)　　b)

图 4–17

图 4–18

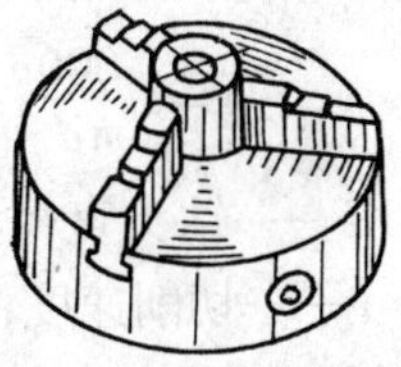

图 4–19

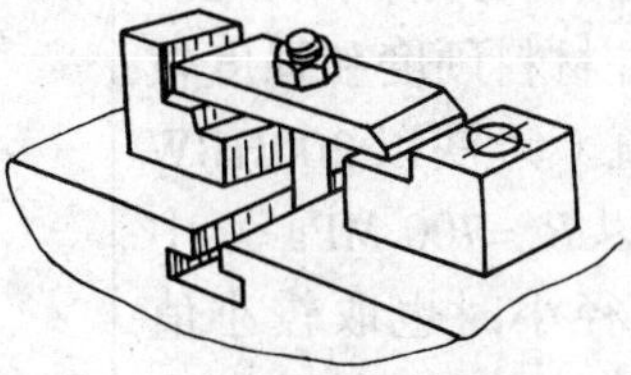

图 4–20

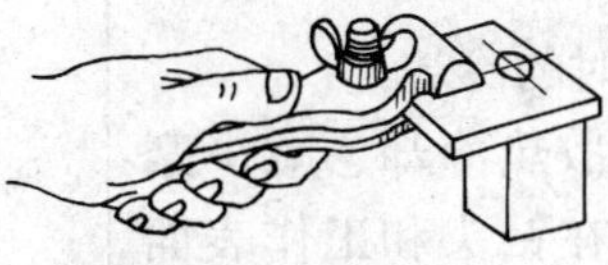

图 4–21

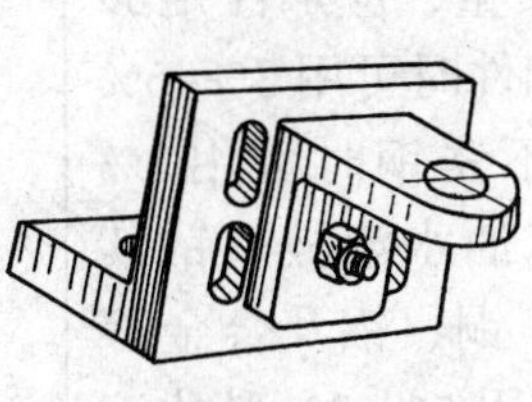

图 4–22

操作项目及要点	
方向一致，用加速冲力一次装接（见图 4–24）。当钻头锥柄小于主轴锥孔时可加钻头变径套连接（见图 4–25）。拆卸时，应把楔铁敲入钻头变径套或钻床主轴上的腰形孔内，楔铁带圆弧的一边要放在上面，利用楔铁斜面的张紧分力，使钻头与主轴分离（见图 4–26） （4）钻床转速选择 由下式求出钻床转速 n（r/min） $n=\frac{1\ 000v}{\pi d}$ 式中 d——钻头直径，mm v——切削速度，m/min。 用高速钢钻头钻铸铁件时，v=9~42 m/min；钻钢件时 v=10~27 m/min；钻青铜或黄铜时，v=20~48 m/min。工件材料硬度和强度较高时取较小值（铸铁以 200HBW 为中值，钢以 R_m=700 MPa 为中值）；钻头直径小时也取较小值（以 ϕ16 mm 为中值）；钻孔深度 $L>3D$ 时，还应将取值乘以 0.7~0.8 的修正系数 （5）钻孔时的冷却 为使钻头散热冷却、减少摩擦、消除黏附在钻头和工作表面的积屑瘤，提高钻头寿命和改善加工孔表面的质量，应加注足够的切削液。钻钢件时可用 3%~5% 的乳化液，钻不锈钢时可用 3% 肥皂加 2% 亚麻油水溶液，钻其他材料如铸铁、铜、铝及合金等时不用切削液或用 5%~8% 乳化液	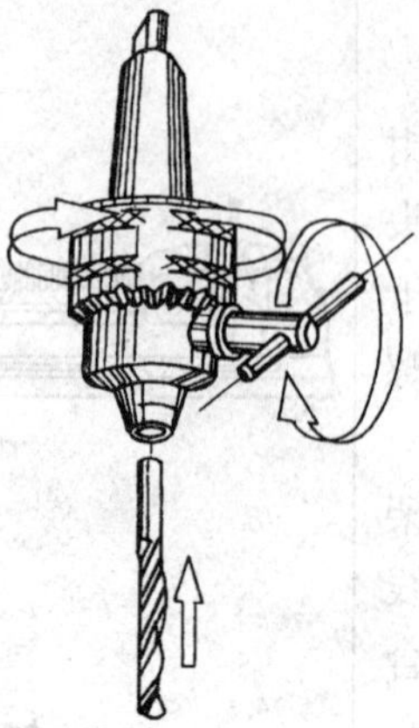 图 4–23  图 4–24 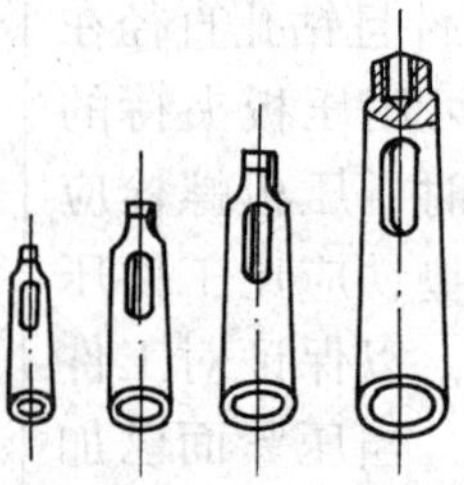 图 4–25 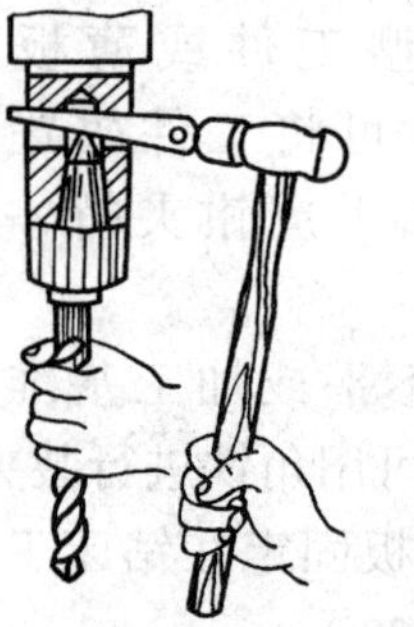 a） 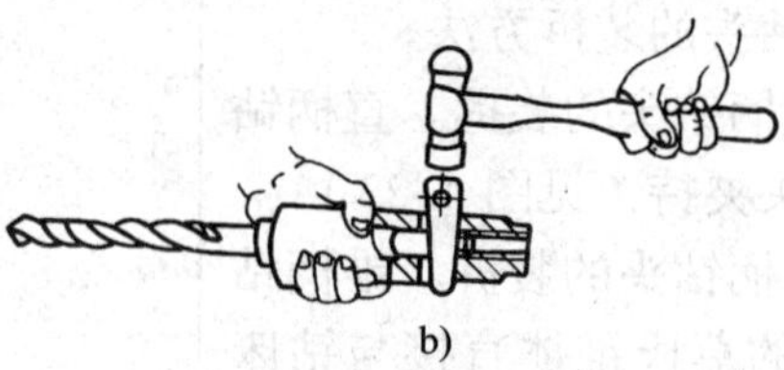 b） 图 4–26 a）钻头变径套与钻床主轴分离 b）钻头与钻头变径套分离

操作项目及要点

（6）起钻方法

钻孔时，先使钻头对准钻孔中心，起钻出一个浅坑，观察钻孔位置是否正确，并不断校正。校正时，若偏位较少，可在起钻的同时用力将工件向偏位的反方向推移，逐步校正；若偏位较多，可在校正方向打上几个中心眼或用油槽錾錾出几条槽，以减小此处的切削阻力，达到校正目的。无论用何种方法校正，都必须在锥坑圆小于钻头直径之前完成（见图 4–27）

（7）钻孔

当起钻达到钻孔的位置要求后，可压紧工件完成钻孔。手动进给操作钻孔时，进给力不宜过大，防止钻头发生弯曲，使孔轴线歪斜（见图 4–28）。在钻小直径孔或深孔时，进给量要小，并经常退钻排屑，以防阻滞卡断钻头

（8）特殊孔的钻削

1）小孔钻削。小孔是指直径在 3 mm 以下的孔。钻小孔的要点如下：

①开始钻孔时，进给力要小，防止钻头弯曲和滑移。也可采用直径相同或略小的中心钻定位和导向，以保证钻孔的初始位置和钻削方向

②要用手动进给，不可使用机动进给，防止钻头折断飞出造成事故

③在钻削过程中，应注意及时排屑，并借此向孔中输入切削液并使钻头在空气中得到冷却

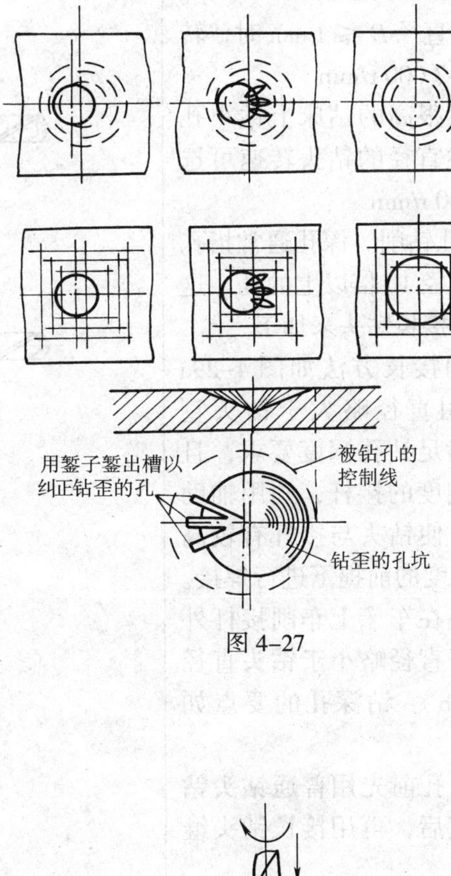

图 4–27

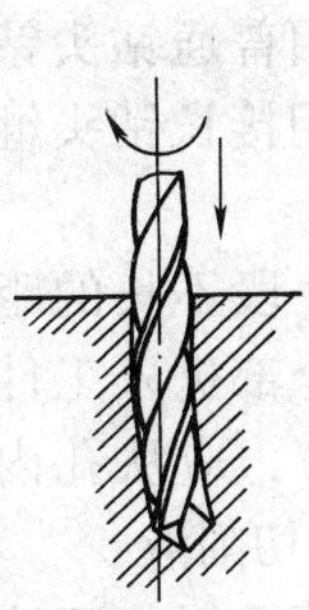
图 4–28

操作项目及要点

④钻小孔的转速（在一般精度的钻床上钻小孔）

当钻头直径 D=2~3 mm 时，转速 n=1 500~2 000 r/min

当钻头直径 $D \leqslant 1$ mm 时，转速 n=2 000~3 000 r/min

在精度很高的钻床上钻小孔时，对上述直径的钻头转速可选 3 000~10 000 r/min

2）深孔钻削。深孔通常指孔的深度为孔径 10 倍以上的孔。这类孔通常用接长钻头来加工

钻头的接长方法如图 4–29a 所示。选用直径略大于钻头直径、长度满足钻孔深度要求，且具有很好刚度的接杆，利用辅助工具定位，使钻头与接杆有较高的同轴度精度的前提下进行焊接。焊接后装夹在车床上车削接杆外圆，使接杆直径略小于钻头直径（见图 4–29b）。钻深孔的要点如下：

①钻深孔前先用普通钻头钻至一定深度后，再用接长钻头继续钻孔

②钻头每钻进一段不长的距离（当钻头螺旋槽全部进入工件后，该距离应更短），应从孔内退出进行排屑和输送切削液

③用深孔钻钻深孔时，不论是内排屑还是外排屑，都应有充足的切削液

④进给力要小，切削速度不能太高

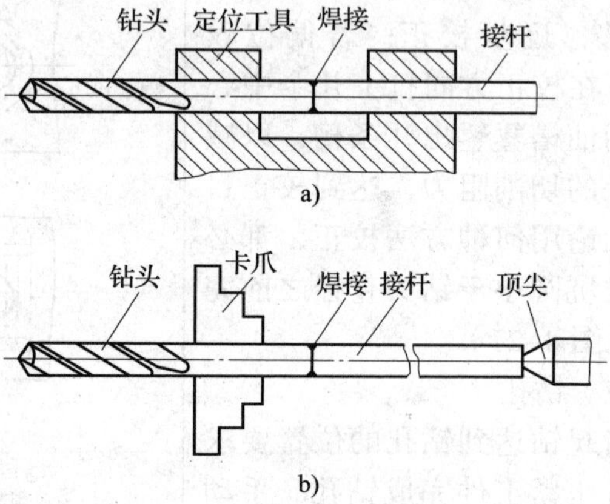

图 4–29

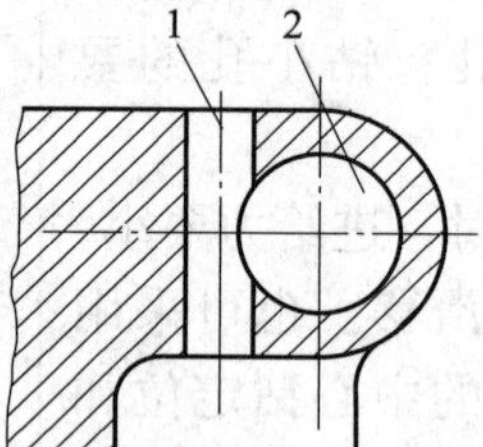

图 4–30

操作项目及要点

3）不通孔钻削。钻不通孔的要点是：应调整好钻床上深度标尺或实际测量钻出孔的深度，以保证控制钻孔深度的准确性

4）相交孔钻削

①当两孔相交部分较少时（见图 4–30），可先钻小孔 1，再钻大孔 2

②当两孔相交部分较多时，或所钻的孔精度要求较高时，则可在已加工的大孔中嵌入与工件材料相同的金属棒再钻孔（见图 4–31）

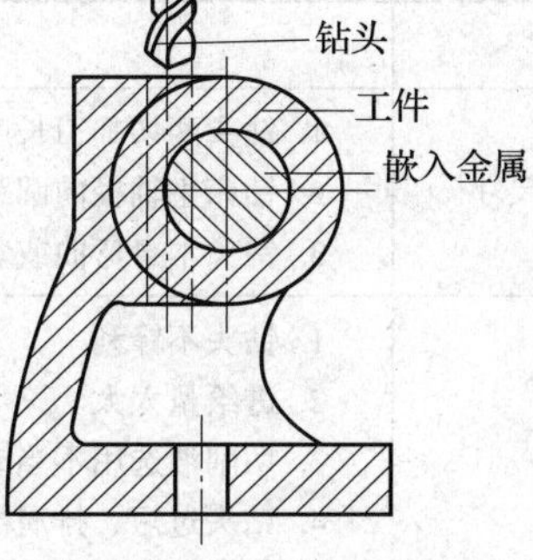

图 4–31

4. 钻削技能训练

（1）钻孔练习（见图 4–32）

1）按要求选择钻头并完成刃磨

2）按图样要求划线、钻孔

（2）薄板群钻钻孔练习

用刃磨好的薄板群钻，在厚度为 3 mm 废钢板上进行钻孔练习

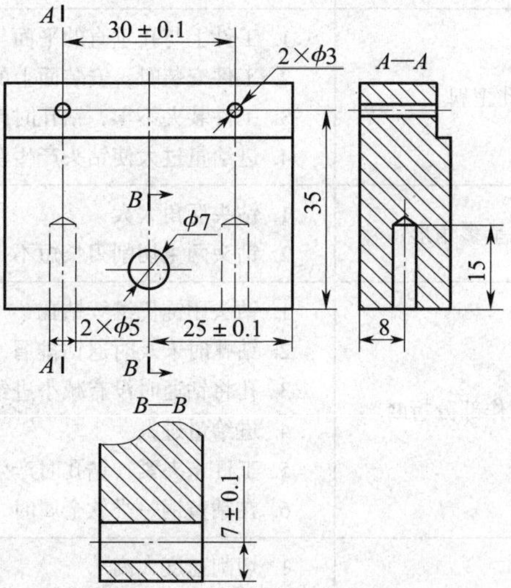

技术要求

各孔表面粗糙度为 $\sqrt{Ra\ 12.5}$

图 4–32

（3）评分标准

项目	序号	质量检测内容	配分	评分标准	检测结果	得分
钻孔	1	钻头刃磨姿势	20	目测，酌情评分		
	2	2 × ϕ 3 mm 孔	20	不符合要求不得分		
	3	2 × ϕ 5 mm 孔	20	不符合要求不得分		
	4	ϕ 7 mm 孔	10	不符合要求不得分		
	5	表面粗糙度 Ra12.5 μm	20	升高一级不得分		
“6S” 管理			10	酌情扣分		

操作项目及要点

钻孔时可能出现的问题和产生原因

问题	产生原因
孔径大于规定尺寸	1. 钻头两切削刃长度不等，高低不一致 2. 钻床主轴径向圆跳动量过大或工作台未锁紧，有松动 3. 钻头本身弯曲或装夹不好，使钻头有过大的径向跳动现象
孔壁粗糙	1. 钻头不锋利 2. 进给量太大 3. 切削液选用不当或供应不足 4. 钻头过短、排屑槽堵塞
孔位偏移	1. 工件划线不正确 2. 钻头横刃太长定心不准，起钻偏心而没有校正
孔歪斜	1. 工件上与孔垂直的平面与主轴不垂直，或钻床主轴与台面不垂直 2. 工件安装时，安装面上的切屑未清除干净 3. 工件装夹不牢，钻孔时产生歪斜，或工件有砂眼 4. 进给量过大使钻头产生弯曲变形
钻孔呈多角形	1. 钻头后角太大 2. 钻头两主切削刃长短不一，角度不对称
钻头工作部分折断	1. 钻头用钝仍继续钻孔 2. 钻孔时未及时退钻排屑，使切屑在钻头螺旋槽内阻塞 3. 孔将钻通时没有减小进给量 4. 进给量过大 5. 工件未夹紧，钻孔时产生松动 6. 在钻黄铜一类软金属时，钻头后角过大，前角又没有修磨小，造成扎刀
切削刃迅速磨损或碎裂	1. 切削速度太高 2. 没有根据工件材料硬度来刃磨钻头角度 3. 工件表面或内部硬度高、有砂眼 4. 进给量过大 5. 切削液不足

注意事项

钻孔注意事项

（1）钻头的刃磨技能是练习中的重点和难点之一，必须不断练习，做到刃磨的姿势、动作以及钻头几何形状和角度正确

（2）用钻夹头装夹钻头时要用钻夹头钥匙，不可用扁铁和锤子敲击，以免损坏夹头和影响钻床主轴精度。工件装夹时，必须做好装夹面的清洁工作

（3）钻孔时，手动进给压力应根据钻头的工作情况，以目测和感觉进行控制，在练习中应注意掌握

（4）钻头用钝后必须及时修磨锋利

（5）注意操作安全

（6）熟悉钻孔时常会出现的问题及其产生原因，以便在练习时加以注意

安全注意事项

（1）操作钻床时禁止戴手套，袖口必须扎紧，女生必须戴工作帽，并将辫子盘起

（2）开动钻床前，应检查是否有钻夹头钥匙或楔铁插在主轴上

（3）工件必须夹紧，通孔将钻透时，应由自动进给改为手动进给，并要尽量减小进给力

（4）钻孔时不可用手、棉纱头或用嘴吹来清除切屑，必须用毛刷清除；钻出长切屑时用钩子钩断后清除；钻头上绕有长切屑时应停机清除，严禁用手拉或用铁棒敲击

（5）操作者的头部不准与旋转着的主轴靠得太近，停机时应让主轴自然停止，不可用手制动，也不能用反转制动

（6）严禁在钻床运转状态下装拆工件、检验工件和变换主轴转速

（7）清洁钻床或加注润滑油时，必须切断电源

课题二 锪孔

本课题主要学习锪钻的修磨及锪孔操作方法。通过技能训练，掌握用麻花钻改磨锪钻以及常用锪孔方法。

作业名称	作业要点	工艺装备
锪孔操作方法	1. 掌握用麻花钻改磨锪钻的技能 2. 掌握锪孔的技能	1. 工件：由第三单元课题六余料转来。加工后转入本单元课题六作业 4 2. 麻花钻 3. 相关量具

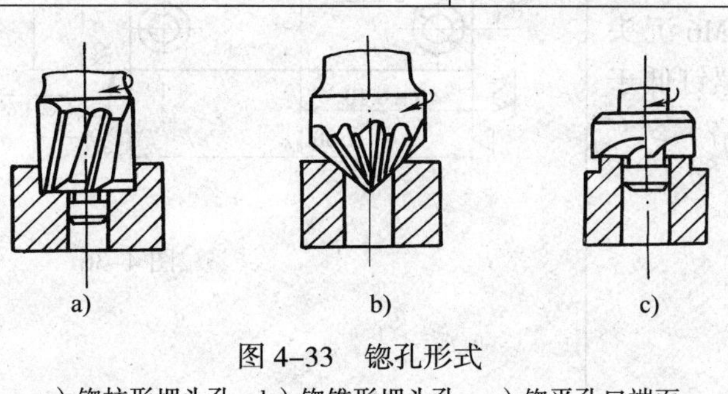

图 4–33 锪孔形式

a）锪柱形埋头孔 b）锪锥形埋头孔 c）锪平孔口端面

操作项目及要点

1. 修磨锪钻

（1）将 ϕ12 mm 麻花钻改为 90° 锥角的锥形锪钻（见图 4–34）

（2）将 ϕ11 mm 麻花钻改为不带导柱的柱形锪钻（见图 4–35）

2. 锪孔技能训练

（1）工件图样（见图 4–36）

（2）加工步骤

1）检查毛坯的尺寸是否合格

2）将底板的外形尺寸加工到 $80^{+0.10}_{+0.05}$ mm × $50^{+0.10}_{+0.05}$ mm ×（5 ± 0.10）mm，表面粗糙度达到 *Ra*1.6 μm 精度要求

3）选择两个互相垂直的面为基准，划出 5 × ϕ7 mm 孔的加工线，并打样冲眼

4）按图样要求同时钻 ϕ7 mm 孔，并用改制的锥形锪钻锪 90° 锥形孔，深度达到图样要求，并用 M6 沉头螺钉作试配实验（螺钉低于工件表面 0.5 mm 合格）

5）清理毛刺

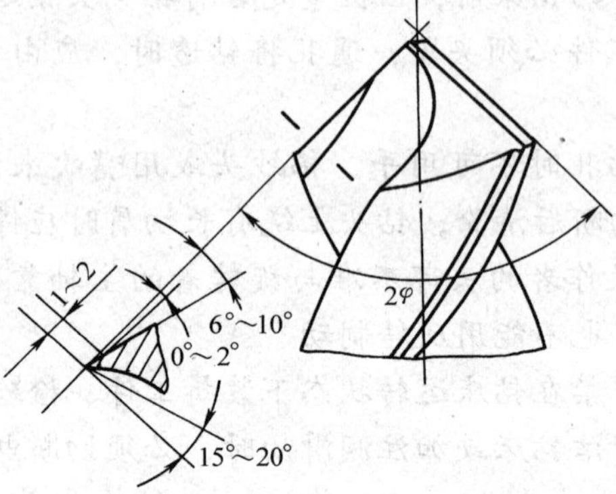

图 4–34

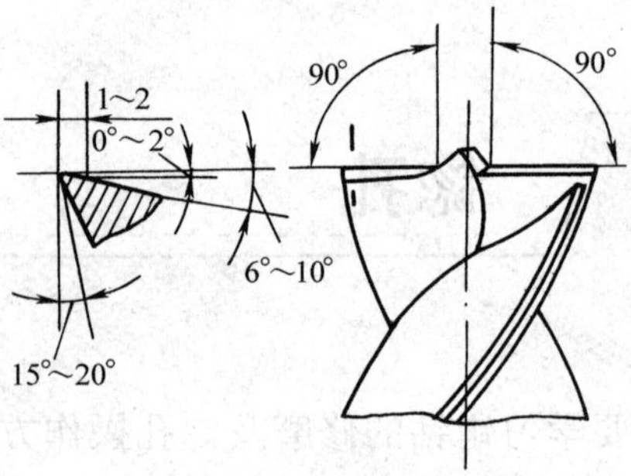

图 4–35

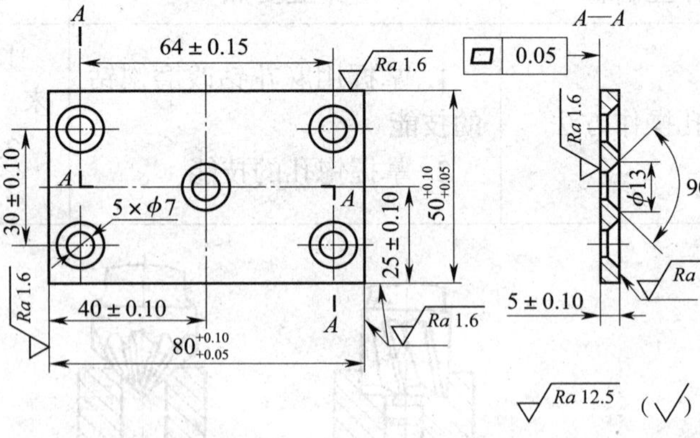

图 4–36

操作项目及要点

（3）评分标准

项目	序号	质量检测内容	配分	评分标准	检测结果	得分
锉削	1	$80^{+0.10}_{+0.05}$ mm	10	超差不得分		
	2	$50^{+0.10}_{+0.05}$ mm	10	超差不得分		
	3	（5 ± 0.10）mm	5	超差不得分		
	4	表面粗糙度 *Ra*1.6 μm	5	升高一级不得分		
孔加工	5	（64 ± 0.15）mm	5	超差不得分		
	6	（30 ± 0.10）mm	5	超差不得分		
	7	（40 ± 0.10）mm	5	超差不得分		
	8	（25 ± 0.10）mm	5	超差不得分		
	9	5 × ϕ 7 mm	10	不符合要求不得分		
	10	5 × ϕ 13 mm 锥孔	25	不符合要求不得分		
	11	表面粗糙度 *Ra*12.5 μm	5	升高一级不得分		
“6S”管理			10	酌情扣分		

注意事项

（1）锪孔时的切削速度一般是钻孔速度的 1/3~1/2，手动进给压力不宜过大

（2）先调整好工件的螺栓通孔与锪钻的同轴度，再将工件夹紧

（3）锪孔深度可用钻床上的定位尺控制

（4）出现多角形振纹等加工缺陷时，应立即停止加工。造成缺陷的原因可能是钻头刃磨不当、锪削速度太高、选择切削液不当、工件装夹不牢等，应找出问题及时修正

课题三　铰孔

本课题主要学习铰孔的方法及铰孔质量分析。通过技能训练，掌握铰孔的技能，了解铰孔产生质量问题的原因。

作业名称	作业要点	工艺装备
铰孔操作方法	1. 掌握铰孔的技能 2. 了解铰刀的研磨	1. 件1：由第三单元课题四作业2转来；件2：由本单元课题一转来。加工完成后均转入本单元课题四作业1 2. 铰刀 3. 铰杠及台虎钳 4. 相关量具

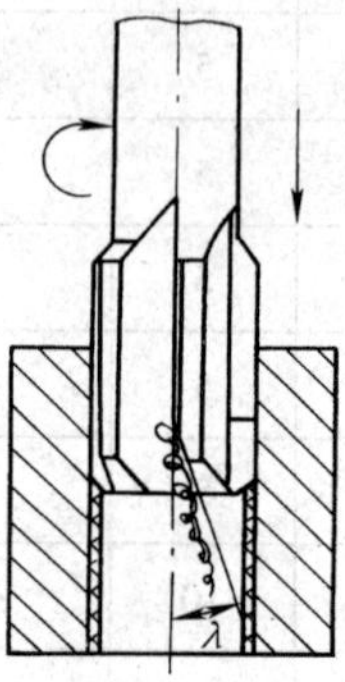

图 4–37　铰孔

操作项目及要点

1. 铰孔的方法

（1）手铰起铰时，右手通过铰孔轴心线施加进刀压力，左手转动铰杠（见图4–38）；正常铰削时，两手用力应均匀、平稳，不得有侧向压力，同时适当加压，使铰刀均匀进给，决不允许单手转动铰杠

（2）铰削时铰刀不能反转，铰孔完毕时，铰刀也不能反转退出，防止刃口磨钝，以及切屑嵌入刀具后面与孔壁之间而将孔壁划伤

（3）机铰时，应使工件在一次装夹中进行钻、铰工作，保证铰孔中心线与钻孔中心线一致。铰完后，铰刀退出后再停机，防止孔壁拉伤（见图4–39）

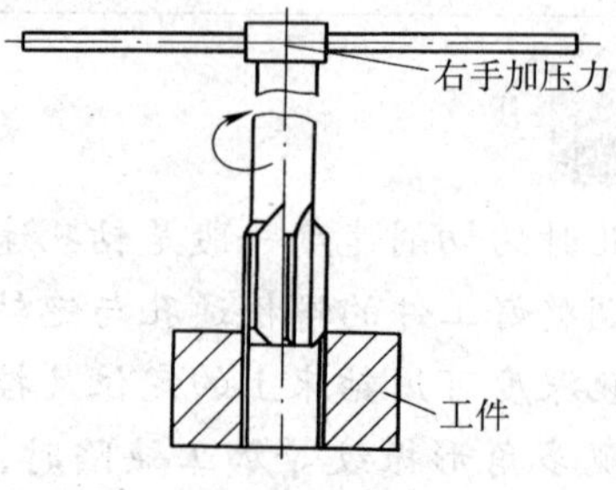

图 4–38

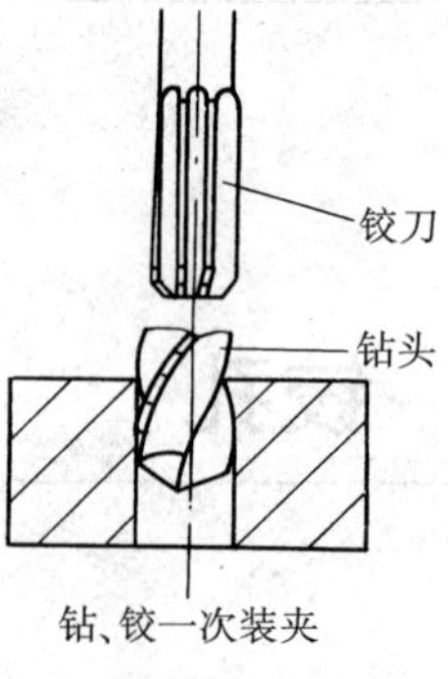

图 4–39

操作项目及要点

（4）铰削尺寸较小的圆锥孔时，先按小端直径钻孔（留出铰孔余量），再用锥度铰刀铰削即可

（5）对尺寸和深度较大的圆锥孔，为减小铰削余量，可先钻出阶梯孔，然后用锥度铰刀铰削；铰削中应经常用相配的锥销检查铰孔尺寸（见图 4–40）

2. 铰刀的研磨

铰刀的手工研磨方法如下：

（1）铰刀的切削部分与校准部分因磨损而刃口破坏之后，应在工具磨床上进行研磨，如图 4–41 所示。后面磨损高度如下：高速钢铰刀 h=0.6~0.8 mm；硬质合金铰刀 h=0.3~0.7 mm；加工淬火工件的铰刀 h=0.3~0.35 mm

（2）研磨或修磨后的铰刀需用磨石仔细地将过渡处的尖角修成小圆弧，以使切削刃顺利地过渡到校准部分。操作时，要做到各齿大小一致

（3）铰刀刃口有毛刺或粘结切屑时，要用磨石细心地磨掉

（4）切削刃后面磨损不严重时，可用磨石沿切削刃的垂直方向轻轻推动，加以修光，如图 4–42 所示

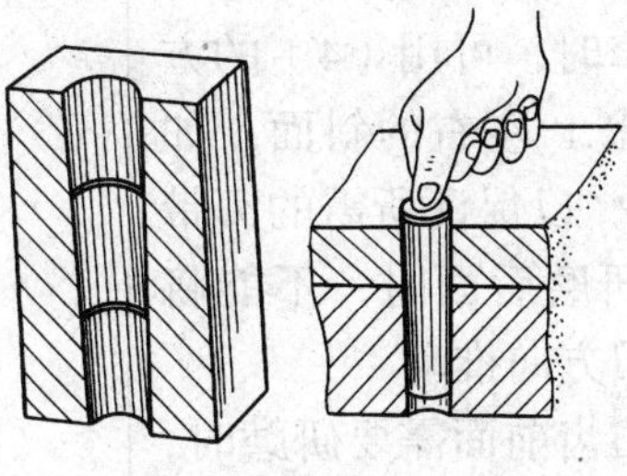

图 4–40

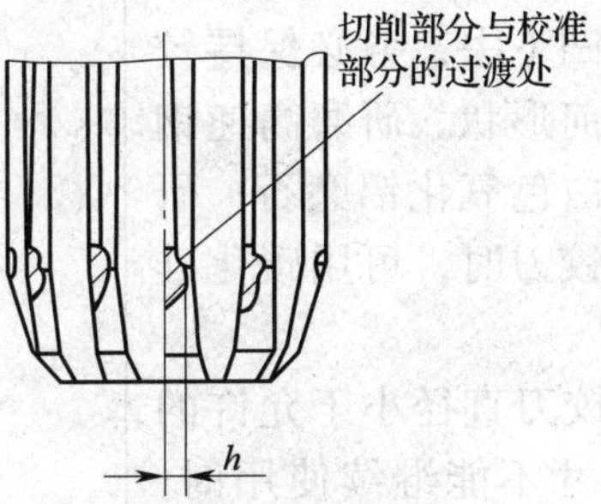

h—后面的磨损高度

a)

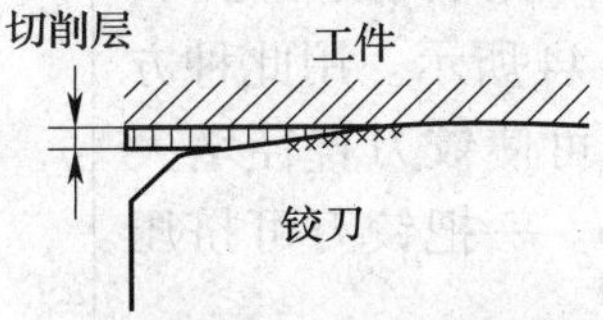

×—图a中切削部分与校准部分的过渡处，此处磨损最严重

b)

图 4–41

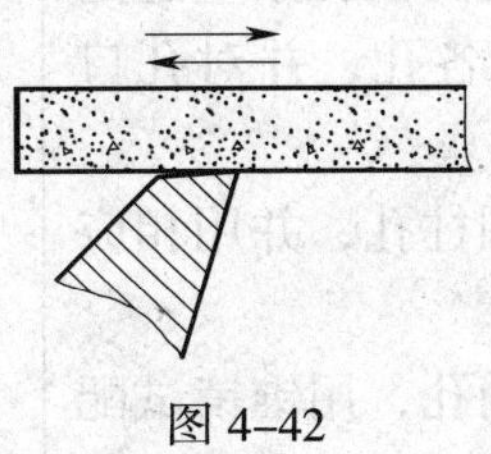

图 4–42

操作项目及要点

（5）当铰刀刃带过宽而要将刃带宽度磨窄时，可用（4）的方法将刃带研出1°左右的斜面，如图 4–43 所示，以保证所需的刃带宽度。但在研磨后面时，不能将磨石沿切削刃方向推动

（6）当刀齿前面需要研磨时，应将磨石紧贴在前面上，并沿齿槽方向轻轻推动

（7）在研磨铰刀时，千万不要将刃口研凹下去，务必保持铰刀的原有几何形状。研磨高速钢铰刀时，用白色氧化铝磨石；研磨硬质合金铰刀时，可用碳化硅磨石

（8）当铰刀直径小于允许的磨损极限尺寸不能继续使用时，可用挤压刀齿的方法恢复铰刀直径尺寸，以延长铰刀的使用寿命，其方法如图 4–44 所示。用此种方法修复铰刀，可使铰刀直径增大 0.005~0.01 mm。一把铰刀可挤压 2~3 次

3. 铰孔技能训练

（1）工件图样（见图 4–45）

（2）加工步骤

1）划线

2）考虑各孔的铰孔余量选定钻头规格，钻削各孔，并对孔口进行 $C0.5$ 倒角

3）铰削各圆柱孔，并用相应的圆柱销配检

4）铰削锥销孔，用锥销试配检验，达到正确的配合尺寸要求

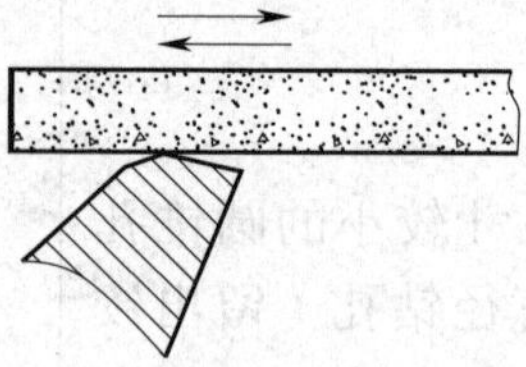

图 4–43

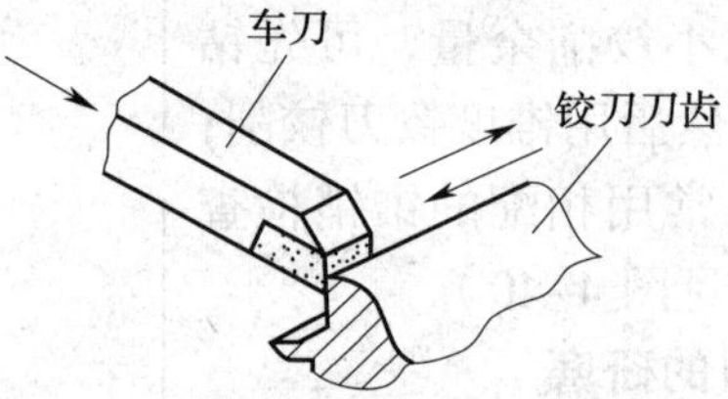

图 4–44

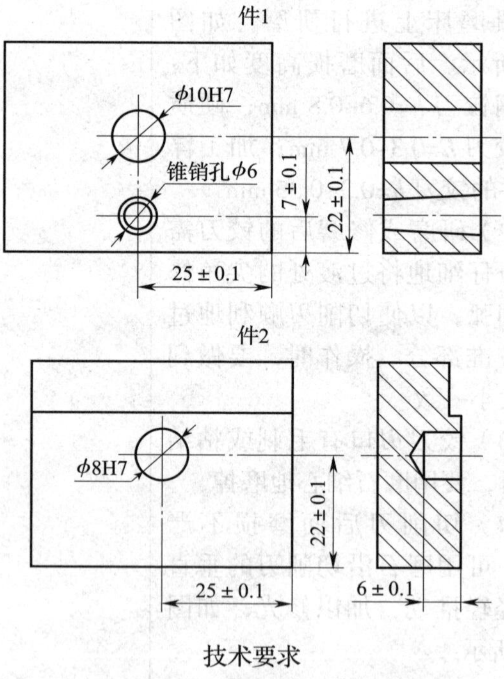

技术要求
铰削孔的表面粗糙度为 Ra 0.8μm

图 4–45

操作项目及要点

（3）评分标准

项目	序号	质量检测内容	配分	评分标准	检测结果	得分
铰孔	1	（25 ± 0.1）mm（2 处）	10	超差不得分		
	2	（22 ± 0.1）mm（2 处）	10	超差不得分		
	3	（7 ± 0.1）mm	5	超差不得分		
	4	（6 ± 0.1）mm	5	超差不得分		
	5	ϕ10H7	15	超差不得分		
	6	ϕ8H7	15	超差不得分		
	7	ϕ6 mm 锥销孔	15	超差不得分		
	8	表面粗糙度 *Ra*0.8 μm	10	升高一级不得分		
	9	倒角	5	不加工不得分		
“6S”管理			10	酌情扣分		

注意事项

铰孔注意事项

（1）铰刀是精加工刀具，要保护好刃口，避免碰撞。切削刃上如有毛刺或切屑黏附，可用油石小心地磨去

（2）铰刀排屑功能差，必须经常取出清屑，以免铰刀被卡住

（3）铰削定位圆锥销孔时，因锥度小有自锁性，其进给量不能太大，以免铰刀卡死或折断

（4）熟悉铰孔中常出现的问题及其原因，以便在操作时注意

铰孔时可能出现的问题和产生原因

问题	产生原因
表面粗糙度达不到要求	1. 铰刀刃口不锋利或有崩裂，铰刀切削部分和修整部分不光洁 2. 切削刃上粘有积屑瘤，容屑槽内切屑粘积过多 3. 铰削余量太大或太小 4. 切削速度太高，以致产生积屑瘤 5. 铰刀退出时反转，手铰时铰刀旋转不平稳 6. 切削液不充足或选择不当 7. 铰刀偏摆过大

操作项目及要点

续表

问题	产生原因
孔径扩大	1. 铰刀与孔的中心线不重合，铰刀偏摆过大 2. 进给量和铰削余量太大 3. 切削速度太高，使铰刀温度上升，直径增大 4. 操作粗心（未仔细检查铰刀直径和铰孔直径）
孔径缩小	1. 铰刀超过磨损标准，尺寸变小仍继续使用 2. 铰刀磨钝后还继续使用，造成孔径过度收缩 3. 铰钢料时加工余量太大，铰好后内孔弹性复原而孔径缩小 4. 铰铸铁时加了煤油作切削液
孔轴线不直	1. 铰孔前的预加工孔不直，铰小孔时由于铰刀刚度差，而未能使原有的弯曲程度得到纠正 2. 铰刀的切削锥角太大，导向不良，使铰削时方向发生偏斜 3. 手铰时，两手用力不匀
孔呈多棱形	1. 铰削余量太大或铰刀切削刃不锋利，使铰削时发生“啃切”现象，发生振动而出现多棱形 2. 钻孔不圆，使铰孔时铰刀发生弹跳现象 3. 钻床主轴振摆太大

课题四 攻螺纹与套螺纹

本课题主要学习攻螺纹和套螺纹的操作方法。通过技能训练，掌握攻螺纹底孔直径和套螺纹圆杆直径的计算以及攻螺纹、套螺纹的基本技能。

作业 1

作业名称	作业要点	工艺装备
攻螺纹操作方法	掌握攻螺纹要领，正确进行攻螺纹操作	1. 工件：由本单元课题三转来。加工完成后转入本单元课题六作业 4 2. 丝锥及铰杠 3. 划线工具

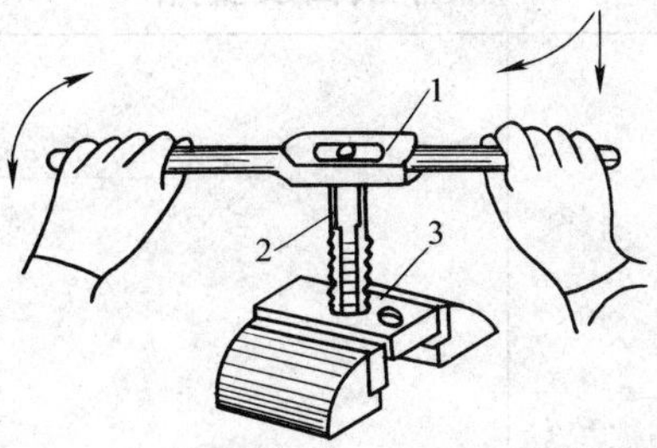

图 4–46　攻螺纹

1—铰杠　2—丝锥　3—工件

操作项目及要点

1. 攻螺纹方法

（1）划线、钻底孔

底孔直径计算公式为：

脆性材料　$D_{孔}=D-(1.05\sim1.1)P$

塑性材料　$D_{孔}=D-P$

式中　$D_{孔}$——底孔直径，mm

D——螺纹公称直径，mm

P——螺距，mm

不通孔深度按图样尺寸或用下式计算得出：

$$H_{孔}=h_{有效}+0.7D$$

式中　$H_{孔}$——底孔深度，mm

$h_{有效}$——螺纹有效深度，mm

D——螺纹公称直径，mm

（2）底孔孔口倒角

通孔螺纹两端都倒角（见图 4–47）

（3）用头锥起攻

起攻时，一手用手掌按住铰杠中部沿丝锥轴线施加压力，另一手配合作顺时针方向旋转（见图 4–48）。在丝锥攻入 1~2 圈后，应及时在前后、左右各个方向用直角尺检查丝锥与工件表面的垂直度（见图 4–49），并不断校正至要求

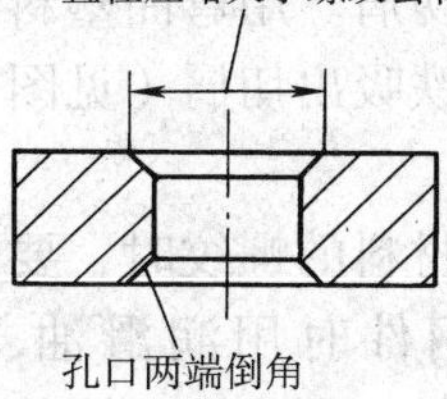

图 4–47

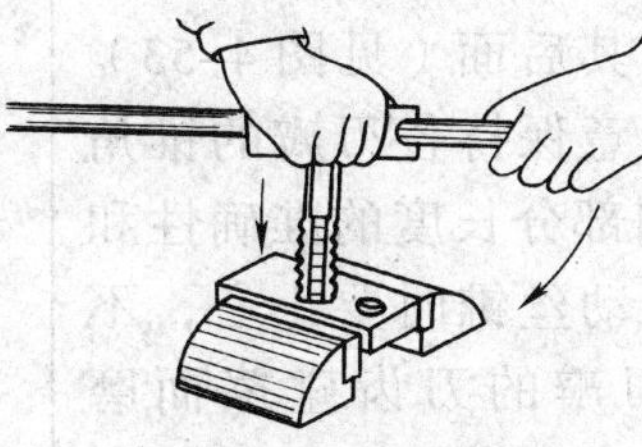

图 4–48

操作项目及要点

（4）当丝锥的切削部分全部进入工件后，则不需再施加压力，而靠丝锥自然旋进切削。此时两手旋转力应均匀，并经常倒转 1/4~1/2 圈，以避免因切屑阻塞而卡住丝锥（见图 4–50）

（5）攻螺纹时，必须按头锥、二锥、三锥顺序攻削至标准尺寸

（6）攻不通孔螺纹时，可在丝锥上做好深度标记，并经常退出丝锥，清理孔内切屑。用弯曲塑料吸管吹出或用磁铁吸出切屑（见图 4–51、图 4–52）

（7）攻塑性材料的螺纹时，要加切削液。攻钢件时用润滑油，螺纹质量要求高时可用工业植物油，攻铸铁、铜、铝及合金时用煤油

2. 丝锥的修磨

（1）当丝锥的切削部分磨损时，可修磨其后面（见图 4–53）。修磨时要注意保持各刃瓣的锥角 α 以及切削部分长度的准确性和一致性。转动丝锥时要小心，不要使另一刃瓣的刀齿碰擦而磨坏

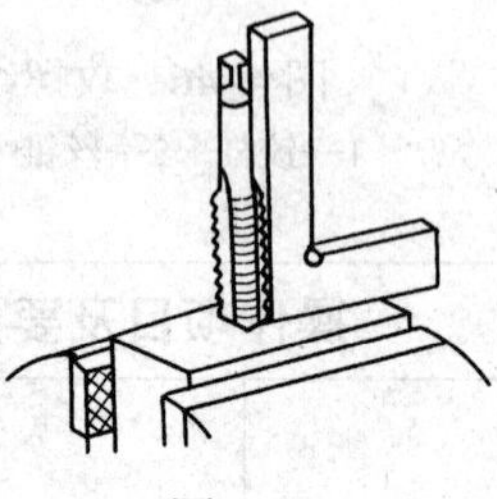

图 4–49

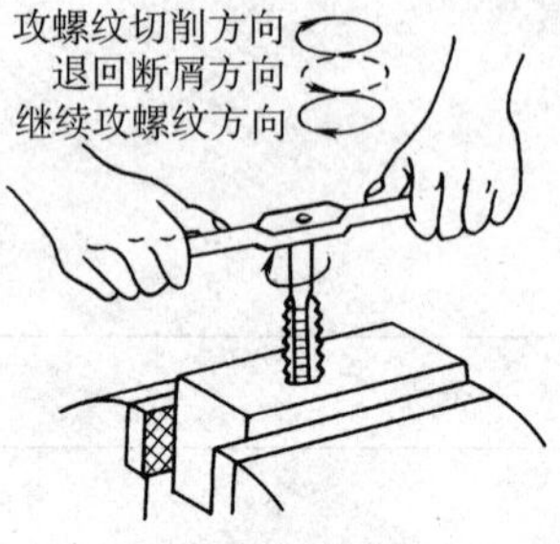

图 4–50

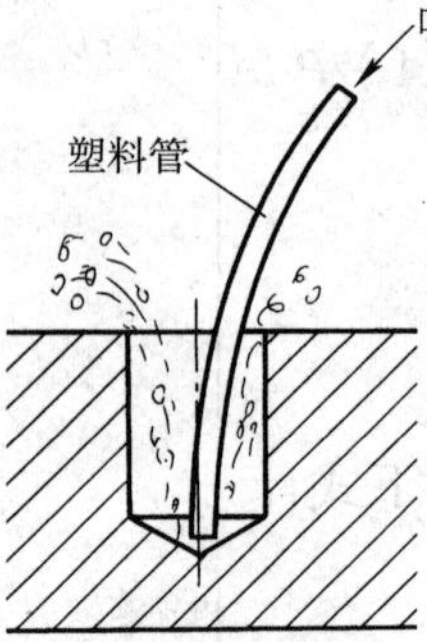

图 4–51

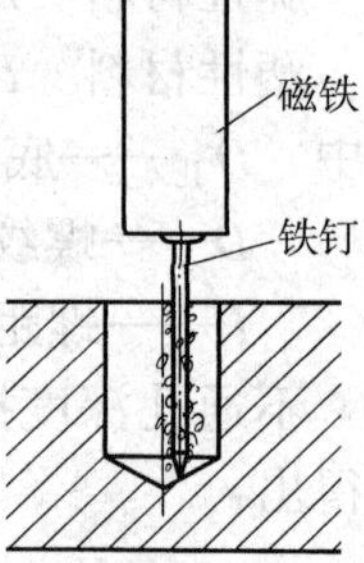

图 4–52

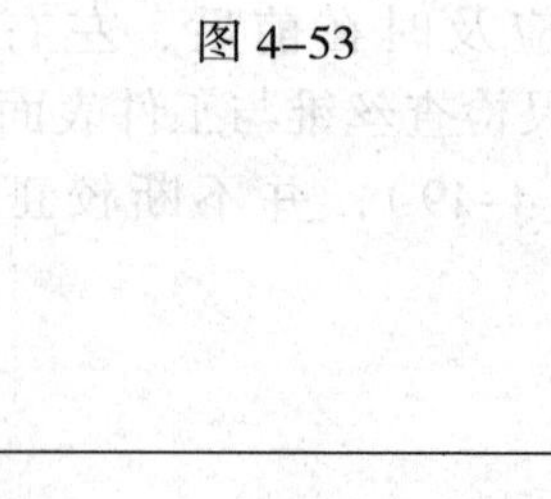

图 4–53

操作项目及要点

（2）当丝锥校准部分磨损时，可修磨其前面（见图 4–54）。磨损较少时可用磨石研磨切削刃面。研磨时在磨石上涂一些全损耗系统用油，磨石要平稳。磨损较严重时，要用棱角修圆的片状砂轮修磨，并控制好一定的前角 γ_o。

3. 丝锥折断的处理方法

（1）折断在螺孔外的部分，可用钳子拧出或用锤子和尖錾轻轻剔出

（2）折断在螺孔内的部分，可在断丝锥的方头上拧上两个螺母，用钢丝（根数与丝槽数相同）插入断丝锥和螺母的空槽中，然后用铰杠按退出方向转动方榫，把断丝锥取出（见图 4–55）

（3）对于断在螺孔内且难以取出的丝锥，可用气焊或电焊的方法在折断的丝锥上堆焊一弯杆或螺母，以便将丝锥拧出

（4）用电火花加工设备将断丝锥腐蚀掉

（5）在工件允许退火的情况下，将工件、丝锥退火后钻孔取出

4. 攻螺纹技能训练

工件图样如图 4–56 所示

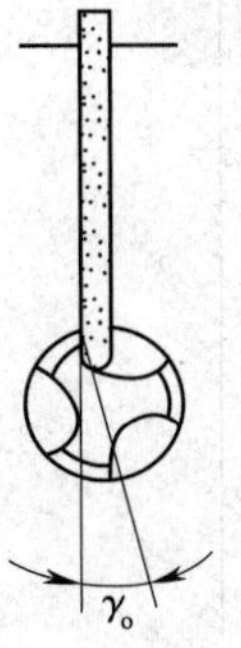

图 4–54

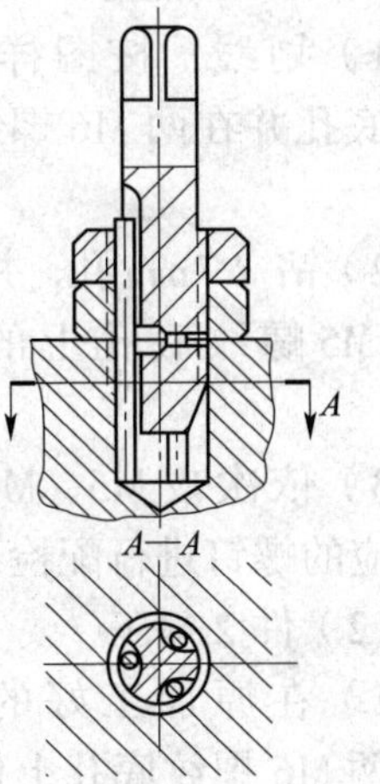

图 4–55

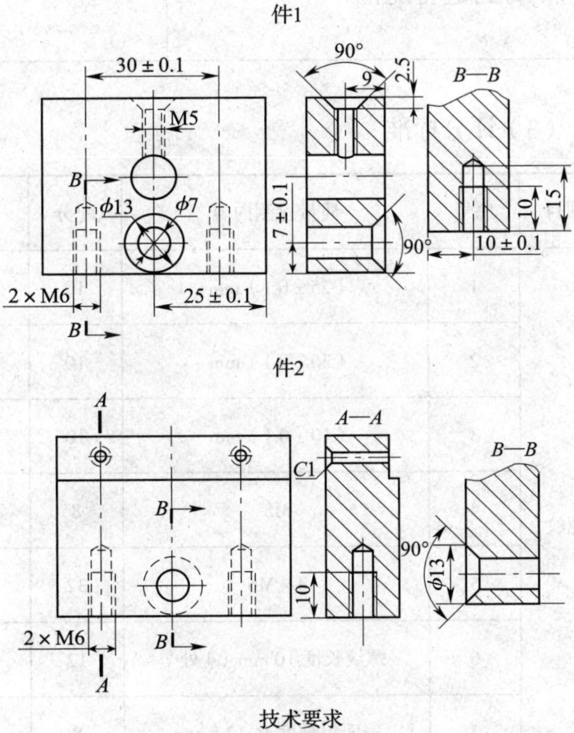

技术要求

孔与螺纹加工表面粗糙度值为 Ra 12.5μm

图 4–56

操作项目及要点

（1）件 1 加工

1）划线，按图样钻 M5、M6 螺纹底孔并在两 M6 螺纹孔孔口倒角

2）钻 ϕ7 mm 孔，并锪 ϕ13 mm 孔及 M5 螺纹底孔上的沉头螺钉孔

3）依次攻 M5、M6 螺纹，并用相应的螺钉进行配检

（2）件 2 加工

1）在原加工好的两 ϕ3 mm 孔及两 M6 螺纹底孔上做 *C*1 倒角，并在 ϕ7 mm 孔上锪沉头螺钉孔

2）依次攻两 M6 螺纹，并用相应的螺钉进行配检

（3）评分标准

项目	序号	质量检测内容	配分	评分标准	检测结果	得分
攻螺纹	1	（25 ± 0.1）mm	10	超差不得分		
	2	（30 ± 0.1）mm	10	超差不得分		
	3	（10 ± 0.1）mm	10	超差不得分		
	4	M5	8	不合格不得分		
	5	4 × M6	32	一处不合格扣 8 分		
	6	螺纹长度 10 mm（4 处）	12	一处不合格扣 3 分		
	7	表面粗糙度 *Ra*12.5 μm	8	升高一级不得分		
"6S" 管理			10	酌情扣分		

作业 2

作业名称	作业要点	工艺装备
套螺纹操作方法	掌握套螺纹要领，正确进行套螺纹操作	1. 工件，加工完成后转入本单元课题六作业 4 2. 圆板牙 3. 直角尺 4. 台虎钳

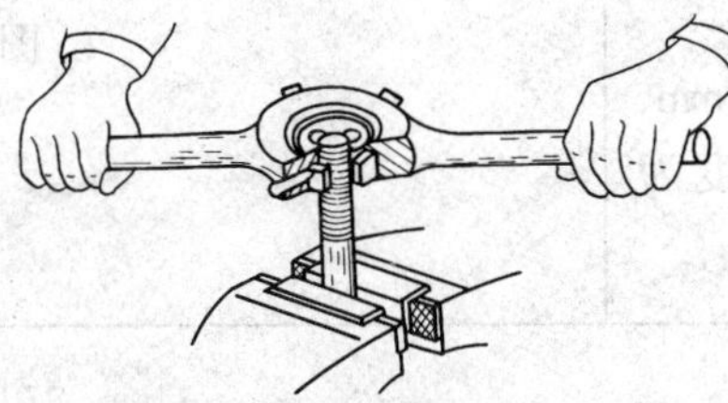

图 4–57　套螺纹

操作项目及要点

1. 套螺纹方法

（1）确定圆杆直径

$$d_{杆}=d-0.13P$$

式中　$d_{杆}$——圆杆直径，mm

d——螺纹公称直径，mm

P——螺距，mm

（2）工件端部倒角（见图 4–58）

（3）工件装夹时，可用 V 形架或厚铜皮作衬垫，保证牢固装夹（见图 4–59）

（4）起套时要使圆板牙端面与圆杆轴线垂直，用一只手掌按住圆板牙架中部，并施加轴向压力，另一只手配合作顺向缓慢转动

（5）当圆板牙切入材料 2~3 圈时，要用直角尺及时检查并校正圆板牙的位置（见图 4–60）

（6）正常套螺纹时不要加压，让圆板牙自然旋进，并经常倒转断屑

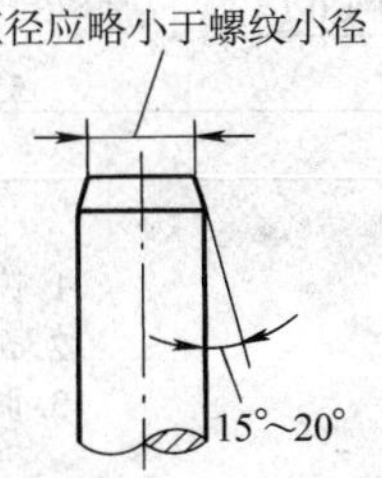

图 4–58

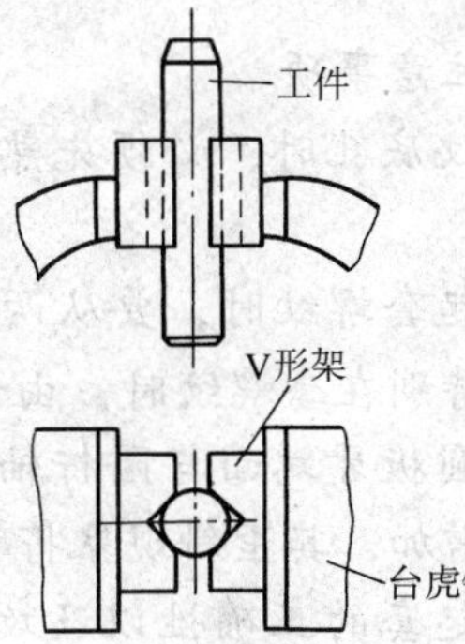

图 4–59

操作项目及要点

（7）在钢件上套螺纹时需加切削液，以延长圆板牙使用寿命和提高套螺纹质量。切削液一般用润滑油或较浓的乳化液

2. 套螺纹技能训练

（1）工件图样（见图 4–61）

（2）加工步骤

1）检查工件是否合格

2）套M10的螺纹并保证 ϕ8 mm、M10、ϕ5 mm、ϕ10 mm 同轴度为 0.06 mm

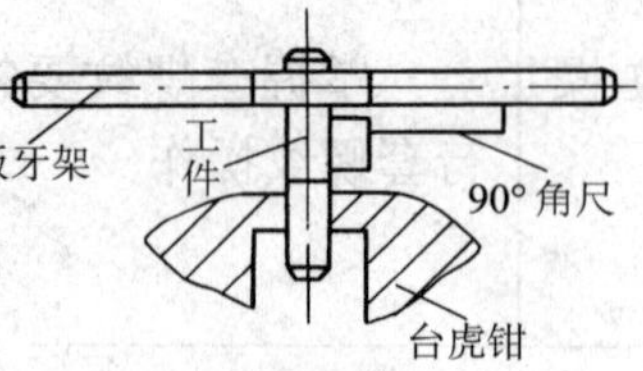

图 4–60

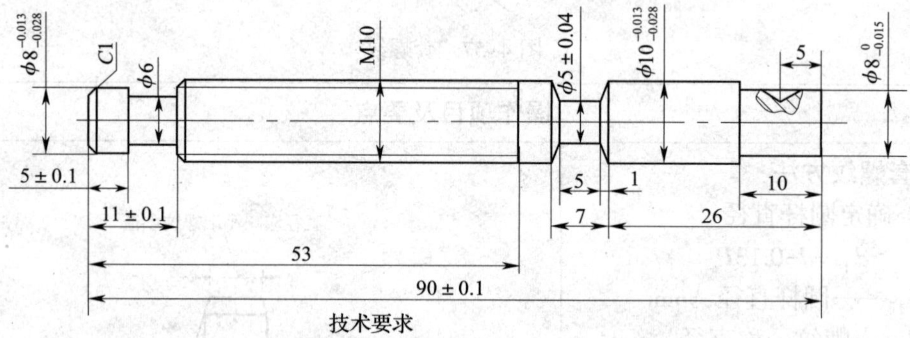

技术要求

1. 锐边倒钝
2. ϕ8、M10、ϕ5、ϕ10同轴度为0.06mm
3. 调质处理24~28HRC

$\sqrt{Ra\ 3.2}$ （$\sqrt{}$）

图 4–61　丝杠

注意事项

攻、套螺纹注意事项

（1）在钻螺纹底孔时，必须先熟悉机床的使用、调整方法，然后再进行加工，并注意做到安全操作

（2）起攻、起套螺纹时，要从两个方向对垂直度进行校正，这是保证攻、套螺纹质量的重要一环。特别在套螺纹时，由于圆板牙切削部分的锥角 2φ较大，起套时的导向性较差，容易导致圆板牙端面与圆杆轴心线的不垂直，切出的螺纹牙型一面深一面浅，并随着螺纹长度的增加，其歪斜现象将明显增加，甚至不能继续切削

（3）起攻、起套的正确性以及攻、套螺纹时控制两手用力均匀和掌握好用力限度，是攻、套螺纹的基本功，必须用心掌握

（4）了解攻、套螺纹中常出现的问题及其产生原因，以便在练习时注意

操作项目及要点	
攻螺纹和套螺纹时可能出现的问题和产生原因	
问题	产生原因
螺纹乱牙	1. 攻螺纹时底孔直径太小，起攻困难，左右摆动，孔口乱牙 2. 换用二、三锥时强行校正，或没旋合好就强行攻削 3. 圆杆直径过大，起套困难，左右摆动，杆端乱牙
螺纹滑牙	1. 攻不通孔的较小螺纹时，丝锥已到底仍继续转 2. 攻强度低或小孔径螺纹时，丝锥已切出螺纹仍继续加压，或攻完时连同铰杠自由快速转出 3. 未加适当切削液及一直攻、套不倒转，切屑堵塞将螺纹啃坏
螺纹歪斜	1. 攻、套螺纹时位置不正，起攻、起套时未做垂直度检查 2. 孔口、杆端倒角不良，两手用力不均，切入时歪斜
螺纹形状不完整	1. 攻螺纹底孔直径太大，或套螺纹圆杆直径太小 2. 圆杆不直 3. 圆板牙经常摆动
丝锥折断	1. 底孔直径太小 2. 攻入时丝锥歪斜或歪斜后强行校正 3. 没有经常反转断屑和清屑，或不通孔攻到底，还继续攻削 4. 使用铰杠不当 5. 丝锥牙齿爆裂或磨损过多而强行攻削 6. 工件材料过硬或夹有硬点 7. 两手用力不均或用力过猛

课题五 综合技能训练（二）

通过综合技能训练，提高划线、锯削、锉削和钻孔的综合技能。

作业名称	作业要点	工艺装备
制作錾口榔头	掌握錾口榔头的制作与检验	1. 工件：由第三单元课题一作业4转来 2. 划线、锯削、锉削和钻孔工具 3. 常用量具

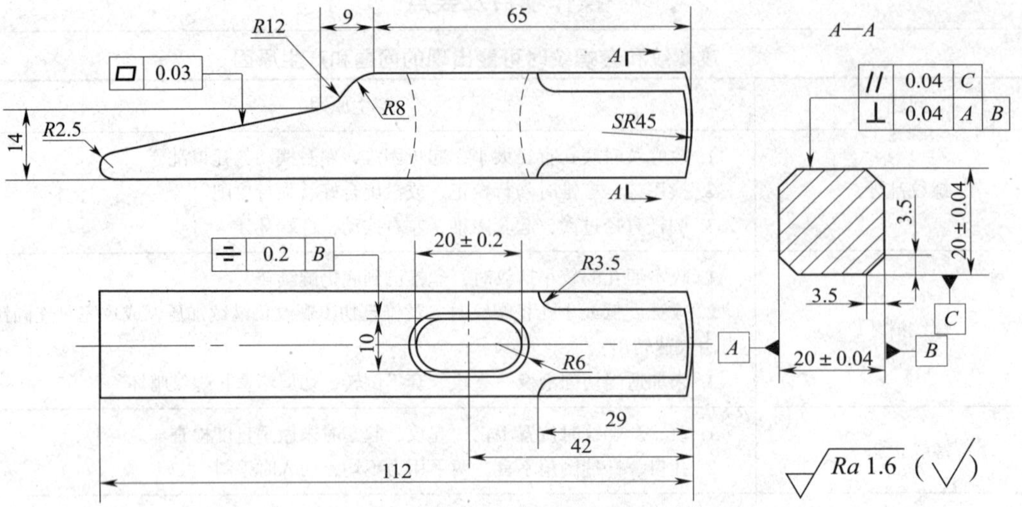

图 4–62　錾口榔头

操作项目及要点

（1）工件图样（见图 4–62）

（2）加工步骤

1）检查毛坯尺寸是否合格

2）按图样要求锉削 120 mm × 20 mm × 20 mm 长方体

3）以长面为基准锉一端面，达到基本垂直，表面粗糙度为 Ra1.6 μm

4）以长面和端面为基准，按图样要求划出 4 × 3.5 mm × 45° 倒角加工线

5）锉 4 × 3.5 mm × 45° 倒角达到要求。方法：先用圆锉粗锉出 R3.5 mm 圆弧，然后分别用粗、细平锉倒角，再用圆锉精加工 R3.5 mm 圆弧，最后用推锉法修整，并用砂布打光

6）按图样划出腰孔加工线及钻孔检查线，并用 ϕ9.7 mm 麻花钻钻孔

7）用圆锉锉通两孔，然后按图样要求锉好腰孔，将腰孔各面倒出 1 mm 弧形喇叭口

8）按划线在 R12 mm 处钻 ϕ5 mm 孔，然后用手锯按加工线锯去多余部分

9）用半圆锉按划线粗、精锉 R12 mm 内圆弧面，用平锉粗、精锉斜面与 R8 mm 的外圆弧面，并达到各弧面连接圆滑、光洁、纹理整齐

10）用平锉粗、精锉 SR45 mm 的圆球面，并达到圆滑、光洁、纹理整齐

11）锉 R2.5 mm 圆头，并保证工件总长 112 mm

注意事项

制作錾口榔头注意事项

（1）用 ϕ9.7 mm 麻花钻钻孔时，要求钻孔位置正确，钻孔孔径没有明显扩大，以免造成加工余量不足，影响腰孔的正确加工

（2）锉削腰孔时，应先锉两侧平面，后锉两端圆弧面。在锉平面时要注意控制好锉刀的横向移动，防止锉坏两端圆弧面

（3）加工 4 个角 *R*3.5 mm 内圆弧时，横向锉要平直，这样容易推光，且圆弧尖角处也不易坍角

（4）在加工 *R*12 mm 内圆弧面与 *R*8 mm 外圆弧面时，横向锉必须平直，并与侧平面垂直，才能使弧面连接正确，外形美观

（3）评分标准

项目	序号	质量检测内容	配分	评分标准	检测结果	得分
锉削	1	（20 ± 0.04）mm（2 处）	2 × 4	每超差 0.01 mm 扣 1 分		
	2	⊥ 0.04	4 × 2	每超差 0.01 mm 扣 1 分		
	3	// 0.04	4 × 2	每超差 0.01 mm 扣 1 分		
	4	3.5 mm × 45° 倒角尺寸正确	2 × 4	每个倒角不正确扣 2 分		
	5	*R*3.5 mm 内圆弧连接圆滑、尖端无坍角	2 × 4	每个圆弧连接不正确扣 2 分		
	6	*R*12 mm 与 *R*8 mm 圆弧面连接圆滑	10	圆弧连接不正确不得分		
	7	舌部斜面平面度 0.03 mm	10	每超差 0.01 mm 扣 2 分		
	8	表面粗糙度 *Ra*1.6 μm	6	升高一级不得分		
	9	*R*2.5 mm 圆弧面圆滑	8	圆弧面不圆滑不得分		
	10	腰孔（20 ± 0.2）mm	10	每超差 0.04 mm 扣 1 分		
	11	腰孔对称度 0.2 mm	6	每超差 0.02 mm 扣 1 分		
"6S" 管理			10	酌情扣分		

课题六　综合技能训练（三）

本课题为 50 mm 平口钳的制作。通过技能训练，掌握角度锉配和误差检查方法以及配合面的锉配方法，初步了解机械装配的工艺过程和装配方法，为后续课题的学习打下良好的基础。

作业 1

作业名称	作业要点	工艺装备
制作手轮	掌握曲面锉削和精度检验方法	1. 工件：ϕ45 mm × 10^{+1}_{0} mm；材料：35 钢。加工完成后转入本课题作业 4 2. 锉刀、麻花钻及螺纹加工工具 3. 划线工具及量具

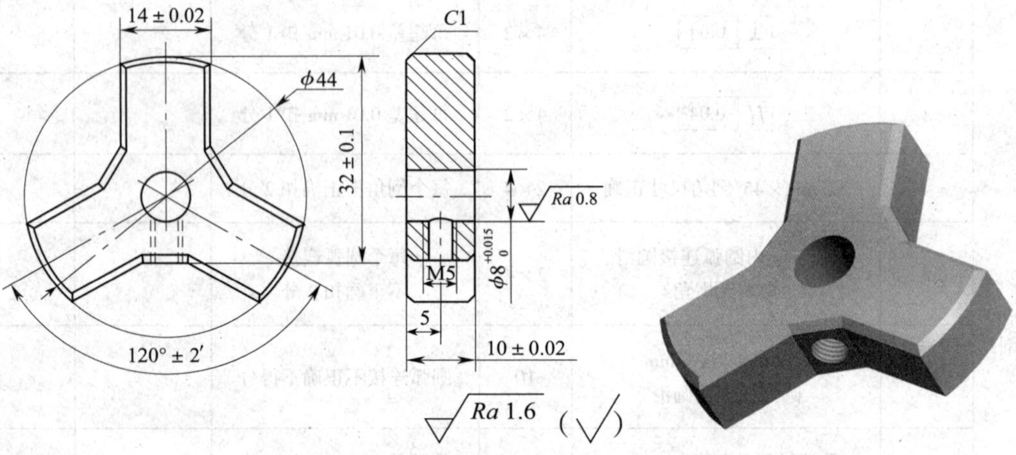

图 4–63　手轮

操作项目及要点

（1）工件图样（见图 4–63）

（2）加工步骤

1）检查毛坯的尺寸是否合格

2）将手轮的外形尺寸加工到 ϕ44 mm×（10 ± 0.02）mm 精度要求

3）以 ϕ44 mm 的中心为基准划圆的三等分线和各加工线，并保证尺寸的准确性

4）按图样要求同时钻、铰 ϕ8 mm 孔，并使孔达到 $\phi 8^{+0.015}_{0}$ mm 的精度要求

操作项目及要点

5）按图样要求锯、锉各面使尺寸达到（14 ± 0.02）mm、（32 ± 0.1）mm、角度 120° ± 2′和表面粗糙度值 Ra1.6 μm 的精度要求

6）划线钻 ϕ4.2 mm 的孔，攻 M5 螺纹孔

7）清理毛刺

（3）评分标准

项目	序号	质量检测内容	配分	评分标准	检测结果	得分
锉削	1	（14 ± 0.02）mm	21	超差不得分		
	2	（32 ± 0.1）mm	15	超差不得分		
	3	（10 ± 0.02）mm	10	超差不得分		
	4	120° ± 2′	21	超差不得分		
	5	表面粗糙度值 Ra1.6 μm	10	升高一级不得分		
孔与螺纹加工	6	M5	3	不符合要求不得分		
	7	$\phi 8^{+0.015}_{0}$ mm	5	超差不得分		
	8	表面粗糙度值 Ra0.8 μm	5	升高一级不得分		
"6S"管理			10	酌情扣分		

作业 2

作业名称	作业要点	工艺装备
制作钳口	巩固锉削技能，并达到一定的精度要求	1. 工件：51 mm × 13 mm × 6 mm，两件；材料：45 钢。加工完成后转入本课题作业 4 2. 锉刀 3. 相关量具

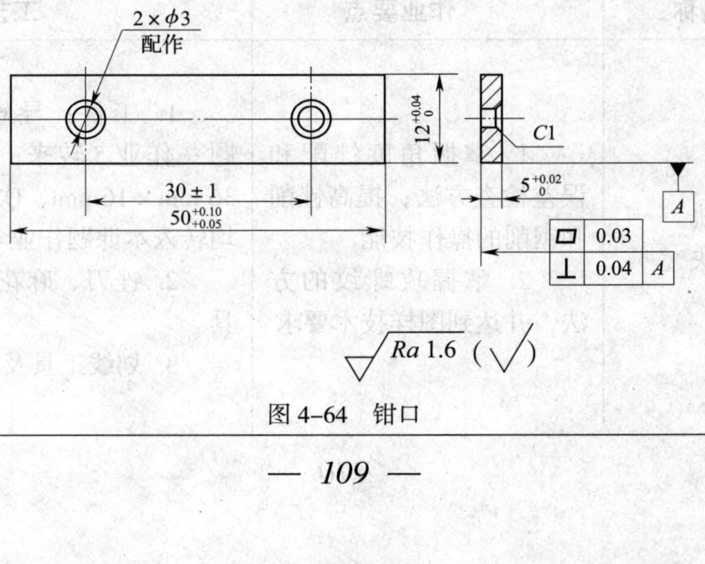

图 4-64 钳口

操作项目及要点

（1）工件图样（见图 4–64）

（2）加工步骤

1）检查毛坯的尺寸是否合格

2）粗、精锉钳口使尺寸达到 $50^{+0.10}_{+0.05}$ mm、$12^{+0.04}_{0}$ mm、$5^{+0.02}_{0}$ mm 的精度要求，且平面度为 0.03 mm，垂直度为 0.04 mm，各表面粗糙度值达到 $Ra1.6$ μm

（3）评分标准

项目	序号	质量检测内容	配分	评分标准	检测结果	得分
锉削	1	$50^{+0.10}_{+0.05}$ mm	15	超差不得分		
	2	$12^{+0.04}_{0}$ mm	15	超差不得分		
	3	$5^{+0.02}_{0}$ mm	15	超差不得分		
	4	⊥ 0.04	20	超差不得分		
	5	▱ 0.03	15	超差不得分		
	6	表面粗糙度值 $Ra1.6$ μm	10	升高一级不得分		
"6S"管理			10	酌情扣分		

作业 3

作业名称	作业要点	工艺装备
1. 制作导轨 2. 制作滑块	1. 掌握角度锉配和误差检查方法；提高锉削和锯削的操作技能 2. 掌握攻螺纹的方法，并达到图样技术要求	1. 工件：导轨由第三单元课题一作业 5 转来；滑块为 52 mm × 36 mm × 16 mm，Q235。加工完成后均转入本课题作业 4 2. 锉刀、麻花钻及螺纹加工工具 3. 划线工具及量具

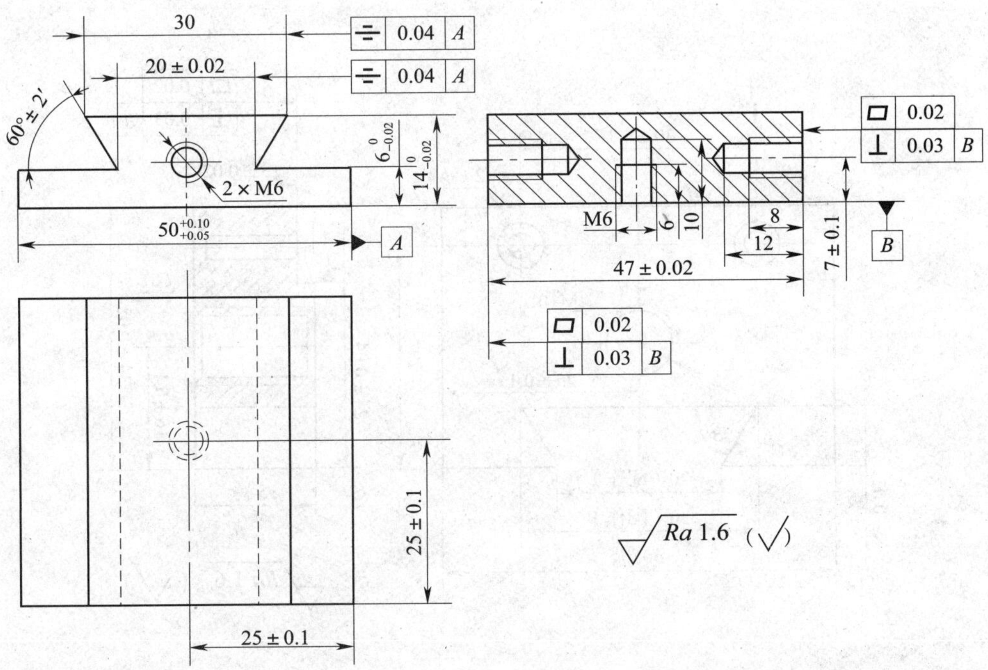

30
0.04 A
20 ± 0.02
0.04 A
60° ± 2′
2 × M6
$6^{\ 0}_{-0.02}$
$14^{\ 0}_{-0.02}$
$50^{+0.10}_{+0.05}$
A
0.02
0.03 B
M6
6
10
8
12
7 ± 0.1
B
47 ± 0.02
0.02
0.03 B
25 ± 0.1
25 ± 0.1
Ra 1.6 (√)

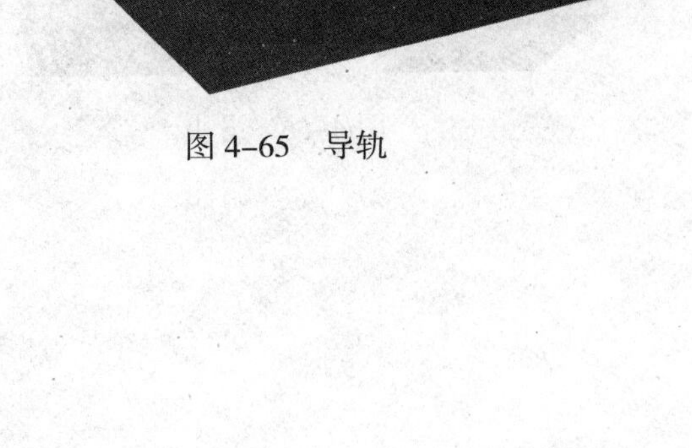

图 4-65　导轨

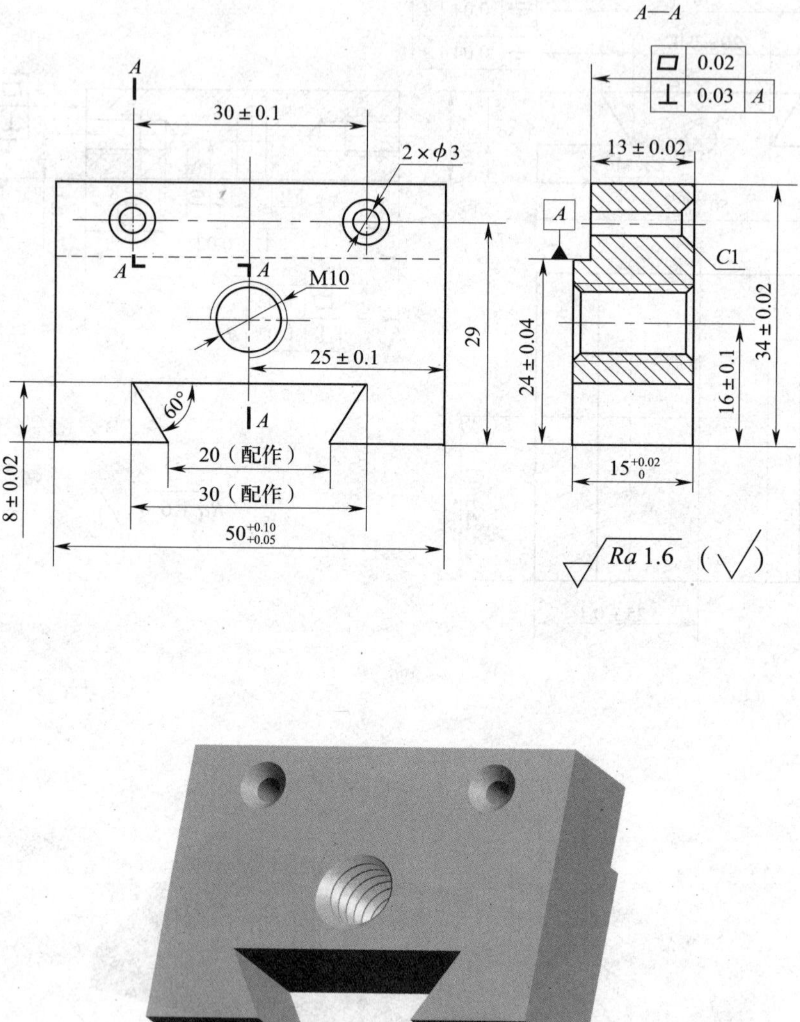

A—A
0.02
0.03 A
30 ± 0.1
2 × ϕ3
13 ± 0.02
A
A
A
A
C1
M10
29
24 ± 0.04
34 ± 0.02
25 ± 0.1
16 ± 0.1
60°
A
15 +0.02 0
20（配作）
30（配作）
8 ± 0.02
50 +0.10 +0.05
Ra 1.6

图 4-66　滑块

操作项目及要点

1. 制作导轨

（1）工件图样（见图 4–65）

（2）加工步骤

1）自制 60° 角度样板（见图 4–67）

2）检查来料尺寸，并将其锉平，按图样要求划出导轨的加工线

3）如图 4–68 所示，按划线锯削材料，留加工余量 0.8~1.2 mm

4）锉削导轨燕尾槽的一个角，完成 60° ± 2′及 $6_{-0.02}^{\ 0}$ mm 尺寸，达到表面粗糙度 $Ra1.6$ μm 的要求

5）如图 4–69 所示，用百分表测量控制加工面 1 与底面是否平行，并用千分尺控制尺寸 6 mm

6）利用 ϕ10 mm 圆柱测量棒间接测量法，控制边角尺寸 M，如图 4–70 所示

测量尺寸 M 与图样技术要求尺寸 B 及圆柱测量棒直径 d 之间的关系如下：

$$M = B + \frac{d}{2}\cot\frac{\alpha}{2} + \frac{d}{2}$$

式中 M——测量尺寸，mm

B——图样技术要求尺寸，mm

d——圆柱测量棒直径，mm

α——斜面的角度值，(°)

已知圆柱测量棒直径 d=10 mm，α =60°，B=35 mm

计算可得 M=48.66 mm

7）用自制角度样板测量控制 60° 角，如图 4–71 所示

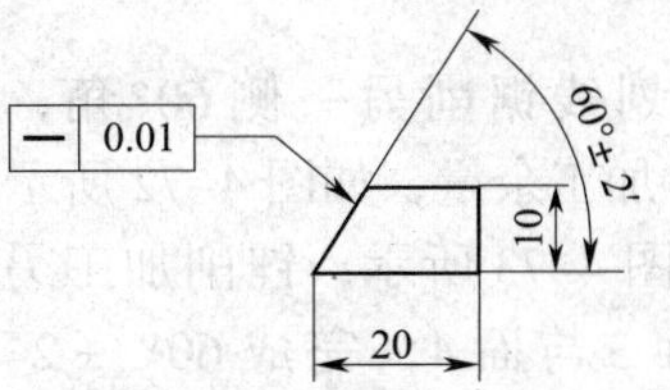

图 4–67 制作角度样板

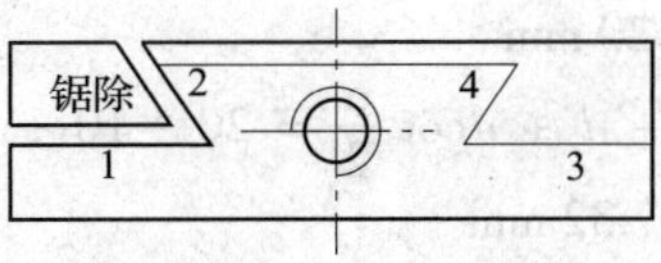

图 4–68 加工燕尾导轨

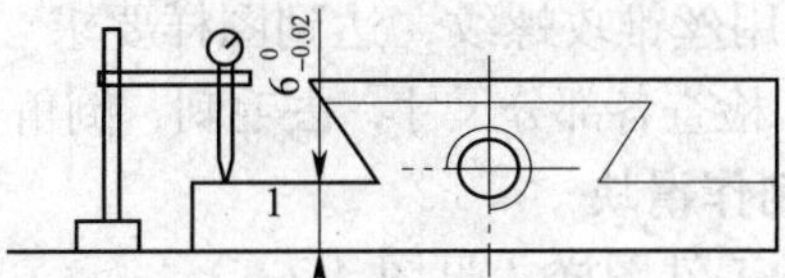

图 4–69 百分表测量加工面

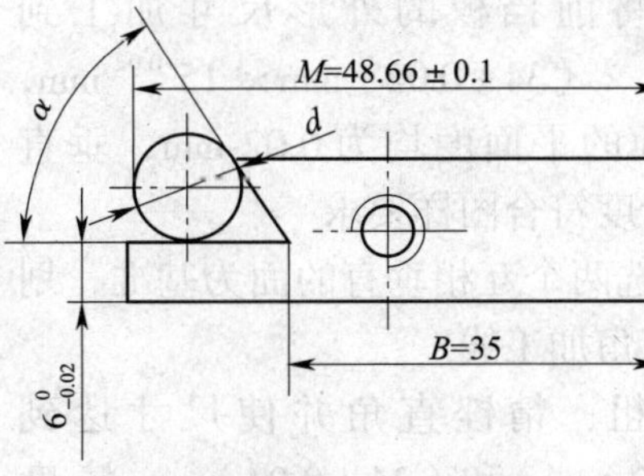

图 4–70 测量棒间接测量尺寸

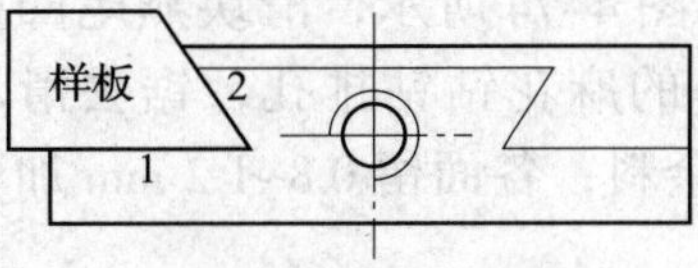

图 4–71 用自制角度样板测量导轨的角度

操作项目及要点

8）按划线锯削另一侧 60° 角，留 0.8~1.2 mm 加工余量，如图 4–72 所示

9）如图 4–73 所示，锉削加工另一侧 60° 角面 3 与面 4，完成 60° ±2′ 及 $6_{-0.02}^{\ 0}$ mm 尺寸，方法同前

L 的计算方法如下：

已知圆柱测量棒直径 d=10 mm，α=60°，b=20 mm

$$L=b+d+d\cot\frac{\alpha}{2}=20+10+10\cot30°=47.32\ \text{mm}$$

10）锉削加工面 5，达到 $14_{-0.02}^{\ 0}$ mm 外形尺寸

11）按划线钻 3×ϕ5 mm 的孔，并用 M6 手用丝锥攻螺纹，达到图样要求

12）检查各部分尺寸，去毛刺、倒角

2. 制作滑块

（1）工件图样（见图 4–66）

（2）加工步骤

1）检查来料尺寸，按图样要求划出滑动块的加工线

2）将前挡板的外形尺寸加工到 $50_{+0.05}^{+0.10}$ mm×（34±0.02）mm×$15_{\ 0}^{+0.02}$ mm，并且各面的平面度均为 0.02 mm，垂直度和平行度符合图样要求

3）选两个互相垂直的面为基准，划各孔和直角加工线

4）粗、精锉直角并使尺寸达到（13±0.02）mm 和（24±0.04）mm 精度要求，且垂直度为 0.03 mm、平面度为 0.02 mm 的要求

5）如图 4–74 所示，滑块燕尾凹槽用 ϕ6 mm 的麻花钻钻排孔，锯去滑块燕尾凹槽余料，各面留 0.8~1.2 mm 加工余量

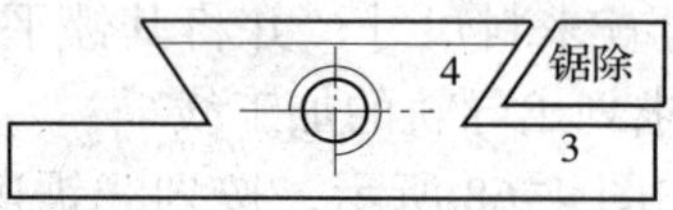

图 4–72　锯削另一侧角度

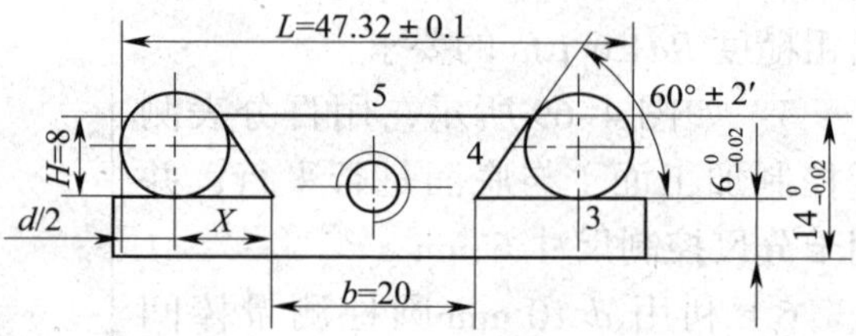

图 4–73　锉削另一侧加工面

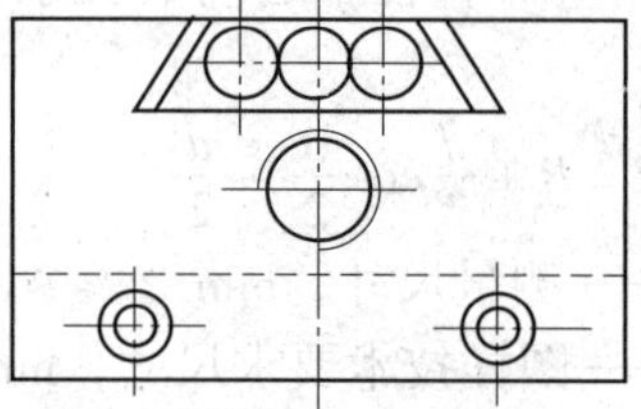
图 4–74　锯削燕尾凹槽

操作项目及要点

6）按划线锉削面1、面2和面3，并留0.8~1.2 mm修配余量，用导轨与滑块配作，并达到图样要求和换位要求

7）如图4–75所示，用百分表测量控制面1与底面平行

8）如图4–76所示，用自制角度样板测量控制内60°角

9）用 ϕ10 mm圆柱测量棒测量控制尺寸 A。图4–77所示滑块内燕尾槽计算方法如下：

已知圆柱测量棒直径 d=10 mm，α =60°，b=10 mm

$$A=b+\frac{d}{2}\cot\frac{\alpha}{2}+\frac{d}{2}$$

$$=10+5\cot30°+5=23.66\ \text{mm}$$

10）按划线钻 ϕ8.5 mm的孔，并用M10手用丝锥攻螺纹，达到图样要求

11）复检各尺寸，去毛刺、倒角

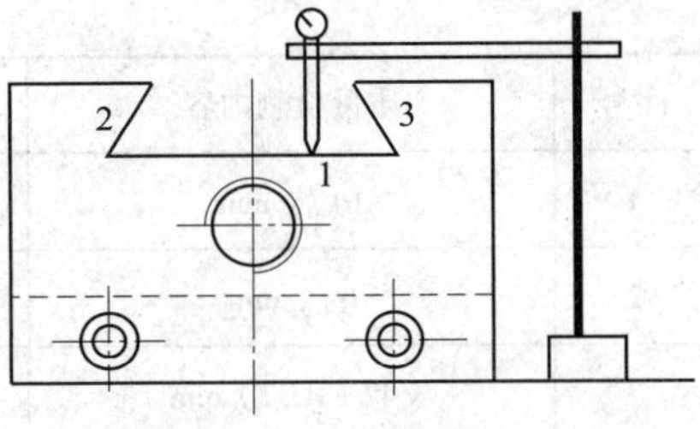

图4–75　百分表测量平行度

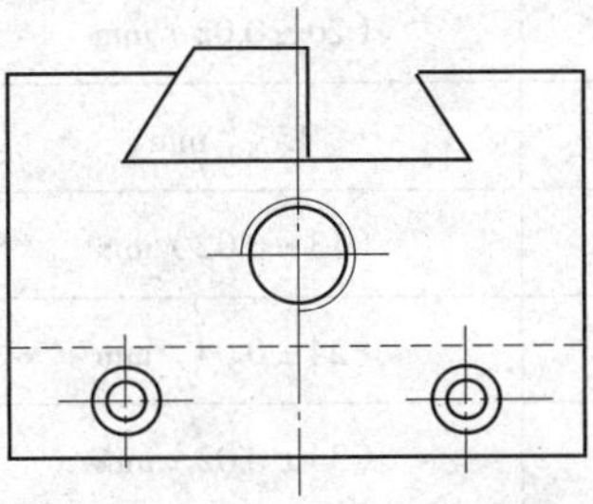
图4–76　自制角度样板测量控制滑块的角度

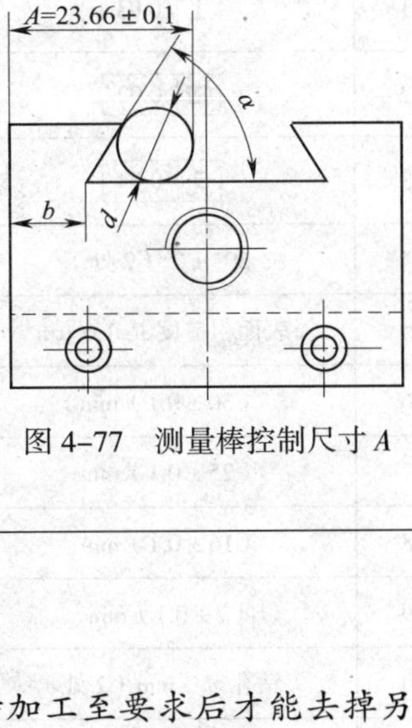

图4–77　测量棒控制尺寸A

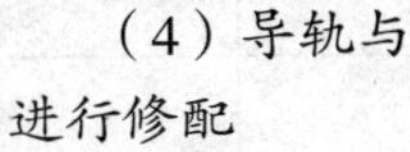

（1）导轨加工中只能先去掉一端60°角料，待加工至要求后才能去掉另一端60°角料，便于加工时测量控制

（2）采用间接尺寸测量来达到尺寸要求，必须正确换算和测量

（3）由于加工面较狭窄，一定要锉平并与大端面垂直，才能达到配合精度

（4）导轨与滑块件锉配时，一般不再加工导轨形面，否则基准导轨失去精度，难以进行修配

3. 评分标准

项目	序号	质量检测内容	配分	评分标准	检测结果	得分
锉削	1	$14_{-0.02}^{0}$ mm	2	超差不得分		
	2	$6_{-0.02}^{0}$ mm	2	超差不得分		
	3	（47 ± 0.02）mm	2	超差不得分		
	4	$50_{+0.05}^{+0.10}$ mm（2 处）	8	超差不得分		
	5	（20 ± 0.02）mm	4	超差不得分		
	6	$15_{0}^{+0.02}$ mm	3	超差不得分		
	7	（13 ± 0.02）mm	3	超差不得分		
	8	（24 ± 0.04）mm	4	超差不得分		
	9	（34 ± 0.02）mm	3	超差不得分		
	10	（8 ± 0.02）mm	3	超差不得分		
	11	⊥ 0.03	5	超差不得分		
	12	▱ 0.02	5	超差不得分		
	13	≡ 0.04	4	超差不得分		
	14	60° ± 2′（2 处）	6	超差不得分		
	15	表面粗糙度 *Ra*1.6 μm	4	升高一级不得分		
钻孔与攻螺纹	16	（30 ± 0.1）mm	2	超差不得分		
	17	（25 ± 0.1）mm	2	超差不得分		
	18	（16 ± 0.1）mm	2	超差不得分		
	19	（7 ± 0.1）mm	2	超差不得分		
	20	钻孔 ϕ3 mm（2 处）	2	不符合要求不得分		
	21	M10	3	不符合要求不得分		
	22	M6（3 处）	9	不符合要求不得分		
配合	23	配合间隙≤ 0.06 mm（3 处）	15	超差不得分		
“6S”管理			5	酌情扣分		

作业 4

作业名称	作业要点	工艺装备
50 mm 平口钳装配	初步掌握零、部件的装配技能	1. 工件：底板由本单元课题二转来；前挡板、后挡板由本单元课题四作业 1 转来；丝杠由本单元课题四作业 2 转来；手轮由本课题作业 1 转来；钳口由本课题作业 2 转来；导轨、滑块由本课题作业 3 转来 2. 标准件：M6×16、M6×20、M5×16 沉头螺钉，M5×6 锥端紧定螺钉、铆钉 3. 机修钳工常用工具、量具

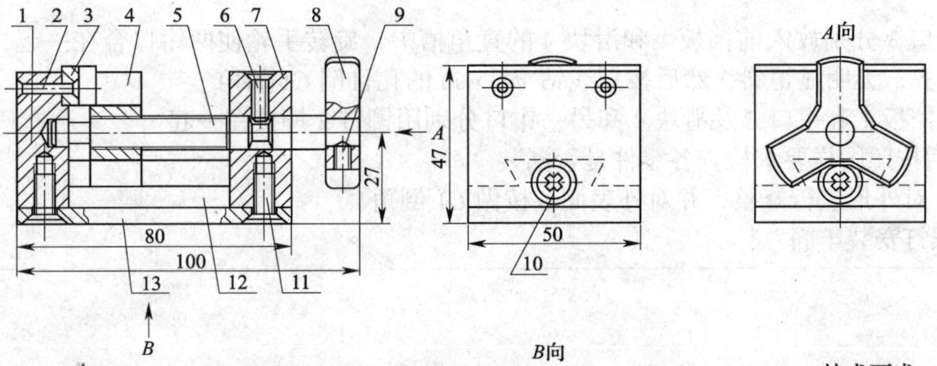

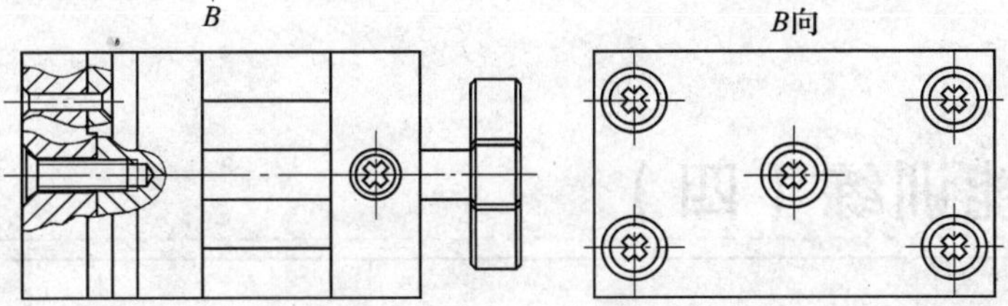

技术要求

1. 装配后旋转、滑动无明显阻滞现象
2. 燕尾配合夹角处倒角C1
3. 装配后两钳口平齐，无明显歪斜
4. 装配后对外形进行修整，并对外表面各棱做C1倒角
5. 各螺钉应安装牢固

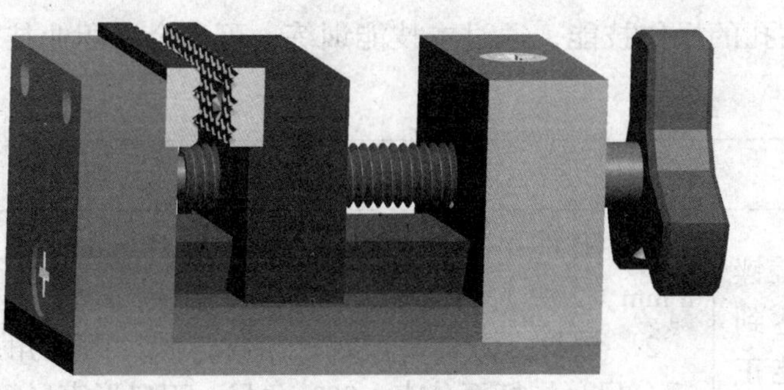

13	底板	1	Q235A	
12	导轨	1	HT200	
11	沉头螺钉M6×16	5	Q235A	GB
10	沉头螺钉M6×20	2	Q235A	GB
9	紧定螺钉M5×6	1	45	GB
8	手轮	1	35	
7	后挡板	1	HT200	
6	沉头螺钉M5×16	1	Q235A	GB
5	丝杠	1	45	
4	滑块	1	Q235A	
3	钳口	2	45	
2	铆钉	4	Q235A	
1	前挡板	1	HT200	
序号	零件名称	数量	材料	备注
	工件名称	比例	数量	质量
	50mm平口钳	1：1	1	1.1kg

图 4-78　50 mm 平口钳装配图

操作项目及要点
1. 熟悉 50 mm 平口钳的装配图并分析装配顺序 2. 装配前要对零件进行清理和清洗 3. 装配顺序如下： （1）将底板 13、前挡板 1 和导轨 12 用沉头螺钉 10、11 连接起来并安装牢固 （2）将滑块 4 与导轨 12 配合并能在导轨 12 上无阻滞滑动 （3）将后挡板 7 与底板 13 用与（1）相同的沉头螺钉 10、11 连接起来，并安装牢固 （4）将丝杠 5 旋入滑块 4 的螺纹孔中，并将沉头螺钉 6 固定在丝杠 5 的槽中 （5）松开沉头螺钉 10、11，调整前挡板 1 和后挡板 7，旋转丝杠 5 使滑块 4 在导轨 12 上无阻滞移动，然后将螺钉 10、11 拧紧 （6）将手轮 8 安装在丝杠 5 右端，并用紧定螺钉 9 固定在丝杠槽中 （7）旋转手轮 8，使丝杠的旋转和滑块的移动无明显阻滞现象，如有阻滞现象要进行调整 （8）将钳口 3 分别放入前挡板 1 和滑块 4 的直角槽中，旋转手轮使两钳口合在一起，并使两钳口平齐，无明显歪斜，然后按划线钻 $\phi 3$ mm 的孔且倒 $C1$ 的角 （9）将前挡板 1 和钳口 3 及滑块 4 和另一钳口分别用铆钉 2 铆接在一起 （10）最后按照图样要求检查各零件是否漏装 4. 装配后对外形进行修整，并对外表面各棱做 $C1$ 倒角 5. 将各螺钉安装牢固

课题七　综合技能训练（四）

本课题主要训练锉配和配钻孔的操作技能，通过本技能训练，可为今后职业技能鉴定打下良好的基础。

作业名称	作业要点	工艺装备
制作拼块	1. 进一步掌握锉配工艺方法，达到锉配精度，并能正反互换 2. 掌握配钻孔技能	1. 工件：材料 Q235，规格为 46 mm × 46 mm × 8 mm（2 块） 2. 量具：游标高度尺、游标卡尺、万能角度尺、千分尺、杠杆百分表、90° 角尺、刀口形直尺等 3. 工具、刀具：划规、划针、样冲、锯弓、锯条、平锉、三角锉、锉刀刷、$\phi 9.8$ mm 直柄钻头、$\phi 10H7$ 手用铰刀、铰杠、软钳口、钢直尺等

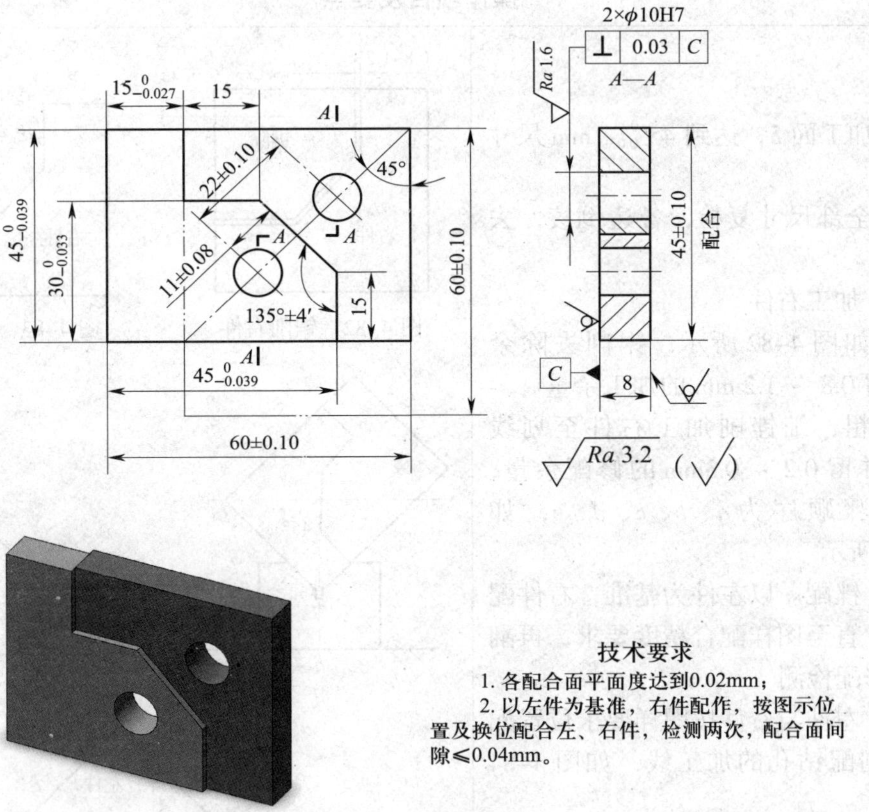

图 4-79　制作拼块

操作项目及要点

1. 工件图样（见图 4-79）

2. 加工步骤

（1）按图样要求划工件加工线

（2）加工左件

1）锯削余料并留 0.8 ～ 1.2 mm 的加工余量，如图 4-80 所示

2）加工内直角面 1 和面 2，达到面 1 与面 2 垂直，并分别与 *C* 面垂直，且$30^{\ 0}_{-0.033}$ mm、$15^{\ 0}_{-0.027}$ mm 尺寸合格，如图 4-81 所示

3）加工面 3，达到 $45^{\ 0}_{-0.039}$ mm 尺寸要求

4）加工斜面 4，以面 3 为基准，用万能角度尺测量控制 135° ± 4′的角度

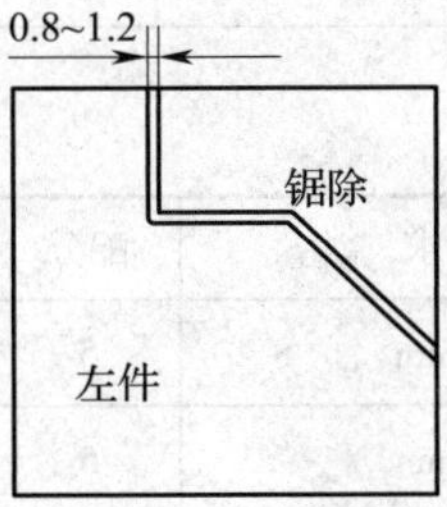

图 4-80　锯削左件

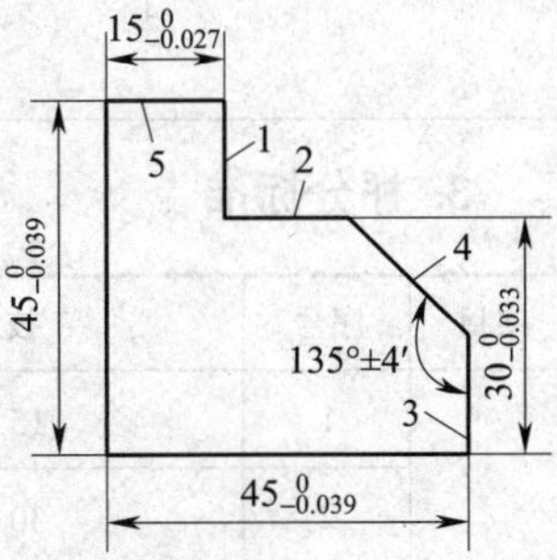

图 4-81　加工左件内直角面

操作项目及要点

5）加工面 5，达到 $45_{-0.039}^{\ 0}$ mm 尺寸要求

6）全部尺寸复检，各边倒棱，去毛刺

（3）加工右件

1）如图 4–82 所示，锯削去除余料，并留 0.8 ~ 1.2 mm 的加工余量

2）粗、细锉削加工右件至划线上方，并留 0.2 ~ 0.3mm 的修配余量，加工步骤顺序为 *a*、*b*、*c*、*d*、*e*，如图 4–83 所示

（4）锉配。以左件为基准，右件配作修整，直至图样配合精度要求，再翻转右件修配检测

（5）左件与右件按图样要求位置配合后，划配钻孔的加工线，如图 4–84 所示

（6）按划线在 *A*、*B* 处打上中心样冲眼，用划规划 ϕ 10 mm 的圆周线。钻 2 × ϕ 9.8 mm 的孔，达到中心距要求，再用 ϕ 10H7 的手用铰刀进行铰孔

（7）全部复检，各棱边去毛刺

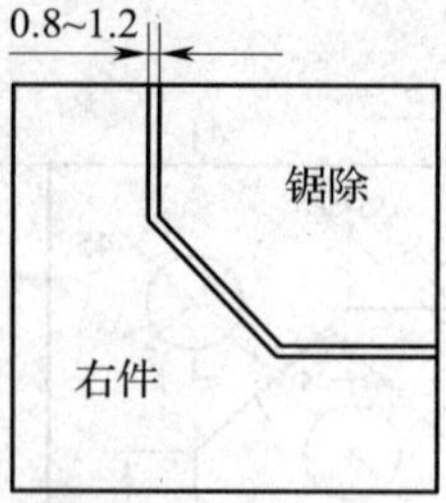

图 4–82　锯削右件

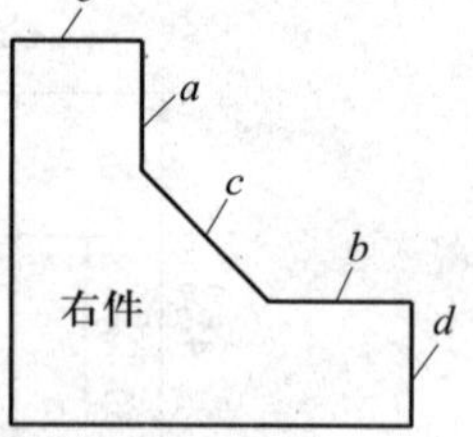

图 4–83　锉削右件

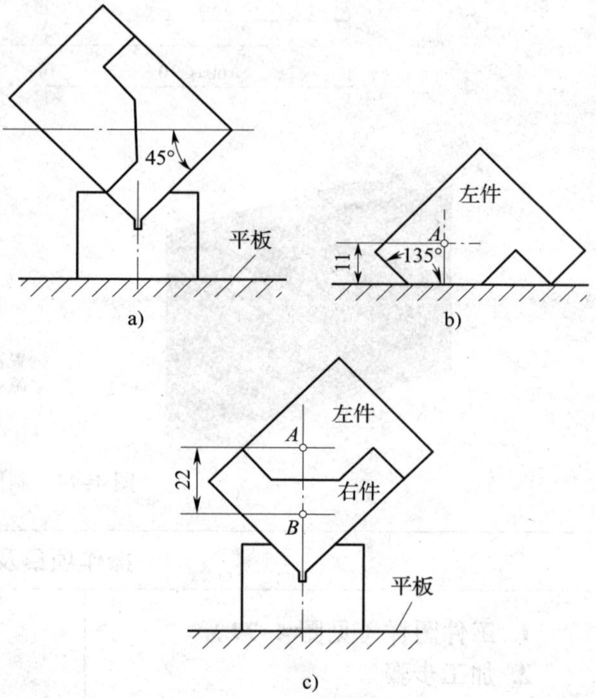

图 4–84　左、右件配合

a）配合角度　b）左件配合尺寸和角度　c）配合尺寸

3. 评分标准

项目	序号	技术要求	配分	评分标准	检测结果	得分
锉配	1	$15_{-0.027}^{\ 0}$ mm	5	超差不得分		
	2	$30_{-0.033}^{\ 0}$ mm	5	超差不得分		
	3	$45_{-0.039}^{\ 0}$ mm（2 处）	8	超差不得分		
	4	135° ± 4′（2 处）	8	超差不得分		
	5	表面粗糙度值 *Ra*3.2 μm（10 处）	10	升高一级不得分		

续表

项目	序号	技术要求	配分	评分标准	检测结果	得分
锉配	6	配合间隙 $\delta \leqslant 0.04$ mm（4处）	24	超差不得分		
	7	（60±0.10）mm（2处）	5	超差不得分		
	8	（45±0.10）mm（2处）	5	超差不得分		
铰孔	9	（22±0.10）mm	5	超差不得分		
	10	$2\times\phi 10H7$	4	超差不得分		
	11	（11±0.08）mm	5	超差不得分		
	12	⊥ | 0.03 | C	4	超差不得分		
	13	表面粗糙度值 $Ra1.6$ μm（2处）	2	升高一级不得分		
“6S”管理			10	酌情扣分		

注意事项

（1）所有内直角要清角

（2）配钻孔必须在锉配完成后划线钻孔

第五单元

钳工辅助加工

本单元主要学习矫正、弯形、铆接、粘接和锡焊等技能，通过技能训练，要求熟悉矫正、弯形、铆接、粘接和锡焊的基本方法。

课题一　矫正与弯形

本课题主要学习矫正与弯形的操作方法。通过技能训练，要求掌握条料、板料及棒料矫正的操作方法，掌握应用弯形工具对工件进行正确的弯形，并能达到图样规定的要求。

作业 1

作业名称	作业要点	工艺装备
矫正操作方法	掌握常用矫正方法的操作技能	1. 支撑工具：铁砧、矫正用平板、V 形架等 2. 加力工具：锤子（铜锤、橡胶锤、木锤）、压力机等 3. 检验工具：平板、直角尺、直尺、百分表等 4. 工件：扁钢、棒料、薄板

操作项目及要点

1. 扭转法

扭转法常用来矫正扁钢和角钢的扭曲变形，一般是将扁钢、角钢夹持在台虎钳上，用扳手把扁钢或角钢向变形的相反方向扭转到原来的形状（见图 5-1）

2. 弯形法

（1）扁钢在厚度方向上弯形时，在近弯曲处夹入台虎钳，然后在扁钢的末端用扳手朝相反方向扳动，使弯曲处初步扳直；或将扁钢的弯曲处放在台虎钳口内，利用台虎钳把它初步压直，然后再放到平板上或铁砧上用锤子进一步矫正（见图 5-2）

（2）棒料、轴类的矫正

1）细棒料可采用方法（1）进行矫正，最后再沿棒料全长上轻轻锤击，进一步矫正

2）轴类工件一般用压力机矫直。矫正前，先把轴架在两个V形架上，将轴转动，用粉笔划出弯曲处。矫直时，使凸部向上，让压力机压块压在轴的凸起部位上，使其恢复平直。用百分表检查轴的矫正情况，边矫正边检查，直到符合要求（见图 5-3）

3. 伸张法

伸张法用于矫正线料。此方法是将线料一头固定，然后在固定端让线料绕圆木一周，紧握圆木向后拉，使线料在拉力作用下绕过圆木得到伸张矫直（见图 5-4）

4. 延展法

延展法是用锤子敲击材料，使其延展伸长来达到矫正目的的方法

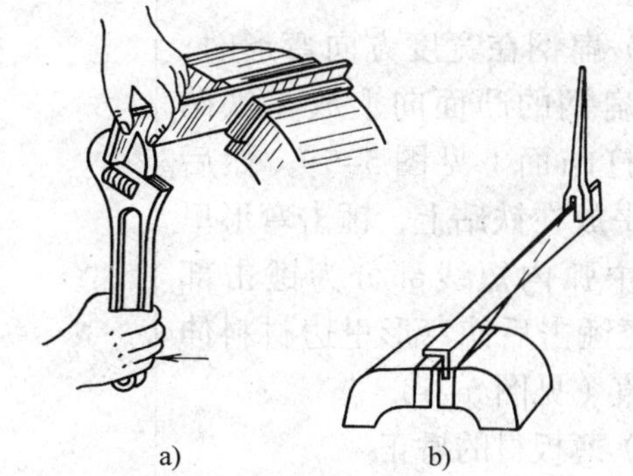

图 5-1

a）扁钢矫正　b）角钢矫正

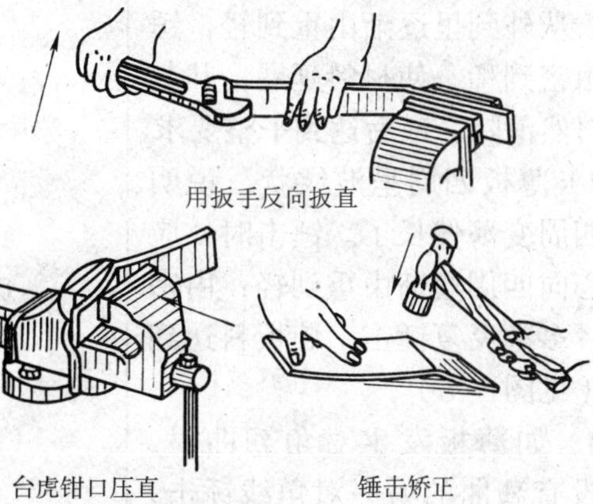

图 5-2

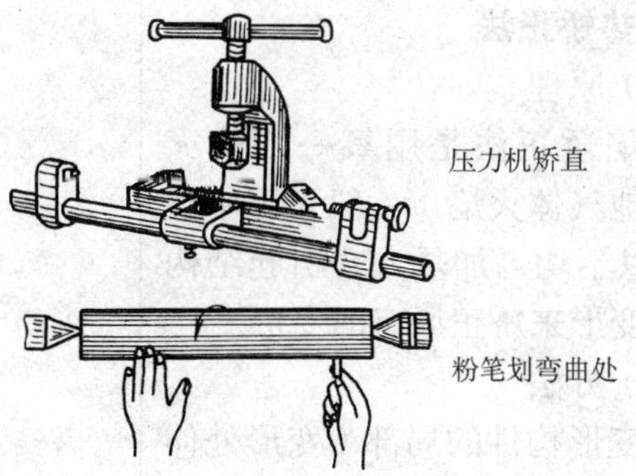

图 5-3

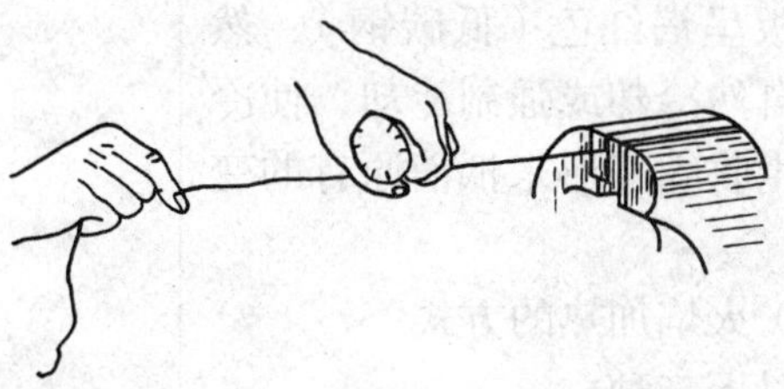

图 5-4

操作项目及要点

（1）扁钢在宽度方向弯形时，可先将扁钢的凸面向上放在铁砧上，锤打凸面（见图 5–5）。然后将扁钢平放在铁砧上，锤击弯形里边（图中弧内短线部分为锤击部位），经锤击后使弯形里边材料伸长而变直（见图 5–6）

（2）薄板材的矫正

1）薄板中部凸起，如图 5–7 中箭头所示方向就是锤击位置，锤击时，从外到里逐渐由重到轻，锤击点由密到稀，使材料延展，凸起部分自然消除，最后达到平整要求

2）薄板四周呈波纹状，说明板料四周变薄伸长了。锤击时，应从中心向四周逐渐由重到轻，由密到稀，多次反复锤击，使板料达到平整（见图 5–8）

3）如薄板发生对角翘曲时，应沿没有翘曲的另一对角线锤击，使其延展而矫平（见图 5–9）

5. 热矫正法

（1）原理

火焰矫正法是用氧—乙炔火焰或其他气体火焰（一般采用中性焰），以不均匀加热方式引起结构某部位变形来矫正原有的变形

（2）方法

将变形构件的局部（变形处伸长的部分）快速加热到 600~800 ℃，此时钢板呈褐红色（低碳钢），然后让其自然冷却或强制冷却，使冷却后产生收缩变形来抵消原有的变形

（3）火焰加热的方式

有以下三种：

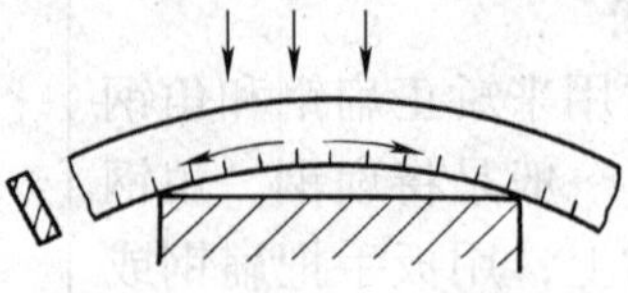

图 5–5

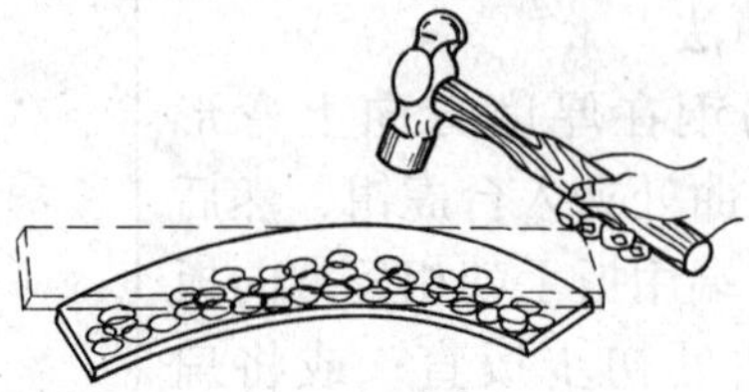

图 5–6

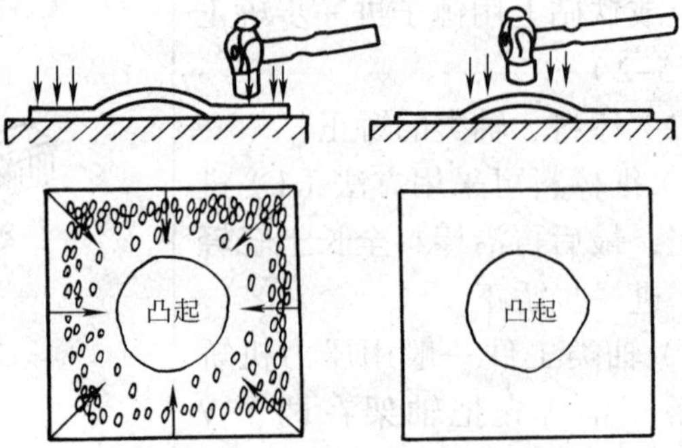

a)　　b)

图 5–7

a）正确　b）错误

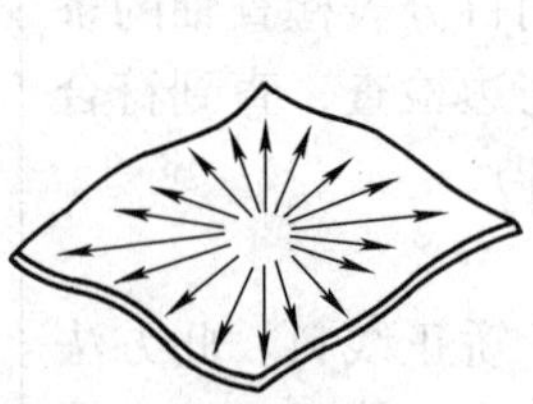

图 5–8

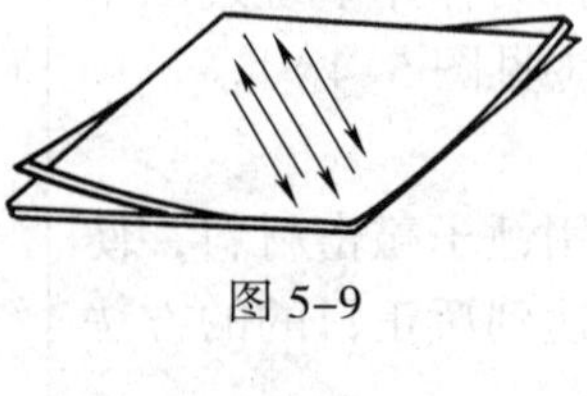

图 5–9

操作项目及要点

1）点状加热矫正。如图 5-10a 所示为钢板（厚度在 8 mm 以下）波浪变形的点状加热矫正，其加热点直径 d 一般不小于 15 mm。图 5-10b 所示为钢管弯曲的点状加热矫正

2）线状加热矫正。图 5-11 为线状加热的几种形式。加热线宽度一般取钢板厚度的 0.5~2 倍。图 5-12 为线状加热矫正实例

3）三角形加热矫正。加热的部位是在弯曲变形构件的凸缘，三角形的底边在被矫正构件的边缘，顶点朝内（见图 5-13）

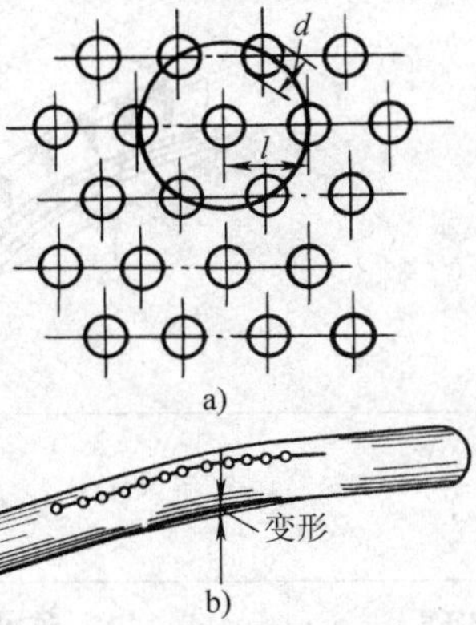

图 5-10

a）钢板的点状加热　b）钢管的点状加热

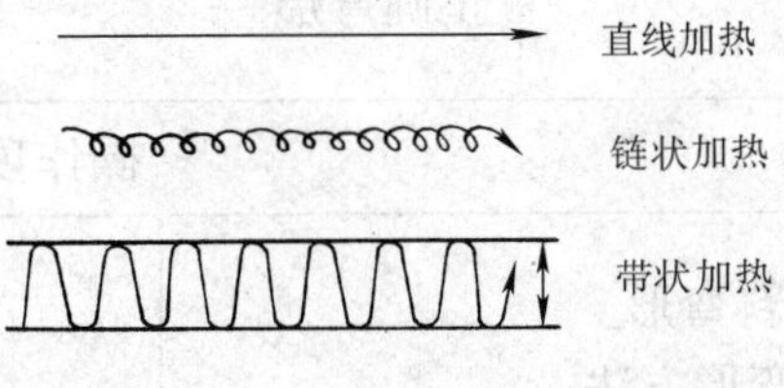

图 5-11

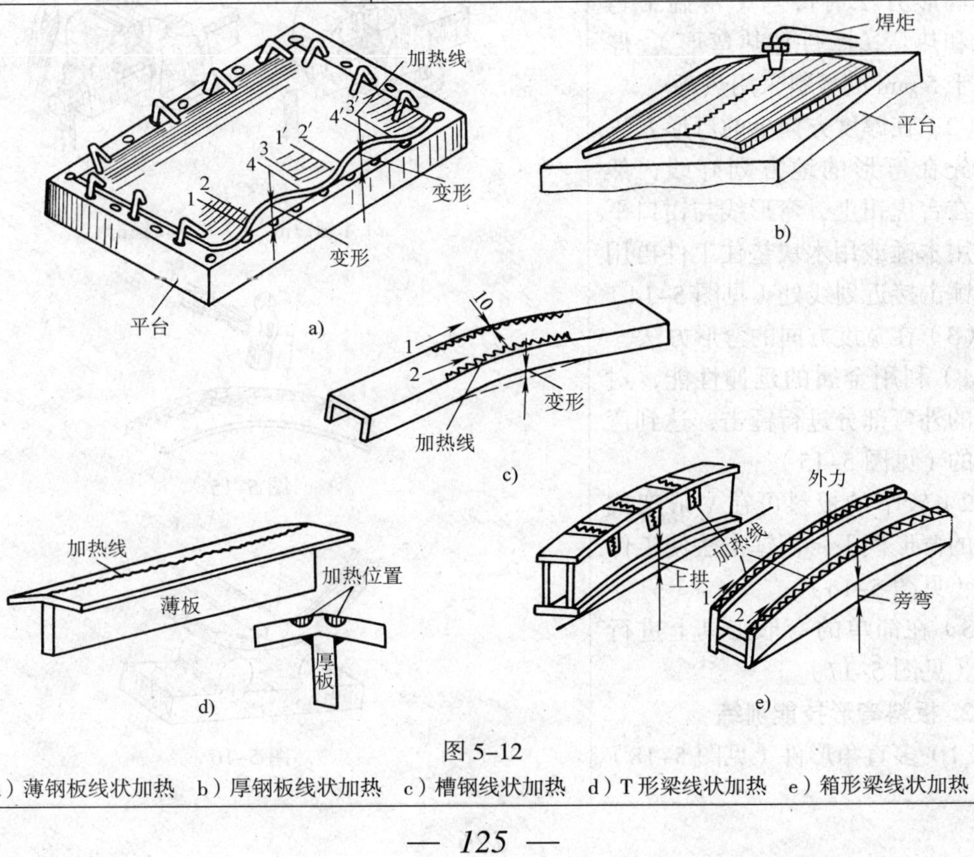

图 5-12

a）薄钢板线状加热　b）厚钢板线状加热　c）槽钢线状加热　d）T 形梁线状加热　e）箱形梁线状加热

操作项目及要点
 图 5-13

作业 2

作业名称	作业要点	工艺装备
板料及管子弯形	能用弯形工具对工件进行正确弯形	1. 台虎钳、锤子、弯形工具 2. 工件：板料、管料 3. 量具

操作项目及要点

1. 板料弯形

（1）弯形方法

弯形方法有冷弯（常温下弯形）和热弯（工件加热弯形）。厚度大于 5 mm 的板料采用热弯

（2）在厚度方向上的弯形方法

先在弯形的地方划好线，然后夹在台虎钳上，弯形线与钳口平齐，用木锤或用木块垫住工件再用锤子锤击接近划线处（见图 5-14）

（3）在宽度方向的弯形方法

1）利用金属的延伸性能，对弯形的外弯部分进行锤击，达到弯形目的（见图 5-15）

2）较窄的板料可在 V 形架或特制的弯形模上，用锤击法使工件弯形（见图 5-16）

3）在简单的弯形工具上进行弯形（见图 5-17）

2. 板料弯形技能训练

（1）多直角形件（见图 5-18）

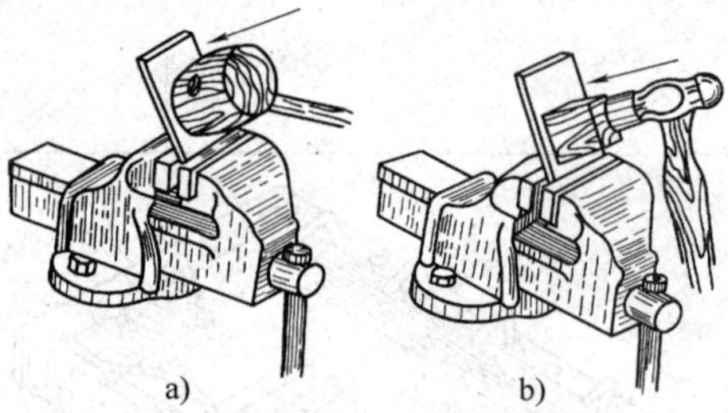

a）　　b）

图 5-14

a）木锤锤击　b）垫木块锤击

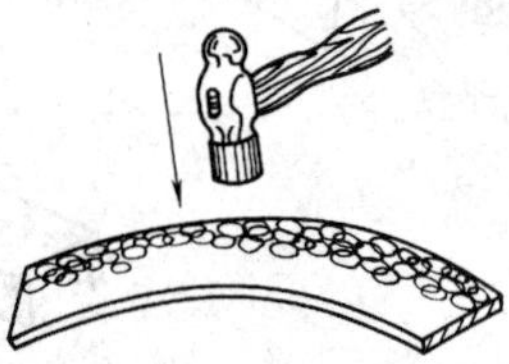

图 5-15

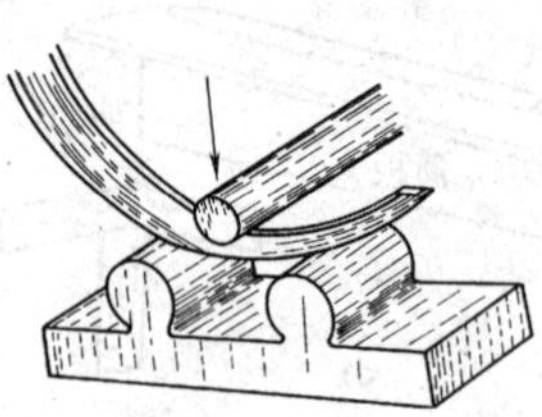

图 5-16

操作项目及要点

1）将板料按划线位置夹入台虎钳的两块角铁衬垫内，弯成 *A* 角（见图 5–18a）

2）用衬垫①弯成 *B* 角（见图 5–18b）

3）用衬垫②弯成 *C* 角（见图 5–18c）

（2）圆弧形件（见图 5–19）

1）将板料按划线位置夹在台虎钳的两块角铁衬垫里

2）用锤子的圆头锤击，按图 5–19a、b、c 三步初步弯曲成形

3）最后在半圆模上修整圆弧至合格（见图 5–19d）

（3）圆弧和角度结合件（见图 5–20a）

1）划弯形线，并加工好两端圆弧

2）按划线位置将工件夹在台虎钳的衬垫内，先弯好两端 *A*、*B* 两处（见图 5–20b）

3）最后在圆钢上弯工件的圆弧（见图 5–20c）

3. 管子弯形技能训练

（1）冷弯

适用于直径较小的钢管和铜管的弯形。当管径小于 40 mm 时，常用弯管器弯形（见图 5–21），铜管在弯形前应对弯形部分进行退火处理

（2）热弯

适用于直径较大的钢管的弯形。弯形前，要在管内灌满干沙，并用木塞塞紧两端（见图 5–22），然后加热弯形，对有焊缝的管子弯形，焊缝必须放在中性层位置上（见图 5–23），否则会使焊缝裂开

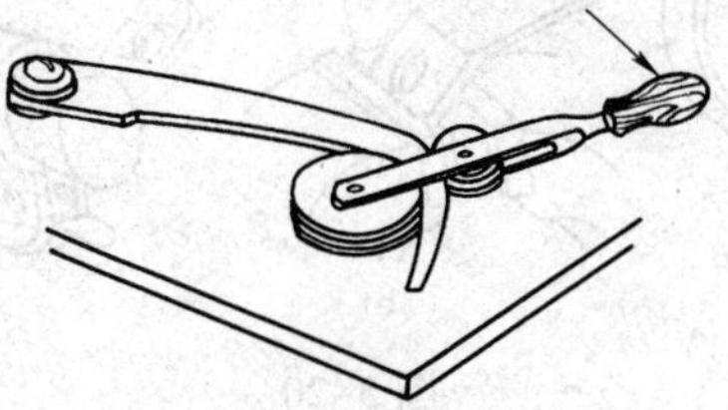

图 5–17

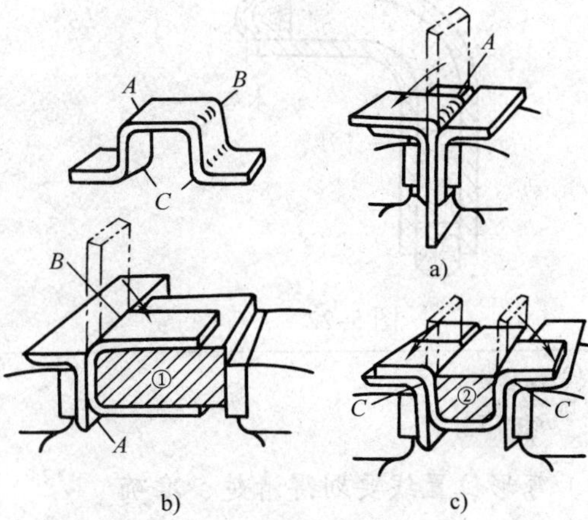

图 5–18

a）弯 *A* 角　b）弯 *B* 角　c）弯 *C* 角

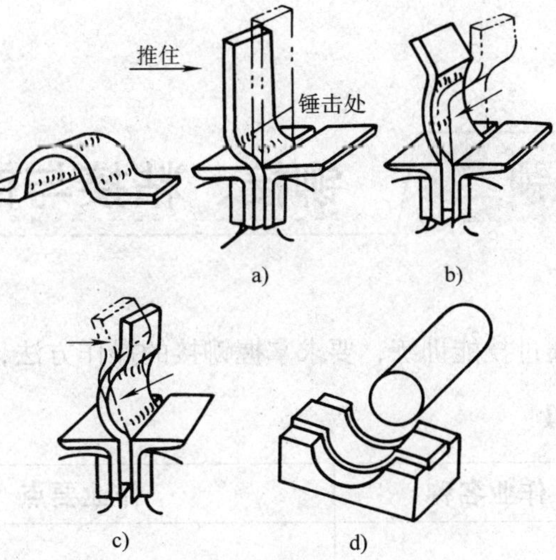

图 5–19

a）、b）、c）锤击圆弧三步　d）修整圆弧

操作项目及要点

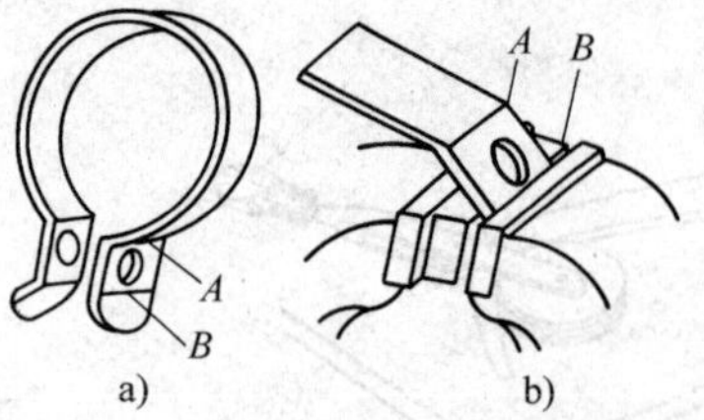

图 5-20

a）结合件　b）弯两端　c）弯圆弧

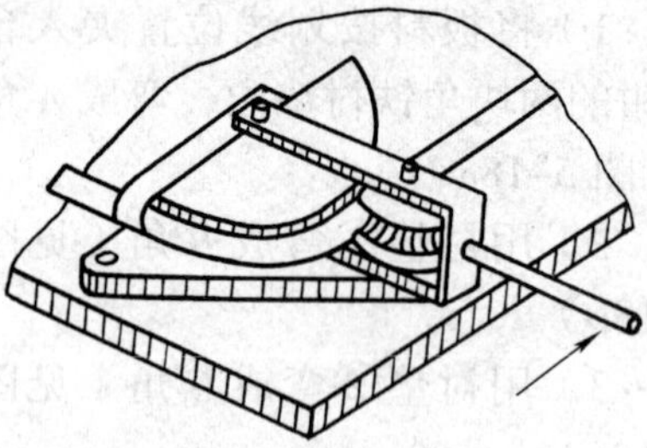

图 5-21

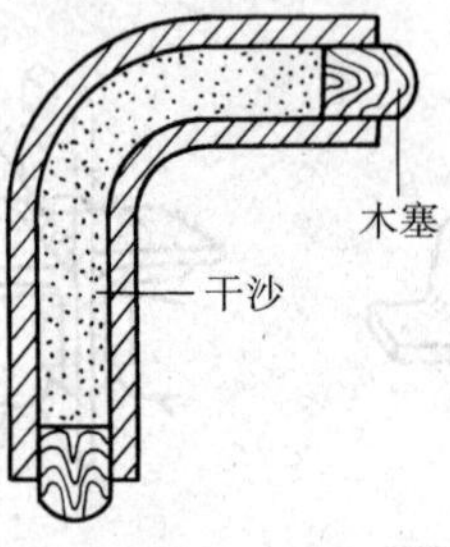

图 5-22

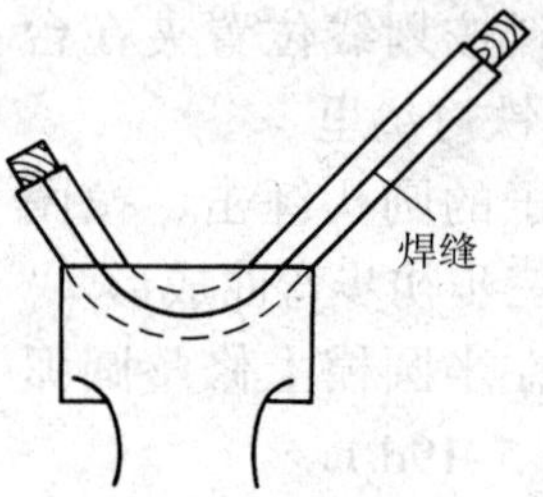

图 5-23

注意事项

（1）弯形位置线要划得清楚、准确

（2）工件装夹要对正弯形线，夹紧要牢固、可靠，但不能将工件夹弯变形

（3）弯形力一定要加在变形位置上

课题二　铆接、粘接与锡焊

通过技能训练，要求掌握铆接的操作方法，了解粘接和手工锡焊基本操作方法。

作业 1

作业名称	作业要点	工艺装备
铆接操作方法	能用铆接工具对工件进行正确铆接	1．钻床及钻头、台虎钳、锤子、铆接工具（顶模、压紧冲头、罩模）、平头錾 2．工件：钢板、铆钉

操作项目及要点

1. 半圆头铆钉的铆接方法（见图 5–24）

（1）将被铆接件贴合、划线、钻孔、倒角和去毛刺，然后插入铆钉，把铆钉半圆头放在顶模上（图 a）

（2）用压紧冲头把被铆接件压紧（图 b）

（3）用锤子镦粗铆钉，并沿斜向均匀捶击周边（图 c）

（4）用尺寸适宜的罩模修整（图 d）

2. 埋头铆钉的铆接方法（见图 5–25）

（1）在被铆接件上划线、钻孔、锪锥孔，然后插入铆钉

（2）在正中镦粗 1 面和 2 面

（3）先铆合 1 面，再铆合 2 面

（4）用平头錾修平高出部分

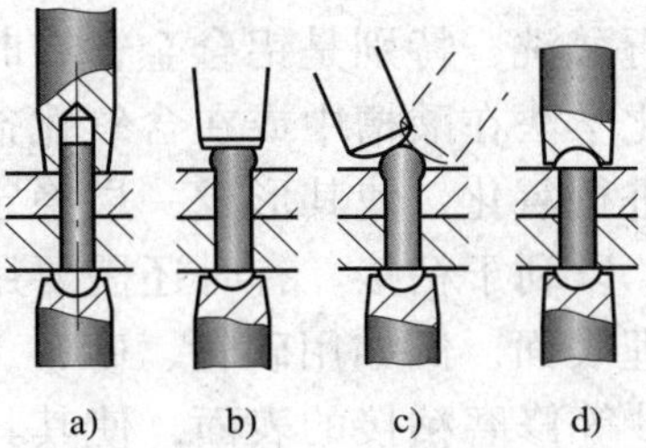

图 5–24

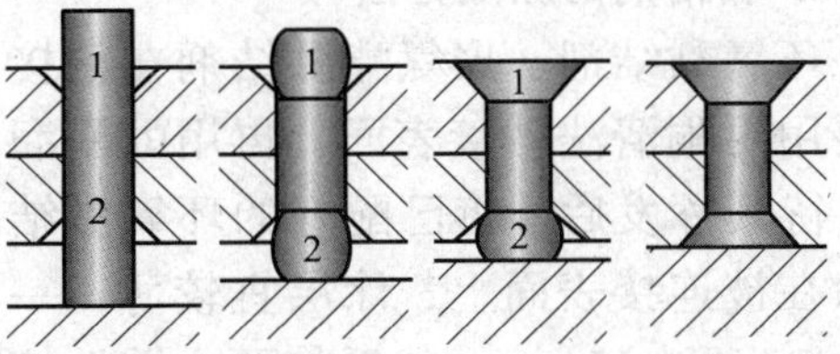

图 5–25

作业 2

作业名称	作业要点	工艺装备
粘接操作方法	了解粘接的接头形式和工艺过程，并能完成工件的粘接操作	1. 工件 2. 黏结剂 3. 化学溶剂（丙酮、四氯化碳、甲苯、酒精等）

操作项目及要点

1. 粘接的接头形式

粘接金属时，接头应尽可能避免应力集中，减少产生剥离、劈开和弯曲的可能性；尽量增大接头的粘接面积，以提高承载能力。板材和管材粘接的接头形式如图 5–26 和图 5–27 所示

2. 被粘接件的表面处理方法

在粘接前，均应用化学溶剂（如丙酮、四氯化碳、甲苯、酒精等）将工件清洗干净。此外，为了提高接头强度，还需要用其他更有效的化学或物理方法进行表面处理。例如，对于金属材料常

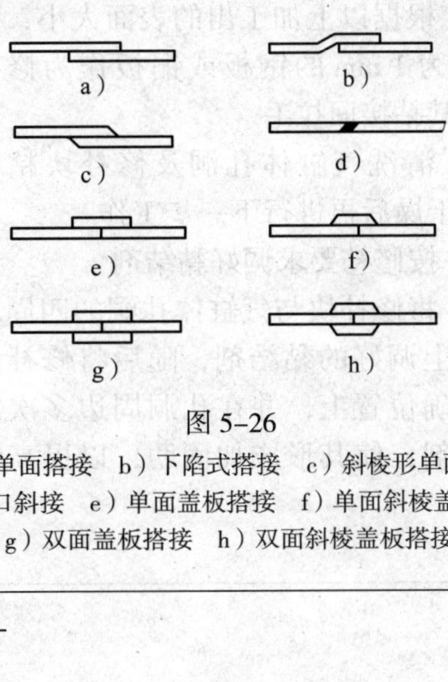

图 5–26

a）单面搭接　b）下陷式搭接　c）斜棱形单面搭接
d）切口斜接　e）单面盖板搭接　f）单面斜棱盖板搭接
g）双面盖板搭接　h）双面斜棱盖板搭接

操作项目及要点	
常要进行酸洗，特别是铝合金，有时需要用电化学法在酸槽中或在含氧化剂的溶液中进行氧化，使其形成一层稳定的氧化膜，以利于粘接。有时还需要用机械法处理表面，例如用砂轮、砂布、钢刷、喷砂等修磨粘接的表面，使其具有一定的表面粗糙度 **3. 黏结剂的涂敷方法** 环氧黏结剂、聚氨酯黏结剂在粘接前要用丙酮清洗粘接表面，再用丙酮润湿，待其挥发后，将已配好的环氧黏结剂涂在被连接表面上，涂层宜较薄，一般为 0.1 ~ 0.15 mm，然后将两个被粘接件压在一起。为了保证粘接层固化完全，必须有足够的时间。在一定范围内提高温度、缩短时间或降低温度、延长时间，一般都能得到同样的效果 **4. 粘接技能训练** （1）汽车气缸体的修补（见图 5–28） 1）将汽车气缸体平卧，孔洞处于水平位置 2）在孔洞表面加工出 1.1 ~ 1.2 mm 高、距修补口边缘 15 ~ 25 mm 的阶台，表面粗糙度值为 $Ra25$ μm 以下 3）根据以上加工出的表面大小，剪一块厚为 1 mm 的钢板或铜板作为修补块，将其粘接面拉毛 4）清洗气缸体孔洞及修补块粘接面，待干燥后再进行下一步工作 5）按修补要求调好黏结剂 6）将修补块与气缸体孔洞的四周均匀地涂上调好的黏结剂，随后将修补块放在正确位置上，并在孔洞周边多次涂上黏结剂，使其形成加固肋，以提高粘接强度	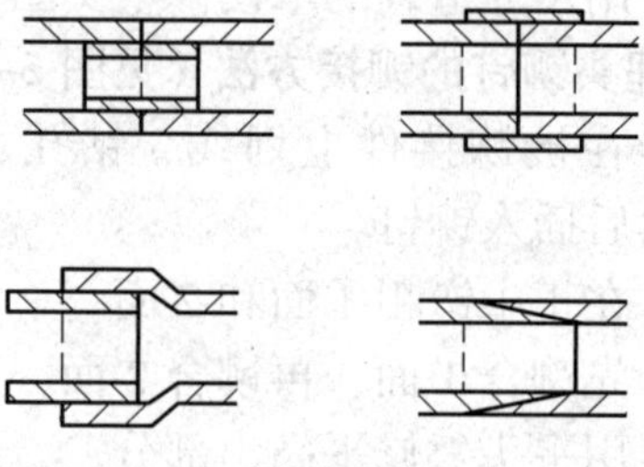 图 5–27 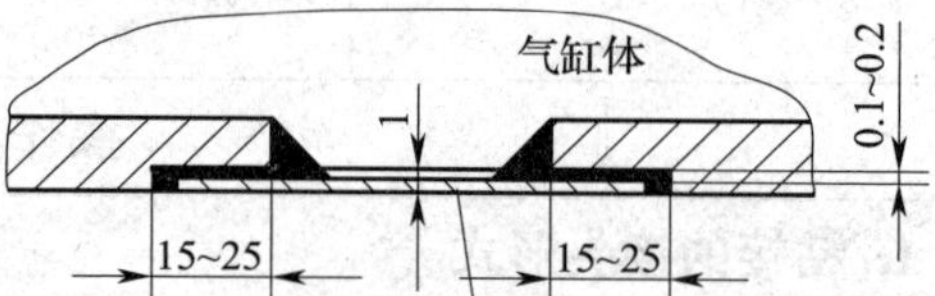 图 5–28

操作项目及要点	
7）干燥、修补完成后，经检查，粘接处确无空隙，并有严实感后，放置在妥当处，待自然干燥一周后即可使用 （2）机床导轨磨损后的粘接修复（见图 5–29） 1）先将尾座已磨损的导轨面加工成很粗糙的带小沟槽的表面，或者钻一些均布的小不通孔 2）将准备粘接上去的层压板的粘接面拉毛 3）粘接 4）待干燥后，再刮削层压板的导轨面至尺寸	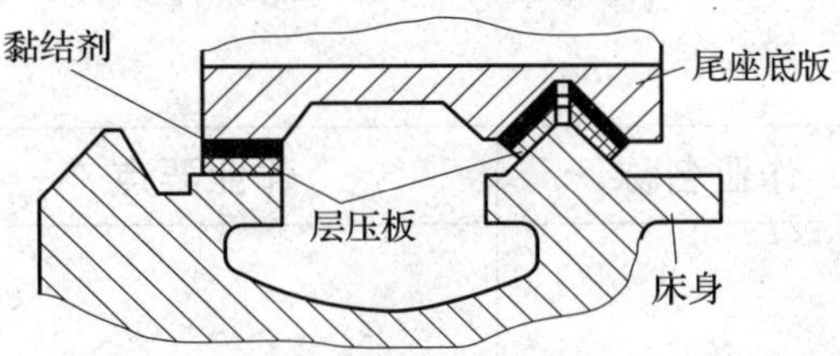 图 5–29

作业 3

作业名称	作业要点	工艺装备
锡焊操作方法	掌握锡焊的基本操作	工件、烙铁、焊锡、焊剂等

操作项目及要点	
1. 烙铁的握法 根据烙铁的大小、形状和被焊接件的要求不同，烙铁的握法有三种形式（见图 5–30） **2. 手工锡焊方法（见图 5–31）** （1）清除焊接处油污和锈蚀 （2）在焊接处涂上焊剂 （3）把烙铁放在连接处对两工件进行加热 （4）被焊接件达到一定的温度后，立即将左手中的焊锡丝接触到被焊件上熔化的焊剂，使焊缝填满 （5）用锉刀（或刮刀）清除焊接后的残余焊锡，并用热水清洗焊剂，最后擦净烘干	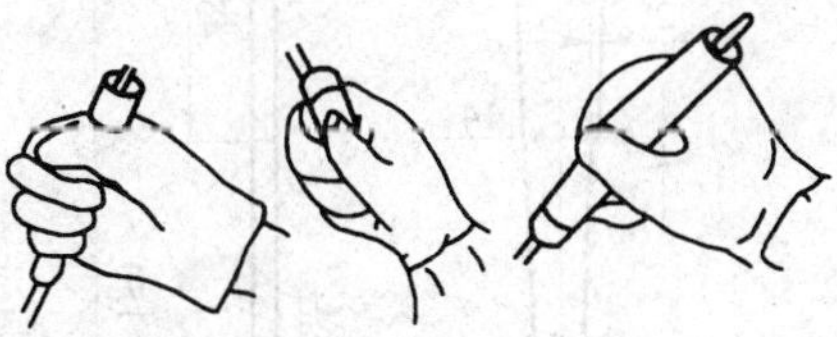 图 5–30 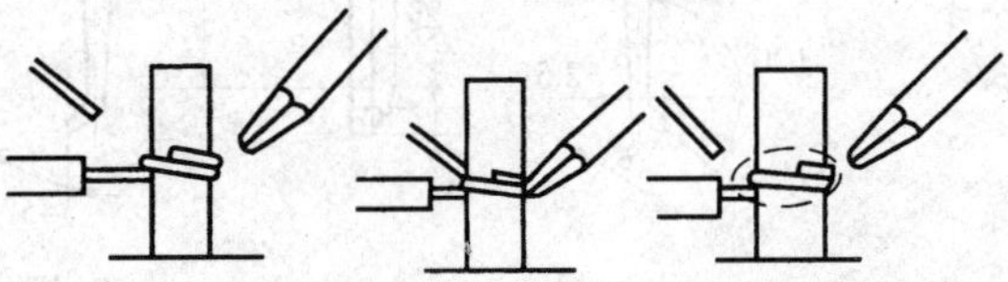 图 5–31

课题三　综合技能训练（五）

通过本综合技能训练，达到巩固和提高弯形、铆接以及薄板锉削等基本操作技能的目的。

作业名称	作业要点	工艺装备
内卡钳制作	1. 要求半圆头光滑且平贴在垫片上，两脚活动松紧均匀 2. 掌握对钳脚进行弯形时的捶击方法 3. 掌握半圆头铆钉长度的计算方法	1. 木锤、铜锤、铁砧、平锉、钻头、铰刀、罩模、顶模、压紧冲头、划针、划规、样冲、砂布、钢直尺、游标卡尺、弯形工具 2. 钳脚2件，由第三单元课题一作业6转来；ϕ18 mm×2 mm 垫片2件，ϕ5 mm×16 mm 半圆头铆钉1件

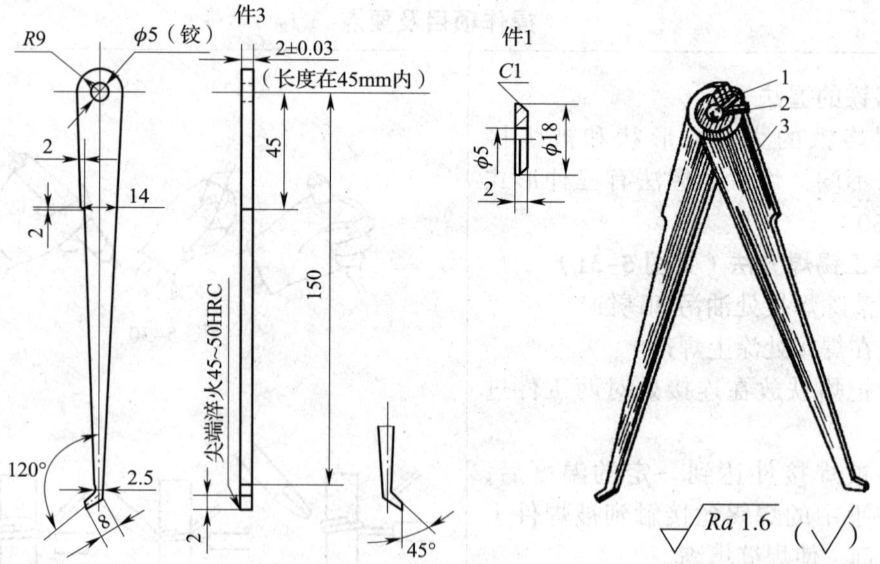

图 5-32　内卡钳

1—垫片　2—半圆头铆钉　3—钳脚

操作项目及要点	
1. 加工步骤 （1）检查来料尺寸 （2）矫正来料 （3）将薄板料用圆钉装夹在木板上（见图 5–33） （4）按做好的展开样板划线 （5）两卡钳脚贴合，钻、铰 ϕ5 mm 孔，保证与铆钉紧配，孔口倒角 *C*1 （6）将两卡钳脚合并，用 M5 螺钉与螺母拧紧，按划线粗锉外形 （7）将两卡钳脚按图 5–34 所示弯形，达到图样要求 （8）两卡钳脚装夹在木板上，精锉两平面，达到尺寸（2 ± 0.03）mm、表面粗糙度值不超过 *Ra*1.6 μm 的要求 （9）用铆钉通过 ϕ5 mm 孔将两卡钳脚串叠在一起，同时在两侧套上 ϕ18 mm 的垫片。用半圆头铆接方法铆接，要求半圆头光滑且平贴在垫片上，两脚活动灵活均匀 （10）按图样尺寸修整外形，锉好两脚处斜面，要求两脚等高。尖端淬火硬度至 45 ~ 50HRC，最后用砂布抛光	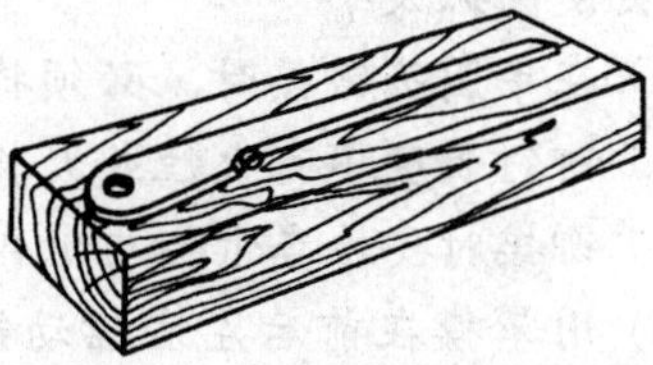 图 5–33 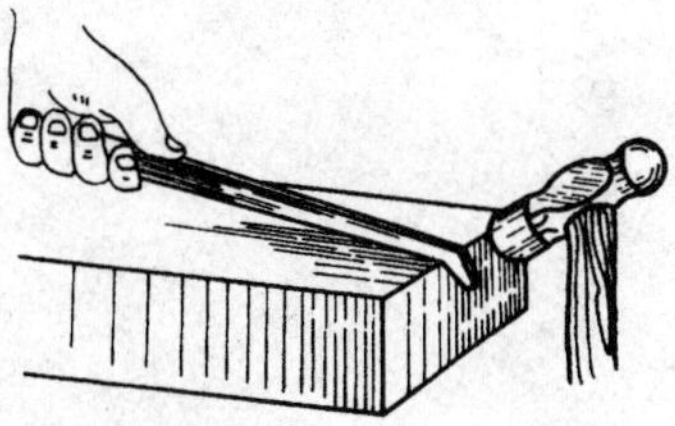 图 5–34

2. 评分标准

项目	序号	质量检测内容	配分	评分标准	检测结果	得分
矫正、弯形、连接	1	（2 ± 0.03）mm（2 件）	20	每件超差扣 10 分		
	2	*R*9 mm（2 件）	20	要求圆弧光滑且尺寸正确，每件不符合要求扣 10 分		
	3	ϕ5 mm 铆钉头	20	要求铆钉头光滑		
	4	半圆头铆接	10	要求活动灵活不符合要求不得分		
	5	两钳脚形状一致，脚尖对齐	10	不符合图样要求不得分		
	6	表面粗糙度值不超过 *Ra*1.6 μm（2 面）	10	每面升高一级扣 5 分		
“6S”管理			10	酌情扣分		

注意事项

（1）卡钳是薄板料，故在矫平时必须用木锤敲击，以免敲出印痕

（2）外卡钳进行弯形时，要用铜锤敲击。敲击时，必须从宽处逐步敲到脚尖处，如果相反会使圆弧太小

（3）在半圆头铆接时，必须将铆钉头放入顶模凹圆内再敲击，防止铆钉头圆面损坏

（4）铆钉长度不可太短或太长，以免铆不成半圆或产生胀边现象

（5）铆接时要检查卡钳与卡钳之间、铆合头与卡钳之间的贴合是否符合要求

（6）用罩模在前后左右摇动铆合时，应防止罩模接触垫片表面，以免敲出印痕，破坏外形

（7）铆接接触面必须平直，两卡钳的平行度必须控制在最小范围内，这样才能使铆接后松紧一致

第六单元

装配与维修基础知识

本单元主要学习零件装配前的清洗、清理、静平衡和密封性试验，零件的拆卸方法及零件失效损坏的修复等内容。

在本单元学习过程中，要求对一台小型设备进行一次拆装练习。通过拆装技能训练，学生可熟悉零部件的清洗、清理过程；基本掌握对旋转零件进行平衡试验和对箱体类零件的密封性试验的技能；掌握零部件的拆卸方法和对损坏件进行修复的技能。

课题一　零件装配前的准备

本课题主要学习装配前对零件进行清洗、密封性试验及静平衡等内容。通过技能训练，掌握对零件进行清理、清洗的技能，基本掌握静平衡试验及密封性试验的方法。

作业名称	操作项目及要点	工艺装备
零件装配前的准备	掌握零件的清理和清洗、密封性试验及静平衡试验的各种方法	清理、清洗用具，手动油泵，静平衡架及常用工具、量具等
操作项目及要点		
1. 装配前零件的清理和清洗（以图 6–1 所示滑动轴承为例） （1）零件的清理 1）用錾子、钢丝刷清除轴承座 1 和轴承盖 2（非机械加工表面）上的型砂、毛刺、飞边等 2）用刮刀、锉刀或砂布清除各零件加工表面上的切屑和铁锈 3）用毛刷、风箱或压缩空气清除加工表面上的铁屑，特别注意将零件加工孔（如轴承盖上的油孔等）、沟槽、台阶处积留的切屑细末清理干净		

操作项目及要点

（2）零件的清洗

经过清理后的零件还必须进行清洗。一般按“先清洗精密零件，后清洗一般零件；先清洗小零件，后清洗大零件”的顺序进行清洗

1）将适量煤油倒在清洗槽内

2）清洗轴瓦

3）清洗油杯、螺母、螺栓

4）清洗上轴承盖

5）清洗轴承座

2. 零件的密封性试验

（1）气压法密封性试验（以图6–2所示五通阀阀体为例）

1）滑阀体两端用螺栓与端盖、密封圈连接，并均匀拧紧螺栓

2）将各进、出油口用锥螺塞拧上，同时留出一个进气孔，进气孔装管接头，并接上通气管

3）将阀体放入水箱（见图6–3），通气管接压缩空气。打开压缩空气阀门，观察气泡分布情况。如无气泡产生则表明阀体无泄漏，密封性较好。相反，如果有气泡，可以从气泡产生处和气泡的密度来判断泄漏位置和泄漏的程度，以此确定阀体的密封性是否符合要求

（2）液压法密封性试验（见图6–4）

1）将滑阀体两端装好密封圈和端盖，并用螺钉均匀紧固

2）各孔用锥螺塞拧紧，同时留出一个进油口，进油口装管接头，并与手动液压泵相连接

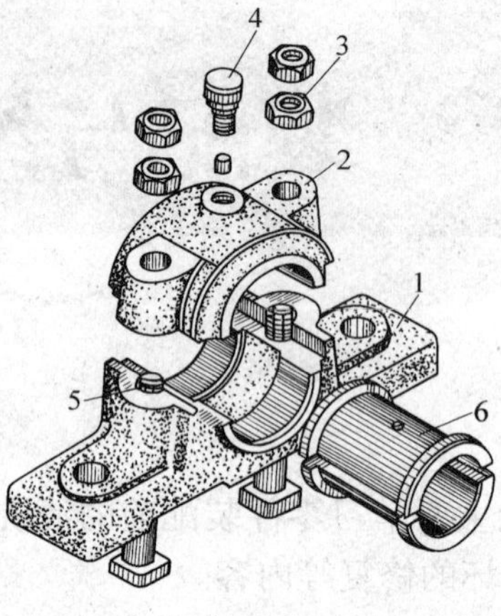

图 6–1

1—轴承座　2—轴承盖　3—螺母
4—油杯　5—螺栓　6—轴瓦

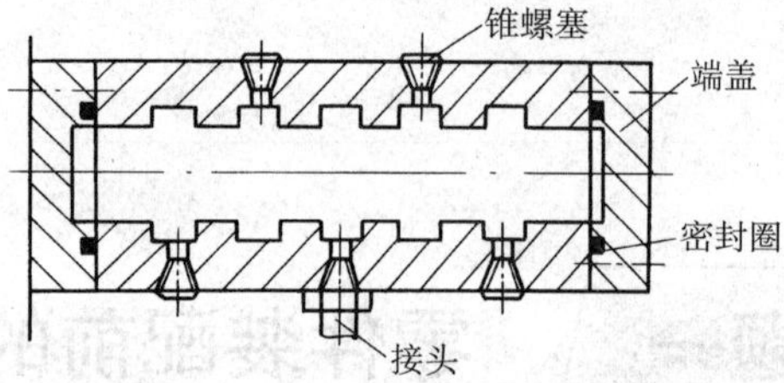

图 6–2

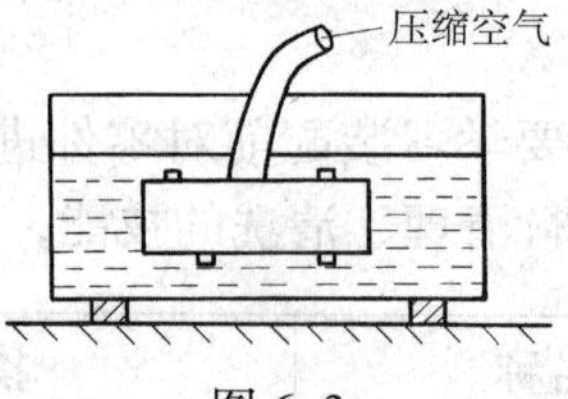

图 6–3

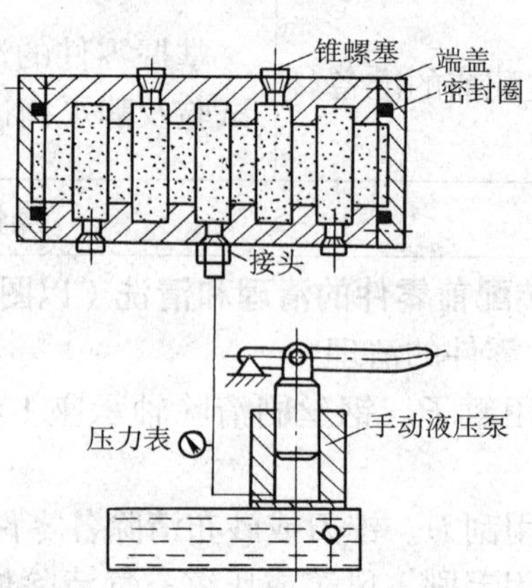

图 6–4

操作项目及要点

3）用手动液压泵将油压入阀体内部，并使油液达到一定压力，仔细观察阀体周围有无泄漏现象，即可判断阀体的密封性是否符合要求，还可发现泄漏位置，以便进行修复

3. 旋转体的静平衡试验

（1）框式水平仪有 150 mm × 150 mm、200 mm × 200 mm 和 300 mm × 300 mm 等几种规格，其分度值有 0.02 mm/1 000 mm、0.05 mm/1 000 mm 及 0.10 mm/1 000 mm 等几种，机修钳工常用的是 200 mm × 200 mm、分度值为 0.02 mm/1 000 mm 的水平仪。框式水平仪由主体、主水准泡及副水准泡组成，主体的测量面上制有 V 形槽，便于测量圆柱形零件，如图 6–5 所示

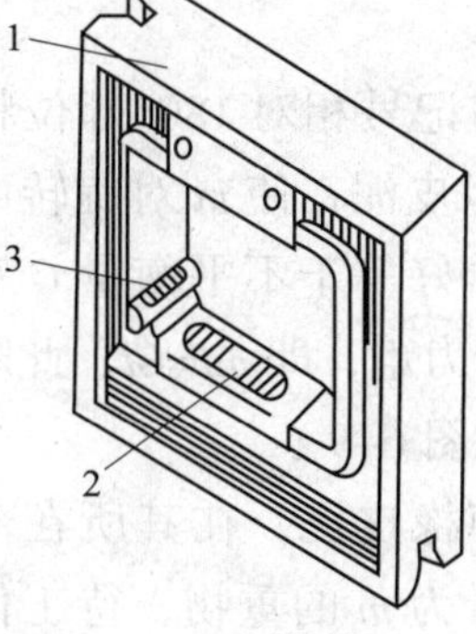

图 6–5

1—主体　2—主水准泡　3—副水准泡

（2）擦净平衡架导轨面，在平衡导轨上放两块等高的平行垫铁，将水平仪放在平行垫铁上（见图 6–6），调整平衡架上的调整螺钉，使水平仪气泡处于中间位置，此时平衡架导轨横向处于水平位置

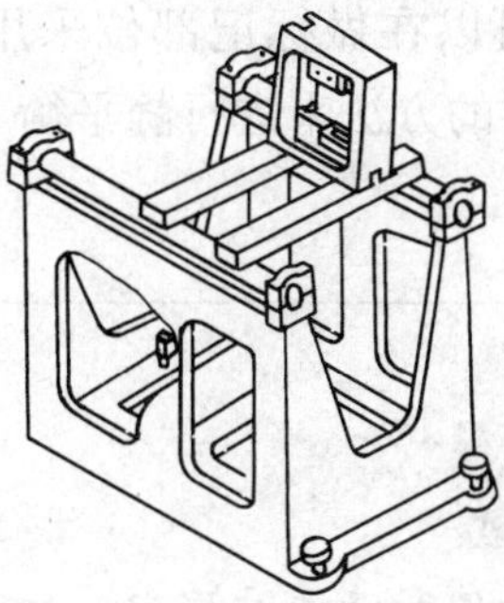

图 6–6

（3）将水平仪转 90° 安放，调整平衡架的调整螺钉，使平衡架导轨纵向处于水平位置（见图 6–7）。反复调整，使平衡架纵向、横向水平仪气泡读数控制在 1 格以内

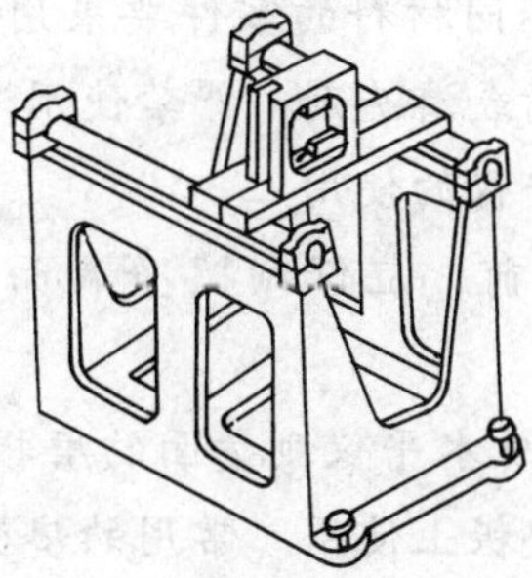

图 6–7

（4）盘套类工件穿入心轴，轴类零件可直接置于平衡架导轨上（见图 6–8）。用手缓慢而均匀地转动工件，待工件静止后，在工件最大直径正下方做一个记号，重复若干次。当记号位置一直不变时，说明此工件有偏重，且偏重方向指向记号处

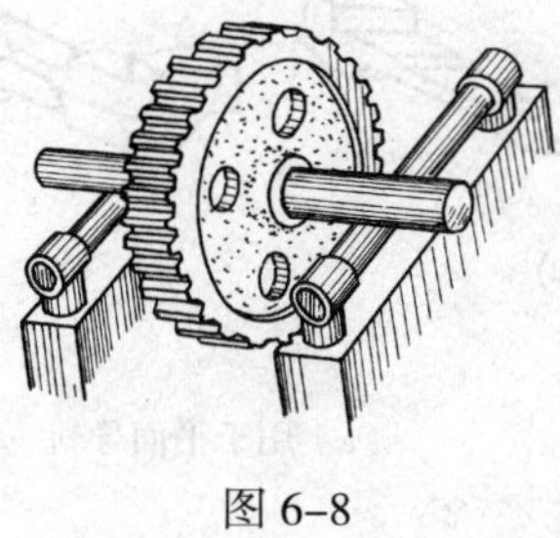

图 6–8

<table>
<tr><th colspan="2">操作项目及要点</th></tr>
<tr><td>（5）在与记号相对 180°部位粘上质量为 m 的橡皮泥，使 m 对旋转中心产生的力矩恰好等于不平衡量 G 对旋转中心产生的力矩，即 $mr=Gl$，此时旋转体平衡（见图 6–9）
（6）去掉橡皮泥，在其所在部位焊接一个质量为 m 的重物，待工件可在任意角度位置均能在平衡架上停止时，静平衡完成
（7）也可以在做标记部位采用钻孔等去除材料的方法来进行静平衡</td><td>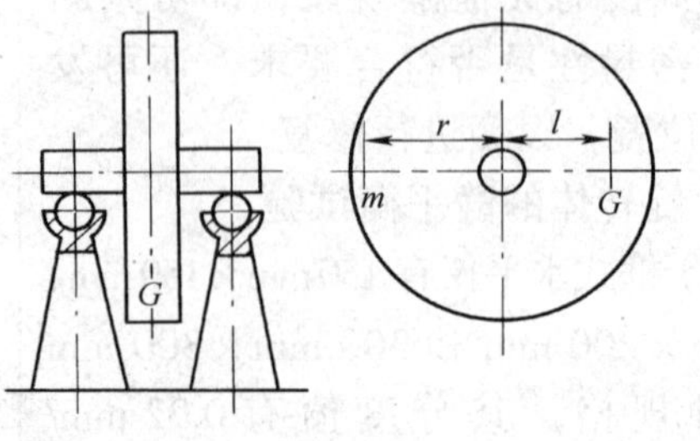

图 6–9</td></tr>
<tr><td colspan="2">注意事项
（1）在清理和清洗过程中，切不可将机件加工表面损伤
（2）对清理和清洗完的零件必须妥善放置，避免因放置不当引起零件的变形
（3）对不同材料的零件要采用不同的清洗液，以免造成零件的腐蚀、老化。如橡胶制品要用酒精或清洗剂，严禁使用汽油
（4）水平仪的使用
1）测量前，应仔细擦净表面，并检查被测表面有无毛刺，发现毛刺可用磨石打磨
2）为减少水平仪测量面的磨损，不可将水平仪在被测表面上拖动，最好将水平仪放置在特制的垫板上使用。常用的垫板形状如图 6–10 所示
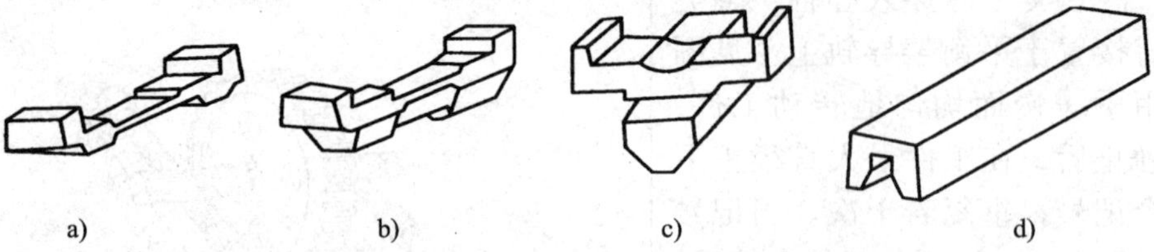
a)　　b)　　c)　　d)
图 6–10
a）用于平面导轨　b）、c）用于 V 形导轨　d）用于棱形导轨</td></tr>
</table>

3）测量时不应对准气泡呼吸或用手擦摸气泡，尽量避免过冷和过热，更不允许有任何撞击

（5）安全技术措施

1）采用有机溶剂进行作业的场所必须通风良好，并且严禁烟火

2）清洗作业人员要戴防护手套，如耐碱的橡皮手套或耐苯的防护手套等

3）严防清洗液溅入眼睛

4）密封性试验时，用于堵塞试验零件各孔的锥螺塞与端盖禁止对着人，以防其冲出伤人

课题二　设备部件、零件的拆卸

本课题主要学习机床部件、零件的拆卸方法。通过技能训练，掌握对车床进给箱及其他设备部件、零件进行拆卸的技能。

作业名称	作业要点	工艺装备
设备部件、零件的拆卸	掌握对设备部件、零件进行拆卸的技能	各种拆卸工具

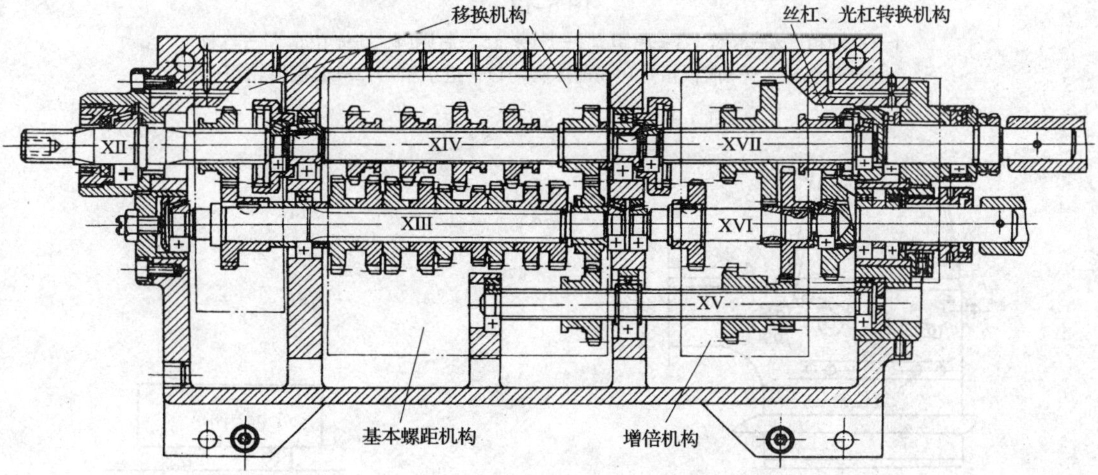

图 6-11　CA6140 型卧式车床进给箱

操作项目及要点

1. 机床部件的拆卸（见图 6–12）

CA6140 型卧式车床进给箱（见图 6–11）的拆卸：

（1）拆卸与进给箱有联系的部件，如交换齿轮箱、丝杠、光杠、操纵杆等

（2）用拔销器拆下进给箱的两个定位销（见图 6–13）

（3）用吊绳将箱体两端挂住（见图 6–13）。在紧固螺钉拆松之前吊绳不能挂得太紧，只需使吊绳稍微受力即可。由于进给箱是安装在床身垂直面上的部件，对于这类部件，紧固螺栓的拆卸顺序应由下而上，即先拆螺钉 1、2，后拆螺钉 3、4

（4）将拆卸下的进给箱平稳放置在枕木上（见图 6–14）

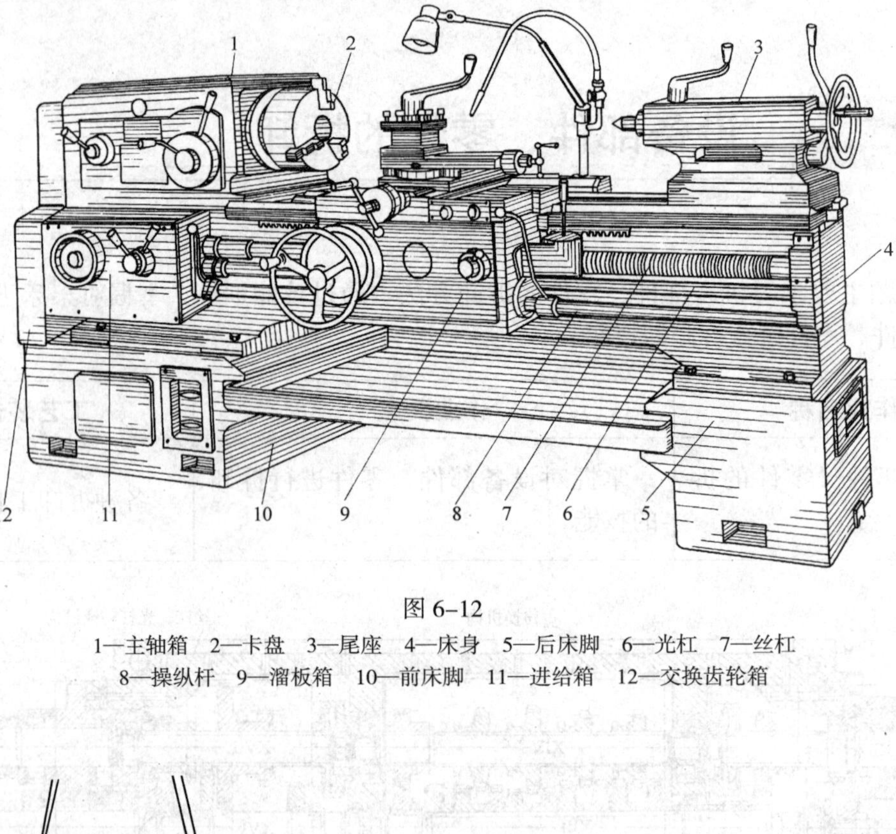

图 6–12

1—主轴箱　2—卡盘　3—尾座　4—床身　5—后床脚　6—光杠　7—丝杠　8—操纵杆　9—溜板箱　10—前床脚　11—进给箱　12—交换齿轮箱

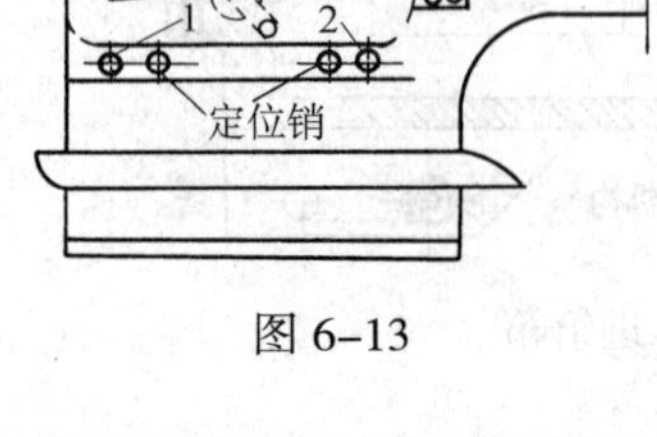

图 6–13

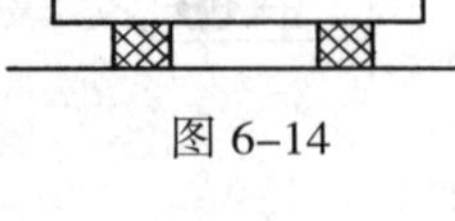

图 6–14

操作项目及要点

注意事项

（1）对于垂直安装的部件，拆卸时切不可先拆上螺钉，后拆下螺钉，否则由于重心高于支承点，部件会突然发生偏转，可能会损坏螺钉或箱体边缘，甚至发生人身事故（见图 6–15）

（2）拆下的设备部件必须小心轻放，多点支承，否则容易引起设备部件变形损坏

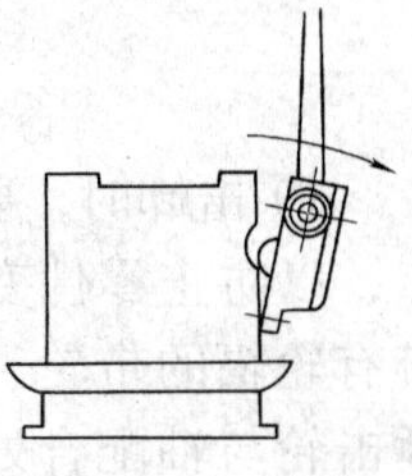

图 6–15

2. 机床零件的拆卸方法

（1）击卸法拆卸

用锤子敲击拆卸零件（见图 6–16）应做到：

1）要对击卸部位采取保护措施（见图 6–17）

图 a 为用于保护主轴的垫铁

图 b 为用于保护主轴轴端中心孔的平整垫铁

图 c 为用于保护轴端螺纹的厚螺母垫套

图 d 为用于保护击卸套的垫套

2）要首先对击卸件进行试击，其目的在于搞清零件结合的牢固程度，试探零件的走向（见图 6–18）

图 a 为定位销未拔出，齿轮无法拆卸

图 b 为座孔弹性挡圈未拆出，轴无法拆卸

图 c 为击卸方向错误，导致轴无法拆出

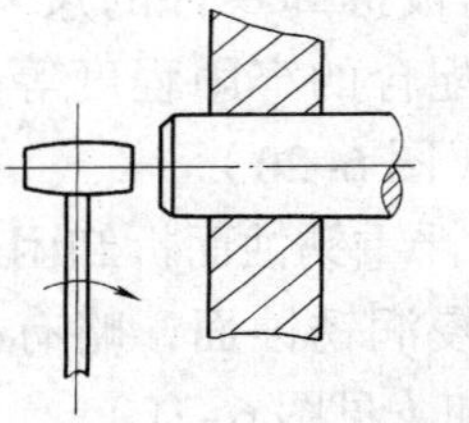

图 6–16

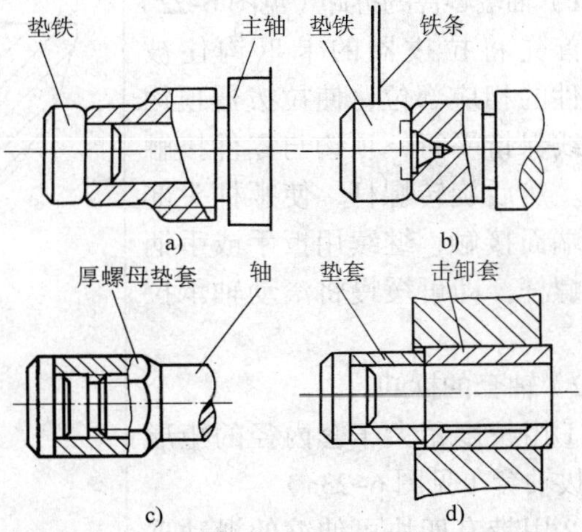

图 6–17

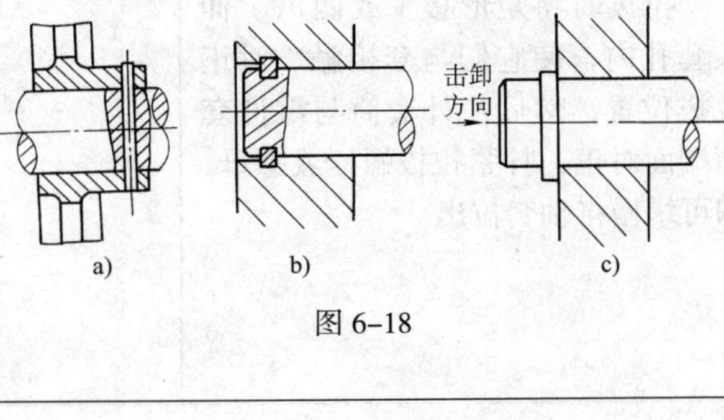

图 6–18

操作项目及要点

3）击卸时，要选择合适的锤击点，以防止零件变形或损坏，如对带有轮辐的带轮、齿轮、链轮等应锤击轮与轴配合处的端面，不要锤击其外缘，并且锤击点要均匀分布（见图 6–19）

4）要根据被拆卸零件的尺寸、质量、材料及配合的牢固程度等来选择击卸工具（图 6–20）

5）配合面严重锈蚀而拆卸困难时，可加煤油浸润锈蚀面，略有松动时再进行拆卸（见图 6–21）

（2）拉拔法拆卸

1）轴端零件的拆卸（见图 6–22）

首先将拉拔器的卡爪钩住被拆零件的相应部位，使拉拔器顶钩与轴线保持平行，顶钩与零件接触牢固。然后旋转螺杆，使螺杆头部与轴端面接触，继续用扳手或手柄旋转螺杆，即可缓慢将滚动轴承拉出

2）轴套的拆卸

①用长度稍大于套内径的矩形板拉拔轴套（见图 6–23a）

②用带有四块可伸缩的滑动爪拉拔轴套（见图 6–23b）

拉拔时将矩形板（或四爪）伸入套孔内，使它们与套接触。对正拉拔位置，然后使外套筒与零件套筒端面对正，拧紧拉拔螺栓或螺母，即可缓慢将轴套拉出

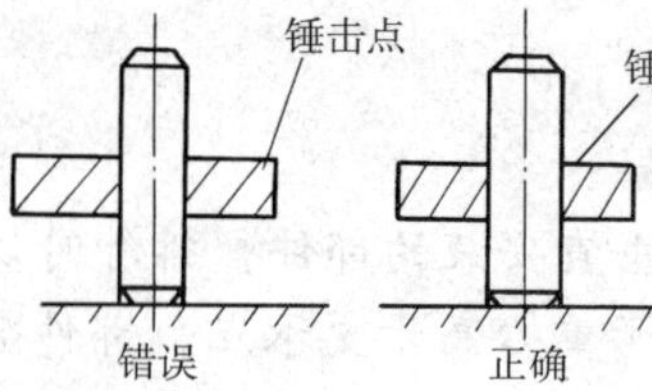

图 6–19

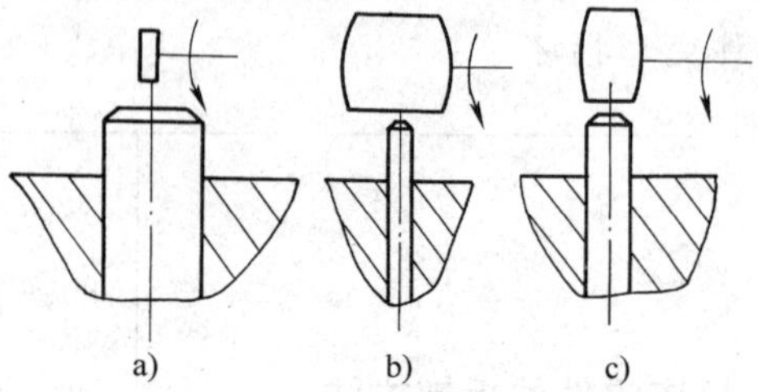

图 6–20

a）锤子太小 b）锤子太大 c）锤子合适

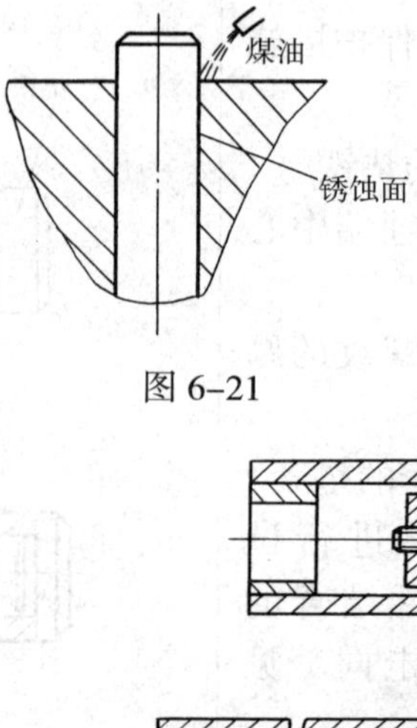

图 6–21

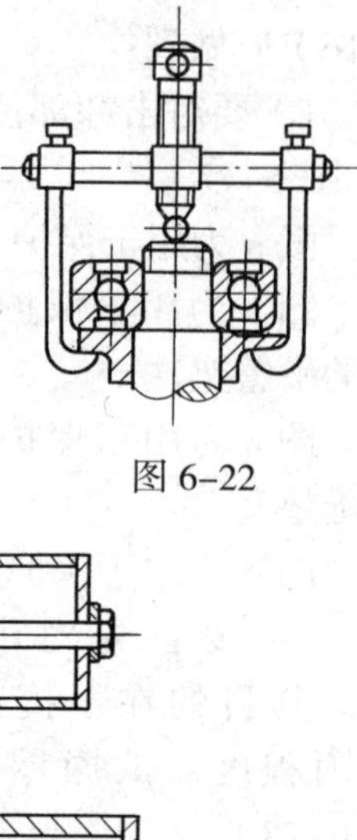

图 6–22

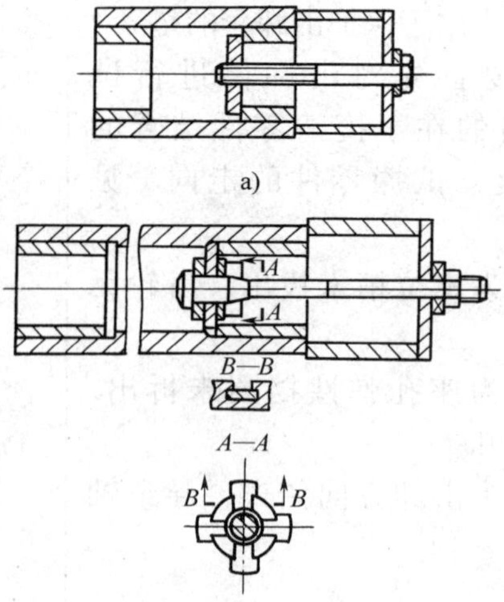

图 6–23

a）用矩形板拉拔轴套 b）用滑动爪拉拔轴套

操作项目及要点	
(3)顶压法拆卸 1)利用C形夹头拆卸零件(见图6–24) 2)用压力机顶压拆卸轴承(见图6–25)。将被拆零件放在杠杆压力机上,使轴与压力机压头对准而且处于同一轴线,轴承内圈紧靠压力机座上的顶套。扳动压力机手柄,压力机压头压向轴端面,即可缓慢将轴压出 (4)温差法拆卸 1)用加热法拆卸滚动轴承(见图6–26)。首先用拉拔器的卡爪钩住轴承内圈,同时用石棉垫将轴包住,迅速将100 ℃左右的油液注入轴承内圈上,使轴承内圈受热膨胀,然后快速旋转拉拔器手柄,即可将轴承内圈取出 2)用冷却法拆卸轴承外圈(见图6–27)。首先用拉拔器的卡爪钩住轴承外圈,将干冰放置于轴承外圈内表面,使轴承外圈收缩后,旋转拉拔器手柄,即可将轴承外圈顶出 (5)破坏性拆卸 当必须拆卸焊接、铆接、密封连接、过盈连接等固定连接或轴与轴套相互咬死时,采用这种方法拆卸。一般可使用车削、锯削、錾削、钻削、气割等方法。图6–28所示是用车削方法将轴套切去	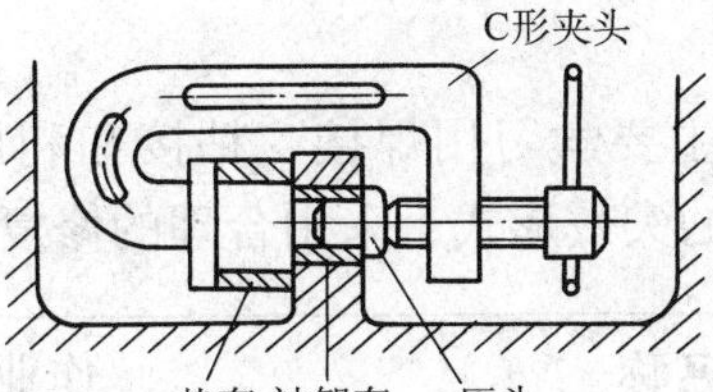 图6–24 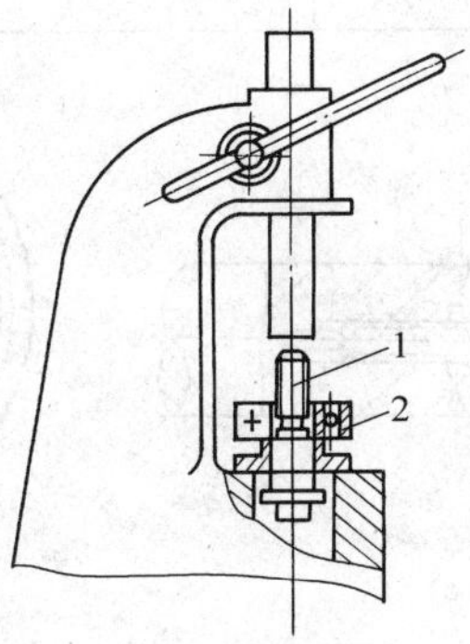 图6–25 1—轴 2—轴承 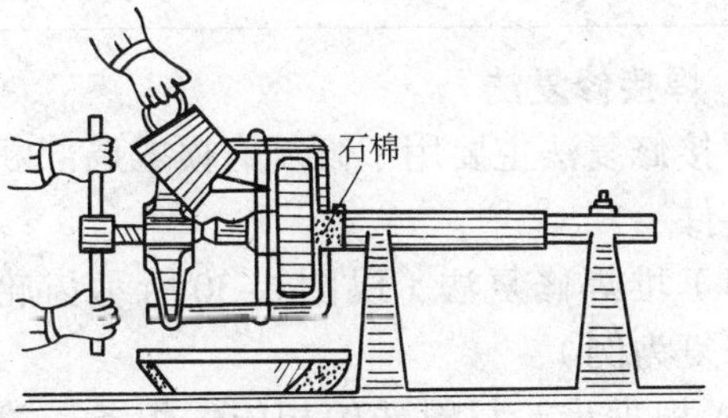 图6–26 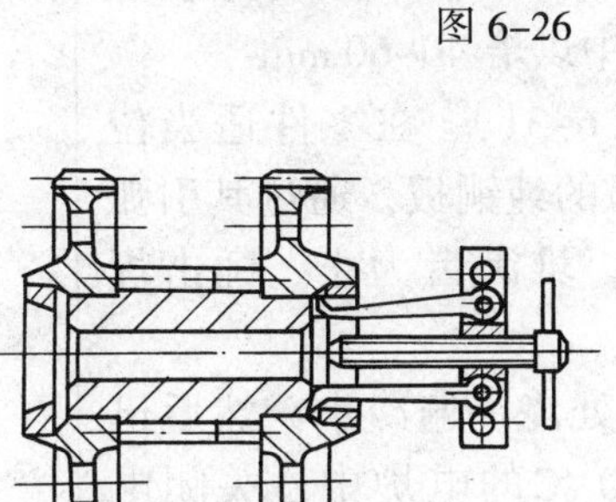 图6–27 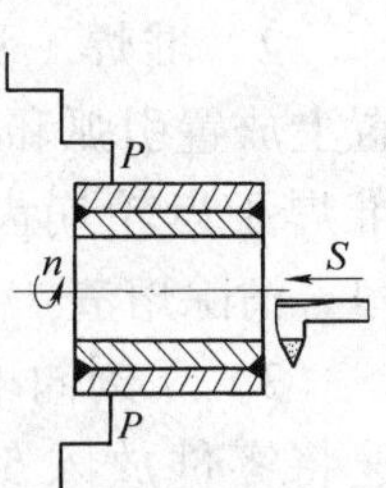 图6–28

课题三　零件的常用修复方法

本课题主要学习用焊接、粘接和利用机械加工进行零件修复的方法。通过技能训练，能根据零件的失效形式，采用合理的修复方法，使零件经修复后达到有关技术要求。

作业名称	作业要点	工艺装备
零件的常用修复方法	掌握零件的常用修复方法	机修钳工常用工具、量具、电焊设备、电动工具等

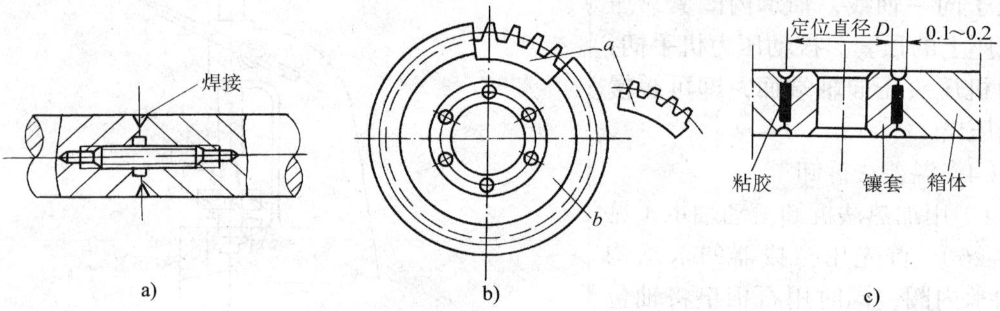

图 6–29　零件修复

a）用螺栓焊接修复轴　b）镶齿局部更换　c）粘接修复镶套

操作项目及要点

1. 焊接修复法

焊接修复法主要用于修复磨损或局部断裂的零件

（1）堆焊修复法（以图 6–30 所示齿轮崩齿修复为例）

1）根据齿轮材料选用相应的焊条，放在 50~200 ℃的电炉中烘焙 40~60 min

2）堆焊（见图 6–31）。在零件适当位置上放置引弧和落弧的纯铜板，通过其引弧堆焊于齿轮崩齿处，堆满齿为止。锤击焊口，清除熔渣

3）立刻向堆焊处浇一遍冷水，然后迅速将零件放入 50~60 ℃的电炉中，关闭电炉，让其随炉冷却或立刻进行低温回火处理

4）待零件冷却至室温后即可进行切齿加工修复

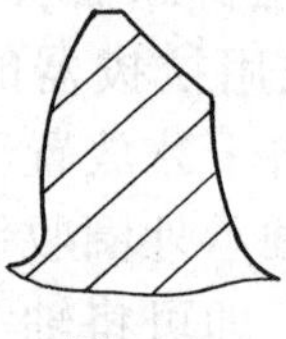

图 6–30

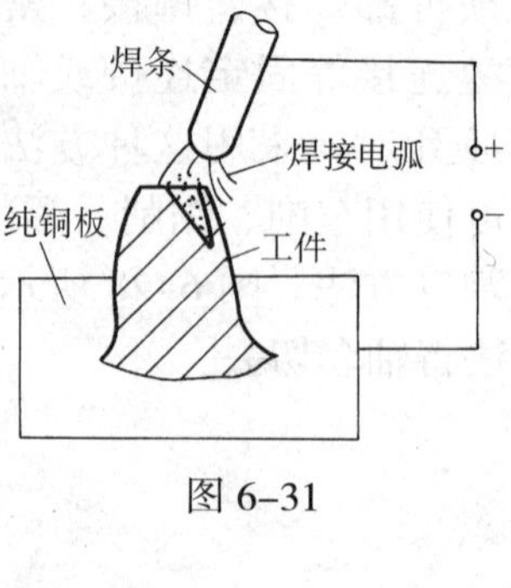

图 6–31

操作项目及要点

5）检查修复后的轮齿是否符合有关技术要求，焊缝热影响区有无明显的退火现象。修复后的齿轮如图 6–32 所示

（2）铸铁裂损件的电弧焊修复法（以图 6–33 所示裂纹修复为例）

1）将零件裂纹部分找全，在裂纹两端钻止裂孔。在裂纹处加工焊接坡口，坡口应尽量将裂纹去掉，尽量采用双面坡口（见图 6–34）

2）清污处理。在焊接区域里用丙酮清洗焊接坡口，清除油污、水分及其他污物

3）均温处理。在焊接坡口两侧用乙炔焰将工件加热到 100~150 ℃，宽度范围约 30 mm，当坡口冷却到约 60 ℃时即可施焊

4）焊接。将焊件夹固施焊。施焊操作应采用分段、分层、对称焊接（见图 6–35）

5）在每段熄弧后，对焊缝要进行有效锤击，以减小焊接残余应力

6）焊后处理。零件焊后保温 2 h 后进行缓慢冷却

7）对焊接部位进行修整（见图 6–36）。采用手砂轮机磨平焊缝

8）检查修复质量是否符合有关技术要求

（3）钎焊修复法（以图 6 37 所示导轨表面拉伤的修复为例）

1）拉伤表面的处理。用汽油清洗拉伤表面，用刮刀清理拉伤沟槽表面的氧化物，使其露出金属光泽，用脱脂棉蘸丙酮清洗待焊面数次，直到脱脂棉上看不到黑污为止

2）补焊（见图 6–38）。在待焊面上涂抹焊剂，用电烙铁将焊条熔化并在沟槽内保持一段时间，使熔化的合金液体能较好地填充到细微的沟槽中

3）焊后修整。用刮刀刮平补焊处，发现缺陷应及时修补，最后用细油石将补焊处打磨平

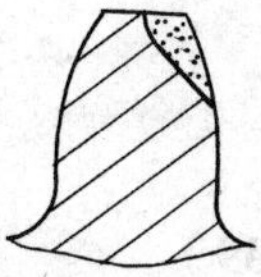

图 6–32

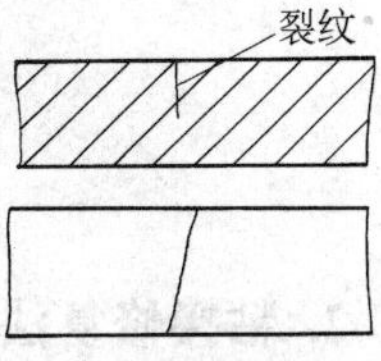

图 6–33

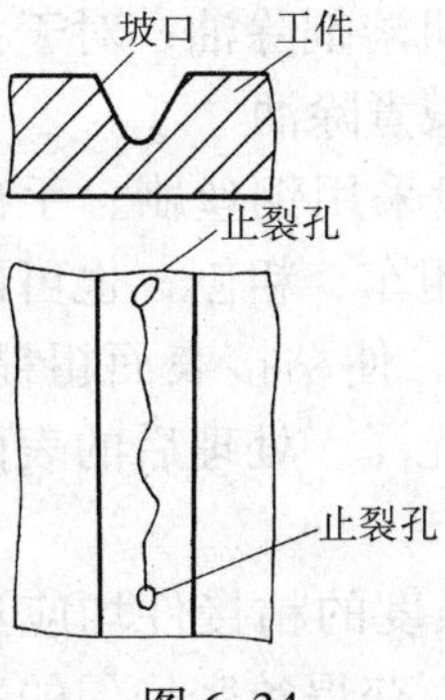

图 6–34

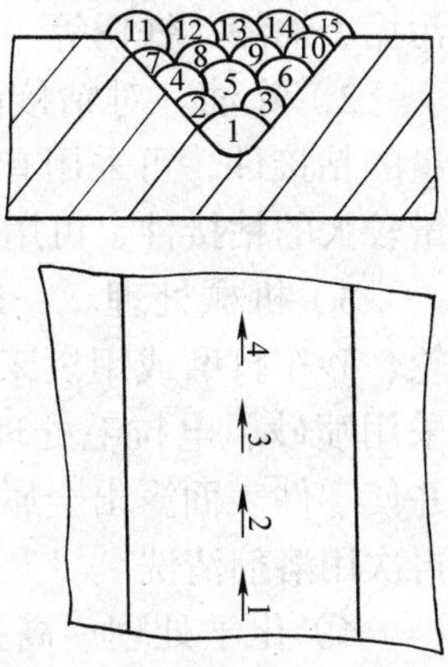

图 6–35

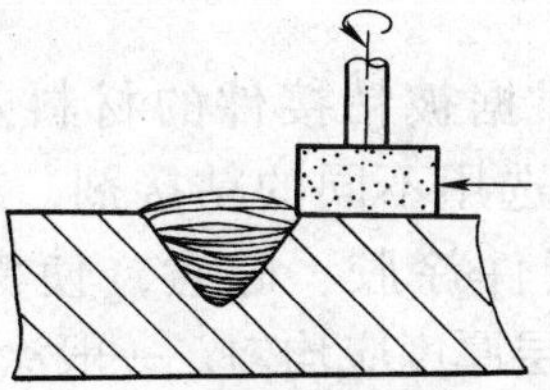

图 6 36

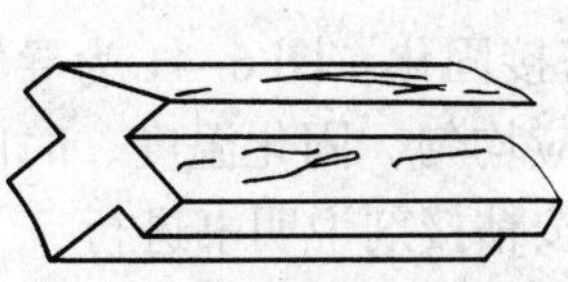

图 6–37

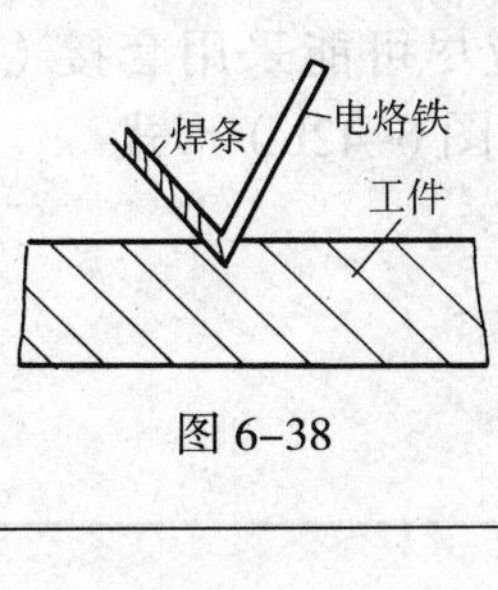

图 6–38

操作项目及要点	
2. 粘接修复法（见图 6–39） （1）有机胶粘接修复法（见图 6–40） 1）表面清洗。清除粘接表面的灰尘、污垢、油漆、铁锈等 2）除油。对粘接面积小、单件或小批量的粘接件，可采用有机溶剂除油；对于批量较大的粘接件，可用碱煮除油 3）机械处理。一般采用钢丝刷、手砂轮、砂布打磨或用机床粗车、粗刨，也可以采用喷砂、电拉毛处理，使粘接表面粗糙，并使零件表面露出金属光泽。处理后的表面再次用溶剂清洗 4）化学处理。高强度的粘接件均应进行化学处理，使粘接表面获得致密均匀的新生氧化膜。化学处理后的表面还必须进行中和处理 5）根据被粘接件的材料及零件的性能要求，选用不同的粘接剂，迅速对经处理的粘接件涂胶、晾置，使涂胶层无气泡。涂胶层厚度应均匀，一般涂胶层厚度为 0.05~0.25 mm，晾置时间按粘接剂说明书进行 6）搭接固化。图 6–41 为导轨搭接，固化时压力应均匀。固化温度、时间因粘接剂而异，应按粘接剂说明书进行 （2）无机胶粘接修复法 1）将待粘接面用汽油或丙酮等擦洗干净，接头应尽可能采用套接（见图 6–42a）或槽接（见图 6–42b）形式	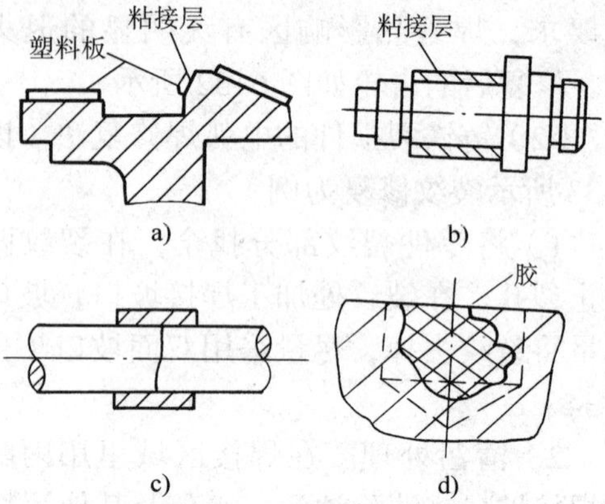 图 6–39 a）粘接铸铁导轨　b）轴颈镶套粘接 c）断轴粘接　d）铸件缺陷粘接 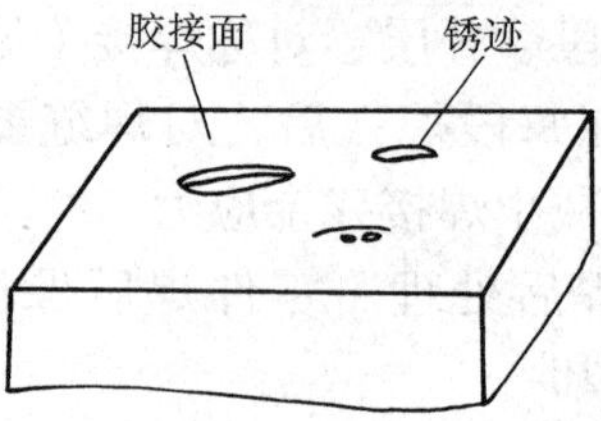 图 6–40 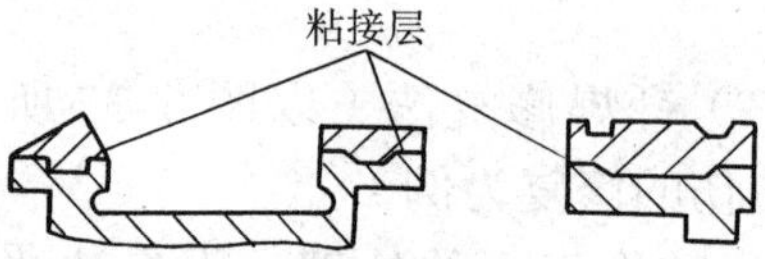 图 6–41 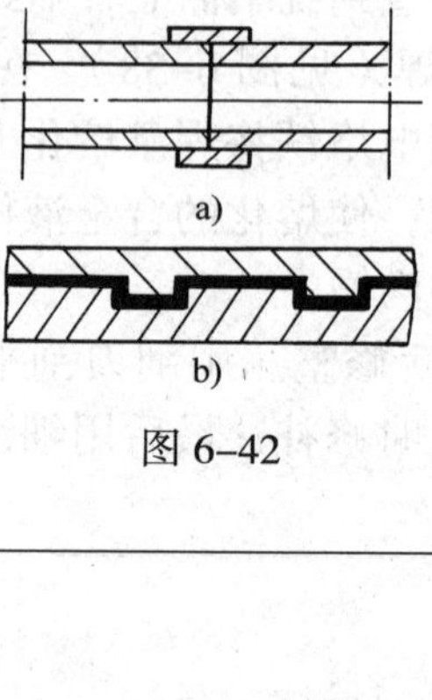 图 6–42

操作项目及要点	
2）调胶。调胶配比一般为每毫升磷酸溶液中加 3~5 g 氧化铜粉。配比越大，粘接强度越高，且固化时间越快。在调配时，应根据气温和环境的干湿程度加以调整。气温高配比大，气温低配比小。气温在 15~28 ℃时，配比一般为 4~5 g 3）粘接。待粘接表面经过清洗、充分干燥后，将调好的胶迅速、均匀地涂在被粘接的零件表面，并适当地压挤，套接件则可相互缓慢地旋入（见图 6–43） 4）固化。粘接后先在室温下放置 2~3 h，待其初步凝固后，再送入 70~80 ℃的烘箱内烘 2~3 h，即可使用 **3. 机械加工修复法** （1）镶加零件修复法 1）镶套法（见图 6–44）。箱体类零件上的孔磨损后可采用此法修复。首先通过切削加工扩大孔尺寸，并达到有关技术要求，然后按孔的新尺寸采用过渡配合方式车削镶套，最后将镶套压入箱体孔内，用紧定螺钉紧固 2）加垫法。轴肩磨损后可采用此法进行修复。首先将轴肩磨损部分车掉并达到有关技术要求（见图 6–45），然后按轴肩新尺寸加工一个垫圈，将新制垫圈镶入轴肩，并用螺钉紧固（见图 6–46） 3）机械加固法。当大型铸件的非受力部位产生裂纹时，可采用此法修复。首先在裂纹尽头处钻止裂孔（见图 6–47），然后选择适当尺寸的一块或两块相等的钢板，用 C 形夹头夹紧，配钻螺栓连接孔，将螺栓穿入配钻孔中，用螺母连接紧固即可（见图 6–48）	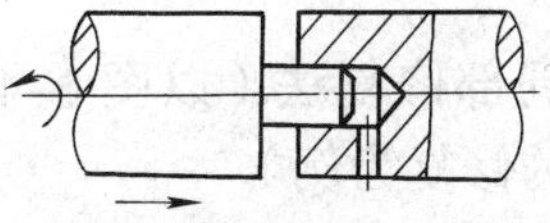 图 6–43 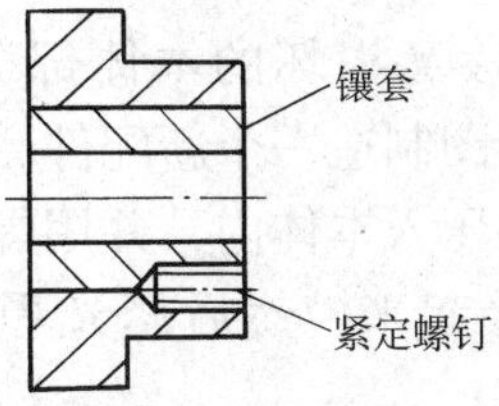 图 6–44 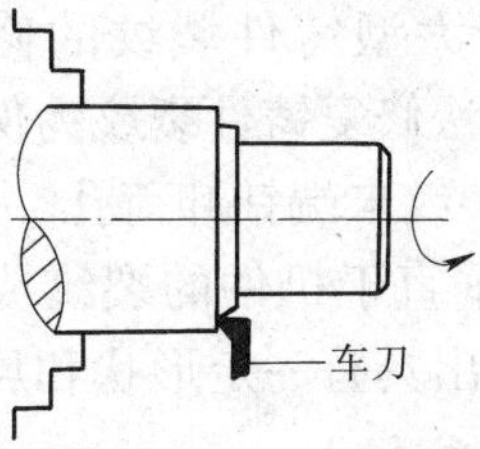 图 6–45 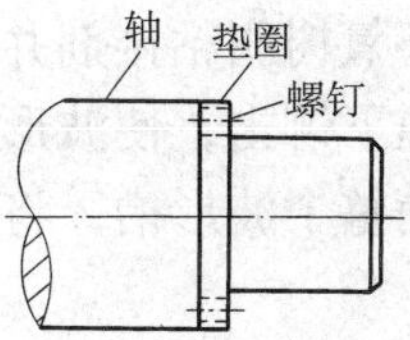 图 6–46 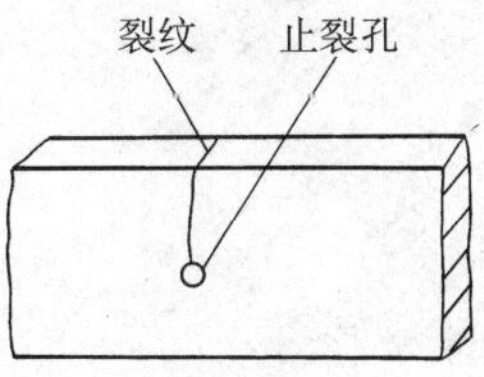 图 6–47 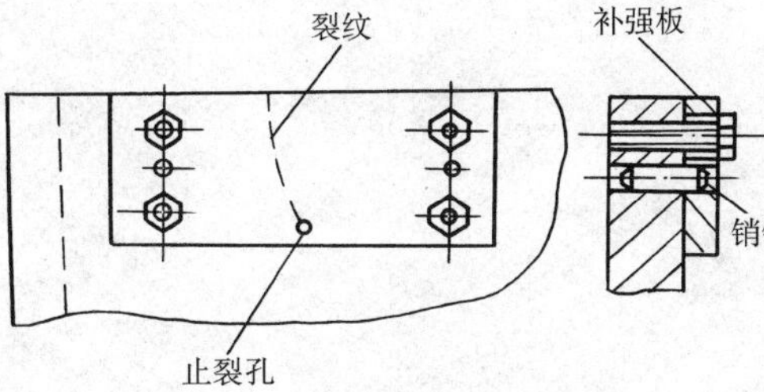 图 6–48

操作项目及要点

（2）局部修复法（以图 6–49 所示拨叉断裂的修复为例）

1）测绘断裂部分零件图并确定修复位置

2）将拨叉损坏的本体部分车圆，同时按测绘图制造一个新配件，按过渡配合将新件压入本体内，并用焊接方法将两者连接起来，然后修光焊接部分（见图 6–50）

（3）金属扣合法

适用于大型铸件裂纹的修复（以用强固扣合法修复铸件裂纹为例）

1）在裂纹末端钻卸荷孔

2）在垂直于机件的裂纹或断面方向上铣或钻出具有一定形状和尺寸的波形槽（见图 6–51）

3）将形状与波形槽相吻合的波形键四周涂上环氧树脂粘接剂并镶入波形槽中，在常温下铆击，使波形键产生塑性变形而充满整个波形槽，将断裂部分连接起来

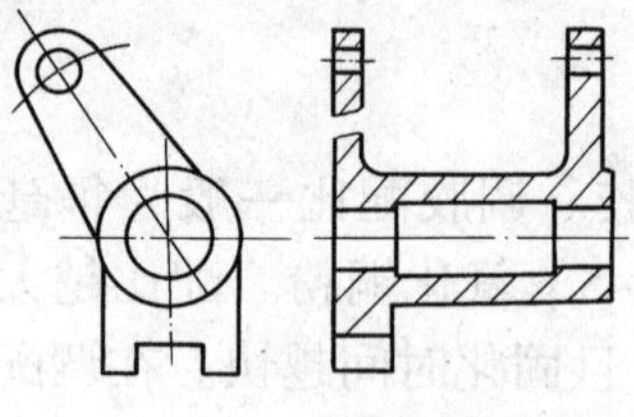

图 6–49

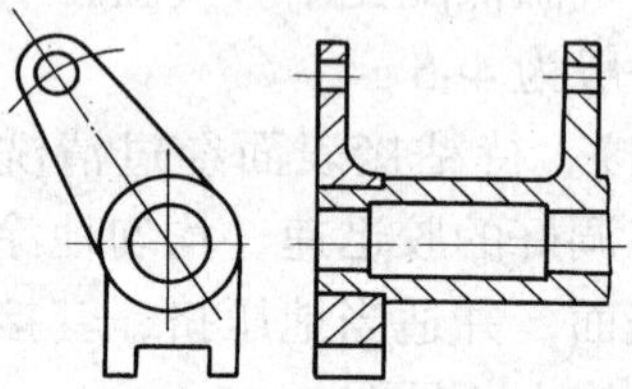

图 6–50

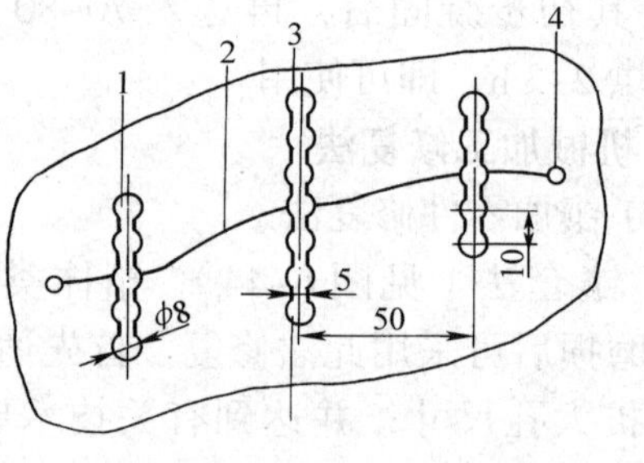

图 6–51

1—波形键　2—裂纹

3—环氧树脂粘接层　4—卸荷孔

第七单元

固定连接的装配与修理

固定连接是机械设备中最基本的连接形式之一。固定连接应牢固可靠，除不允许拆卸的固定连接外，其他的固定连接都应方便拆卸、装配和修理。

本单元主要学习螺纹连接、键连接、销连接、过盈连接和管道连接的装配与修理等内容。

通过技能训练，掌握各种螺纹、键、销连接的装配技能；掌握各种固定连接损坏后修复的技能。

课题一　螺纹连接的装配与修理

通过本课题的技能训练，要求学生能正确使用各种工具对各种螺纹连接进行装配，掌握对损坏的螺纹进行修复的技能。

作业名称	作业要点	工艺装备
螺纹连接的装配与修理	掌握各种螺纹连接的装配方法	扳手、钻床、钳子、丝锥、圆板牙等

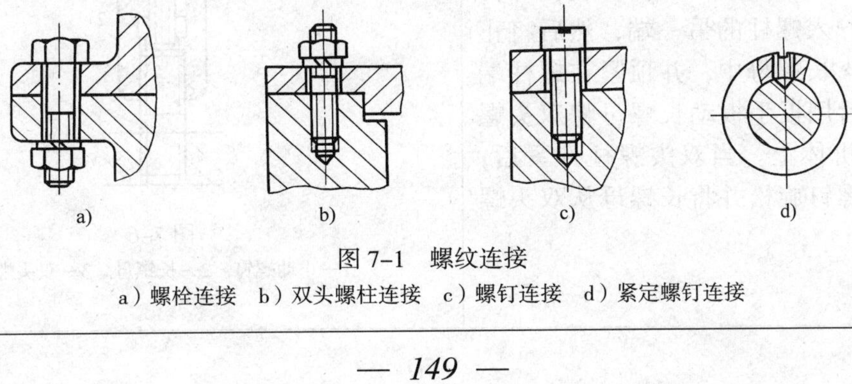

图 7-1　螺纹连接

a）螺栓连接　b）双头螺柱连接　c）螺钉连接　d）紧定螺钉连接

操作项目及要点

1. 螺钉、螺栓、螺母的装配

（1）将螺栓、螺母或螺钉及其连接表面清理干净，除去杂物、碎屑和毛刺

（2）在螺纹连接部分涂上润滑油

（3）将螺栓穿入连接孔中，套上垫圈，拧上螺母，并将螺母旋紧（见图7–2）

（4）拧紧成组螺栓、螺钉或螺母时，应按一定的顺序进行，做到分次、对称、逐步拧紧。一般分三次拧紧（见图7–3、图7–4）

图7–3为长方形布置的成组螺纹件拧紧顺序图

图7–4为方形、圆形布置的成组螺纹件拧紧顺序图

2. 双头螺柱的装配

（1）将螺纹及连接部分的杂物和毛刺清理干净

（2）在螺纹的连接部分涂上润滑油

（3）把双头螺柱拧紧在机体上，其拧紧的方法是：

1）用两个螺母拧紧（见图7–5）：先将双头螺柱的一端旋入机体的螺孔内，再把两个螺母互相锁紧在螺柱的另一端，然后用扳手扳动上边的一个螺母，即可将双头螺柱拧紧在机体内

2）用长螺母拧紧（见图7–6）：先将双头螺柱的一端旋入机体螺孔内，再把长螺母拧入螺柱的另一端，然后将止动螺钉拧入长螺母中，并顶紧在螺柱端面上，最后用扳手扳动长螺母将双头螺柱拧紧在机体上。当双头螺柱拧紧后，再把止动螺钉旋松并将长螺母从双头螺柱上旋出

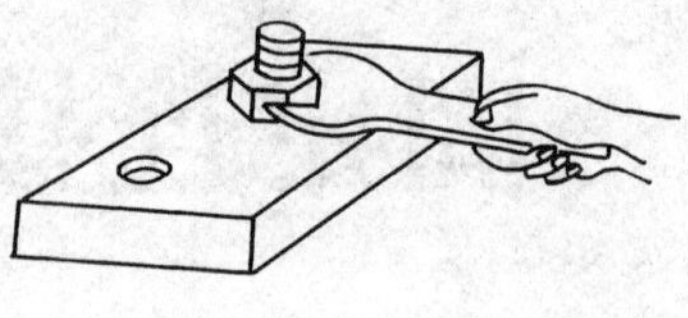

图7–2

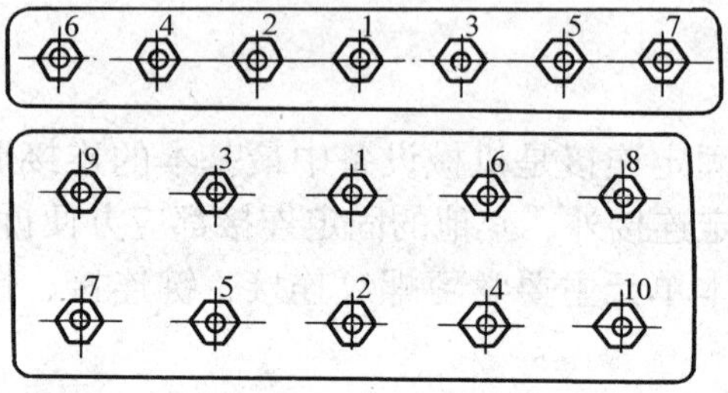

图7–3

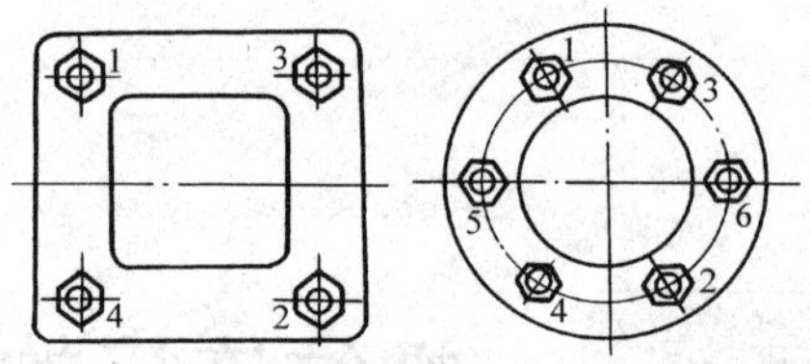

图7–4

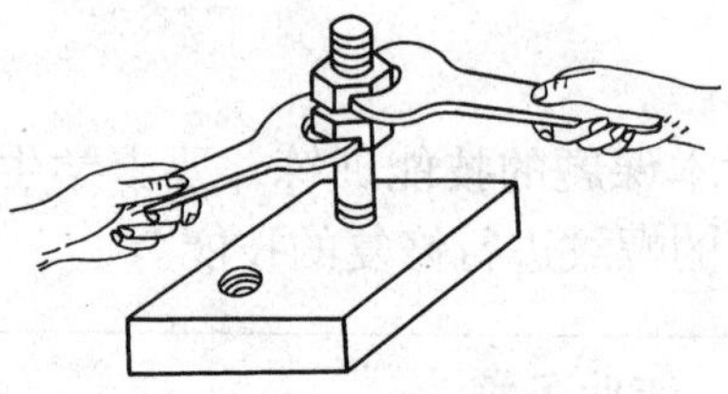

图7–5

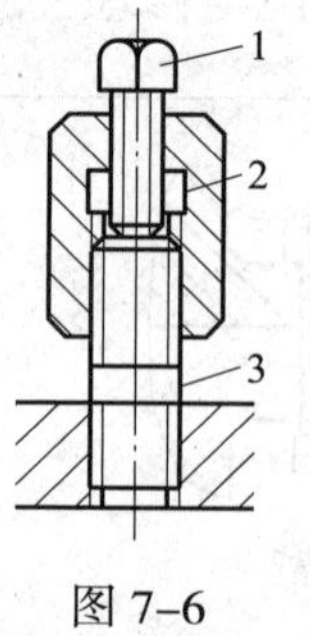

图7–6

1—止动螺钉　2—长螺母　3—双头螺柱

操作项目及要点

3）用专用工具拧紧（见图7-7）：先将双头螺柱拧入专用工具内，按图示方向旋转专用工具即可将双头螺柱拧紧。当双头螺柱拧紧后，反方向旋转即可将专用工具取出

3. 螺纹连接的防松

（1）用附加摩擦力防松

1）用双螺母防松（见图7-8）。先将主螺母压紧到预定位置，再将副螺母压紧在主螺母上即可

2）用弹簧垫圈防松（见图7-9）。将弹簧垫圈套在螺杆上，用螺母将弹簧垫圈压紧即可

3）用紧定螺钉防松（见图7-10）。用旋具或扳手将旋合在外螺纹表面的小镶块压紧即可

（2）用机械方法防松

1）用开口销和带槽螺母防松（见图7-11）。先将带槽螺母拧紧在螺杆上，使螺杆销孔与带槽螺母的槽相对应。将开口销沿螺母的槽中穿入螺杆，待开口销位置正确后再把开口销弯曲即可

2）用圆螺母和止动垫圈防松（见图7-12）。先将止动垫圈套入螺杆，使止动垫圈内翅插入螺杆槽内，再将圆螺母旋入螺杆并拧紧，使止动垫圈的外翅正对圆螺母的开口，然后将垫圈外翅压弯在圆螺母的槽中即可

3）用带耳止动垫圈防松（见图7-13）。先将带耳止动垫圈套在螺杆上，使弯曲带耳与被连接件的一边贴紧，旋紧螺母后将一只带耳弯曲后紧贴螺母的一边即可

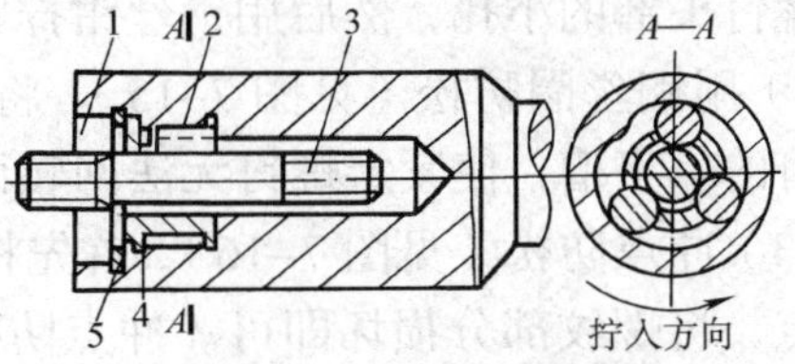

图7-7

1—工具体　2—滚柱　3—双头螺柱
4—限位套　5—孔用弹性挡圈

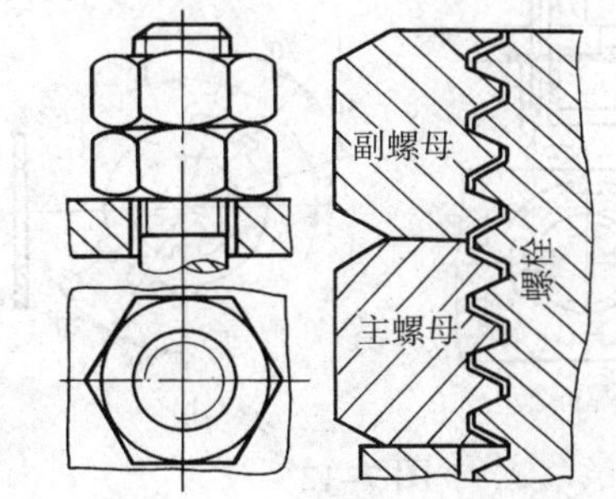

图7-8

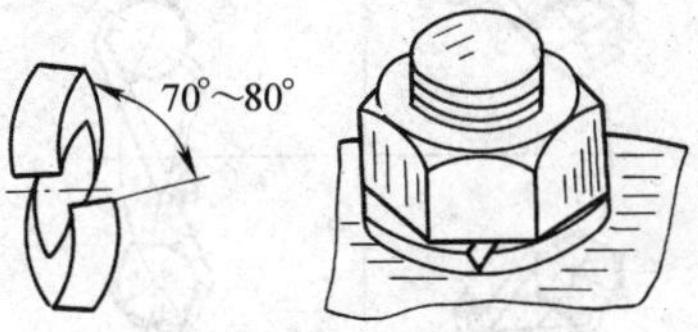

图7-9

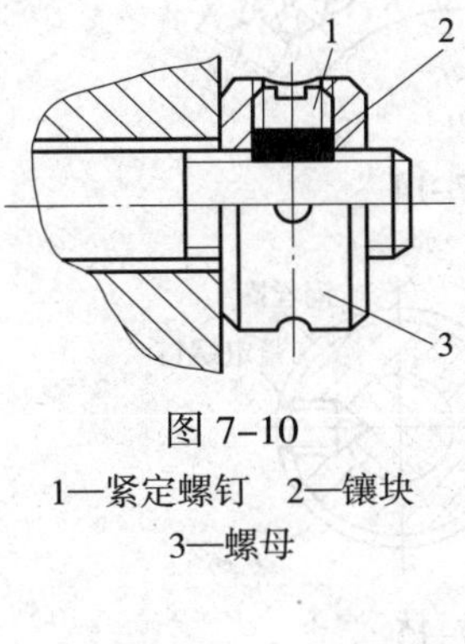

图7-10

1—紧定螺钉　2—镶块
3—螺母

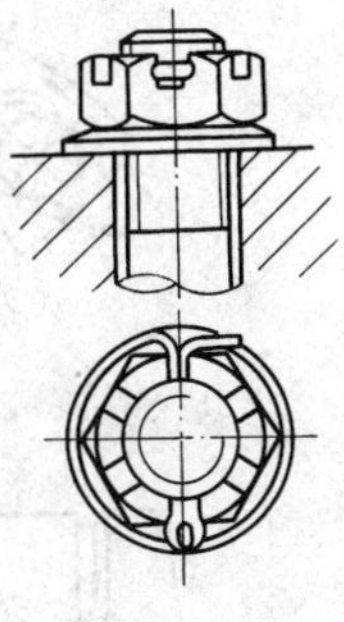

图7-11

操作项目及要点

4）用串联钢丝防松（见图 7–14）。按一定的顺序拧紧成组螺钉后，用钢丝连续穿过该组螺钉头部的小孔，然后用钢丝钳拧紧即可

5）用钢丝圈防松（见图 7–15）。将钢丝圈绕在连接件上专门的环形槽内，并通过紧定螺钉的一字槽，使紧定螺钉无法回转而起到防松作用

（3）冲点防松（见图 7–16）。首先将螺母旋紧，然后在螺栓与螺母接合部用样冲冲几个冲点，将螺纹部分损坏即可。冲点防松有两种方式：端面冲点防松（见图 7–16a）、侧面冲点防松（见图 7–16b）

（4）粘接防松。在螺纹旋合表面涂厌氧性粘接剂，将螺母拧紧后，粘接剂硬化后有良好的防松效果

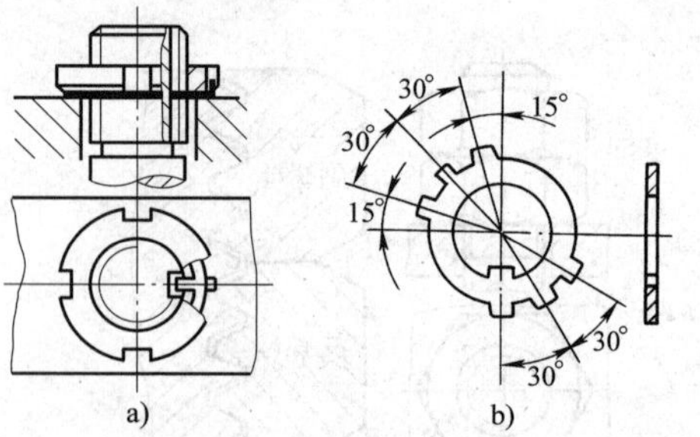

图 7–12

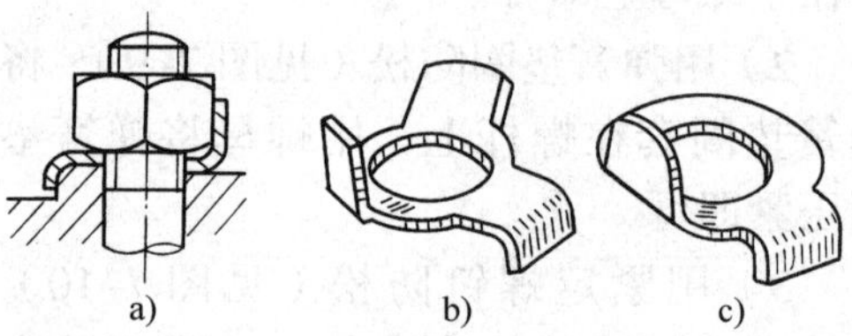

图 7–13

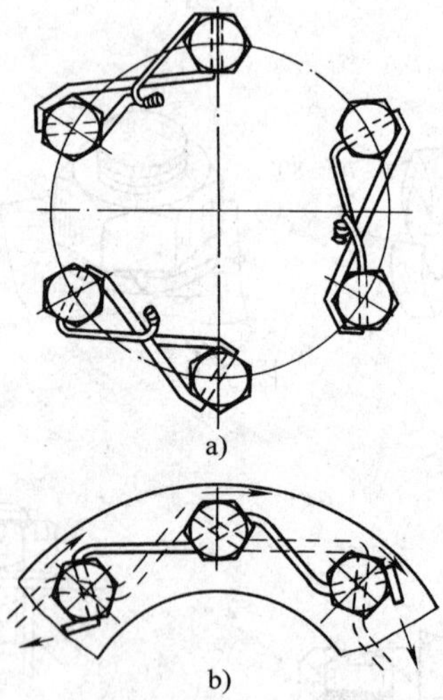

图 7–14

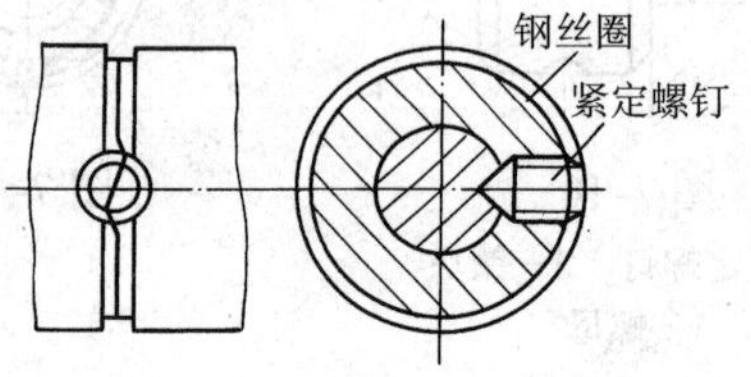

图 7–15

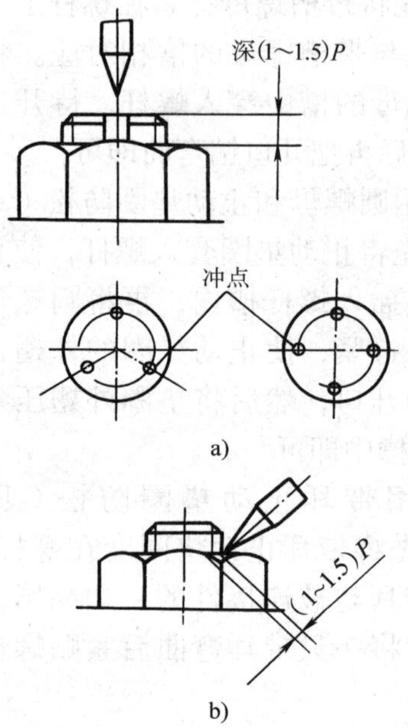

图 7–16

a）端面冲点防松　b）侧面冲点防松

操作项目及要点	
4. 螺纹连接的修复 （1）螺纹连接配合过松的修复 1）用镶配螺纹套修复（见图 7–17）。将原螺纹孔扩大，根据扩大后的孔径尺寸镶套，并将套与机体牢固地连成一体后，在镶套的孔中攻制内螺纹，直至满足配合要求 镶配具有内、外螺纹的套时，应参考以下的操作要点： 将损坏的螺纹孔扩大到镶套的外径尺寸，用丝锥攻制出新的螺纹。用机械加工的方法（车削法）加工出具有内、外螺纹的镶套，镶套的内螺纹应与机体原螺纹孔的螺纹相同，外螺纹与新攻制的螺纹相同。为防止镶套转动，可在镶套的外径处钻、铰一个小孔，在小孔内打入一个止动的圆柱销（见图 7–17 中的件 1） 2）配台阶螺柱修复（见图 7–18）。先将损坏的螺纹孔扩大，攻制出比原螺纹尺寸大的新螺纹，再根据新螺纹配制台阶螺柱。台阶螺柱大直径的螺纹和新攻制的螺纹孔配合，小直径的螺纹和原螺纹相同，最后将台阶螺柱拧紧在新攻制的螺纹孔内即可 （2）螺纹牙型损坏的修复 1）当螺纹牙型因受力过大造成塑性变形时，可采用丝锥或圆板牙重新攻螺纹或套螺纹的方法修复 2）当螺纹牙型严重磨损时，应更换新的螺母或螺栓 （3）螺纹因锈蚀难以拆卸的修复 可将连接件放在煤油中或在锈蚀部分滴上煤油，待煤油渗入连接部位后进行拆卸。对于锈蚀不太严重的螺纹连接，可先用锤子敲击螺母或螺栓头部，待略有松动后再用扳手拆卸 （4）螺钉折断后的取出方法 1）螺钉在螺孔外面断裂的取出方法 ①在孔外的螺钉部分用锉刀锉两个平行的平面后，用扳手将孔内的螺杆旋出（见图 7–19a）	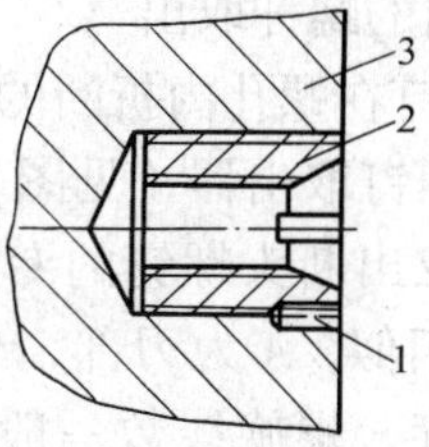 图 7–17 1—圆柱销　2—螺纹套　3—机体 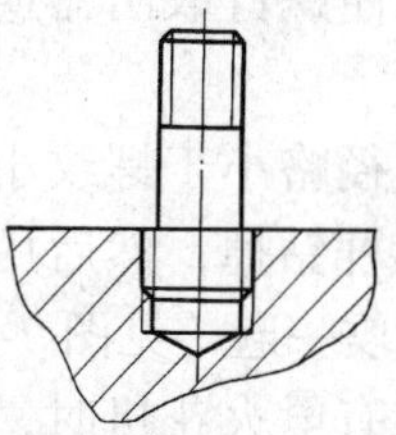 图 7–18 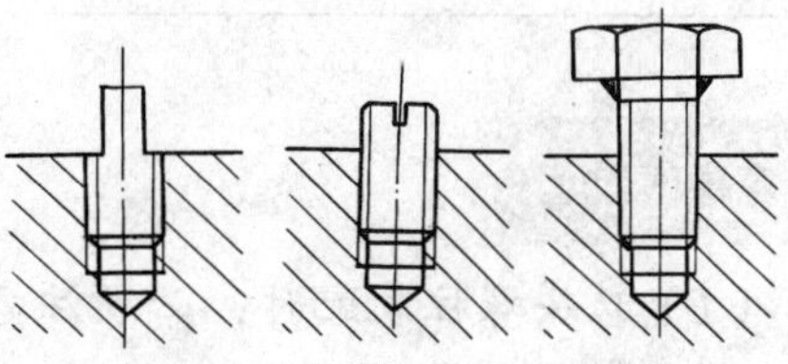 图 7–19 a）锉两个平行面　b）开一字槽　c）焊接螺母

操作项目及要点

②在孔外螺钉的端面上用手锯锯削一个直槽（见图 7–19b），然后用一字旋具将断在孔内的螺杆旋出

③在孔外螺钉端面上焊接一个螺母（见图 7–19c），然后用扳手扳动焊接的螺母，即可将断在螺孔内的螺杆取出

2）螺钉在螺孔内折断的取出方法

①用螺钉取出器（见图 7–20）取出。螺钉取出器是取出断头螺钉的专用工具，其外形与锥度铰刀相似，*A* 为刃部，外形为带锥度的螺旋形，左旋，螺旋线数一般是 4，从法向截面看，曲率较小，工作时 *G* 处起挤压作用，刃部有较高的硬度，达 50HRC 左右。使用时，先在断螺钉的中心钻一个小孔，能使刃部插入 1/2 即可，然后使螺钉取出器逆时针旋转，螺钉便可取出

②用直径略小于螺纹小径的麻花钻，将断在孔内的螺杆钻掉，然后用同样尺寸的丝锥将原螺纹孔再攻一遍（见图 7–21）

③如果有电火花机时，也可用电火花机将断在孔内的螺杆全部击穿熔化后，再用丝锥重新攻一遍螺纹孔即可

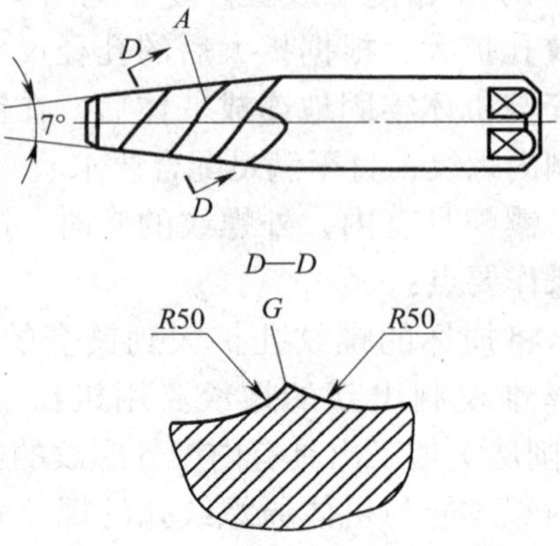

图 7–20

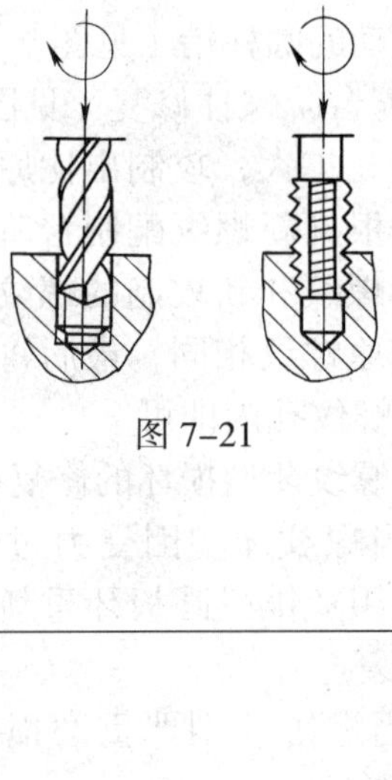
图 7–21

注意事项

（1）双头螺柱装配时，必须注意螺柱对机体表面的垂直度，其检验方法如图 7–22 所示

（2）双头螺柱和机体的连接必须采用过盈配合

（3）对于有拧紧力矩要求的螺纹连接，必须用指针式扭力扳手（也称测力扳手）按技术要求旋紧

（4）拆卸断在螺孔内的螺钉时，用力要均匀，动作不能太猛

（5）钻削断在螺孔内的螺钉时，麻花钻应尽量与原螺纹孔轴线同轴，否则会损伤原螺纹孔

（6）执行“6S”管理，遵守安全操作规程，避免人身、设备事故的发生

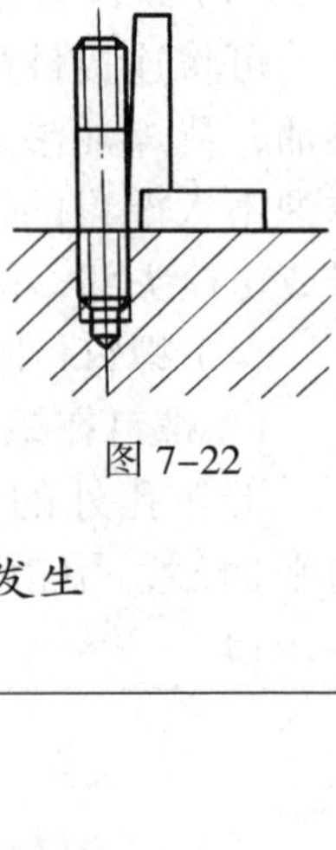
图 7–22

课题二　键连接的装配与修理

本课题主要学习平键、楔键和花键的装配和修理。通过技能训练，熟悉键连接的作用及装配的技术要求，掌握各种键连接的装配技能，并能根据键连接的损坏形式采用正确的方法进行修复。

作业名称	作业要点	工艺装备
键连接的装配与修理	掌握平键、楔键和花键的装配技能和修理方法	机修钳工常用工具、量具

操作项目及要点

1. 平键连接的装配（见图 7–23）

（1）清理平键和键槽各表面上的污物和毛刺

（2）锉配平键两端的圆弧面，保证键与键槽的配合要求。一般在长度方向允许有 0.1 mm 间隙，高度方向允许键顶面与其配合的轮毂槽顶面有 0.3~0.5 mm 的间隙

（3）清洗键槽和平键并加注润滑油，用台虎钳将键压入键槽内，使键与键槽底面贴合（见图 7–24）。也可采用垫铜皮用锤子将键敲入键槽内，或直接用铜棒将键敲入键槽内

（4）试配并安装轮毂（如齿轮、带轮等），装配后要求轮毂在轴上不得有摆动现象

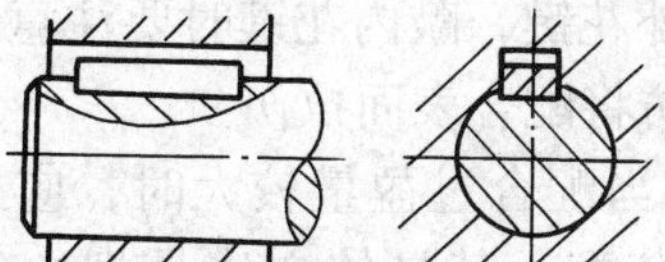

图 7–23

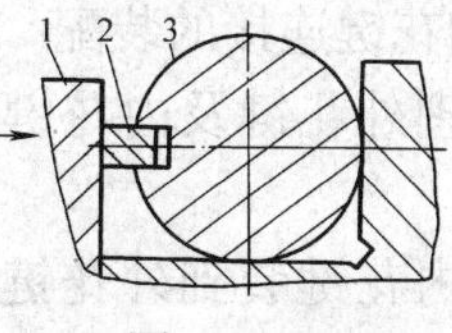

图 7–24

1—台虎钳　2—平键　3—工件

2. 楔键连接的装配

（1）普通楔键连接的装配（见图 7–25）

1）清除楔键及键槽内的污物和毛刺

2）将楔键试装入轴的键槽和轮毂键槽之间，用涂色法检查楔键工作面与轮毂键槽的接触情况

3）根据涂色法检验结果，用锉刀或刮刀对楔键进行修整，保证楔键和轮毂键槽有良好的接触

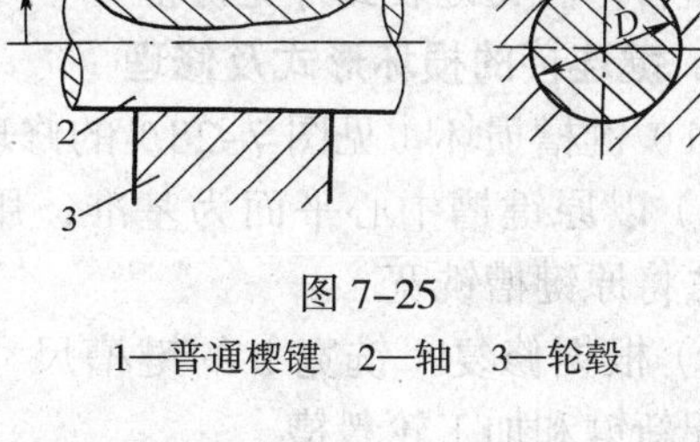

图 7–25

1—普通楔键　2—轴　3—轮毂

操作项目及要点

4）楔键修整合格后，用铜锤（或铜棒）将楔键敲入轴和轮毂的键槽内，并保证合理的配合性质

（2）钩头楔键连接的装配（见图 7–26）

钩头楔键连接的装配步骤与普通楔键连接的装配步骤基本相同，其不同的是钩头楔键在修整后装配时，应保证键的钩头与轮毂端面之间有一定的间隙，以利于调整和拆卸

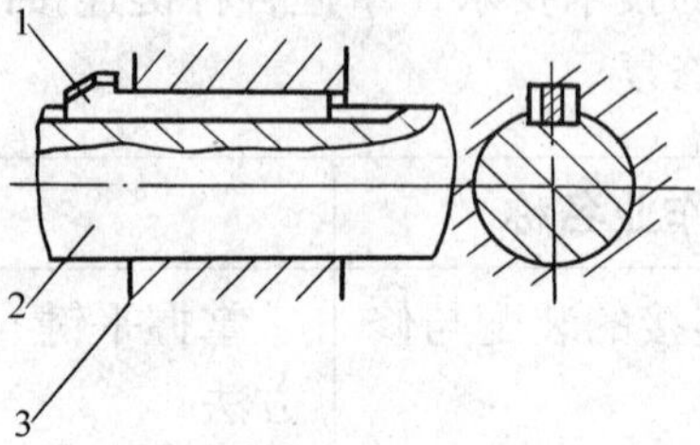

图 7–26

1—钩头楔键　2—轴　3—轮毂

3. 花键连接的装配

（1）静花键连接的装配（见图 7–27）

1）清理外花键和内花键孔内的污物和毛刺，并加注润滑油

2）当过盈量较小时，可用铜棒将内花键敲入外花键，敲内花键时要注意不使其偏斜，以防将配合表面拉伤

3）当配合过盈量较大时，应采用热装法进行装配。其具体方法是把内花键放入 100 ℃的热油中加热，待达到热平衡时迅速将内花键取出擦净，然后将内花键套入外花键的正确位置

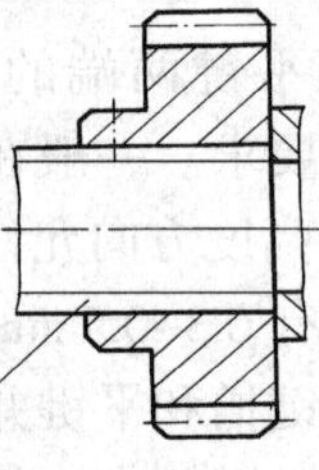

$6 \times 23\ \frac{H7}{f7} \times 26\ \frac{H10}{a11} \times 6\ \frac{H11}{d10}$　GB/T 1144—2001

图 7–27

（2）动花键连接的装配

1）清理外花键及内花键孔内的污物和毛刺

2）将内花键装到外花键上，用涂色法检验内花键在外花键全长上的配合情况

3）根据涂色法检验的结果，对外花键进行修整，直至内花键在外花键全长上移动时无阻滞现象为止

4）将外花键及内花键清洗干净，加注润滑油后将内花键装到外花键上

4. 键连接的损坏形式及修理

（1）键槽损坏（见图 7–28）的修理

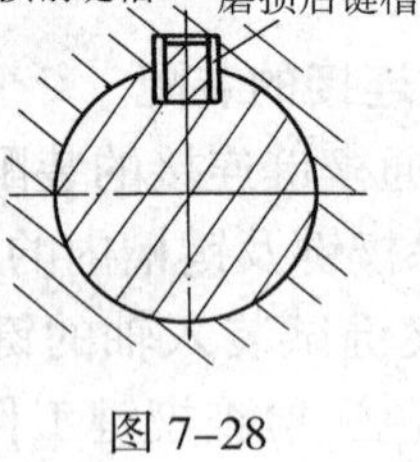

图 7–28

1）以原键槽中心平面为基准，用铣削的方法将原键槽铣宽

2）根据修复（铣宽）的键槽尺寸，重新锉配新键和加工轮毂槽

操作项目及要点

3）将键和键连接的各表面清洗干净，涂上润滑油，将键压入键槽后再把轮毂装上即可

4）键连接中当只有一个键槽损坏时，只要将损坏的键槽修复（用铣削方法铣宽），然后根据修复后键槽尺寸和与其配合的键槽尺寸，重新配制成阶梯键即可（见图 7–29）

（2）键磨损或损坏的修复（见图 7–30）

1）将轮毂从轴上拆卸下来

2）用錾子或一字旋具将磨损或损坏的键从键槽中取出来

3）根据键槽尺寸配制新键

4）将键和键槽清理干净，涂上润滑油，将键压入（或用铜棒敲入）键槽

5）装上配合轮毂

（3）键扭曲变形或被剪断的修复（见图 7–31a）

1）用錾子或一字旋具将断在键槽内的残键（或扭曲变形的键）取出

2）修复方法

①用增加键槽长度的方法增加键的强度（见图 7–31b）

②用增加键槽宽度的方法来增加键的抗剪强度（见图 7–31c）

③在原键槽位置的对称部位再铣一个键槽，采用双键连接的方法来增加键的抗剪强度（见图 7–31d）

（4）花键损坏的修复

1）花键磨损的修复（见图 7–32）。花键磨损会造成间隙过大，可采用镀铬的方法增加花键齿的齿宽，然后用铣削或磨削的方法使花键达到技术要求。当花键磨损严重时，要用堆焊方法加厚花键的齿宽，然后再用铣削或磨削的方法使花键达到技术要求

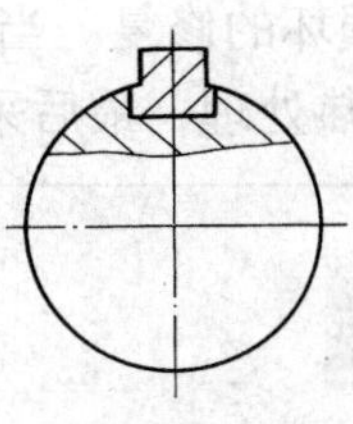

图 7–29

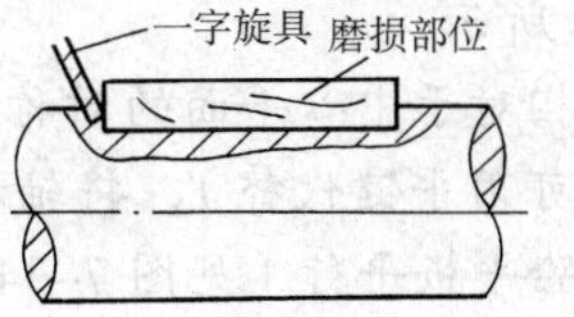

图 7–30

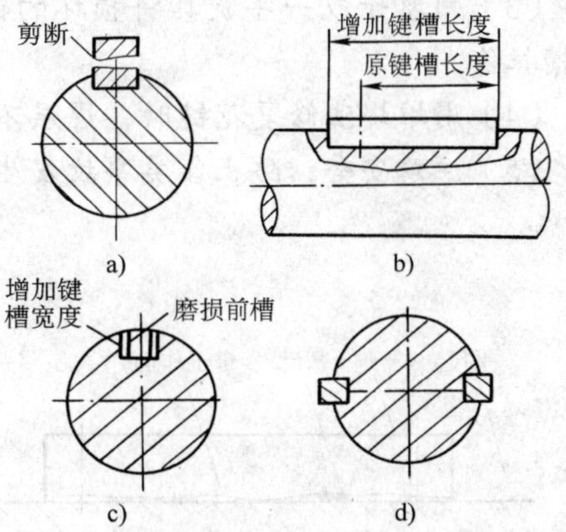

图 7–31

a）键剪断　b）增加键槽长度

c）增加键槽宽度　d）双键连接

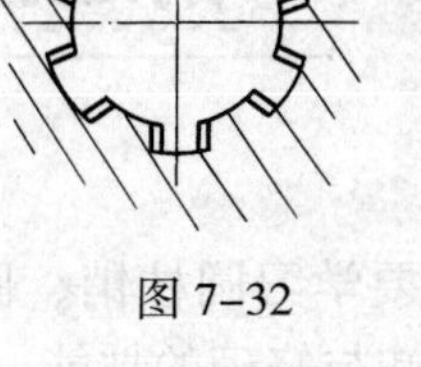

图 7–32

操作项目及要点
2）花键损坏的修复。当花键局部损坏时，可采用堆焊的方法修复，即先在损坏处堆焊，然后进行热处理，最后采用铣削或磨削方法使其达到技术要求

注意事项

（1）键连接在装配前一定要将键和连接部分清洗干净并涂上润滑油，防止装配时将键或配合表面拉伤

（2）当平键作为导向键或滑键时，必须对平键及其键槽进行检验。平键的检验方法如图 7–33 所示

键槽相对于中心平面的对称度和平行度的检验方法是：在轴的键槽内装入量块（无量块时也可用平键代替），将轴放在检验平板的两个 V 形架上，用百分表将量块 *A* 面调整到与检验平板平行（见图 7–34），记下百分表的读数值。然后将轴旋转 180°，再将量块 *B* 面调整到与检验平板平行时，记下百分表的读数。两次百分表的读数差即为键槽的对称度误差。将百分表沿轴向移动，百分表在量块上两端的读数差即为键槽的平行度误差

（3）用錾子或一字旋具将损坏的键从键槽中取出时，应小心操作，不能将轴表面和键槽拉伤

（4）用堆焊法修复花键时，焊层不能太厚，否则将增加锉削或磨削的工作量

（5）注意安全，防止各类事故发生

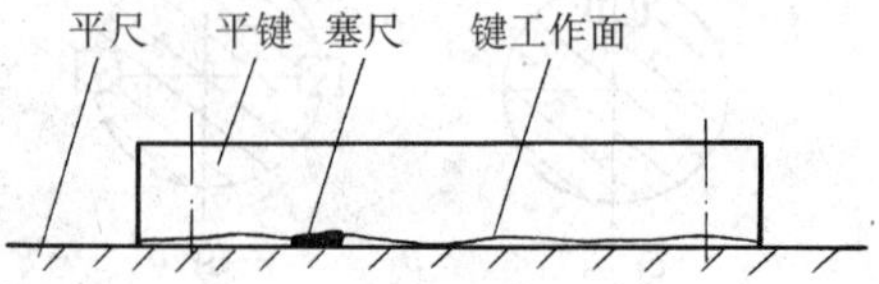

图 7–33

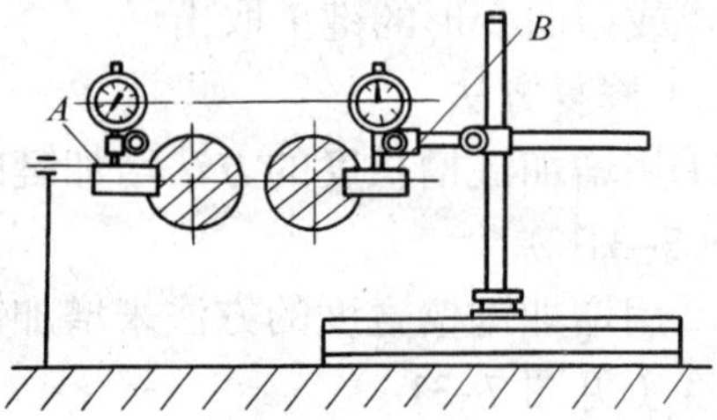

图 7–34

课题三　销连接的装配与修理

本课题主要学习圆柱销、圆锥销的装配、拆卸与修理等内容。通过技能训练，掌握销连接装配、拆卸与修理的技能。

作业名称	作业要点	工艺装备
销连接的装配与修理	掌握各种销连接的装配方法与修复技能	机修钳工常用工具、刃具、量具和钻床等

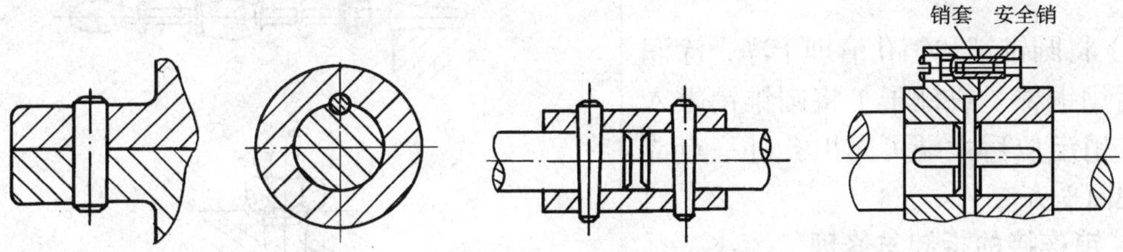

a)　　b)　　c)　　d)

图 7–35　销连接的形式及作用

a）定位　b）、c）传递扭矩　d）过载保护

操作项目及要点

1. 圆柱销连接的装配

（1）将两连接件装配到一起并固定。小的连接件可用C形夹头固定，大的连接件需用螺栓或压板固定

（2）将连接件放到钻床的工作台上，根据圆柱销的尺寸在规定位置上钻、铰圆柱销孔

（3）将销孔和圆柱销清理（或清洗）干净，涂上润滑油，用铜棒或C形夹头将圆柱销打入或压入销孔（见图7–36）

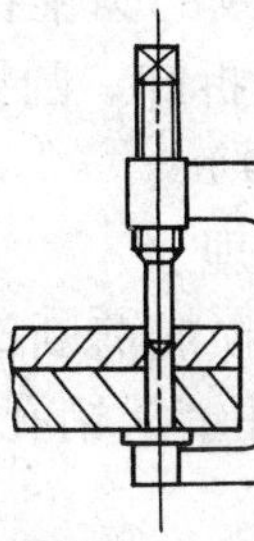

图 7–36

2. 圆锥销连接的装配

（1）将两连接件装配到 起，使两连接件处于正确的装配位置

（2）将两连接件放在钻床的工作台上，在规定的位置上根据圆锥销的尺寸钻、铰圆锥销孔。钻、铰圆锥销孔的步骤是：

1）按圆锥销小端直径选择麻花钻，再根据销的长度尺寸钻适当深度的孔（应略大于圆锥销的长度）

2）选用1∶50锥铰刀，铰削圆锥孔

3）用试装法控制孔经，孔经大小以锥销长度的80%左右并能自由插入为宜（见图7–37）

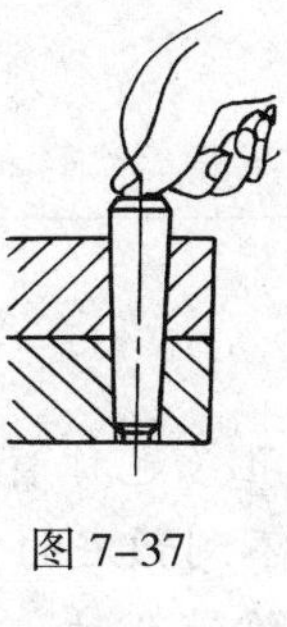

图 7–37

操作项目及要点

4）将圆锥销和销孔清理干净，涂润滑油后用铜棒（或锤子）将圆锥销敲入锥孔。销定位后大端可露出孔外一点或与孔端面平齐

3. 销连接的拆卸与修理

（1）销连接的拆卸

1）带螺尾的圆锥销其拆卸方法一般有两种：一种是用带有内螺纹拔销头的拔销器拔出（见图 7–38a）；另一种是用螺母旋入拔出（见图 7–38b）

2）带内螺纹的圆锥销或圆柱销可用拔销器直接拔出

3）对于不带螺纹的圆锥销或圆柱销，常用敲击的方法拆卸。圆锥销应从小端敲击（见图 7–39）

（2）销连接的修理

1）当圆柱销磨损或剪断时，应先将磨损或剪断的圆柱销从销孔中取出，然后配制新的圆柱销

2）当销孔损坏时，应先把销孔中的销取出，重新铰削销孔，然后根据铰削后销孔的实际尺寸，配制新的销即可

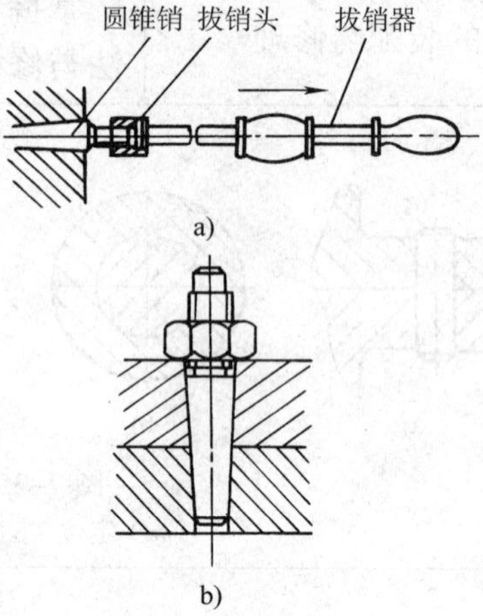

图 7–38
a）用拔销器拆卸　b）用螺母拆卸

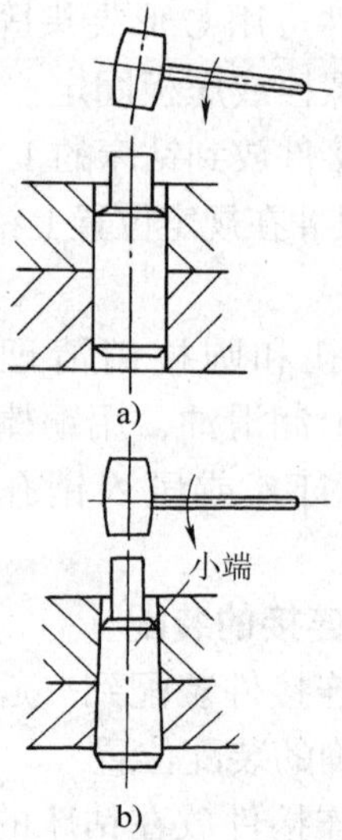

图 7–39
a）圆柱销拆卸　b）圆锥销拆卸

注意事项

（1）在不通孔（也称盲孔）内装配圆柱销时，圆柱销的表面应带有通气槽，否则圆柱销很可能装配不到预定的位置

（2）铰削圆锥销孔时，第一次铰削的深度不能太深，应根据圆锥销的长度进行试配，根据试配的情况逐步将圆锥销孔铰削成形

（3）采用圆锥销连接时，装配后大端不允许进入销孔内

（4）圆柱销拆卸后，应更换新销，不得继续使用

（5）铰削销孔时，要合理选用切削液，铰削后销孔表面粗糙度值应小于 Ra 1.6 μm

（6）用敲击法实现圆锥销过盈时，不能将圆锥销头部敲打变形，敲击时用力要适当，最好用铜棒敲击，或垫上铜垫后用锤子敲击

课题四 过盈连接的装配

本课题主要学习圆柱面、圆锥面过盈连接的装配方法。通过技能训练，掌握各种过盈连接的装配技能。

作业名称	作业要点	工艺装备
过盈连接的装配	理解过盈连接的作用及装配技术要求；熟悉过盈连接的装配方法；掌握过盈连接的装配技能	机修钳工常用工具、量具，小型压力机，加热、冷却设备，液压套合装置等

操作项目及要点

1. 圆柱面过盈连接的装配

（1）锤击法装配（见图 7–40）

1）清除配合表面上的污物和毛刺，清洗配合表面，在配合表面上涂润滑油

2）将铜套（或其他材料的套）放正在工件孔上面，轻压，摆平，在铜套上垫上垫板（见图 7–40），用锤子轻轻敲击垫板，锤击力要均匀，不能使铜套发生偏斜，保持四周（尺寸 A）一致。应锤击铜套的四周，直至铜套达到正确位置为止

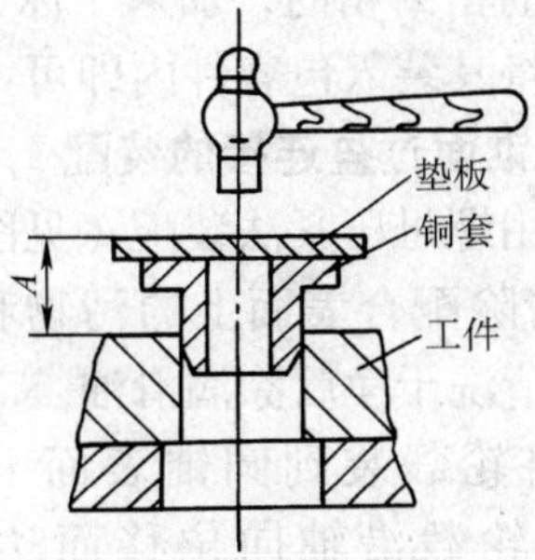

图 7–40

操作项目及要点

3）装配结束，清理工作场地

（2）压入法装配（见图 7–41）

压入法装配与锤击法装配的步骤基本相同。其关键之处是先将铜套（或轴）清理、清洗、涂润滑油后放正在孔端面上，在保证同轴度前提下使铜套（或轴）进入孔一部分后，再用专用工具压入。在压入过程中不要停顿，应连续进行，速度要稳定且不宜太快

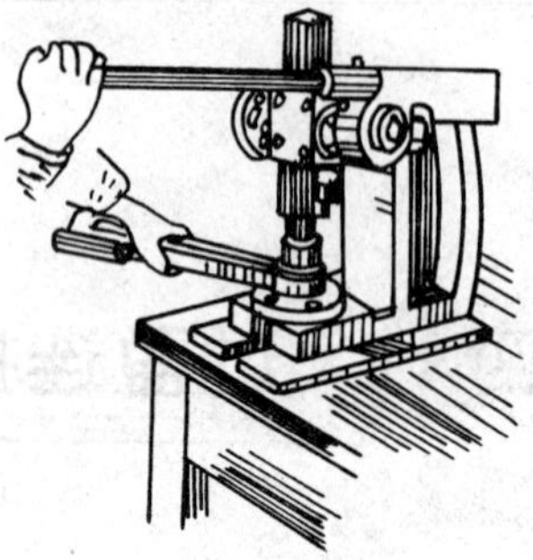

图 7–41

（3）温差法装配

1）热胀法

①清理配合件各表面上的污物和毛刺，并将配合面清洗干净

②将轮毂加热，其加热方法应根据本单位的条件而定。可用火焰加热（气焊）、油（或水）加热、电阻加热、辐射加热和感应加热等。图 7–42 所示为轮毂放在热油槽（或沸水）中加热，加热温度为 100 ℃左右

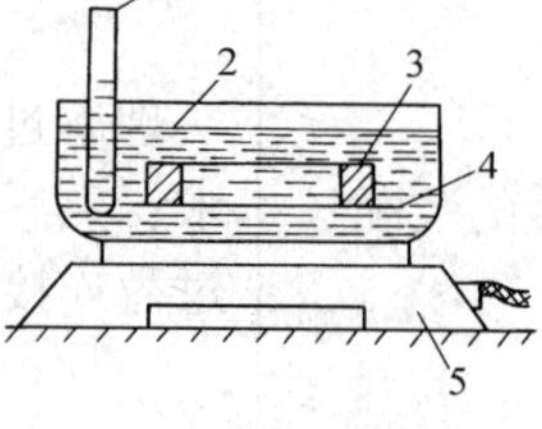

图 7–42

1—温度计　2—油槽

3—轮毂　4—金属网　5—电炉

③加热后应迅速将轮毂从槽中捞出，擦干净后准确套到轴上，待冷却到室温即可

2）冷缩法

①其装配步骤与热胀法基本相同

②不同之处是：冷缩法是将被包容件放入冷却用的密封箱内，加入干冰，使其充分冷却后再将其装入包容件内即可

2. 圆锥面过盈连接的装配

（1）用螺母压紧法装配（见图 7–43）

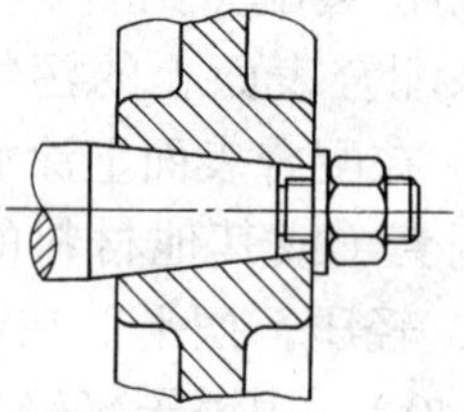

图 7–43

1）清除配合表面上的污物和毛刺，将配合表面清洗干净后涂润滑油

2）将轮毂装到圆锥表面上，用螺母压紧，使轮毂沿轴向位移而达到过盈连接

（2）用液压套合法装配（见图 7–44）

操作项目及要点

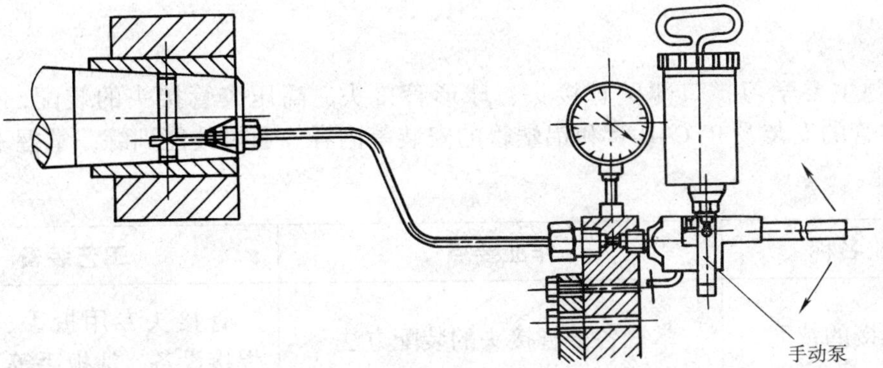

图 7-44

1）清除连接件表面上的污物和毛刺，擦净轴和孔的配合表面

2）将轴的外圆锥面装入孔的内圆锥面中，并使内、外圆锥面紧紧贴合在一起

3）在轴的油管接口处接入液压套合装置

4）扳动手动泵手柄，使手动泵产生的高压油进入轴的环形槽内，油的压力使轴的直径减小而使孔的直径增大，同时用铜棒在轮毂的小直径端面上轻轻敲击，使轴、孔在轴向产生一个小的位移使之互相压紧，达到过盈配合的目的

5）撤掉手动泵油压套合装置，整理装配场地，装配工作结束

注意事项

（1）当圆柱面过盈连接的过盈量较小时，可采用锤击法或压入法装配；当过盈量较大时，应采用温差法装配

（2）采用锤击法或压入法装配时，如果产生偏斜，一定要校正后再装，决不允许在偏斜状态下强行装配

（3）采用温差法装配时，动作一定要迅速，定位一定要准确，否则将给调整带来麻烦

（4）采用温差法（主要是热胀法）装配时，要有一定的防护措施，避免被工件或热油烫伤

课题五　管道连接的装配

本课题主要学习扩口薄壁管接头、球形管接头、高压胶管接头的装配，燃气管道、PP-R 热熔管的安装及 PVC-U 管和铝塑管的安装等内容。通过技能训练，掌握不同管接头装配的技能。

作业名称	作业要点	工艺装备
管道连接的装配	掌握各种管接头的装配方法	管接头专用扳手、粘接剂、焊接设备、活扳手等

操作项目及要点

1. 扩口薄壁管接头的装配

（1）用扩管器扩口。如图 7–45 所示的扩管器，夹具分成对称的两半，夹具的一端使用销连接，另一端用紧固螺杆紧固。两半对合后形成的孔按不同的管径制成螺纹状，目的是便于更紧地夹住管子。孔的上口制成 60°的倒角，以利于扩出适宜的喇叭口。扩管器的使用方法：扩管时首先将管子扩口端退火（部分管子需要）并用锉刀锉修平整，然后把管子放置于相应管径的夹具中，管口必须高于扩管器的表面，其高度大约与孔倒角的斜边相同，拧紧夹具上的紧固螺杆，将管子牢牢夹死；然后将扩管锥头旋紧在螺杆上，连同弓形架一起固定在夹具的两侧；扩管锥头顶住管口后再均匀缓慢地旋紧螺杆，锥头也随之顶进管口内；此时应注意旋进螺杆时不要过分用力，以免顶裂管子；一般每旋进 3/4 圈后再倒旋 1/4 圈，这样反复进行直至扩制成形。最后扩成的喇叭口要圆正、光滑、没有裂纹。如果无专用工具，也可用图 7–46 所示的方法扩口。将管子端部装入扩口模，用小铁棒按图示方向旋转滚压即可扩口。也可以用 90°锥棒冲铆扩口

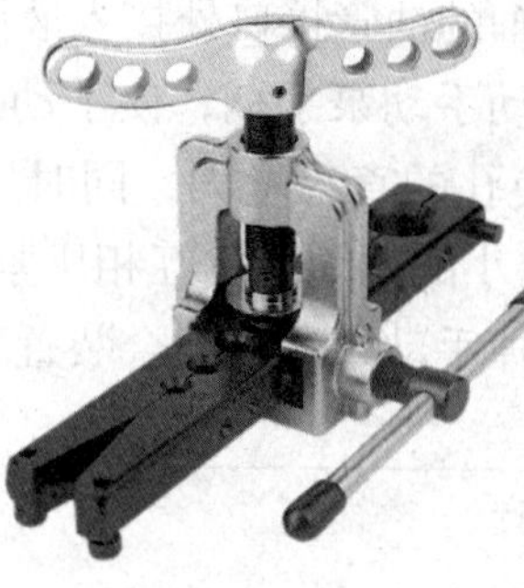

图 7–45

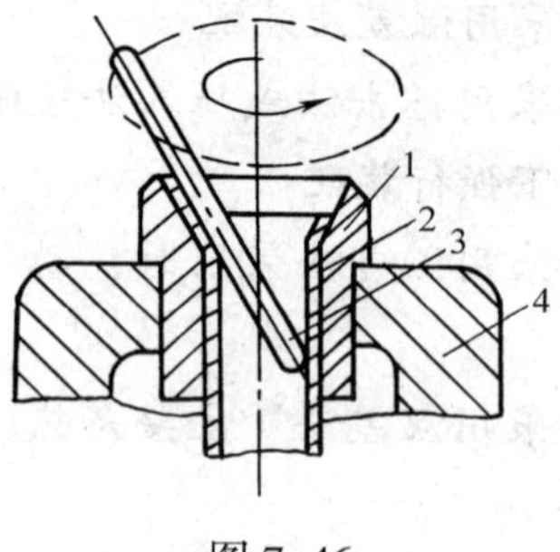

图 7–46
1—扩口模　2—管子
3—铁棒　4—模具体

操作项目及要点

（2）将管螺母 2 和管套 3 套在要连接的管子（已扩口）上，在管接头 1 的螺纹上涂胶，然后拧紧管螺母 2，使其与接头体紧密接合即可（见图 7–47）

2. 球形管接头装配（见图 7–48）

（1）配研管接头的接合球面，用涂色法检查，接触宽度不小于 1 mm

（2）将球形接头 1 和接头体 3 分别与管子对接焊牢

（3）拧紧管螺母 2

3. 高压管接头的装配（见图 7–49）

（1）将胶管端部剥去一定长度的外胶层，剥离倒角约 15°，注意不要伤及钢丝层 4

（2）装入外套 2，内胶管端部与外胶管螺纹部分应留 1 mm 间隙

（3）将接头 1 拧入外套 2 及胶管 3 中

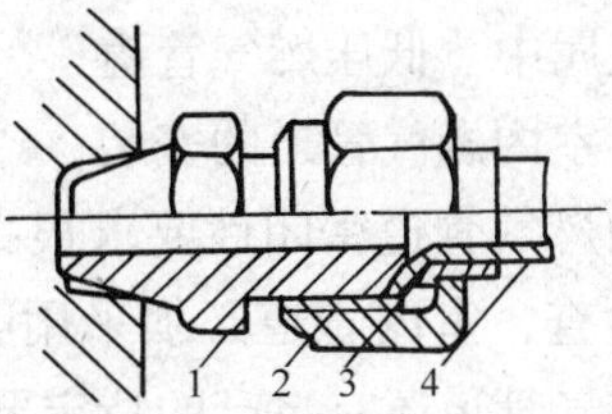

图 7–47

1—管接头　2—管螺母

3—管套　4—管子

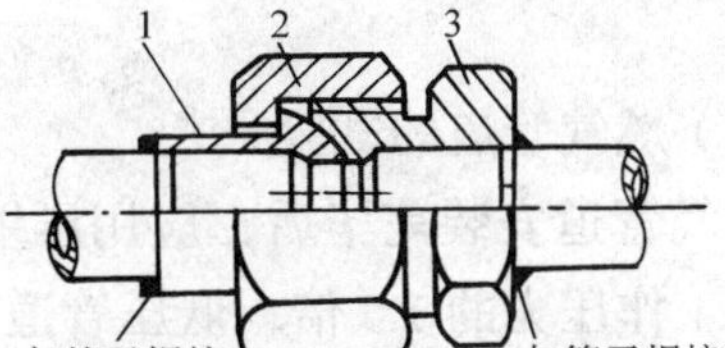

图 7–48

1—球形接头　2—管螺母

3—接头体

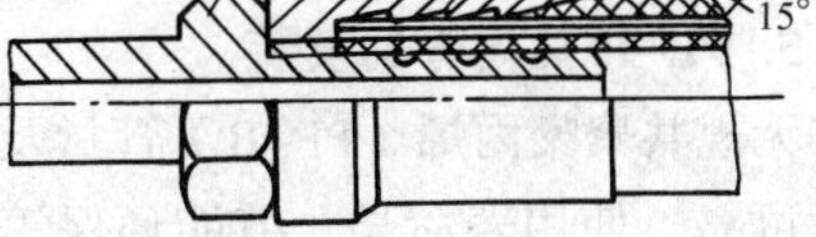

图 7–49

1—接头　2—外套

3—胶管　4—钢丝层

操作项目及要点
4. 燃气管道的安装 （1）燃气管道的分类 燃气管道按其压力不同分为三种：压力在 0.005 MPa 以内的属低压管道；压力在 0.005~0.1 MPa 的属中压管道；压力大于 0.1 MPa 的属高压管道。工业企业及居民用燃气管道一般属中、低压燃气管道 （2）室内燃气管道的安装 室内燃气管道密闭性要求很高，其安装质量的好坏直接关系着人们生命及财产安全。为便于检查，室内管道必须采用明装。室内燃气管道除遵守建筑物内管道安装的一般规定外，燃气管道还有自己的特定要求，即： 1）材料选用及连接要求。室内燃气管道均采用钢管。管径大于 ϕ50 mm 时采用焊接管，小于 ϕ50 mm 的可采用螺纹连接，并在适当部位加活接头或法兰 2）管道组装。对有缺陷的零件及管节必须进行修理，焊接不合格的应重焊；法兰、盲板环应平整光洁。安装的管道应有坡度，向排水器倾斜。法兰端面应与管中心垂直，其偏斜误差不得大于法兰盘外径的 0.4%，法兰盘端面与焊环表面的垂直度误差不大于 30′ （3）燃气管道的试验 燃气管道安装完毕后，应用压缩空气进行强度与密封性试验。中压管道的强度试验压力取工作压力的 1.5 倍；低压管道取工作压力的 2 倍。当管内压力达到试验压力后，用涂肥皂水的方法对管道及附件所有接头进行检查，无漏气时为合格 （4）燃气管道常见故障及排除 燃气管道常见的故障是管道堵塞或漏气。堵塞的原因是管道积水太多未排除。所以，应加强管理、定期清理检查，及时排除管内积水。冬季管内积水结冰时，应向管内通入蒸汽吹扫 漏气是因为管道使用时间过长，腐蚀严重或外力损伤所致。发现漏气应立即组织人员堵塞漏气点，更换损坏的管件 **5. PP–R 热熔管的安装** 无规共聚聚丙烯（PP–R）管材及管件具有质量轻、水利特性优良、耐腐蚀、易安装、密封可靠、使用寿命长、节能环保等特点，近年来在我国发展迅速，取得了良好的社会效益和经济效益。安装要点如下： （1）管子的切割应采用专门的切割剪（见图 7–50）或普通手工锯。剪切管子时应保证切口平整。剪切时断面应与管材轴线方向垂直 （2）管子末端外表面用刀刮一斜面，在熔焊之前，焊接部分最好用酒精清洁，然后用清洁的布或纸擦干，并在管子上划出需熔焊的长度 （3）将专用热熔器打开加温至 260 ℃，当控制指示灯变成绿灯时，开始焊接

操作项目及要点

（4）将需连接的管子和管件放进焊接机头，加热管子的外表面和管件接口的内表面，然后同时从机头处拔出并迅速将管子加热的端头插入已加热的管件接口，如图 7–51 所示。插入时不能旋转管子，插入后应静置冷却数分钟。其加热时间和冷却时间及焊接深度按下表要求执行

管外径（mm）	焊接深度（mm）	加热时间（s）	加工时间（s）	冷却时间（min）
20	14	5	4	3
25	16	7	4	3
32	20	8	4	4
40	21	12	6	4
50	22.5	18	6	5
63	24	24	6	6
75	26	30	10	8
90	32	40	15	8
110	38.5	50	10	10

注：若环境温度低于 5 ℃，加热时间应延长 50%。

（5）熔焊机用完后，需清洁机头以备下次使用

（6）将已熔焊连接好的管子安装就位

（7）凡埋设在地下的管道或墙、板内暗装管道，必须先进行水压试验，试验合格后方可填埋或封闭

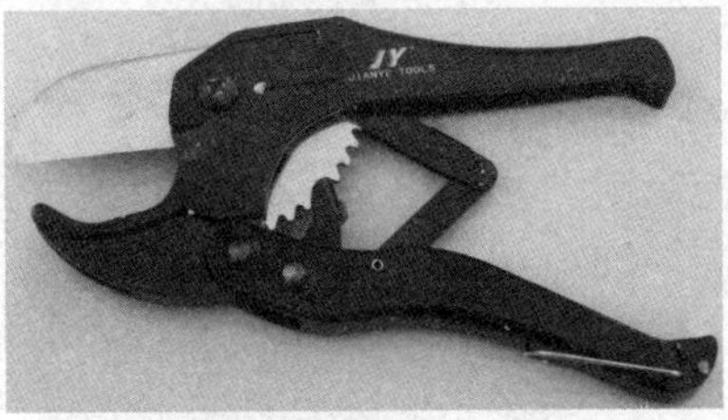

图 7–50

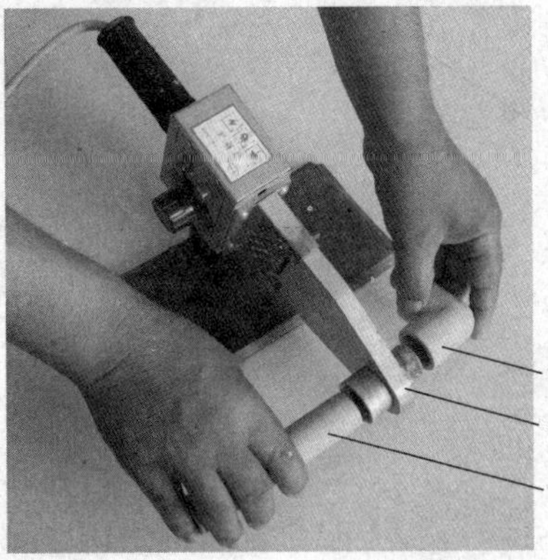

图 7–51

6. PVC–U 管安装简介

PVC–U 管安装与钢管安装相同，但更加简便、快捷

PVC–U 管属硬聚氯乙烯管（俗称硬塑料管），具有质量轻、抗腐蚀、易安装等优点。PVC–U 管的稳定剂中含有氧化铅，故不能作为饮用水管道，常用来作排水管。

操作项目及要点
PVC–U 管能承受的压力（输送压力）为 0.6 MPa，适合在 −15~60 ℃的条件下工作，瞬时温度可达 80 ℃不会损坏。由于 PVC–U 管耐热性较差，温度高时会变软，故不能在较高温度下使用 **7. 铝塑管安装简介** 铝塑管的安装过程与一般钢管安装相同，但它要比安装钢管方便、简单、容易 铝塑管是一种新型管子材料。它具有良好的物理性能和化学性能，它集塑料管和钢管的优点为一体，具有较好的实用性和经济性，是替代镀锌管的理想材料 铝塑管的结构分为 5 层，中间为铝管，铝管内外各有一层胶网膜，胶网膜外面又各有一层内塑料和外塑料表面。铝塑管具有质量轻、强度高、易保管、易运输、塑性好、工作温度较高、耐冷冻（可在 −40~95 ℃的温度条件下工作）、抗静电、抗腐蚀、使用寿命长（可使用 50 年）等优点。铝塑管的工作压力为 1 MPa，最小爆破压力为 6 MPa。规格有 DN15~DN50 等多种型号，安装时采用卡套式管接头，装配省时、方便，连接紧密、牢固可靠

第八单元

传动机构的装配与修理

本单元主要学习带传动机构、链传动机构、齿轮传动机构、蜗杆传动机构、螺旋传动机构、联轴器、离合器和液压传动系统等机构或系统的装配与修理的方法。通过技能训练，加深对各种传动机构和液压传动系统的作用与装配技术要求的理解，掌握各种传动机构装配与修理的技能。

课题一　带传动机构的装配与修理

本课题主要学习V带的安装、带传动初拉力的调整、平带的接头方法及带传动机构的修理等内容。通过技能训练，掌握各种带传动机构装配与修理的技能。

作业名称	作业要点	工艺装备
带传动机构的装配与修理	熟悉带传动机构的种类及适用场合；理解带传动机构装配的技术要求；掌握带传动机构装配与修理的技能；掌握带传动初拉力的调整与检验的技能	机修钳工常用工具、量具等

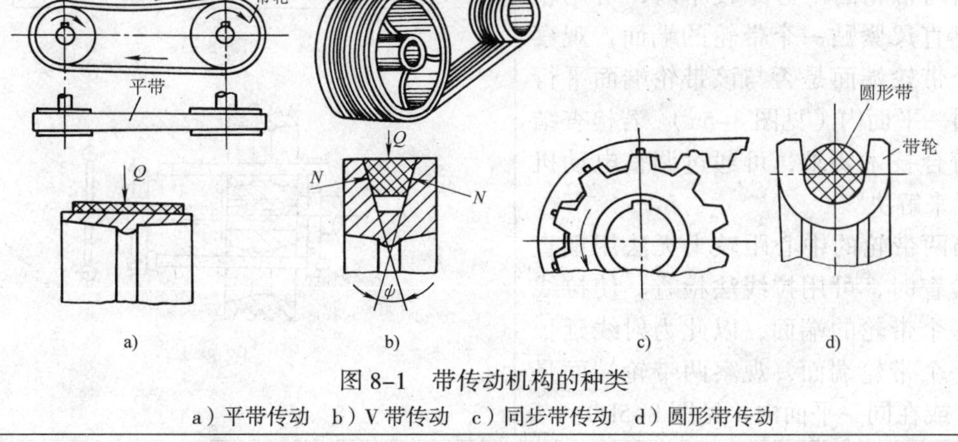

图 8–1　带传动机构的种类

a）平带传动　b）V 带传动　c）同步带传动　d）圆形带传动

操作项目及要点

1. 带轮的装配

带轮与轴连接的固定形式如图 8–2 所示

（1）清除带轮孔、轮缘、轮槽表面上的污物和毛刺

（2）检验带轮孔径的径向圆跳动和端面圆跳动误差，其具体方法如图 8–3 所示

1）将检验棒插入带轮孔中，用两顶尖支顶检验棒

2）将百分表测头置于带轮圆柱面和带轮端面靠近轮缘处

3）旋转带轮一周，百分表在圆柱面上的最大读数差，即为带轮径向圆跳动误差；百分表在端面上的最大读数差为带轮端面的圆跳动误差

（3）锉配平键，保证键连接的各项技术要求

（4）把带轮孔、轴颈清洗干净，涂上润滑油

（5）装配带轮时，使带轮键槽与轴颈上的键对准，当孔与轴的轴线同轴后，用铜棒敲击带轮靠近孔端面处，将带轮装配到轴颈上。也可用专用工具将带轮压入轴上（见图 8–4）

（6）检查两带轮的相互位置精度

当两带轮的中心距较小时，可用较长的钢直尺紧贴一个带轮的端面，观察另一个带轮端面是否与该带轮端面平行或在同一平面内（见图 8–5a）。若检查结果不符合技术要求，可通过调整电动机的位置来解决

当两带轮的中心距较大无法用钢直尺来检查时，可用拉线法检查。使拉线紧贴一个带轮的端面，以此为射线延长至另一个带轮端面，观察两带轮端面是否平行或在同一平面内（见图 8–5b）

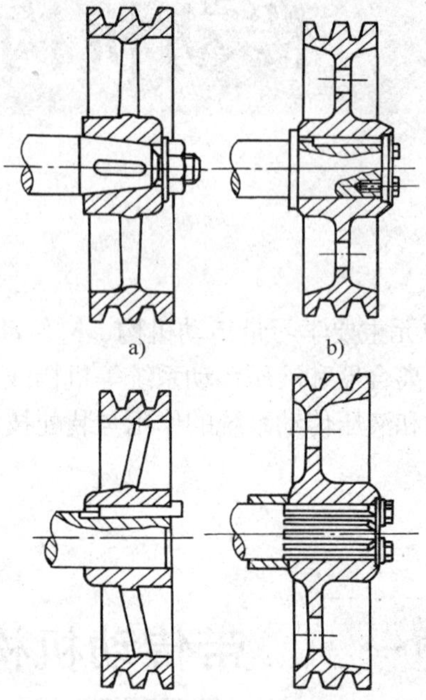

图 8–2

a）圆锥轴颈过盈配合固定　b）圆柱轴颈平键连接固定
c）圆柱轴颈楔键连接固定　d）圆柱轴颈花键连接固定

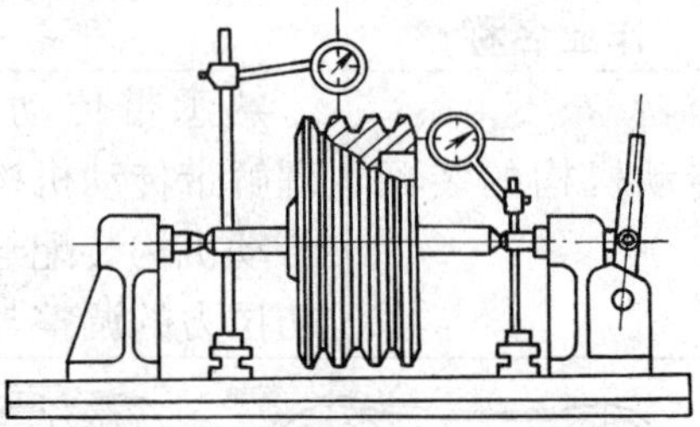

图 8–3

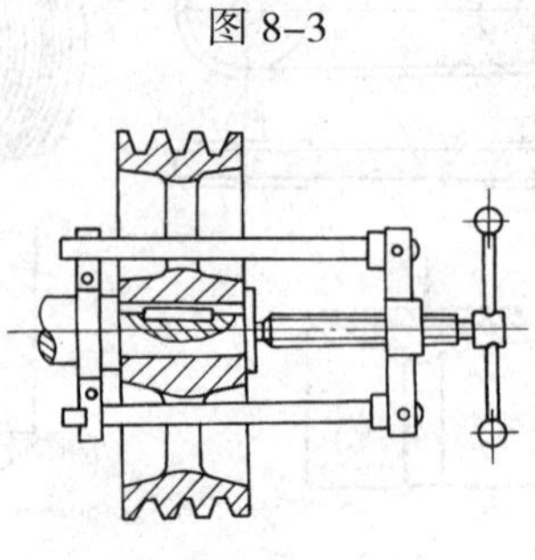

图 8–4

操作项目及要点

2. V 带的安装（见图 8–6）

（1）将 V 带套入小带轮最外端的第一个轮槽中

（2）将 V 带套入大带轮轮槽，左手按住大带轮上的 V 带，右手握住 V 带往上拉，在拉力作用下，V 带沿着转动的方向即可全部进入大带轮的轮槽内（见图 8–6a）

（3）用一字旋具撬起大带轮（或小带轮）上的 V 带，旋转带轮，即可使 V 带进入大带轮（或小带轮）的第二个轮槽内（见图 8–6b）

（4）重复上述步骤 3，即可将第一根 V 带逐步拨到两个带轮的最后一个轮槽中

（5）检查 V 带装入轮槽中的位置是否正确（见图 8–7）

3. 带传动初拉力的检查与调整

（1）带传动初拉力的检查（见图 8–8）

1）在带与带轮的两个切点 A 点与 B 点的中间，垂直加一个载荷 W

2）测量带的下挠度 y

3）根据技术要求判断初拉力是否合格

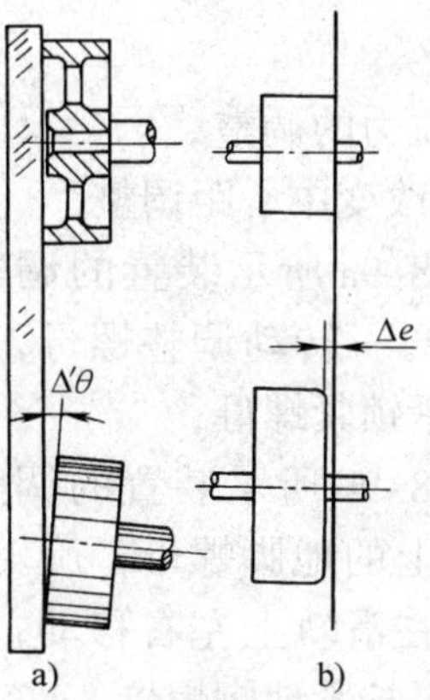

图 8–5

a）钢直尺检查　b）拉线检查

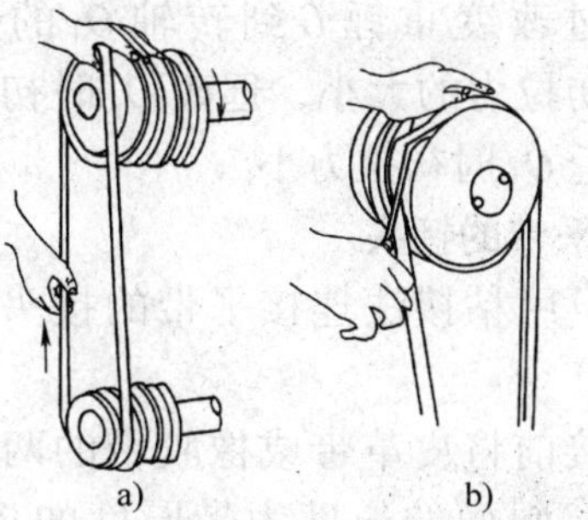

图 8–6

a）初装入槽　b）移入第二个轮槽

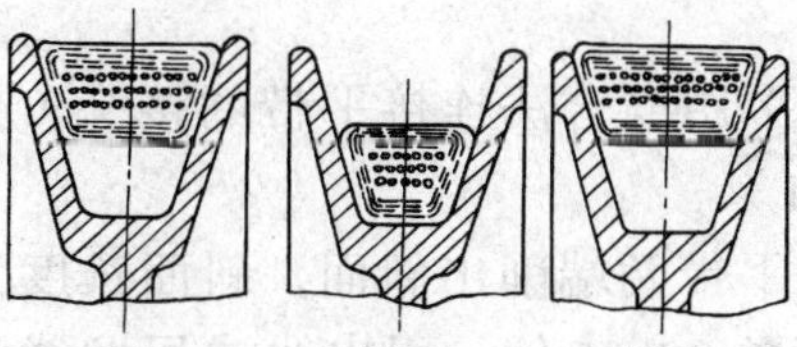

正确　错误　错误

图 8–7

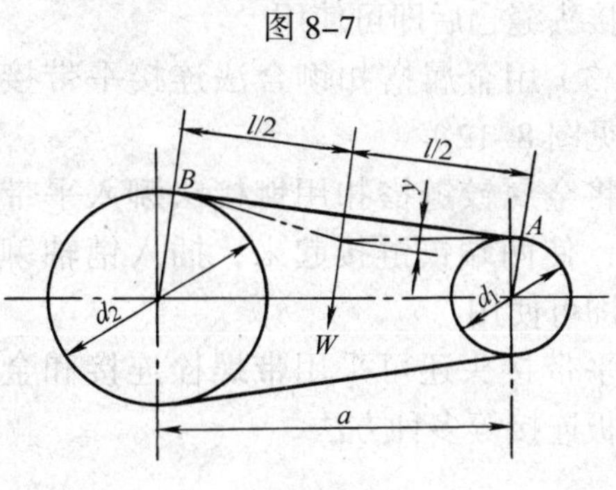

图 8–8

操作项目及要点

（2）初拉力的调整

1）通过改变中心距调整

①如图 8–9a 所示装置的调整方法：松开锁紧螺母，转动调整螺母，至合适拉力后再拧紧锁紧螺母

②如图 8–9b 所示装置的调整方法：松开电动机上的地脚螺母，旋转调整螺钉使电动机在滑轨上左右移动，调整到合适拉力后再拧紧地脚螺母

2）利用张紧轮来调整初拉力（见图 8–9c）

通过改变重锤 G 到转轴 O_1 的距离来调整初拉力的大小，远离 O_1 时初拉力大，靠近 O_1 时初拉力小

4. 平带的接头

（1）用粘接法连接平带的接头（见图 8–10）

粘接前将皮革带或橡胶带的两端削成斜面，斜面的长度为带厚度的 20~25 倍，在斜面上涂上粘接剂，将涂有粘接剂的部分搭接后压紧，待自然干燥后即可使用

（2）用缝合法连接平带的接头（见图 8–11）

将平带两端削出斜面，斜面长度为带厚度的 20~25 倍，用皮线或尼龙线将带的接头缝合后即可使用

（3）用金属搭扣铆合法连接平带接头（见图 8–12）

将金属铰链搭扣用铆接法铆入平带两端，使两端铰链接起来，插入销轴铆合后即可使用

平带接头还可采用带螺栓连接和金属夹板连接等多种方法

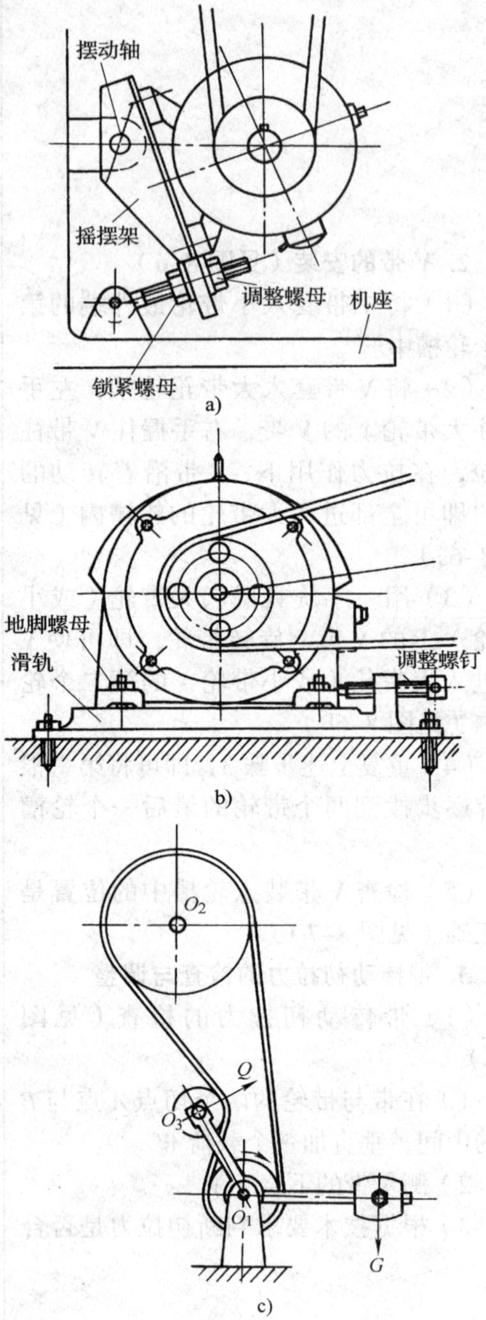

图 8–9

a）、b）用调整螺母调整　c）张紧轮调整

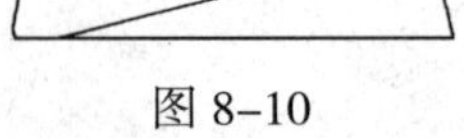

图 8–10

操作项目及要点

5. 带传动机构的修理

（1）带轮轴颈弯曲（见图 8–13）的修理

1）先将带轮从弯曲的轴颈上卸下来，然后将带轮轴从机体中取出

2）将带轮轴放在 V 形架上，百分表测头放在弯曲轴颈端部的外圆上，转动带轮轴一周，在轴颈上标记百分表最大读数和最小读数处，百分表的最大读数差即为轴颈的弯曲量（见图 8–14）

3）当带轮轴颈弯曲量较小时，可用图 8–15 所示的方法进行矫正修复；当弯曲量较大时，应更换新轴

（2）带轮孔与轴配合松动的修复

1）带轮孔与轴的磨损量较小时，可先将带轮孔在车床上修光，保证其自身的形状精度合格。然后将轴颈修光（保证形状精度合格），根据孔径实际尺寸进行镀铬修复

2）带轮孔与带轮轴的磨损量均较大时，可先将轴颈在车床或磨床上修光，并保证其自身形位精度合格。然后将带轮孔镗大、镶套，并用骑缝螺钉固定的方法修复（见图 8–16）

（3）带轮轮槽磨损的修复

将带轮从轮轴上卸下来，在车床上将原带轮槽车深，同时修整带轮的轮缘，保证轮槽尺寸、形状符合要求（见图 8–17）

（4）带打滑的修复

在正常情况下因带被拉长而打滑时，可通过调整张紧装置解决。若超出正常范围的拉长而引起打滑，应整组更换 V 带

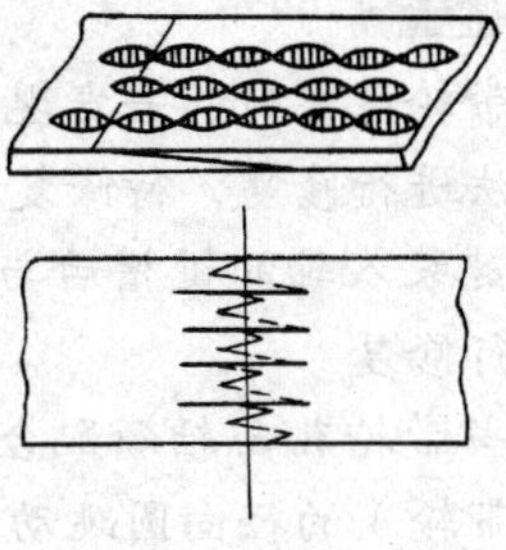

图 8–11

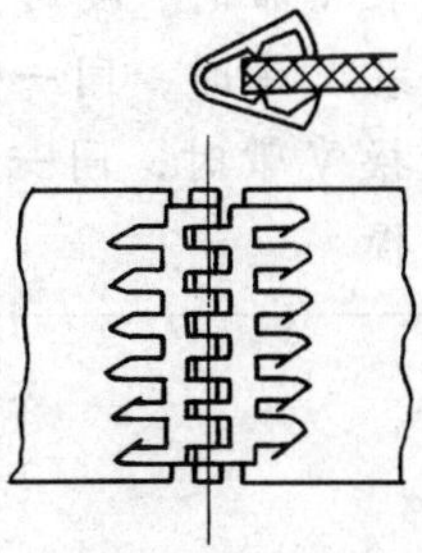

图 8–12

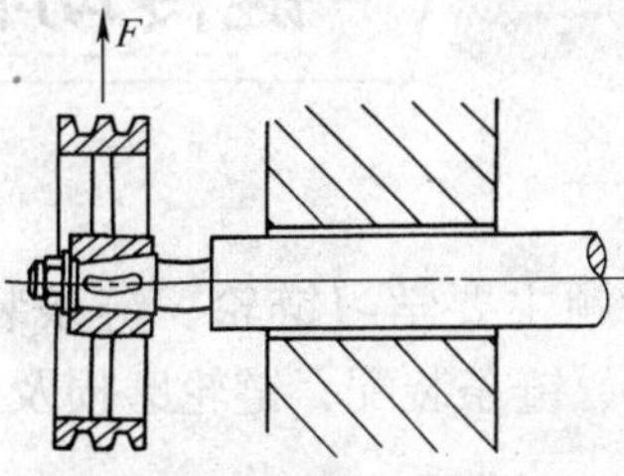

图 8–13

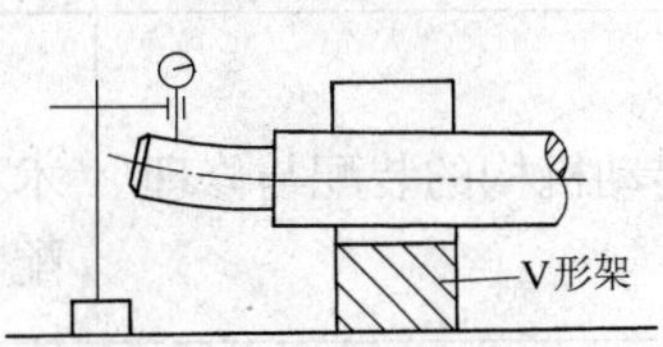

图 8–14

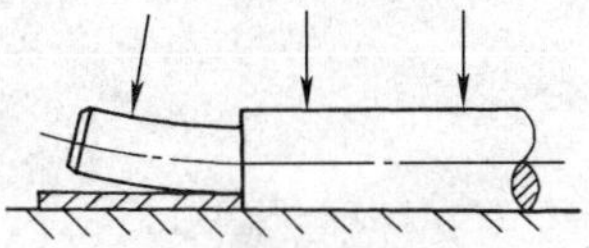

图 8–15

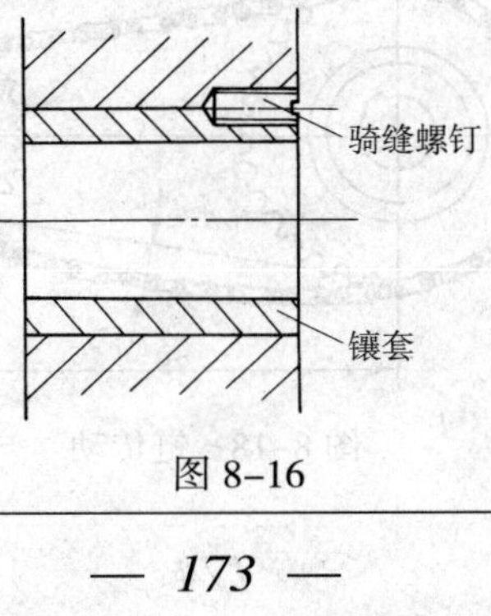

图 8–16

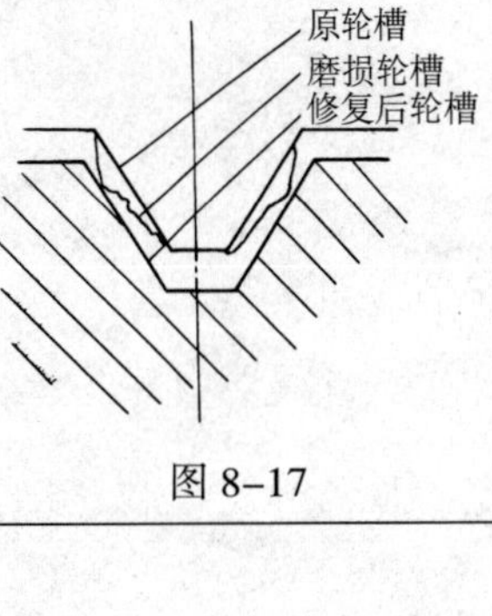

图 8–17

注意事项

（1）带轮装配时，若发现轴和孔的配合尺寸不合格（如过紧时），应采用磨削轴或刮削孔等方法进行修复，待修复后再装配，切记不能强行装配

（2）键装入轴的键槽后与孔中键槽配合时必须满足配合要求，必要时可对带轮孔中的键槽进行修复

（3）当带轮孔与轴颈配合的过盈量较大时，采用压入法装配后，还必须对带轮（直径较大的带轮）的径向圆跳动和端面圆跳动进行检查

（4）质量较大或转速较高的带轮装配后，要进行平衡试验

（5）安装V带时，要防止手指被挤入带轮槽中

（6）安装V带时，同一带轮组上的几根V带实际长度要尽可能一致

（7）更换V带时，同一带轮组不允许新带、旧带混合使用；否则，由于拉力不均会加快带的磨损

课题二　链传动机构的装配与修理

本课题主要学习链轮、链条装配及链传动机构的维护和修理等内容。通过技能训练，掌握链轮、链条装配，链轮磨损及链节断裂修理的技能。

作业名称	作业要点	工艺装备
链传动机构的装配与修理	理解链传动机构装配的技术要求；掌握链传动机构装配与修理的技能	机修钳工常用工具、量具

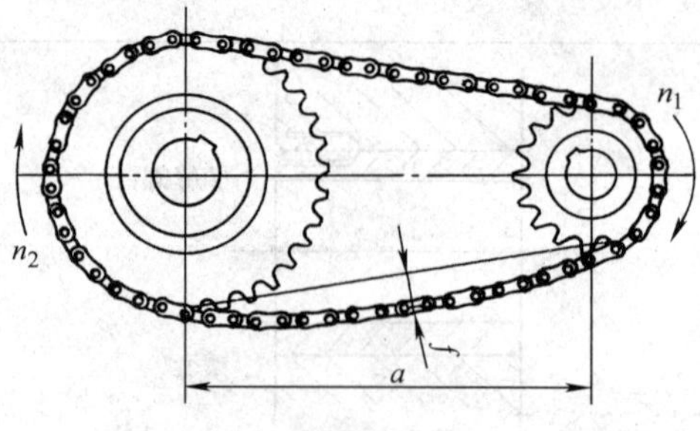

图 8–18　链传动

操作项目及要点

1. 链轮的装配

链轮在轴上的固定方法：键连接后再用螺钉固定（见图 8–19a）；过盈连接后再用圆锥销固定（见图 8–19b）

（1）清除链轮孔、链轮轴及键表面的污物和毛刺

（2）将各配合表面清洗干净后涂上润滑油

（3）用锤击法或压入法将链轮压入轴的固定位置，拧紧紧定螺钉

（4）对于用圆锥销固定的链轮，当链轮压入轴上后，按规定位置钻、铰圆锥销孔。将销孔清洗干净，涂润滑油后将圆锥销敲入销孔至配合要求

（5）检查链轮装配后的径向圆跳动和端面圆跳动（见图 8–20）。将划线盘固定，使划针端部分别指向并靠近链轮端面和圆周齿的上方。旋转链轮一周，用塞尺测量链轮在端面轮缘处尺寸 a。a 的最大尺寸与最小尺寸之差即为链轮端面的圆跳动误差。塞尺在圆柱面上 b 值的最大尺寸与最小尺寸之差即为链轮的径向圆跳动误差。对于传动精度要求较高的链轮，应用百分表代替划线盘进行检验，其具体方法和用划线盘测量相似

（6）检查链轮装配后两链轮轴线的平行度和轴向偏移量（见图 8–21）。用钢直尺或钢卷尺分别测出两轴线之间的距离 A 和 B，A、B 两尺寸之差即为两轴线之间的平行度误差。用钢直尺（或拉线）靠紧一个链轮的端面（最好是以大链轮端面为基准），用游标卡尺测量出尺寸 a 值的大小，即为两链轮的轴向偏移量

2. 链条的装配

国标 GB/T 1243—2006 规定用以下方式标示套筒滚子链：链号后加一连线和后缀，其中后缀 1 表示为单排链，2 为双排链，3 为三排链，例如：04C—1，16B—2，10A—3 等。ANSI 重载系列链条标示方法同上，例如：80H—2 等。链条 081、083、084 和 085 不遵循这一规则，因为这些链条通常仅以单排形式使用

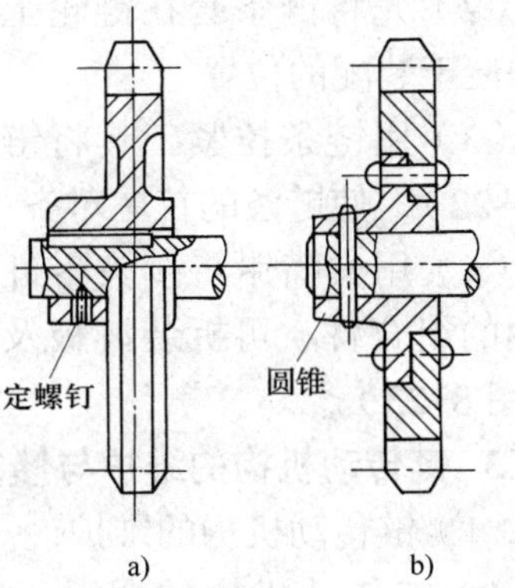

图 8–19

a）键连接，螺钉固定

b）过盈连接，圆锥销固定

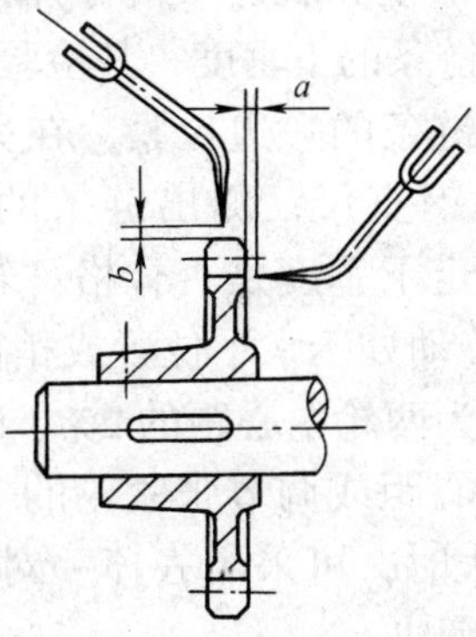

图 8–20

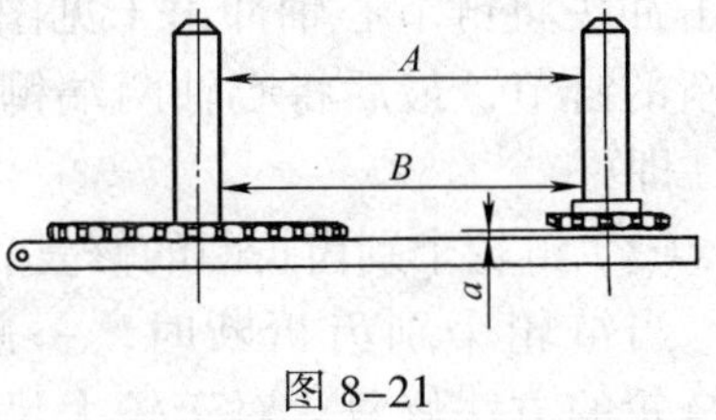

图 8–21

操作项目及要点

（1）将链条及接头零件用煤油清洗干净，并用抹布擦干

（2）先将链条套在链轮上，再将链条的接头引到便于装配的位置

（3）用链条拉紧工具将链条首尾拉到位（见图 8–22），使链条的首尾对齐

（4）用尖嘴钳将接头零件中的外链板与连接销轴的组合件、可拆装链板及弹性锁片装配到位（见图 8–23）

3. 链传动机构的维护与修复

（1）链传动机构的维护

1）链传动机构的润滑。应根据链传动机构的结构特点和润滑要求，分别采用人工定期润滑、定期浸油润滑、油浴润滑和压力循环润滑等方法

2）链条下垂度的检查。当链条磨损拉长后，会产生下垂和脱链（俗称掉链）现象，所以要定期检查链条的下垂度，其检验方法如图 8–24 所示

将链条的一边拉紧，在另一边和两链轮相切放置一钢直尺，测出链条的下垂量 f，以 f 值的大小判定下垂度是否合格。若下垂度超过规定值（当链传动处于水平位置或稍微倾斜位置时的规定值通常为两轮中心距的 2%）时，可以通过调节两链轮中心距或调节张紧轮的方法解决。当下垂度 f 值较大时，可采用去掉一对链节（或几对链节）的方法解决

（2）链节断裂的修复

将断裂的链节放在带有孔的铁砧上，用锤子敲击冲头将链节心轴冲出（见图 8–25），然后换装新的链节，最后将心轴两端铆合或用弹性锁片卡住即可

（3）链轮个别齿折断的修复

当链轮个别齿折断时，一般都是采用更换新链轮的方法修复。对于较大尺寸的链轮，为节约费用也可采用堆焊后再加工的方法修复（见图 8–26）

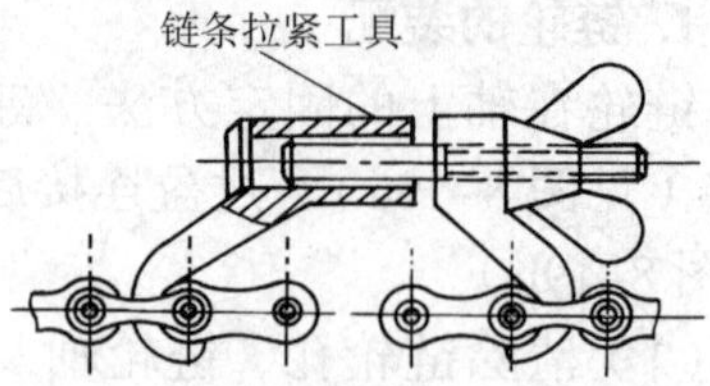

图 8–22

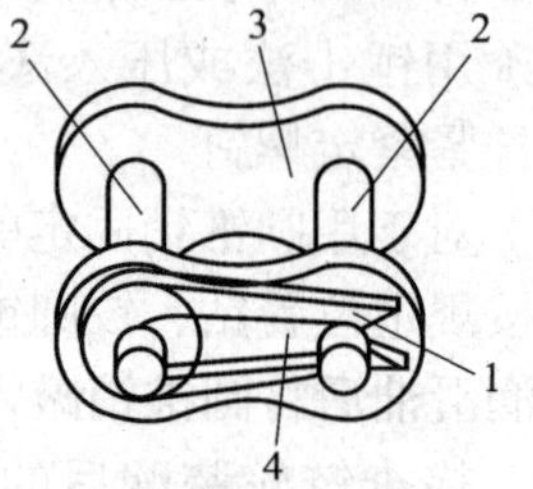

图 8–23

1—弹性锁片　2—连接销轴
3—外链板　4—可拆装链板

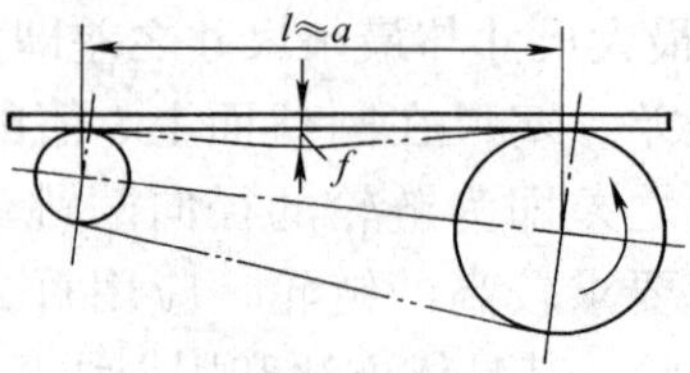

图 8–24

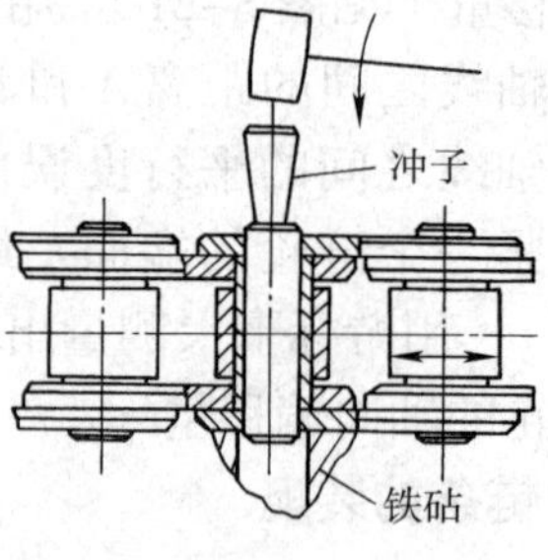

图 8–25

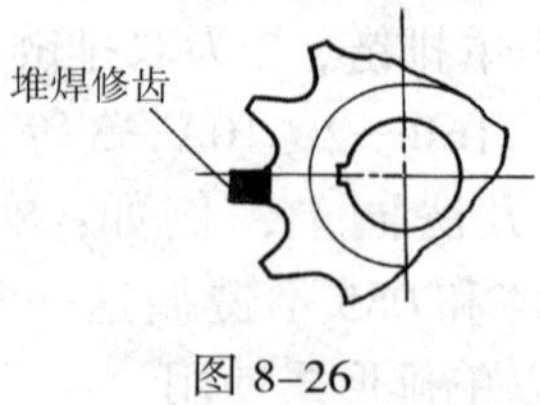

图 8–26

操作项目及要点
（4）链轮磨损的修复 当链轮磨损到一定程度时，一般都不再进行修理，只能采用更换新的链轮方法解决
注意事项 （1）链轮与轴的连接应牢固可靠，既要保证链轮在轴上定位准确，还要保证能传递足够扭矩（转矩）的要求 （2）当链轮与轴的配合尺寸不合格时，不能强行装配，不能修复的应报废 （3）调整两链轮相对位置时，一般只调整其中一个链轮，当一个链轮调整到极限位置仍不能满足要求时，可同时调整两个链轮，直至达到要求为止 （4）套筒滚子链的接头仅在链条节数为偶数时才能使用 （5）安装套筒滚子链接头上的弹性锁片时，一定要注意方向，弹性锁片的开口方向应与链条运动方向相反 （6）装配及修理中要注意安全，防止事故发生

课题三 圆柱齿轮传动机构的装配与修理

本课题主要学习齿轮与轴的装配、将齿轮组件装入箱体和齿轮的修理等内容。通过技能训练，理解圆柱齿轮装配的技术要求；掌握圆柱齿轮装配与测量的技能；掌握将轴组装入箱体的技能；掌握对圆柱齿轮啮合质量进行检验的技能；掌握圆柱齿轮传动机构修理的技能。

作业名称	作业要点	工艺装备
圆柱齿轮传动机构的装配与修理	掌握圆柱齿轮传动机构装配和修理的技能	机修钳工常用工具、量具和检验器具等

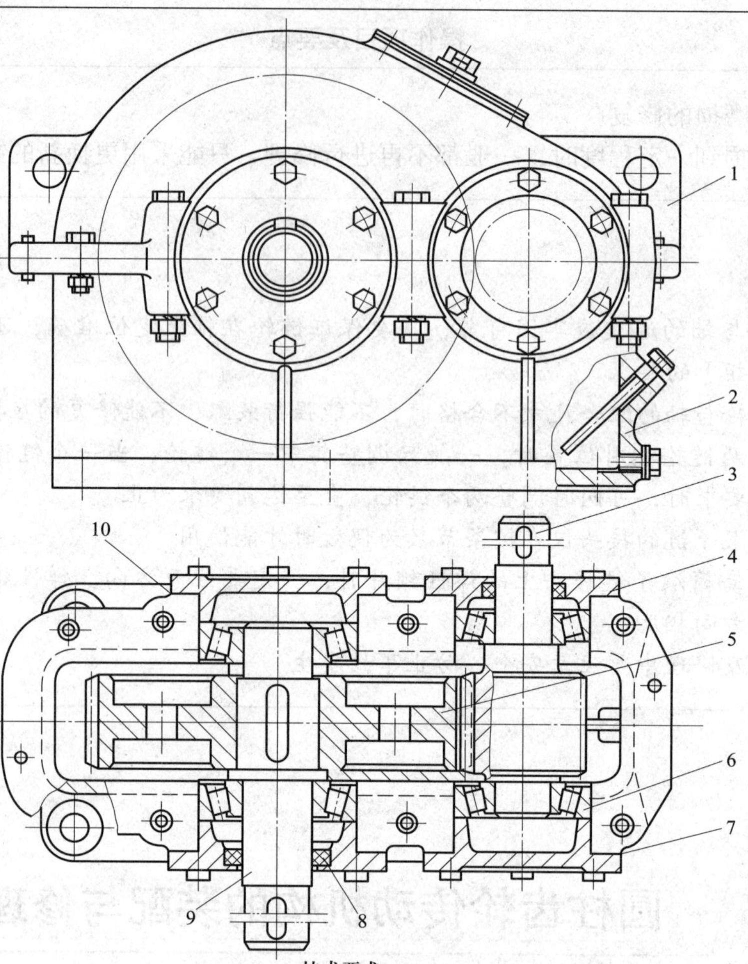

技术要求

1. 齿轮接触斑点检查，沿齿高不少于45%，沿齿宽不少于60%；
2. 调整、固定轴承时应留有轴向间隙0.05~0.15mm；
3. 齿侧间隙0.18~0.25mm。

图 8—27　一级圆柱齿轮减速器

1—箱盖　2—箱体　3—齿轮轴　4—压盖　5—大齿轮　6—轴承　7、10—调整垫片　8—油封　9—轴

操作项目及要点

1. 齿轮与轴的装配

齿轮与轴的连接形式有固定连接、空套连接和滑移连接三种形式。固定连接主要采用键连接；空套连接主要采用滚动轴承或滑动轴承连接；滑移连接主要采用花键连接和导向平键连接（传递扭矩较小时也可采用滑键连接）

（1）清除齿轮与轴配合面上的污物和毛刺

（2）对于采用固定连接的，应根据键槽尺寸，认真锉配键，使之达到键连接要求

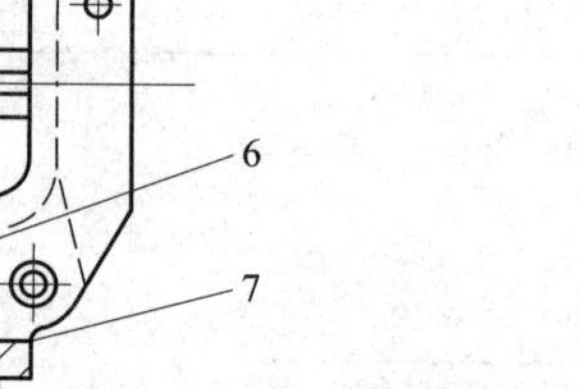

图 8-28

（3）清洗并擦干净配合面，涂润滑油后将齿轮装配到轴上

1）当齿轮和轴是滑移连接时，装配后的齿轮在轴上不得有晃动现象，滑移时不应有阻滞和卡死现象；滑移量及定位要准确，齿轮啮合错位量不得超过规定值（见图 8-28）

操作项目及要点

2）对于过盈量不大或过渡配合的齿轮与轴的装配，可采用锤击法或专用工具压入法将齿轮装配到轴上（见图 8–29）

3）对于过盈量较大的齿轮固定连接的装配，应采用温差法，即通过加热齿轮（或冷却轴颈）的方法，将齿轮装配到规定的位置

（4）对于精度要求较高的齿轮与轴的装配，齿轮装配后必须对其装配精度进行严格检查，检查方法是：

1）直接观察法检查。常见的装配误差包括：装配后不同轴（见图 8–30a）；装配后齿轮歪斜（垂直度超差）（见图 8–30b）；装配后齿轮位置不对（轴肩未贴紧）（见图 8–30c）

2）齿轮径向圆跳动检查。将装配后的齿轮轴支承在检验平板上的两个 V 形架上，使轴与检验平板平行。把圆柱规放到齿轮槽内，使百分表测头触及圆柱规的最高点，测出百分表的读数值。然后转动齿轮，每隔 3~4 个齿检查一次，转动齿轮一周，百分表的最大读数与最小读数之差，就是齿轮分度圆的径向圆跳动误差（见图 8–31）

3）齿轮端面圆跳动的检查。将齿轮轴支顶在检验平台（平板）上两顶尖之间，将百分表测头抵在齿轮的端面上（应尽量靠近外缘处），转动齿轮一周，百分表最大读数与最小读数之差，即为齿轮端面圆跳动误差（见图 8–32）

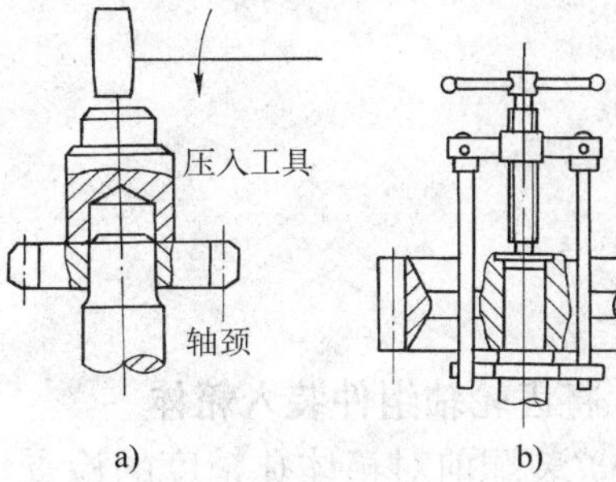

图 8–29

a）锤击法装配　b）专用工具压入法装配

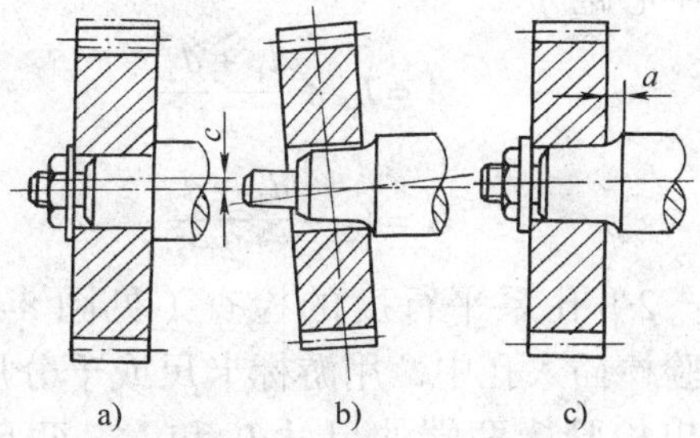

图 8–30

a）不同轴　b）齿轮歪斜　c）轴肩未贴紧

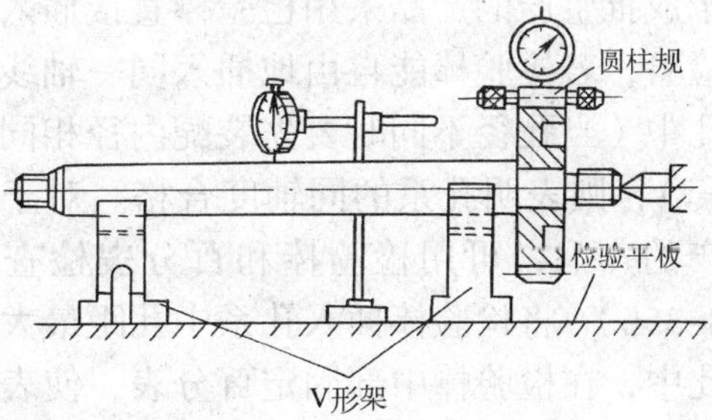

图 8–31

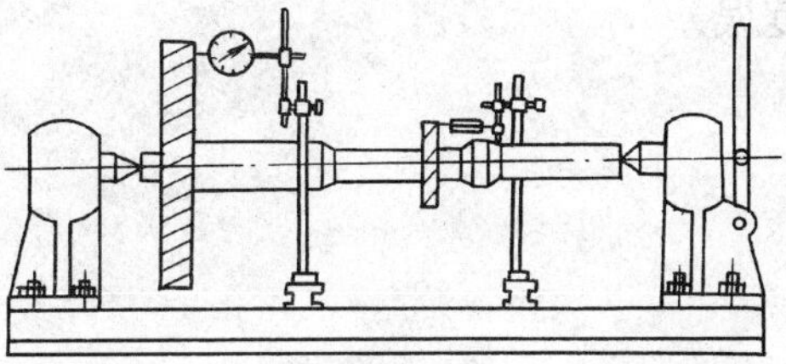

图 8–32

操作项目及要点	
2. 将齿轮轴组件装入箱体 （1）装配前对箱体孔精度的检查 1）孔距的检查（见图 8–33）。用游标卡尺分别测量出 d_1、d_2、L_1 和 L_2 的值，然后计算出中心距 A $$A=L_1+\frac{d_1+d_2}{2}$$ 或 $$A=L_2-\frac{d_1+d_2}{2}$$ 2）孔系平行度的检查（见图 8–34）。将检验棒插入孔中，用游标卡尺或千分尺分别测量出检验棒两端的尺寸 L_1 和 L_2，两尺寸之差（L_1–L_2）即为孔系平行度误差 3）孔系同轴度的检查（见图 8–35）。对于成批生产的产品采用检验棒直接插入的方法检验，若检验棒能自由地插入同一轴线的几个孔中（当孔径不同时要先装配内径相同的工艺套），则表明孔系的同轴度合格。对于单件生产的产品，可用检验棒和百分表检查（见图 8–35b）。将检验棒插入孔系中孔距最大的两个孔中，在检验棒中部固定百分表，使表的测头触及孔壁表面。转动检验棒一周，百分表最大读数与最小读数之差的一半，即为孔系的同轴度误差	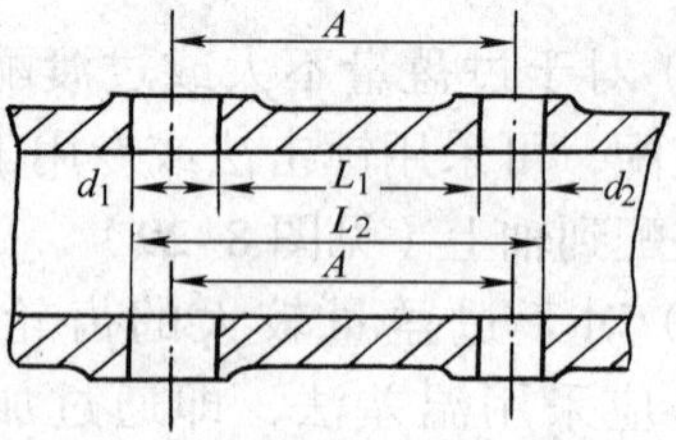 图 8–33 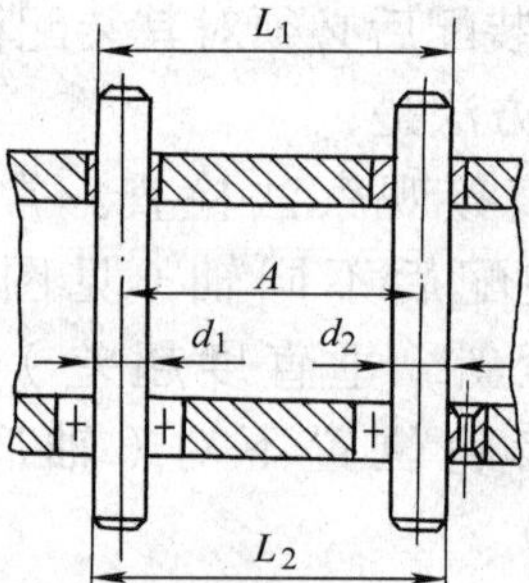 图 8–34 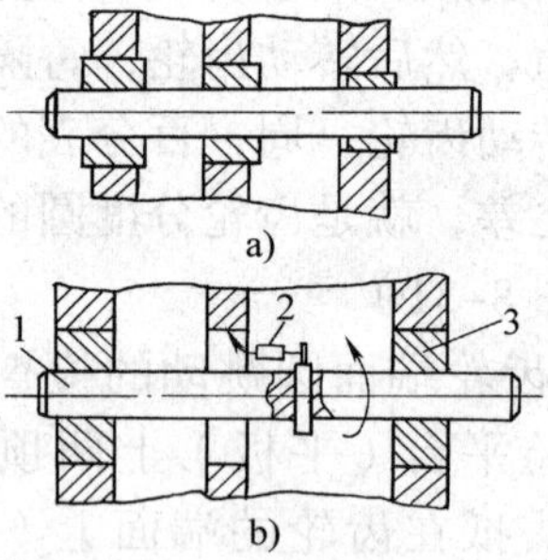 图 8–35 a）用检验棒检查同轴度（成批生产） b）用检验棒、百分表检查同轴度（单件生产） 1—检验棒　2—杠杆百分表　3—工艺套

操作项目及要点

4）孔端面与孔轴线垂直度的检查（见图8-36）。将带有圆盘的检验棒插入箱体孔中，用塞尺插入圆盘与端面的缝隙中，所插入塞尺的最大厚度尺寸即为孔端面与孔轴线垂直度误差值（见图8-36a）

另一种方法是将检验棒与测量套装入孔中，再装上止推套并用圆锥销定位，并与测量套靠紧，防止检验棒轴向位移。在检验棒的一端固定百分表，使百分表的测头触在孔的端面上，检验棒转动一周，百分表最大读数与最小读数之差即为孔端面与孔轴线垂直度误差值（见图8-36b）

5）孔轴线与基面的尺寸精度和平行度的检查（见图8-37）。将箱体基面（底面）用等高块支顶在检验平板上，把检验棒插入箱体的孔中，用百分表、量块或游标高度尺测量出检验棒两端到检验平板的尺寸 h_1 和 h_2，则孔中心线到基面的距离 h 为：

$$h=\frac{h_1+h_2}{2}-\frac{d}{2}-a$$

平行度误差　$\Delta=|h_1-h_2|$

（2）装配轴承（详见第九单元有关内容）

（3）将齿轮轴组件装入箱体

将齿轮轴组装入箱体的顺序，一般都是从最后一根从动轴开始装起，然后逐级向前进行装配。

将轴组装入箱体时，要保证齿轮轴向位置准确。相互啮合的齿轮副装配一对就检查一对，以中间平面为基准对中，当齿轮轮缘宽度小于20 mm时，轴向错位不得大于1 mm（见图8-38）。当轮缘宽度大于20 mm时，错位量不得大于轮缘宽度的5%，且最多不得大于5 mm

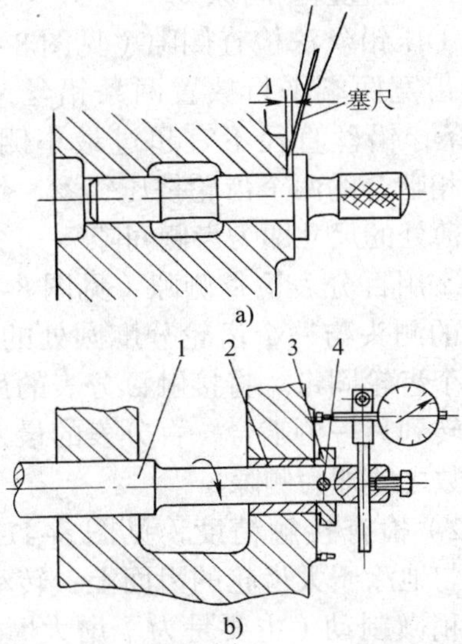

图 8-36

a）用带圆盘的检验棒与塞尺检查垂直度

b）用检验棒、测量套与百分表检查垂直度

1—检验棒　2—测量套（工艺套）

3—止推套　4—圆锥销

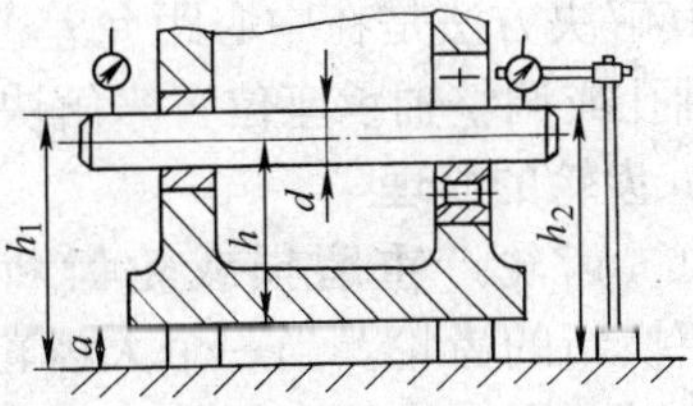

图 8-37

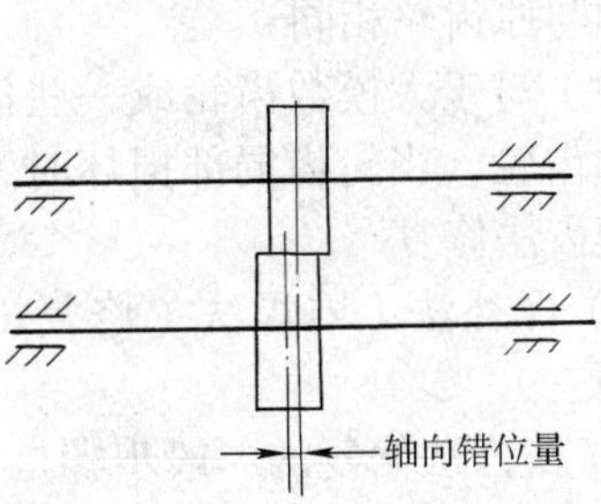

图 8-38

操作项目及要点	
（4）检查齿轮的啮合质量 1）检查齿侧间隙 ①压铅丝法检查侧隙（见图 8–39）。在齿面沿齿宽两端平行放置两条铅丝，宽齿可放 3~4 条，铅丝直径不宜超过最小侧隙的 4 倍。转动相啮合的两个齿轮挤压铅丝，铅丝被挤压后最薄处的尺寸即为齿侧间隙 ②用百分表检查侧隙（见图 8–40）。将百分表的测头与一个齿轮分度圆处的齿面接触，另一个齿轮固定。将接触百分表的齿轮从一侧啮合转到另一侧啮合，百分表的最大读数与最小读数之差即为侧隙 2）检查接触精度（见图 8–41）。将红丹粉均匀地涂于大齿轮的齿面上，转动齿轮，从动轮稍微制动（主要是为了增大摩擦力）。对于双向工作的齿轮，正反两个方向都要检查。用于一般传动的齿轮，在齿廓高度方向上接触斑点不少于 30% ~ 50%，在齿廓宽度方向上接触斑点不少于 40% ~ 70%，其分布的位置是以分度圆为基准，上下对称分布 当啮合齿轮接触不良时（见图 8–41b、c、d），其解决方法是在中心距允差范围内，采用刮削轴孔或调整轴承座位置来解决 **3. 齿轮的修理** （1）齿轮严重磨损或轮齿断裂时，一般都应更换新的齿轮。当一个大齿轮和一个小齿轮啮合时，因小齿轮磨损较快，应先更换小齿轮。更换齿轮时，新齿轮的齿数、模数、齿形角必须与原齿轮相同 （2）对于大模数齿轮或一些传动精度要求不高的齿轮，当轮齿局部损坏时，可采用焊补法或镶齿法修复 1）焊补法（堆焊法）修复（详见第六单元课题三） 2）镶齿法修复的一般步骤是： ①将损坏的轮齿切削掉 ②根据修复齿的形状、尺寸镶配新的轮齿 ③焊接固定或用螺钉固定（见图 8–42）	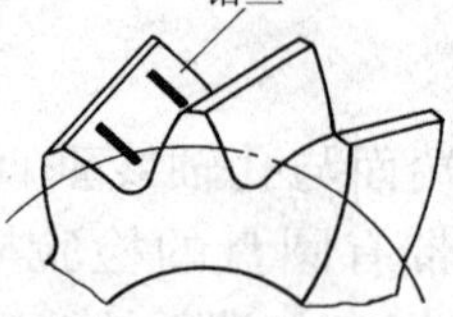 图 8–39  图 8–40 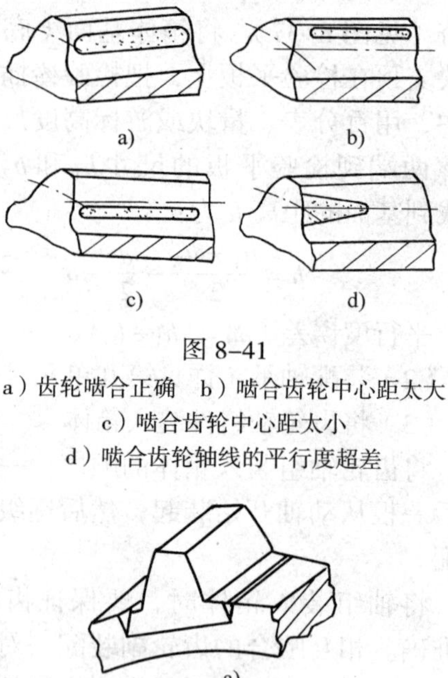 图 8–41 a）齿轮啮合正确　b）啮合齿轮中心距太大 c）啮合齿轮中心距太小 d）啮合齿轮轴线的平行度超差 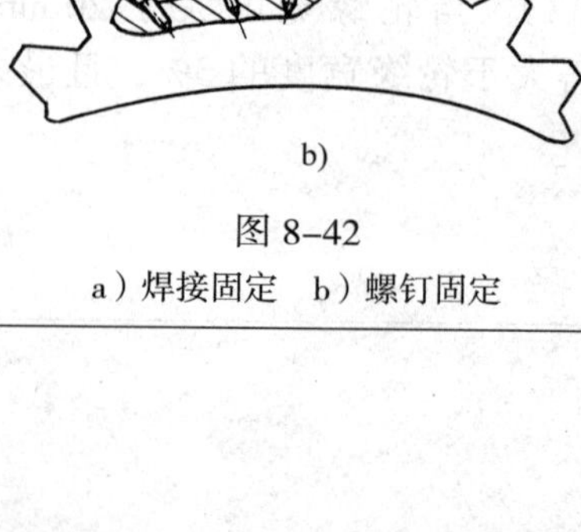 图 8–42 a）焊接固定　b）螺钉固定

操作项目及要点	
4. 齿轮减速器的装配（见图 8–43） （1）准备工作 1）装配前零件的清理和清洗：装配前零件上的铁锈、防锈油、灰尘、切屑、研磨剂等都必须认真地清理和清洗 2）装配前零件的整形：修锉箱盖、轴承盖等铸件上的不加工面，使箱体的结合部位外形一致；修锉零件上的毛刺、锐角及零件上因碰撞而产生的印痕等 3）补充加工：零件上的某些部位需要在装配时进行补充加工，如定位销孔配钻配铰、连接螺纹孔配钻和攻螺纹，零件上的某些部位刮削、研磨等 4）检查轴、轴承、齿轮等相关零部件及外构件、标准件的精度 5）编制装配工艺规程 （2）零件的预装 零件的预装又叫试配，为了保证装配工作能顺利地进行，某些相配零件应先试装，待配合达到要求后再拆下 1）大齿轮与轴试配 2）在轴上配键 3）在配键的轴上安装大齿轮 4）各轴承盖与箱体试配 （3）分组件装配 1）在轴承盖中装入油封，共两组 2）从齿轮轴两端装上圆锥滚子轴承内圈 3）从轴一端装上圆锥滚子轴承内圈，从另一端依次装上键、大齿轮、挡圈、另一圆锥滚子轴承内圈（见图 8–43） （4）总装配 1）将箱盖从箱体上拆下 2）将齿轮轴分组件从箱体的一侧装入箱体，然后从箱体的两端装入两轴承外圈，再装上轴承盖并用螺钉拧紧	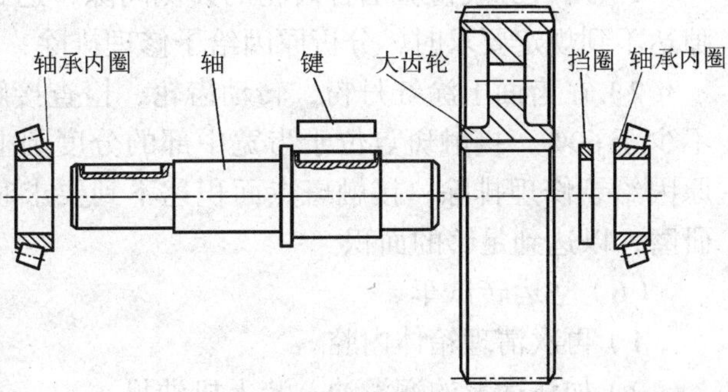 图 8–43

操作项目及要点

3）轻轻敲击齿轮轴端，使后端轴承消除间隙并贴紧轴承盖；调整后端轴承盖位置，同时用百分表测量齿轮轴的轴向间隙（应为 0.05 ~ 0.15 mm），齿轮轴应转动灵活

4）测量前端轴承盖与箱体之间的间隙，确定调整垫片的厚度

5）将前端轴承盖拆下，装上按要求厚度加工好的调整垫片，再装上前端轴承盖，按规定用螺钉拧紧

6）再次用百分表测量齿轮轴的轴向间隙（应在规定的 0.05 ~ 0.15 mm 范围内），且转动齿轮轴灵活无阻滞，否则重新调整安装，直至达到要求

7）测量轴后端轴承盖与箱体之间的间隙，确定调整垫片的厚度

8）将轴后端轴承盖拆下，装上按要求厚度加工好的调整垫片，再装上后端轴承盖，按规定用螺钉拧紧

9）再次用百分表测量齿轮轴的轴向间隙（应在规定的 0.05 ~ 0.15 mm 范围内），且转动齿轮轴灵活无阻滞，否则重新调整安装，直至达到要求

（5）检验、调整

1）用百分表检验啮合齿轮的齿侧间隙，达到规定要求（0.18 ~ 0.25 mm）。当齿侧间隙达不到规定要求时，分析原因给予修理排除

2）在齿面上涂红丹粉，转动齿轮，检查接触斑点面积，沿齿高不少于 45%，沿齿宽不少于 60%，接触斑点位于齿宽中部的分度圆上。当接触斑点位置达不到要求时，分析原因给予修理排除；接触斑点面积达不到要求时，可在齿面上加研磨剂后转动齿轮进行研磨，以达到足够的面积

（6）空运转试车

1）再次清理箱体内腔

2）加注适量的润滑油，装上机油尺

3）装上箱盖

4）空转试车

注意事项

（1）装配齿轮时，要防止齿轮歪斜、变形及端面未靠紧现象发生

（2）空套齿轮与轴的装配，其径向间隙和轴向间隙是由加工精度保证的，装配前应严格检查，合格后方能进行装配

（3）滑移齿轮与轴的装配，其径向间隙也是由加工精度保证的，所以装配前也应该进行严格检查

（4）在齿轮轴组件装入箱体的过程中，不得将污物、杂物掉落在箱体内

（5）齿轮轴组件的装配必须到位，需要靠紧的必须靠紧

（6）装配后的轴组件经过调整应达到装配技术要求

（7）装配和修理过程中要执行“6S”管理，注意安全，避免事故的发生

课题四　圆锥齿轮传动机构的装配与修理

本课题主要学习圆锥齿轮与轴的装配、将圆锥齿轮轴部件装入箱体和直齿圆锥齿轮损坏及修理等内容。通过技能训练，熟悉圆锥齿轮装配的技术要求；掌握将圆锥齿轮装配到轴上的技能；掌握将圆锥齿轮轴部件装入箱体的技能；掌握对圆锥齿轮啮合质量进行检查的技能；掌握圆锥齿轮损坏后进行修复的技能等。

作业名称	作业要点	工艺装备
圆锥齿轮传动机构的装配与修理	掌握圆锥齿轮传动机构装配、检验及调整的技能	机修钳工常用工具、量具和检具等

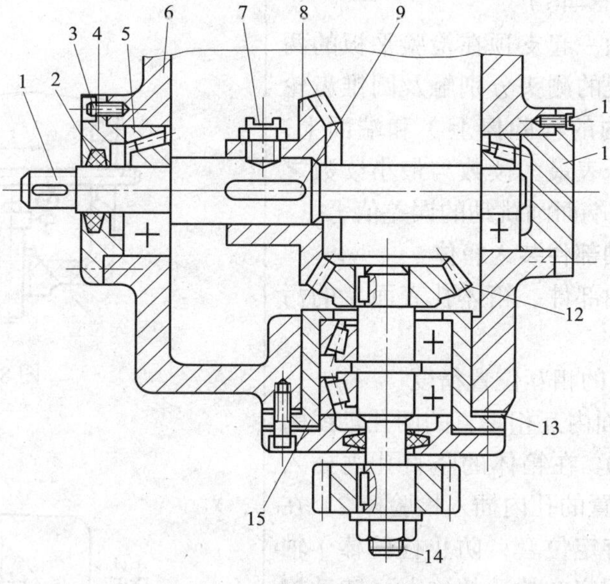

图 8-44　圆锥齿轮传动机构

1、14—轴　2—密封圈　3、10—螺钉　4、11—轴承盖　5—轴承　6—箱体　7—紧定螺钉　8、12—齿轮　9—键　13—调整垫圈　15—轴承组件

操作项目及要点

1. 圆锥齿轮与轴的装配（见图 8-45）

圆锥齿轮与轴的连接形式和圆柱齿轮与轴的连接形式基本相同，所以装配方法也基本一样

（1）清除齿轮和轴上的污物及毛刺

（2）当齿轮与轴是键连接时，应按键槽尺寸和键连接要求锉配平键（或其他键）

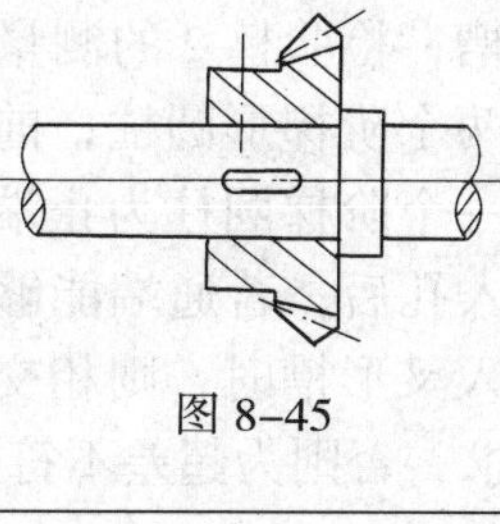

图 8-45

操作项目及要点

（3）用煤油清洗所装配的零件，并用抹布擦干净后涂上润滑油

（4）将圆锥齿轮装配到轴上

1）间隙配合的圆锥齿轮和轴装配后，齿轮在轴上不得有晃动现象；齿轮在轴上滑移时不得有阻滞或卡死现象；齿轮在轴上的移动位置应准确无误

2）过盈配合或过渡配合的圆锥齿轮与轴的装配方法和圆柱齿轮与轴的装配方法相同

（5）精度要求较高的圆锥齿轮与轴装配后，还必须对圆锥齿轮的径向圆跳动和端面圆跳动进行检查（见图 8–46）

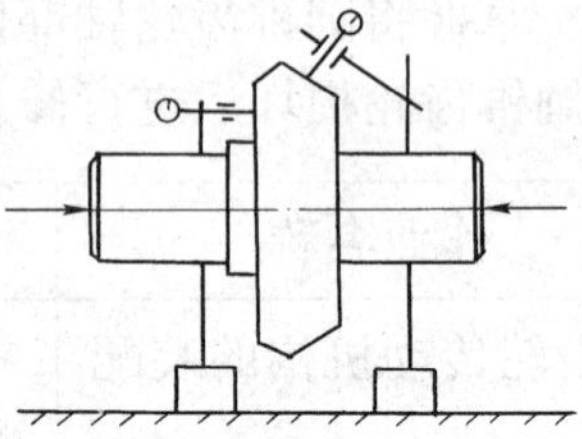

图 8–46

将圆锥齿轮和轴一起支顶在检验平板的两顶尖之间，把百分表的测头分别触及圆锥齿轮的锥面上（即齿槽内的检验棒上）和端面上，旋转齿轮一周，百分表最大读数与最小读数之差即为径向圆跳动和端面圆跳动的误差值

2. 将圆锥齿轮轴部件装入箱体

（1）清除齿轮轴部件、箱体孔表面上的污物和毛刺

（2）检查箱体孔的相互位置精度

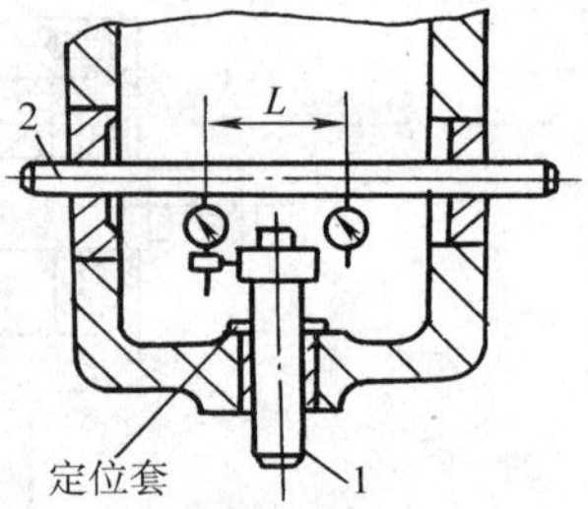

图 8–47

1、2—检验棒

1）检查同一平面内互相垂直的两孔轴线的垂直度（见图 8–47）。在箱体的竖直孔内插入检验棒 1，在水平位置的孔内插入检验棒 2。在检验棒 1 的上端装有定位套，防止检验棒 1 轴向窜动。将百分表固定在检验棒 1 上，转动检验棒 1，百分表在检验棒 2 上 *L* 长度内两点的读数差，即为两孔轴线在 *L* 长度内的垂直度误差

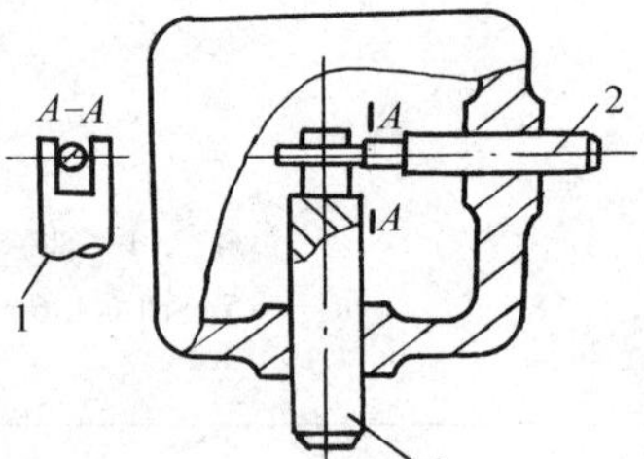

图 8–48

1、2—检验棒

2）在同一平面内两孔轴线相交程度的检查（见图 8–48）。将竖直放置的检验棒 1 的测量端做成叉形槽，检验棒 2 的测量端做成有一定公差要求的两个阶梯形圆柱，前一个阶梯圆柱为通端，后一个阶梯圆柱为止端。检查时，将检验棒 2 插入孔后，若通端能够插入叉形槽而止端不能插入叉形槽时，则相交两孔轴线相交程度符合要求，否则为超差不符合要求

操作项目及要点	
3）不在同一平面内相互垂直的两孔轴线垂直度的检查（见图 8–49）。将箱体用千斤顶支承在检验平板上，用直角尺找正检验棒 2 与平板垂直。用百分表测量检验棒 1 对平板的平行度，检验棒 1 与平板的平行度误差即为两孔轴线的垂直度误差 （3）箱体内轴承的装配方法详见第九单元课题二 （4）将圆锥齿轮轴部件装入箱体。其装配顺序应根据箱体结构而定，一般是先装配主动轮部件，再装配从动轮部件。圆锥齿轮装配的关键是正确确定圆锥齿轮的轴向位置和啮合质量的检验与调整 1）两个啮合圆锥齿轮轴向位置的确定。图 8–50 所示为两个正交圆锥齿轮轴向位置的确定，图 8–51 所示为偏置圆锥齿轮轴向位置的确定，均是用量块来确定小齿轮基准面到大齿轮轴线之间的安装距离 以上两种情况，若大齿轮尚未装好时，可用工艺轴来代替 2）圆锥齿轮啮合质量的检验。对圆锥齿轮啮合质量可用涂色法进行综合检验，根据齿面上啮合印痕的部位不同，采用正确调整方法，使之达到装配要求（见图 8–52） ①正确啮合时，印痕恰好在齿面中间位置，并达到齿面长的 2/3（见图 8–52a） ②齿轮小端接触啮合（见图 8–52b） ③齿轮大端接触啮合（见图 8–52c），调整时均应按箭头方向，一个齿轮调进，另一个齿轮调退。若由于轴线交角太大或太小，不能用一般方法调整达到正确位置，则应考虑修刮轴瓦解决 ④齿轮啮合接触区过低（见图 8–52d）。其调整方法是：小齿轮沿轴向移进，如果侧隙过小，则将大齿轮沿轴向移出或同时调整使两齿轮退出	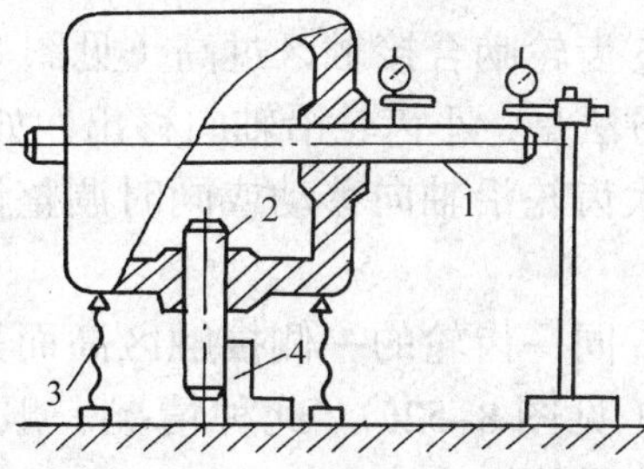 图 8–49 1、2—检验棒　3—千斤顶 4—直角尺 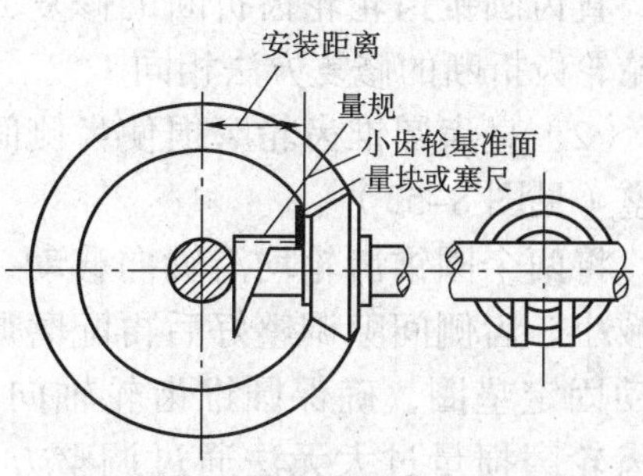 图 8–50 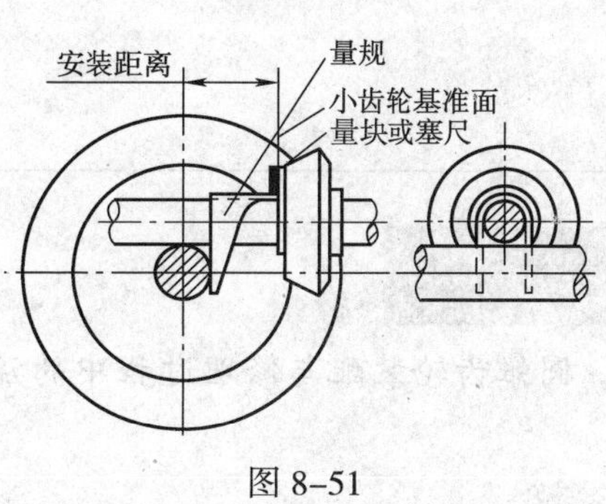 图 8–51

操作项目及要点

⑤齿轮啮合接触区过高（见图 8–52e）。其调整方法是：小齿轮沿轴向移出，如侧隙过大，可将大齿轮沿轴向移动或同时调整使两齿轮靠近

⑥同一齿轮的一侧接触区高而另一侧接触区低（见图 8–52f）。此种情况一般无法调整，应更换零件解决

3）圆锥齿轮齿侧间隙的检验。其检验方法与圆柱齿轮齿侧间隙的检验方法相同

3. 直齿圆锥齿轮的损坏及修理

（1）轮齿折断的修复

直齿圆锥齿轮轮齿折断的修复方法与圆柱齿轮轮齿折断的修复方法相同

（2）直齿圆锥齿轮磨损使齿侧间隙增大的调整（见图 8–53）

将两个圆锥齿轮均沿轴向移动，使齿侧间隙减小。齿侧间隙调整好后再配磨调整垫圈和移动固定垫圈，确保圆锥齿轮轴向位置准确。当齿轮磨损量过大无法通过调整方法修复时，应更换新的圆锥齿轮

（3）圆锥齿轮机构中其他零件损坏的修复方法，详见第六单元有关课题

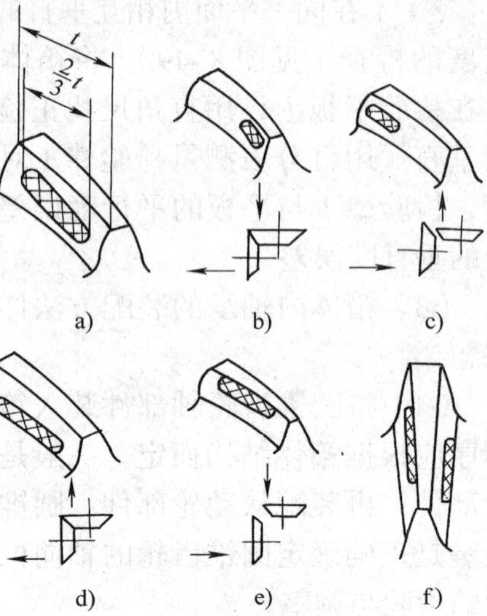

图 8–52

a）正确啮合　b）小端接触
c）大端接触　d）接触区过低
e）接触区过高
f）同一齿轮一侧接触区过高，
另一侧接触区过低

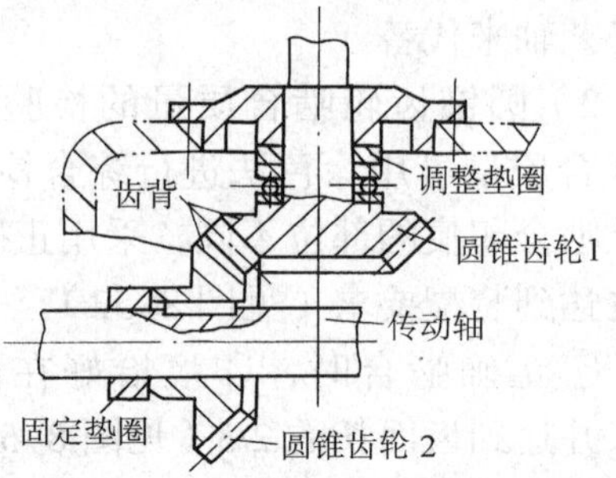

图 8–53

注意事项

圆锥齿轮装配与修理过程中的注意事项与圆柱齿轮装配与修理过程中的注意事项相同

课题五　蜗杆传动机构的装配与修理

蜗杆传动机构由蜗杆和蜗轮组成，用于传递交错轴（互成 90°）的回转运动。通过本课题技能训练，熟悉蜗杆传动机构装配的技术要求，掌握蜗杆传动机构装配与修理的技能；掌握蜗杆蜗轮啮合质量的检查方法。

作业名称	作业要点	工艺装备
蜗杆传动机构的装配与修理	掌握蜗杆传动机构装配技能及啮合质量的检查方法	机修钳工常用工具、量具等

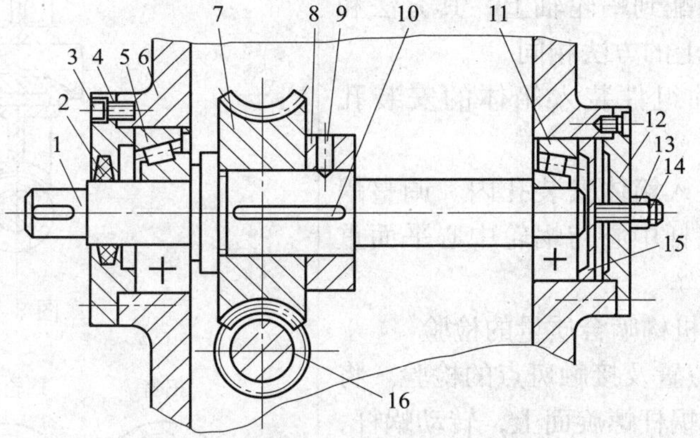

图 8-54　蜗杆传动

1—轴　2—密封圈　3—内六角螺钉　4—前端盖　5—轴承　6—箱体　7—蜗轮　8—定位套　9—紧定螺钉　10—平键　11—轴承　12—后端盖　13—螺母　14—调整螺钉　15—压盖　16—蜗杆

操作项目及要点

1. 蜗杆传动机构箱体装配前的检验

（1）箱体孔轴线垂直度的检验（见图 8–55）

将心轴 1、2 分别插入箱体蜗杆轴和蜗轮轴的安装孔内。摆杆一端套在心轴 1 上，另一端固定百分表，使百分表测头抵住心轴 2。转动心轴 1（不允许有轴向窜动），在心轴 2 的 m、n 两点的读数差即为两孔轴线在 L 长度内的垂直度误差

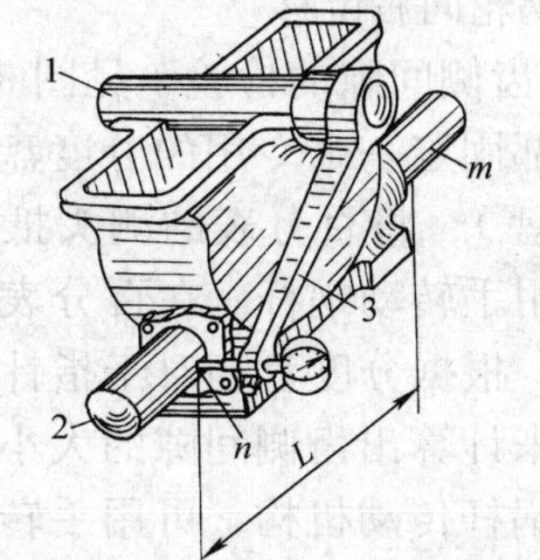

图 8–55

1、2—心轴　3—摆杆

操作项目及要点	
（2）箱体孔中心距的检验（见图 8–56） 分别将心轴 1、2 插入箱体孔内，用三个千斤顶将箱体支顶在检验平板上。调整千斤顶，使两心轴与检验平板平行。然后用高度尺分别测出两心轴到检验平板的高度，即可计算出孔中心距 *A* **2. 蜗杆传动机构的装配** 蜗杆传动机构的装配顺序应根据具体结构而定，一般是先装配蜗轮轴，后将蜗杆轴装入箱体孔中，通常的装配顺序是： （1）将蜗轮装配到蜗轮轴上，其方法和圆柱齿轮装配到轴上的方法相同 （2）将蜗轮轴组件装入箱体的安装孔内 （3）将蜗杆装入箱体安装孔内。调整蜗轮轴向位置，使蜗杆中心与蜗轮中心平面重合（见图 8–57） （4）蜗杆传动机构啮合质量的检验 1）蜗轮轴向位置及接触斑点的检验。将显示剂红丹粉涂在蜗杆螺旋面上，转动蜗杆，使蜗轮齿面上获得印痕，根据蜗轮齿面上印痕位置及大小来判断啮合质量 正常接触印痕（见图 8–58a）；蜗轮偏右的接触印痕（见图 8–58b），应调整蜗轮向左位移；蜗轮偏左的接触印痕（见图 8–58c），应调整蜗轮向右位移 2）齿侧间隙的检验（见图 8–59）。在蜗杆的端部固定一个专用的分度盘（或带有量角器的盘），将百分表的测头抵在蜗轮的齿面上，用手转动蜗杆。在百分表指针不动的条件下，根据分度盘相对于指针转过的最大空程角来计算出齿侧间隙的大小。对于要求不高的蜗杆传动机构，可用手转动蜗杆，根据蜗杆空程量的大小来判断齿侧间隙是否合格	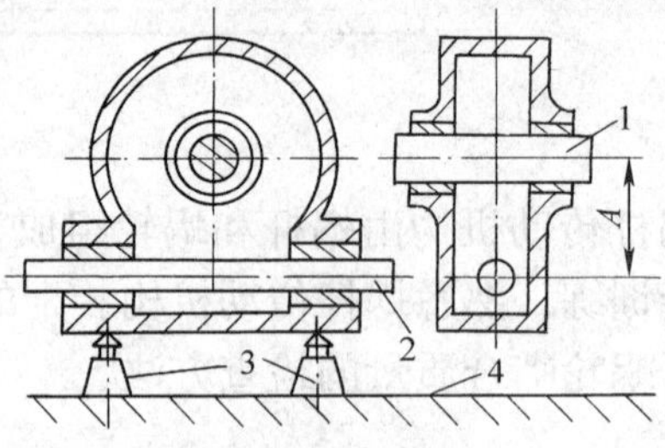 图 8–56 1、2—心轴　3—千斤顶 4—检验平板 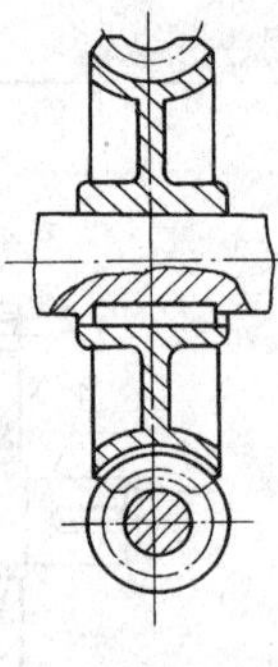 图 8–57 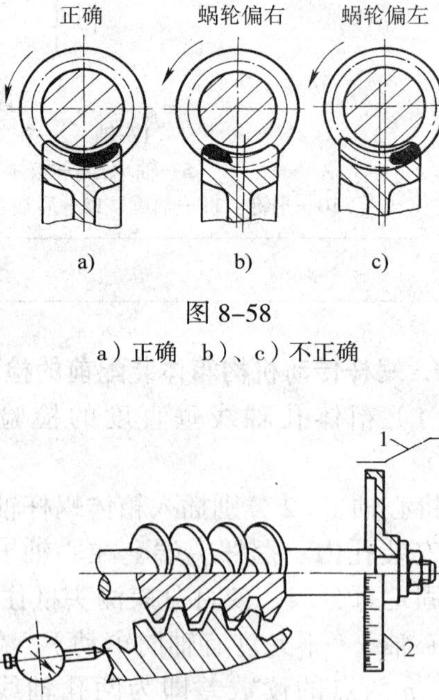 图 8–58 a）正确　b）、c）不正确 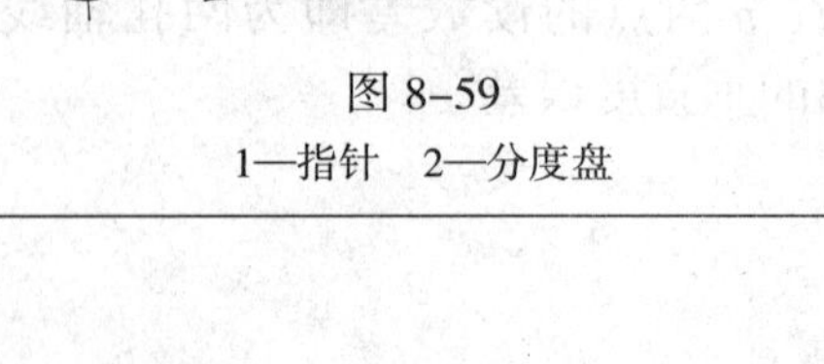 图 8–59 1—指针　2—分度盘

操作项目及要点
3）蜗杆传动机构灵活性的检验。用手转动蜗杆，蜗轮在任何位置上所用力矩相同，并无阻滞现象，说明灵活性符合要求 **3. 蜗杆传动机构的修理** 可参看第六单元课题三零件常用修复方法的有关内容
注意事项 （1）蜗杆传动机构装配前，应对箱体和零件进行检验，严禁盲目装配 （2）装配时要先进行试装（过盈配合除外），确认符合要求后再装配 （3）装配后，必须进行检验和调整 （4）注意安全，防止各类事故的发生

课题六　螺旋传动机构的装配与修理

本课题主要学习螺旋传动机构的装配、丝杠螺母之间间隙的调整及丝杠螺母机构的修理等内容。通过技能训练熟悉其装配的技术要求，掌握其装配和修理的技能。

作业名称	作业要点	工艺装备
螺旋传动机构的装配与修理	螺旋传动机构的装配、调整和修理	机修钳工常用工具、量具等

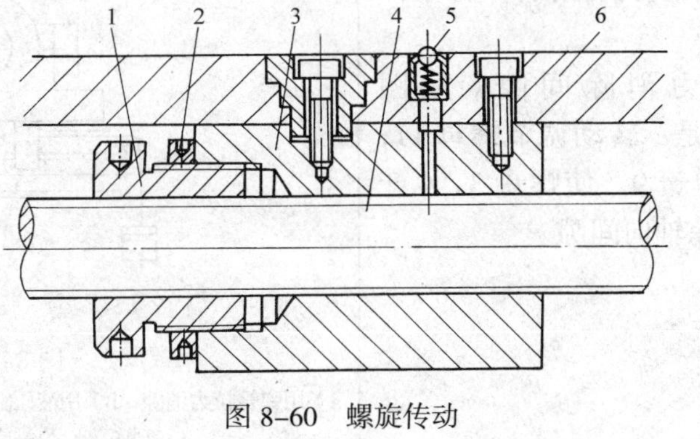

图 8-60　螺旋传动

1—调整螺母　2—锁紧螺母　3—螺母　4—丝杠　5—油杯　6—工作台

操作项目及要点

1. 螺旋传动机构的装配

（1）丝杠螺母配合间隙的测量和调整

1）径向间隙的测量（见图 8-61）。将螺母旋转到丝杠的适当位置（为避免因螺母使丝杠产生弹性变形而引起误差），使百分表的测头抵在螺母的上部，用稍大于螺母重力的力提起和压下螺母，百分表最大读数与最小读数之差即为丝杠和螺母之间的径向间隙

2）轴向间隙的消除和调整

①单螺母消隙机构（见图 8-62）：用弹簧拉力消除间隙（见图 8-62a）；用液压缸的压力消除间隙（见图 8-62b）；用重锤消除间隙（见图 8-62c）

②双螺母消隙机构（见图 8-63）：用调整两螺母的相对位置来达到消除轴向间隙的目的（见图 8-63a）。其结构形式应根据设备使用要求而采用不同的类型

利用楔块消除间隙（见图 8-63b），调整时先松开螺钉 7，再拧紧调整螺钉 5，使楔块 6 向上移动，通过斜面推动螺母 4 向右使间隙消除，最后再将螺钉 7 拧紧即可

利用弹簧弹力消除间隙（见图 8-63c），调整方法是：转动调节螺母 11，通过垫片 10 压缩弹簧 9，使螺母 3、4 产生轴向位移，以消除轴向间隙

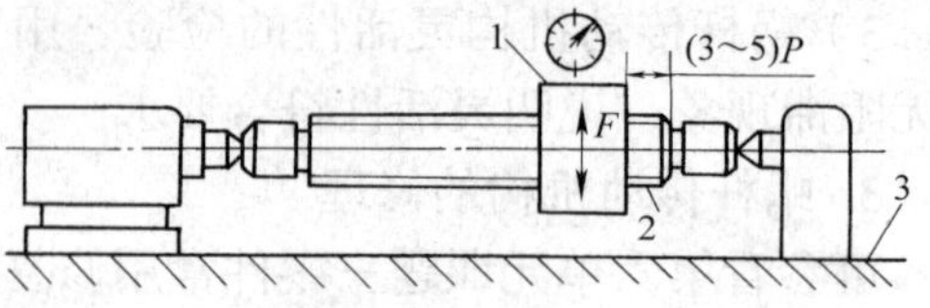

图 8-61

1—螺母　2—丝杠　3—检验平板

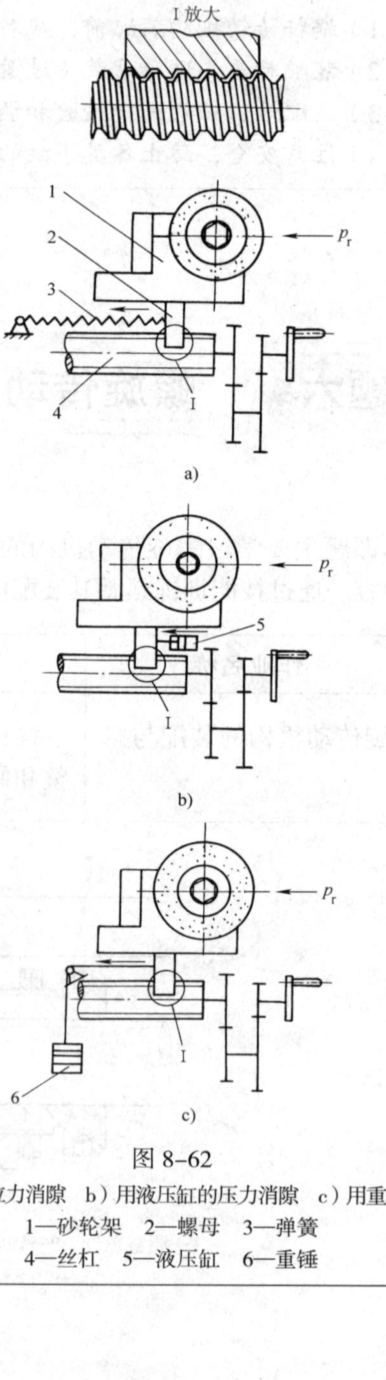

图 8-62

a）用弹簧拉力消隙　b）用液压缸的压力消隙　c）用重锤消隙

1—砂轮架　2—螺母　3—弹簧

4—丝杠　5—液压缸　6—重锤

操作项目及要点

（2）螺旋传动机构的装配

1）安装丝杠两端轴承支座（见图 8–64）。用检验心轴和百分表找正，使两端轴承孔轴线同轴度符合要求，而且与螺母移动时的基准导轨面平行。找正时可根据误差情况修刮轴承座接合面，并调整前、后轴承的水平位置，使其精度达到技术要求

2）找正安装螺母座（见图 8–65）。以已经找正安装好的丝杠两端轴承孔轴线为基准，找正螺母孔轴线和轴承座孔轴线的同轴度。其方法是：将检验心轴 4 装入螺母 6 的孔内，移动工作台，如果心轴 4 能够顺利插入前、后轴承座的孔中，即为符合要求。否则，应根据误差 Δh 修磨垫片 3 的厚度或调整螺母座的位置

有时也可以用丝杠直接找正两端轴承孔与螺母孔轴线的同轴度（见图 8–66）。找正时，可修刮螺母座 4 的底面，同时调整其在水平面上的位置，使丝杠上母线 a 和侧母线 b 均与导轨面平行。修刮垫片 2、7，在水平方向调整前轴承支座 1、后轴承支座 6，使丝杠两端轴颈能顺利地插入轴承孔中，同时丝杠转动灵活，最后将轴承支座固定

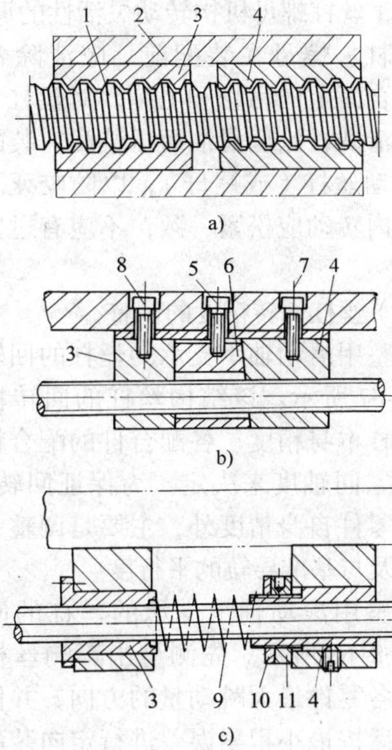

图 8–63

a）用双螺母消隙 b）用楔块消隙
c）用弹簧消隙

1—丝杠 2—支架 3、4—螺母
5、7、8—螺钉 6—楔块 9—弹簧
10—垫片 11—调整螺母

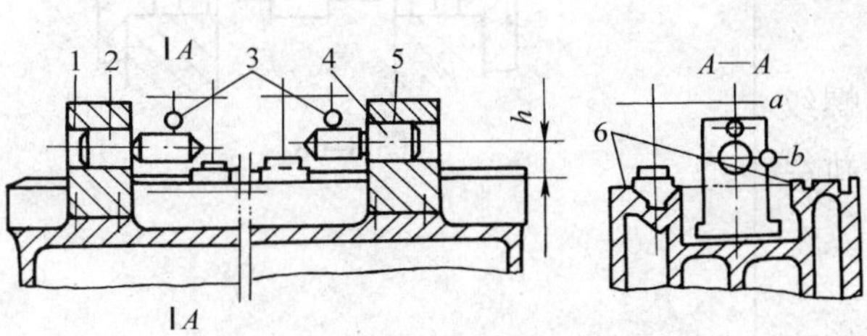

图 8–64

1—前轴承支座 2、4—检验心轴 3—百分表
5—后轴承支座 6—导轨面

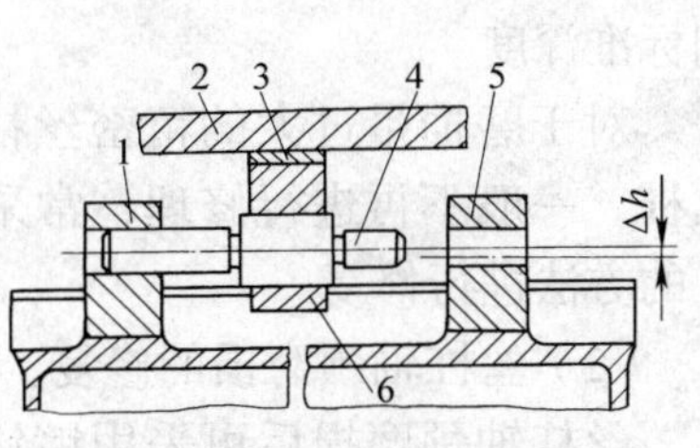

图 8–65

1—前轴承支座 2—工作台 3—垫片
4—检验心轴 5—后轴承支座 6—螺母

操作项目及要点	
（3）丝杠螺母机构转动灵活性的调整 丝杠、螺母在装配前，应清除各连接面、配合面上的污物和毛刺，对丝杠、螺母要认真清洗，涂润滑油后再装配。装配时应缓慢转动丝杠（或螺母），以防咬死。丝杠在螺母内转动应松紧一致，不应有过紧或阻滞现象 （4）丝杠回转精度的调整 调整用滑动轴承支承的丝杠的回转精度如图 8-67 所示。该结构丝杠的回转精度主要由丝杠本身精度、各配合件的配合精度及平行度、同轴度来决定。为保证回转精度，除保证零件自身精度外，主要是调整三孔的同轴度及与基准导轨的平行度 调整用滚动轴承支承的丝杠的回转精度如图 8-68 所示。先测量出影响丝杠径向圆跳动各零件最大跳动量的方向，并做好标记，然后按最小积累误差进行定向装配，同时对滚动轴承进行预紧消除轴承游隙，使丝杠径向圆跳动和轴向窜动量最小，达到丝杠回转精度的要求 **2. 螺旋传动机构的修理** （1）丝杠螺纹磨损的修复 当梯形螺纹丝杠的磨损不超过齿厚的 10% 时，可用车削螺纹的方法进行修复。螺纹车削后，外径也需相应车小，以使螺纹达到标准深度 对于磨损量过大的精密丝杠、矩形螺纹丝杠，一般不再进行修理，常采用更换新丝杠的方法进行修复 （2）丝杠轴颈磨损的修复 丝杠轴颈磨损后可采用镀铬、磨削的方法修复。磨削应与车削螺纹同时进行，以保证螺纹与轴颈的同轴度	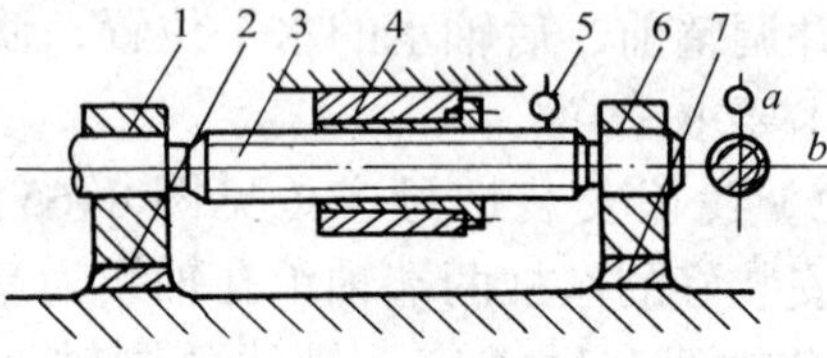 图 8-66 1—前轴承支座　2、7—垫片　3—丝杠 4—螺母座　5—百分表　6—后轴承支座 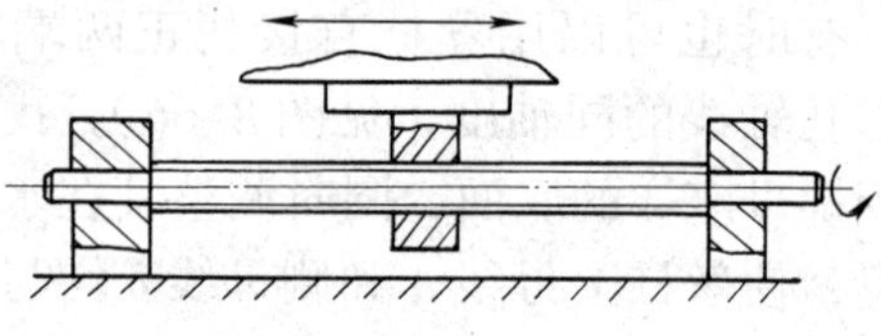 图 8-67 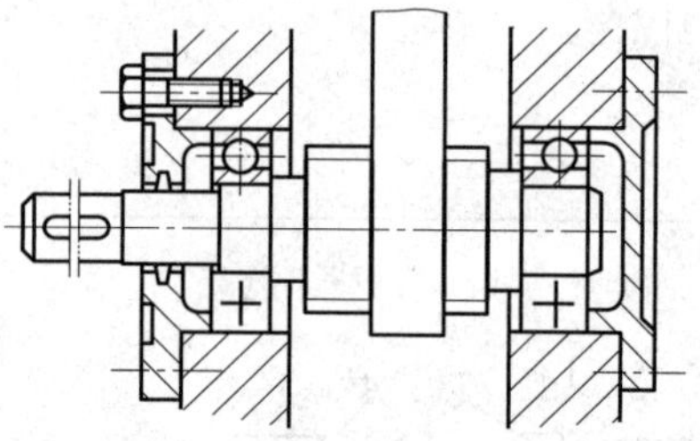 图 8-68

操作项目及要点

（3）丝杠弯曲的矫直（见图 8–69）

在丝杠外圆套上与外径动配合的套，在检验平板上用 V 形架支承丝杠，通过套可以用百分表测出丝杠弯曲部位及最大弯曲量，在弯曲最大处做上标记。将丝杠凸出部位朝下放在检验平板上（或供支承用的平台上），用锤子和凹形厚刃錾子敲击丝杠各凹处的螺纹小径处，使凹处材料伸长而逐渐变直

较长丝杠弯曲时，也可用 V 形架将丝杠支承在平台上，用螺旋压板采用“矫枉过正”的方法进行矫直（见图 8–70）。其具体步骤是：

1）根据丝杠的实际长度，将两个 V 形架相隔一定的距离摆放在平板上（见图 8–70a）

2）将丝杠放在 V 形架上，用百分表测量出丝杠的最大弯曲点，并做出标记（见图 8–70b）

3）将丝杠从平板的 V 形架上拿下，放到矫直压力机的 V 形架上，使丝杠凸起部位朝上，旋转压力机螺杆（或螺旋压板的螺杆），使压块压在丝杠最大凸起的部位上。转动螺杆进行加压，可适当地压“过头一点”，但不能过分（见图 8–70c）

4）压一段时间后，可松开压块，用百分表检验矫直情况，若仍未达到要求，可继续矫直，直至合格为止

（4）螺母磨损的修复

螺母磨损后大多采用更换的方法修复。

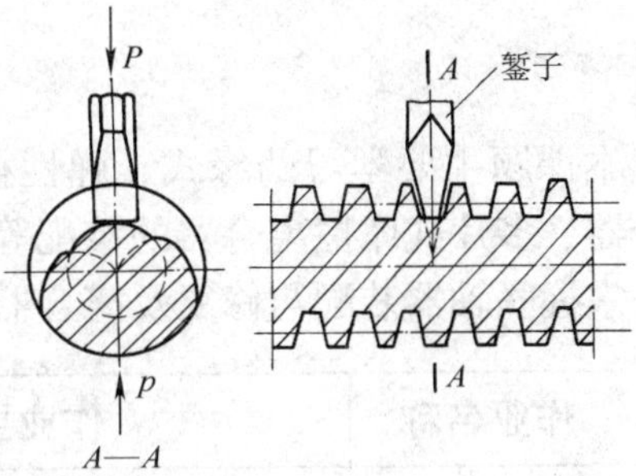

图 8–69

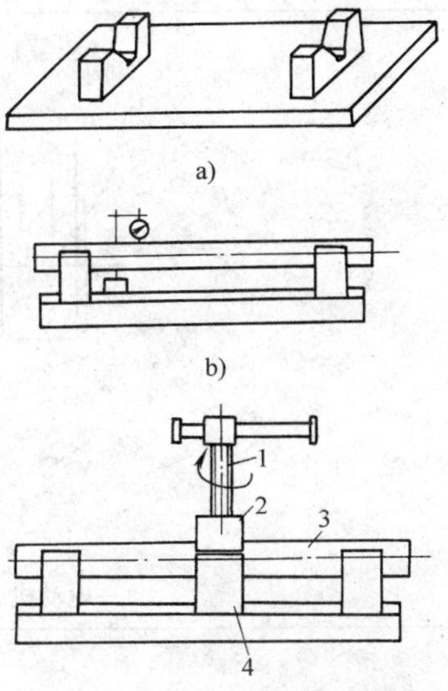

图 8–70

a）摆放 V 形架　b）百分表测量弯曲点　c）矫直丝杠

1—螺杆　2—压块　3—丝杠　4—V 形架

注意事项

（1）单螺母机构消除丝杠螺母之间间隙的消隙力，其方向必须与切削力的方向一致，以防止进给时产生爬行现象，影响进给精度

（2）注意安全，防止事故发生

课题七　联轴器和离合器的装配与修理

本课题主要学习凸缘式、弹性柱销式、十字滑块式联轴器的装配与修复，以及牙嵌式离合器、多片式摩擦离合器的装配等内容。通过技能训练熟悉联轴器、离合器装配的技术要求，掌握联轴器装配与修复及离合器装配的技能。

作业名称	作业要点	工艺装备
联轴器和离合器的装配与修理	掌握常见联轴器的装配与修理及离合器的装配技能	机修钳工常用的工具、量具等

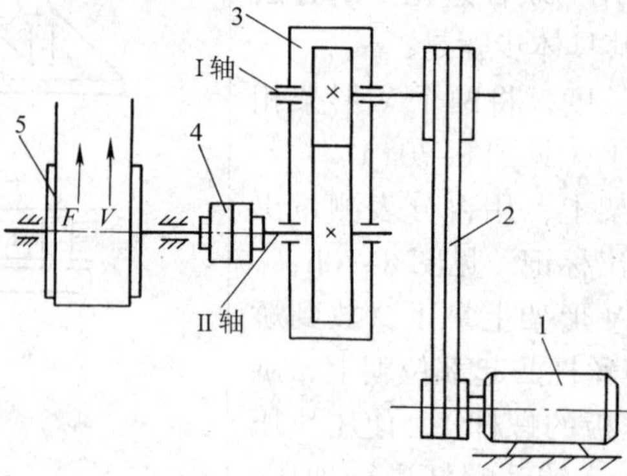

图 8-71　减速器传动简图

1—电动机　2—传动带　3—减速器　4—联轴器　5—卷筒

操作项目及要点

1. 凸缘联轴器的装配（见图 8-72）

（1）分别在电动机和齿轮箱的轴上装上平键和凸缘盘 2 和凸缘盘 3（见图 8-72a），将齿轮箱找正后固定

（2）将百分表固定在凸缘盘 3 上，并使百分表测头抵在凸缘盘 2 上。转动凸缘盘 3，找正凸缘盘 2 与凸缘盘 3 的同轴度（见图 8-72b、c）

（3）移动电动机，使电动机凸缘盘 2 的凸台插入齿轮箱凸缘盘 3 的凹槽内

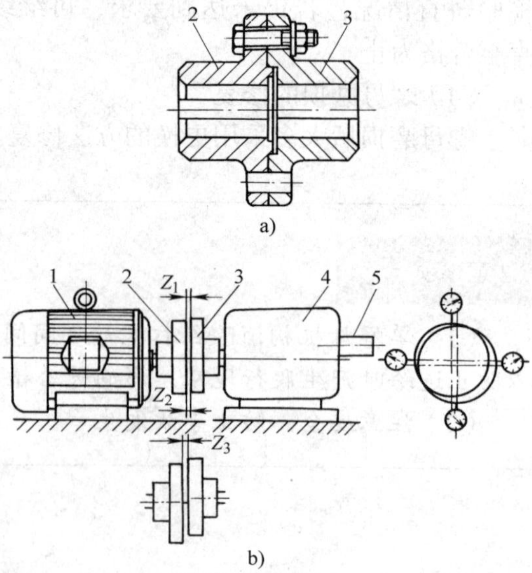

操作项目及要点

（4）转动齿轮箱轴 5（或凸缘盘 3），测量两凸缘盘端面之间的间隙，当间隙均匀后，使两凸缘盘完全接触

（5）将电动机固定，用螺栓将两凸缘盘紧固（见图 8–72a）

2. 弹性柱销联轴器的装配（见图 8–73）

（1）在电动机轴 1 和齿轮箱轴 4 上分别装上平键、半联轴器 2 和 3，将齿轮箱找正后固定

（2）找正两半联轴器的同轴度，其找正方法和凸缘联轴器找正方法相同

（3）移动电动机，将圆柱销穿入两半联轴器的销孔内

（4）转动齿轮箱轴 4，并调整使两半联轴器端面间的间隙均匀。移动电动机，使两半联轴器靠紧

（5）固定电动机，紧固柱销螺栓，再复查一次同轴度，直至合格为止

3. 十字滑块联轴器的装配（见图 8–74）

（1）在相互连接的两个传动轴上装上半键

（2）将联轴盘 1 和联轴盘 3 分别装配到各自的传动轴上，并将从动轴联轴盘的箱体固定

（3）将钢直尺放在联轴盘 1 和 3 的外圆上，使钢直尺与两圆的上、下及两侧母线均匀接触（见图 8–74c）

（4）安装中间盘 2，使联轴盘与中间盘留有少量间隙 δ，以保证转动时中间盘与联轴盘有少量的相对自由滑动

（5）将作为主动轴的箱体固定

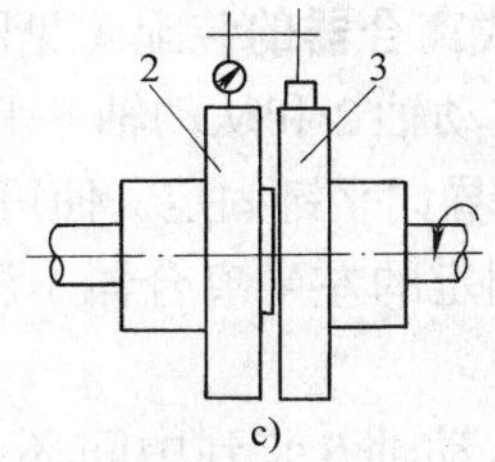

图 8–72

a）安装凸缘盘　b）、c）找正凸缘盘的同轴度

1—电动机　2、3—凸缘盘　4—齿轮箱　5—齿轮箱轴

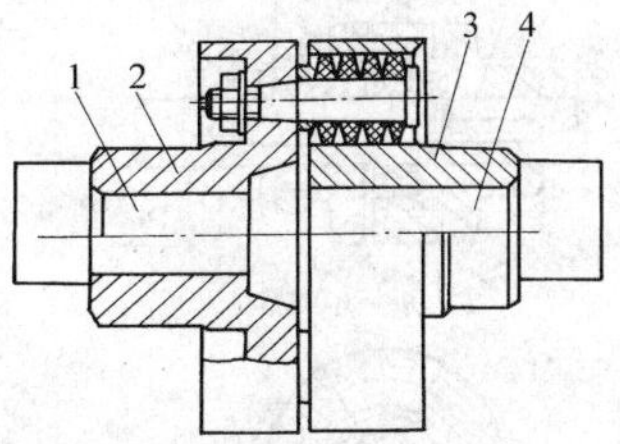

图 8–73

1—电动机轴　2、3—半联轴器　4—齿轮箱轴

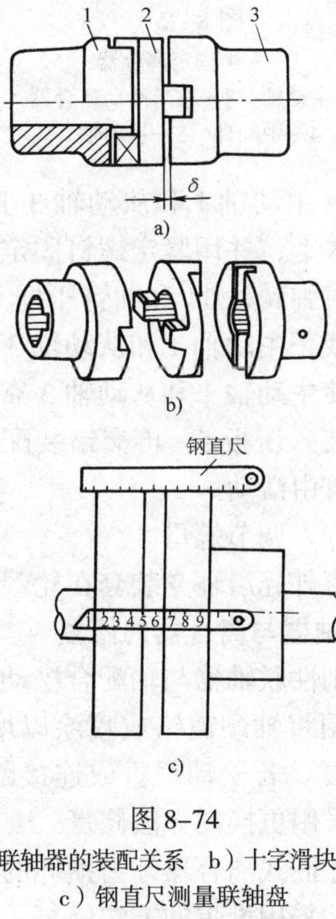

图 8–74

a）十字滑块联轴器的装配关系　b）十字滑块联轴器的组成

c）钢直尺测量联轴盘

1、3—联轴盘　2—中间盘

操作项目及要点

4. 牙嵌式离合器的装配（见图 8–75）

（1）在主动轴 2 和从动轴 5 上分别按要求装配普通平键和导向平键，并用紧固螺钉将从动轴 5 上的导向平键固定，使可移动的右半滑动离合器 3 能自由地在从动轴 5 上滑动

（2）将固定的左半离合器 1 压装到主动轴 2 上，中间环 4 装在左半固定离合器 1 内，并用螺钉固定

（3）将从动轴 5 装到中间环 4 的孔中，以保证从动轴 5 与主动轴 2 的同轴度符合要求

5. 多片式摩擦离合器的装配（见图 8–76）

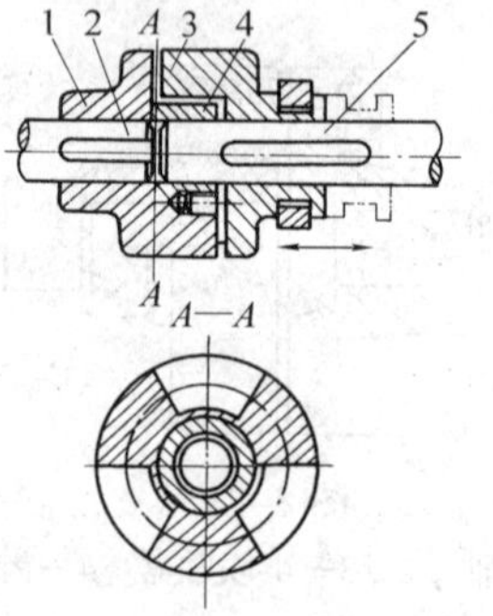

图 8–75

1—左半固定离合器
2—主动轴　3—右半滑动离合器
4—中间环　5—从动轴

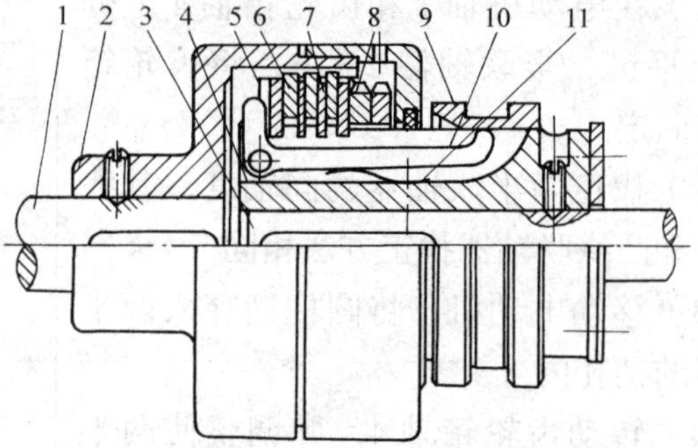

图 8–76

1—主动轴　2—套筒　3—从动轴　4—轮毂
5—压板　6—外摩擦片　7—内摩擦片
8—调节螺母　9—滑环　10—曲臂压杆　11—弹簧片

（1）在主动轴 1 和从动轴 3 上分别装上平键，将套筒 2 和轮毂 4 分别装到主动轴 1 和从动轴 3 上，并用紧定螺钉固定

（2）将弹簧片 11 和曲臂压杆 10 装配到套筒 2 上

（3）找正主动轴 1 和从动轴 3 之间的同轴度，其方法与联轴器找正方法相同

（4）使主动轴 1 和从动轴 3 靠近，并留一定的间隙后固定其位置

（5）装入压板 5，再交错装配内摩擦片 6、外摩擦片 7，使内、外摩擦片能在轮毂和套筒之间自由滑动

（6）拧入调节螺母 8

（7）将外壳滑环 9 装套在轮毂 4 上

6. 联轴器与离合器的修复

（1）刚性联轴器与轴配合松动的修复

可采用将轴颈镀铬或喷涂以增大轴颈直径尺寸的方法修复。若松动严重或连接部位严重磨损或变形时，应采用更换的方法修复

（2）牙嵌式离合器牙齿损坏的修复

一般常采用堆焊的方法修复（见图 8–77）：

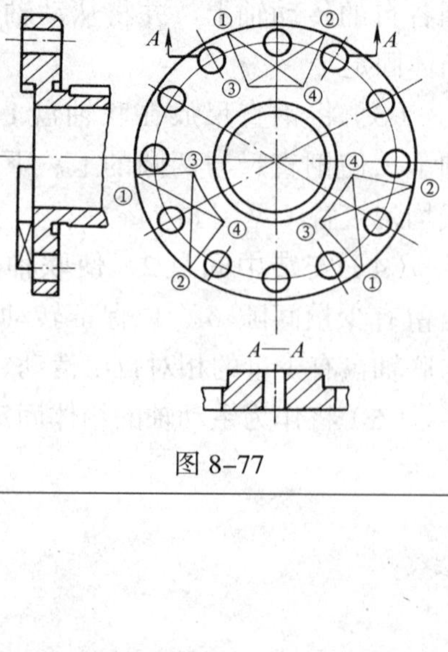

图 8–77

操作项目及要点
1）交叉点焊4个角，即图中①、②、③、④的位置，然后交叉堆焊牙侧，即①到③、②到④之间。待全部堆焊完时立即向所有的焊缝浇注冷水，然后放入50~60 ℃的炉中，关闭电源随炉冷却 2）堆焊后用铣削方法修复牙齿达到技术要求 （3）连接件损坏的修复 由于连接件制造容易、安装方便，大都采用更换的方法进行修复
注意事项 （1）当联轴器之间的同轴度要求不高时，可用钢直尺来检验调整；要求高时，必须用百分表检验 （2）联轴器定位紧固后，必须重新复查同轴度及转动的灵活性 （3）注意安全，防止事故发生

课题八 液压传动系统的装配与修理

本课题主要学习液压泵的安装、液压缸的装配、溢流阀的装配和液压传动系统的调试等内容。通过技能训练，熟悉液压传动系统调试的方法步骤，基本掌握液压泵安装、液压缸装配和溢流阀装配的技能。

作业名称	作业要点	工艺装备
液压传动系统的装配与修理	基本掌握液压泵、液压缸、溢流阀装配及维修的技能	机修钳工常用工具、量具及液压传动系统各种调试设备等

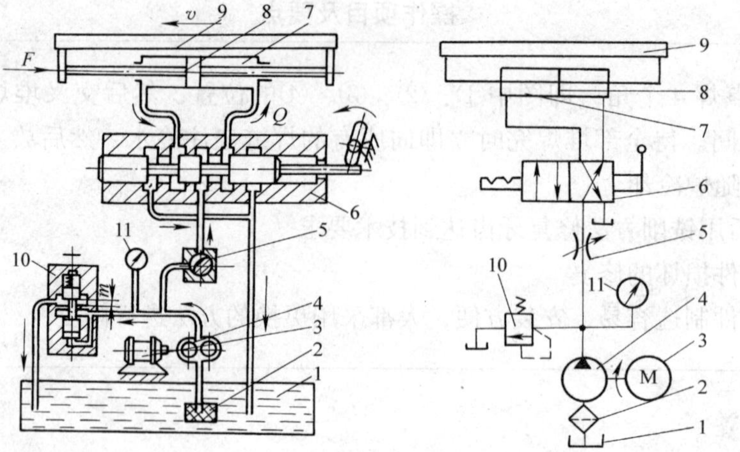

a）　　　　　　　　　　　　b）

图 8-78　液压传动系统简图

a）原理图　b）符号图

1—油箱　2—过滤器　3—电动机　4—液压泵　5—节流阀　6—换向阀　7—液压缸　8—活塞　9—工作台　10—溢流阀　11—压力表

操作项目及要点

1. 液压泵（见图 8-79）的安装

（1）用手转动液压泵的主动轴，要求转动灵活无阻滞现象

（2）在液压泵试验台上对液压泵做性能试验，检查是否达到有关的技术要求

（3）将液压泵主动轴与电动机轴用联轴器连接，应符合联轴器连接的技术要求

（4）按照技术要求连接进油管和出油管

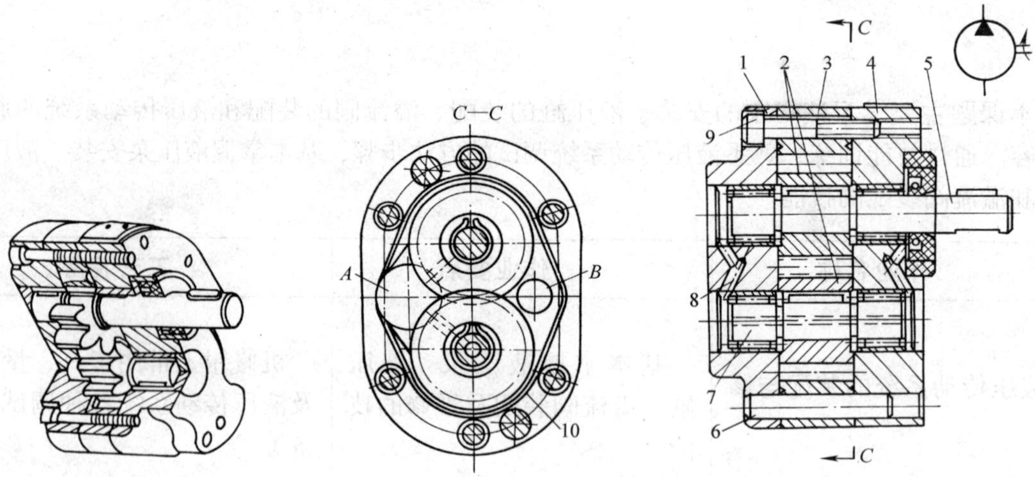

a）　　　　　　b）　　　　　　c）

图 8-79

a）剖视立体图　b）C—C 剖视图　c）旋转剖视图

1、4—端盖　2—齿轮　3—泵体　5—主动轴　6—圆柱销　7—从动轴　8—泄油小孔　9—螺钉　10—泄油槽　A—吸油口　B—压油口

操作项目及要点	
2. 液压缸（见图 8–80）的装配 （1）用内径百分表检查缸体内径，用千分尺检查活塞外径，按要求保证活塞与液压缸的配合精度 （2）清除活塞与活塞杆配合面上的污物和毛刺，将活塞杆与活塞进行组装，钻、铰圆锥销孔，将圆锥销孔清洗干净、涂润滑油后将圆锥销敲入锥孔 （3）检查活塞与活塞杆的同轴度及活塞杆的直线度。将活塞与活塞杆装配成一体，用 V 形架将其支顶在检验平板上（见图 8–81），用百分表进行检查：检查活塞杆与活塞的同轴度（见图 8–81a）；检查活塞杆的直线度（见图 8–81b） （4）用煤油将液压缸、活塞和活塞杆清洗干净，将活塞、活塞杆装入液压缸内，活塞在液压缸内应移动灵活、无阻滞 （5）安装液压缸两端端盖。应按图 8–82 所示顺序拧紧端盖螺钉。端盖装配好后，活塞移动不允许有阻滞和轻重不一的现象 （6）将液压缸安装到机床上，保证液压缸（或活塞杆）移动的直线性以及对机床导轨的平行度。其检查方法如图 8–83 所示 1）以机床平导轨 5 为基准，将平行垫铁 4 放在平导轨上，用百分表测量液压缸的上母线，要求平行度在全长上误差不超过 0.1 mm。若超差，应修刮液压缸和机床的接合面，或刮削床身上的安装面 2）以 V 形导轨 2 为基准，将百分表测头支顶在液压缸侧母线上，移动表座 3，测量液压缸侧母线对 V 形导轨的平行度，要求在全长上平行度误差不超过 0.1 mm。若超差，可松开液压缸和床身上的连接螺钉，找正侧母线的平行度符合要求后，将螺钉紧固，并用定位销定位	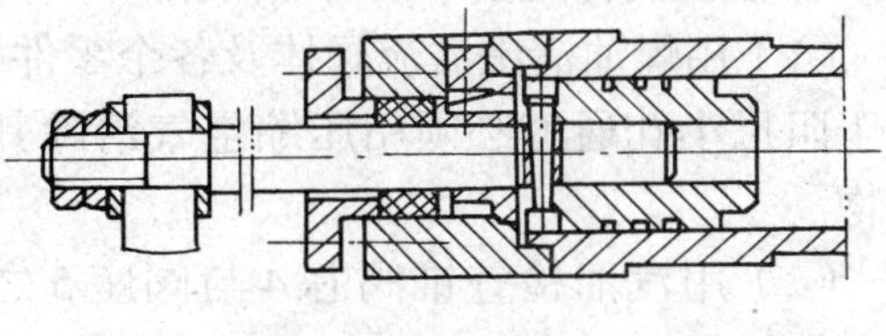 图 8–80 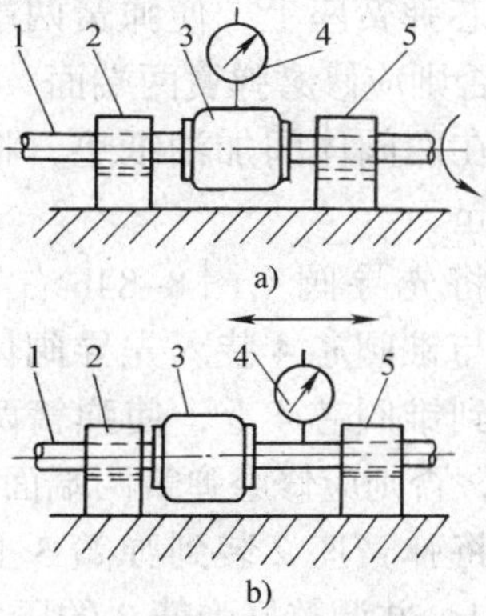 图 8–81 a）检查活塞杆与活塞的同轴度　b）检查活塞杆的直线度 1—活塞杆　2、5—V 形架　3—活塞　4—百分表 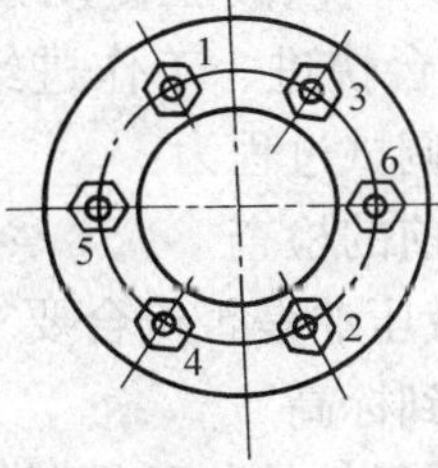 图 8–82 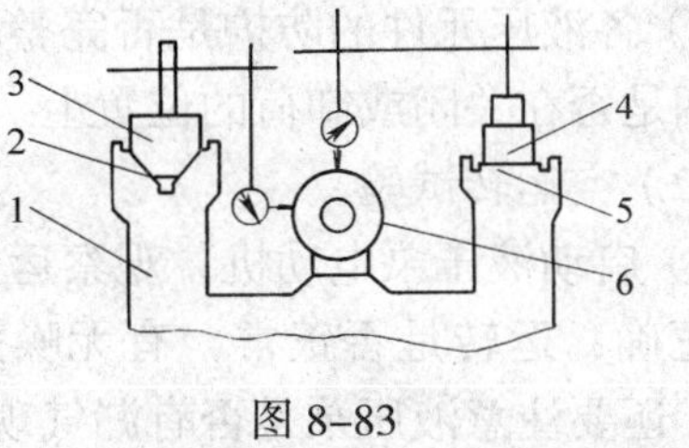 图 8–83 1—床身　2—V 形导轨　3—表座 4—平行垫铁　5—平导轨　6—液压缸

操作项目及要点

3. 溢流阀（见图 8-84）的装配

（1）用煤油清洗溢流阀体及各个零件，对于阻尼小孔通道必须用压缩空气清除其污物

（2）用汽油检查锥阀芯 4 与阀座 5 之间的密封性

（3）将主阀芯 9 装入阀体，将弹簧 7 装到主阀芯弹簧座上，使弹簧两端面与轴线垂直，否则应修磨弹簧两端面

（4）在两阀体间加油纸垫，将两阀体装配到一起

（5）将先导阀（图 8-84b 右半部阀）的阀座 5 与锥阀芯 4 装入先导阀体中，将弹簧 3 装到锥阀芯 4 上，使弹簧两端面与轴线垂直，否则应修磨弹簧两端面

（6）将弹簧座 2 装到弹簧 3 上，拧上调整螺母 1，并调整好弹簧 3 的压力

4. 液压传动系统的调试

根据装配图先将各零件装配成完整的液压传动系统，然后根据技术要求进行调试（见图 8-85）。该液压传动系统的工作过程为：工作台快进、工作进给、快速退回、停止。其调试过程为：

（1）调试前的检查

1）检查液压油是否符合要求，油箱中的油量是否达到标高

2）各液压元件的装配是否正确，泄漏是否符合规定要求

3）各液压元件的防护是否完整，各控制手柄是否在关闭或卸荷的位置上

（2）空运转试验

1）启动液压泵电动机，观察运动方向是否正确，运转是否正常，有无噪声或杂音等。还要注意液压泵是否有漏气现象

2）液压泵在卸荷状态下，其卸荷压力是否在规定范围内

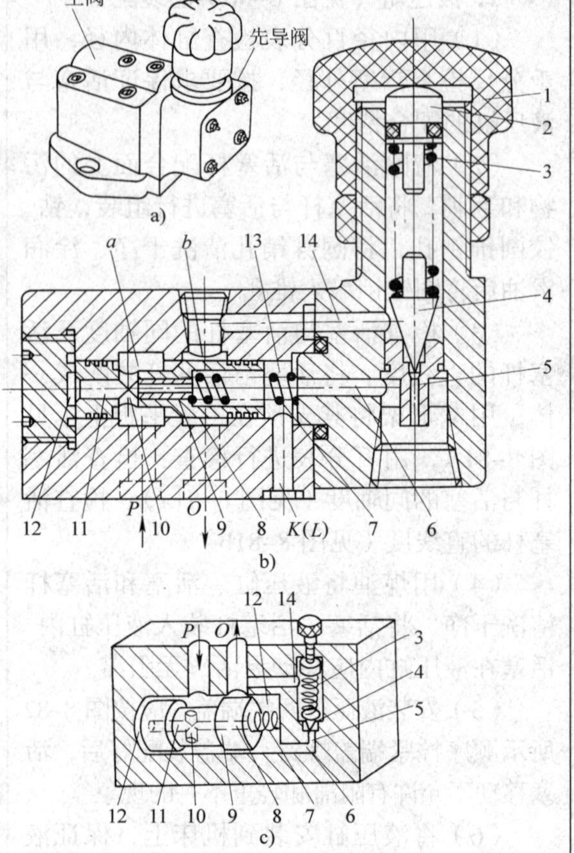

图 8-84

a）立体图　b）结构图　c）原理示意图

1—螺母　2—弹簧座　3、7—弹簧　4—锥阀芯

5—阀座　6、8、10、11、14—孔　9—主阀芯

12、13—油腔　a—主阀进油油腔　b—主阀出油油腔

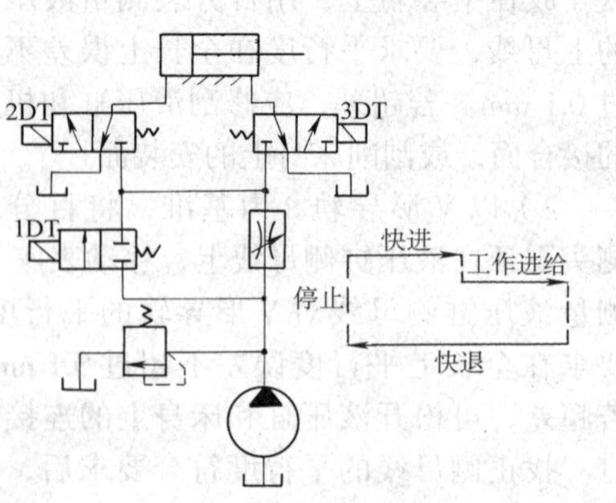

图 8-85

操作项目及要点

3）调整溢流阀，逐步增大压力达到系统压力规定值

4）有排气装置的应打开排气阀

5）将换向阀置于“开位”，调整调速阀使液压缸（或活塞杆）工作速度逐渐增大，工作行程由小到大。然后，使工作台在全行程快速往返运动，以排出系统内的空气

6）关闭排气阀

7）检查各管道连接处、液压元件接合处及密封处是否有泄漏现象。若有，应采取治漏措施

8）检查系统在空运转下是否按预定的工作过程工作，各个动作是否平稳，有无“爬行”现象

9）空运转 2 h 后，检查油温及液压系统的动作精度（如换向、定位、停留等）

（3）负荷试验

先在低于最大负荷情况下进行试验，待一切正常后方可进行最大负荷试验。检查系统能否实现预定的工作要求及噪声、振动和各处内、外泄漏情况；工作部件运动、换向和速度换接时有无“爬行”和冲击；功率损耗及温升是否在允许的范围内。发现故障要及时分析原因，尽快排除

注意事项

（1）安装液压泵时一定要注意液压泵轴与电动机轴的同轴度，一般同轴度误差不大于 0.1 mm，倾斜角不大于 40′

（2）安装液压泵上的联轴器时，不可敲击泵轴，以免损坏泵的转子

（3）液压泵的出口、入口和旋转方向在标牌上均有标明，应按要求连接管道，不得接反

（4）注意安全，严格按操作规程工作，防止事故发生

第九单元

轴承与轴组的装配与修理

本单元主要学习滑动轴承、滚动轴承的装配与修理。

通过技能训练，掌握滑动轴承、滚动轴承装配、调整与修理的技能。

课题一　滑动轴承的装配与修理

本课题主要学习整体式滑动轴承、剖分式滑动轴承、内柱外锥式滑动轴承及自动调位轴承的装配与修理等内容。通过技能训练掌握各种滑动轴承装配与修理的技能。

作业名称	作业要点	工艺装备
滑动轴承的装配与修理	掌握滑动轴承装配、检测与修理的技能	机修钳工常用工具、内径百分表、塞尺、检验棒、软金属棒等

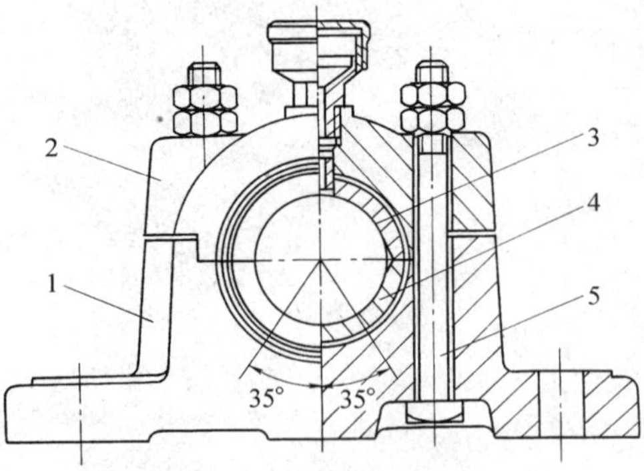

图 9-1　滑动轴承

1—轴承座　2—轴承盖　3—上轴瓦　4—下轴瓦　5—螺栓

操作项目及要点

1. 整体式滑动轴承的装配与修理

整体式滑动轴承（见图 9–2）是在机器的机架或箱体上直接镗出轴承孔，但大多数是在孔内镶套，以减少磨损和便于更换

（1）装配方法

1）清理轴套和轴承座孔上的毛刺和污物，擦干净后涂上润滑油

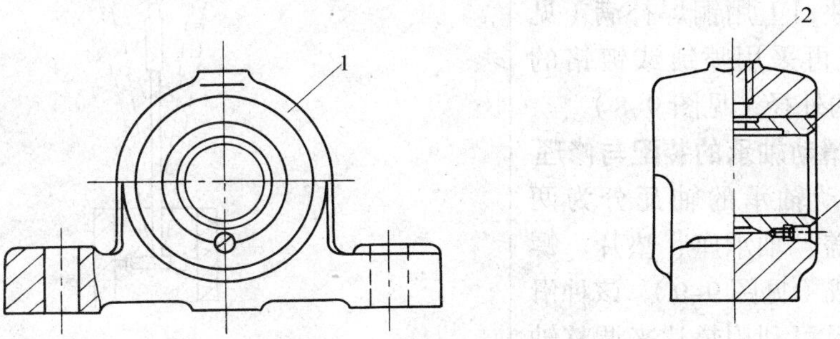

图 9–2

1—轴承座　2—润滑孔　3—轴套　4—紧定螺钉

2）根据轴套尺寸和过盈量大小，采用锤击法或压入法将轴套装入轴承座孔内

用锤击法将轴套装入孔内，如图 9–3 所示；用专用拉紧工具将轴套装入孔内，如图 9–4 所示

3）轴套定位后，用紧定螺钉（俗称骑缝螺钉）将轴套固定

4）轴套压入孔后容易变形，应用铰削或刮削的方法对轴套内孔进行修整

5）轴套的检验。用内径百分表检验轴套内孔的圆度和圆柱度及其尺寸（见图 9–5）。用塞规和塞尺检验轴套孔轴线对轴承端面的垂直度（见图 9–6）

（2）修理方法

1）整体式滑动轴承的轴套制造方便、更换容易，所以修理时大都采用更换的方法

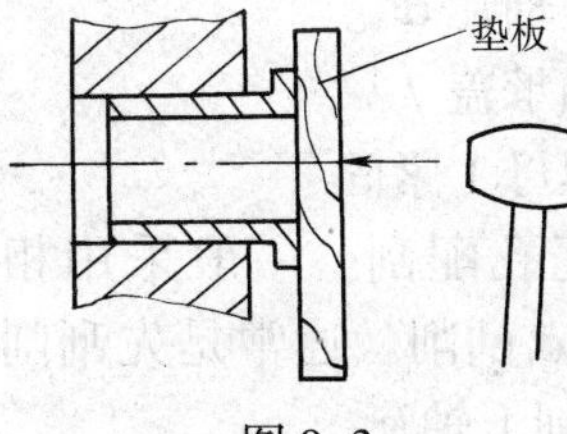

图 9–3

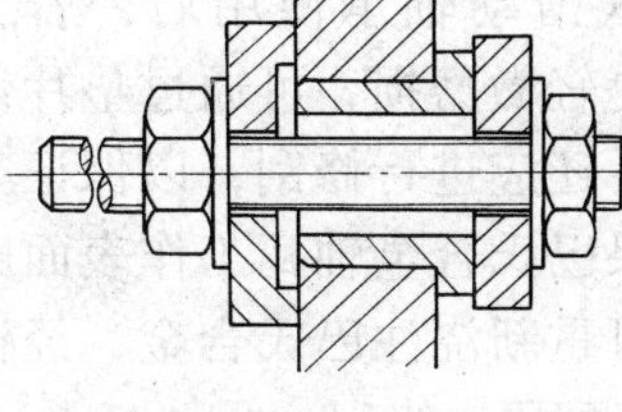

图 9–4

操作项目及要点	
2）对于大型或贵重金属材料制作的滑动轴承，可采用金属喷镀或刷镀的方法修复。也可以将轴套沿轴向切去一部分后再合拢，以缩小内径尺寸，然后再在缺口上用铜焊补满（见图 9–7），最后再采用喷镀或镀铬的方法增大轴套的外径（见图 9–8） **2. 剖分式滑动轴承的装配与修理** 剖分式滑动轴承的轴瓦分为两片，它由轴承盖、轴承座、垫片、螺钉和螺母等组成（见图 9–9）。该种滑动轴承的优点是可利用垫片来调整轴瓦与轴的配合间隙，拆装轴时比较方便 （1）装配方法 1）先将下轴瓦 4 装入轴承座 3 内 2）装上垫片 5 3）装上轴瓦 6 4）装轴承盖 7 5）用螺母 1 紧固 6）轴瓦孔配刮。一般采用相配合的轴来研点刮削。通常是先刮削下轴瓦，后刮削上轴瓦 （2）修理方法 剖分式滑动轴承使用后，若工作表面只是轻微磨损，可通过垫片调整。调整后还应进行修刮，以保证其精度。如果巴氏合金轴瓦工作表面磨损严重，可重新浇注巴氏合金，经镗孔后再进行配研、修刮 修复后轴承盖与轴承座之间的间隙不小于 0.75 mm（见图 9–10）	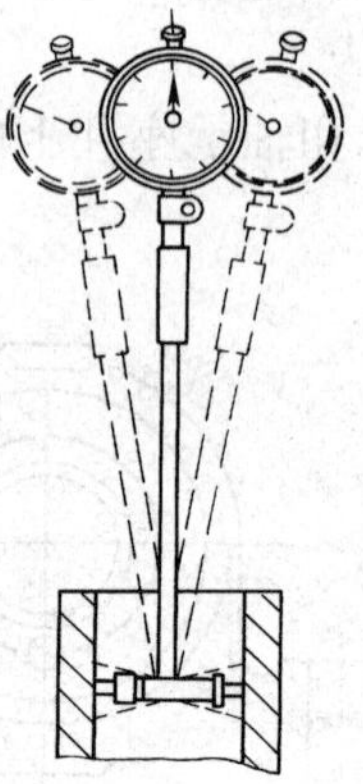 图 9–5 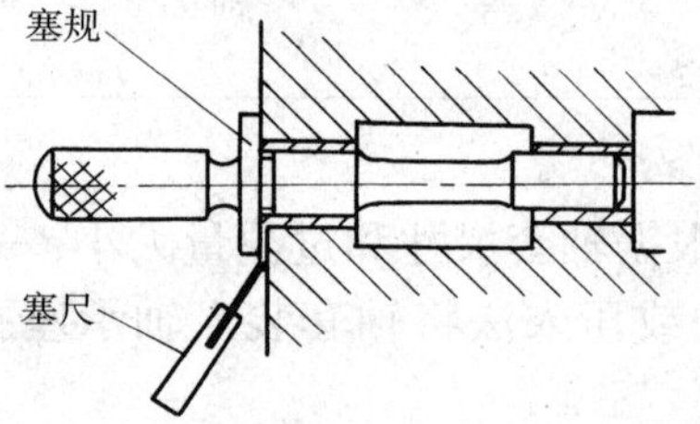 图 9–6 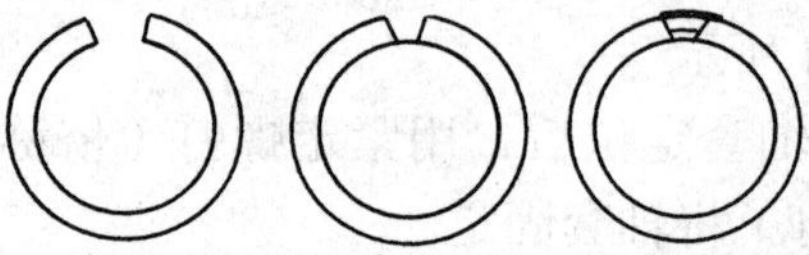 图 9–7 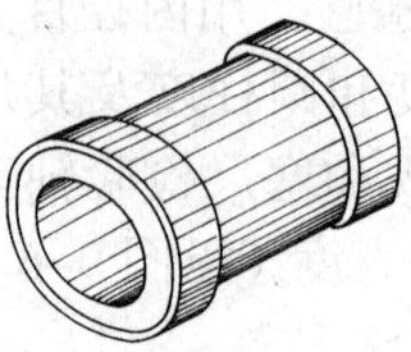 图 9–8

操作项目及要点

3. 内柱外锥式滑动轴承（见图 9–11）的装配与修理

（1）装配方法

1）将轴承外套 3 压入箱体 2 的孔中，并保证有 H7/r6 的配合要求

2）用专用心棒研点，修刮轴承外套 3 的内锥孔，保证前、后轴承孔同轴度符合要求

3）在轴承 5 上钻油孔与箱体 2、轴承外套 3 上的油孔相对应，并与自身油槽相接

4）以轴承外套 3 的内孔为基准研点，配刮轴承 5 的外圆锥面，使接触精度符合要求（见图 9–12）

5）把轴承 5 装入轴承外套 3 的孔中，旋入两端螺母 1、4，并调整好轴承 5 的轴向位置

6）以主轴 6 为基准，配刮轴承 5 的内孔（见图 9–13）。后轴承以工艺套支承，以保证前、后轴承孔的同轴度。轴承 5 内孔的接触点在 25 mm × 25 mm 方框内不少于 12 点，点的分布情况为两端硬而中间软。油槽两边的点要软，以便形成油膜

7）将轴承内孔和主轴轴颈清洗干净，加润滑油后重新装入，并调整其间隙

（2）修理方法

轴承轻微磨损时，可通过调整间隙的方法修复；轴承工作面磨损严重或擦伤时，应将主轴拆卸下来，重新配研刮削轴承，以恢复其精度；轴承经多次修刮后，无调节余量，可喷涂轴承外径，增加调节余量，再将轴承小端部分的圆锥车去一段，增加螺纹长度，以加大调整范围（见图 9–14）。当无法修复时，应更换新的轴承

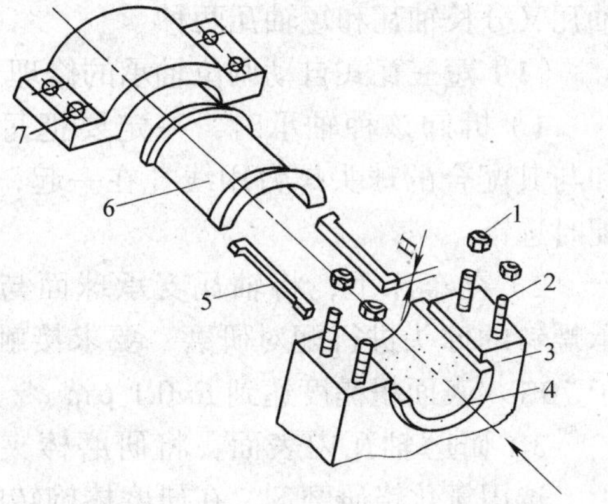

图 9–9

1—螺母　2—双头螺柱　3—轴承座

4—下轴瓦　5—垫片　6—上轴瓦

7—轴承盖

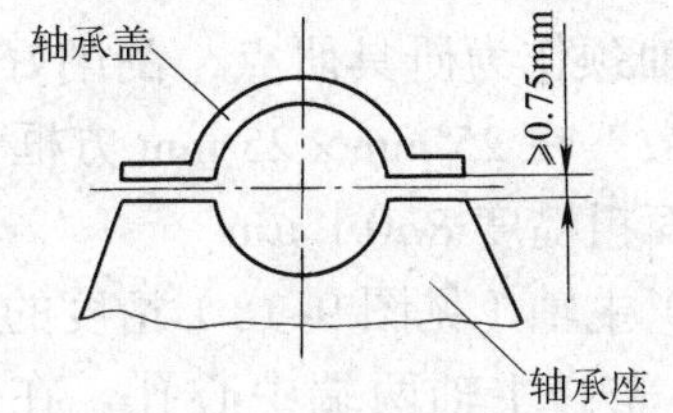

图 9–10

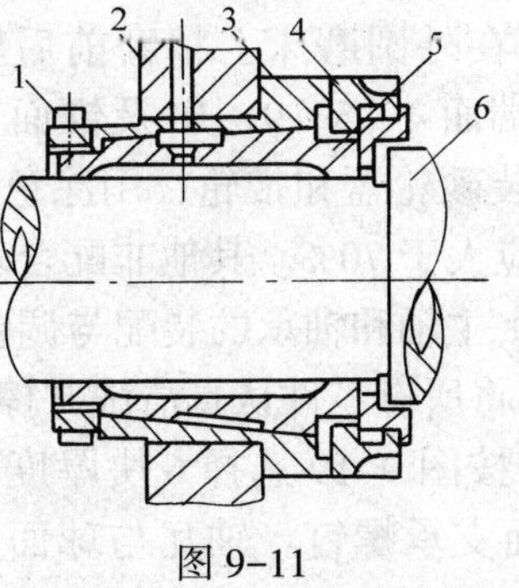

图 9–11

1—后螺母　2—箱体　3—轴承外套

4—前螺母　5—轴承　6—主轴

操作项目及要点

4. 自动调位轴承的装配与修理

自动调位轴承常有三瓦式（见图 9–15）和五瓦式（见图 9–16）多油楔动压轴承两种，而轴瓦又分长轴瓦和短轴瓦两种

（1）短三瓦式自动调位轴承的修理

1）拆卸该种轴承时，一定要把每片轴瓦和与其配合的球头螺钉用线扎在一起，以免装配时选错

2）在车床上，将轴瓦支承球面与球面支承螺钉的球头进行配对研磨，要求接触面积大于 70%，表面粗糙度达到 *Ra*0.1 μm

3）研磨轴瓦内表面。将研磨棒夹在车床上，选用氧化铬研磨剂。在研磨棒旋转的同时，用手按住轴瓦在研磨棒上速度均匀地往复移动，此时应特别注意研磨棒的旋转方向要与轴瓦上标注的箭头方向一致（见图 9–17）

若采用刮削方法修复轴瓦，可直接用修复后的主轴颈作为研具研点，刮削好的轴瓦内表面的点数，在 25 mm × 25 mm 方框内不少于 20 点，表面粗糙度 *Ra*0.1 μm

（2）主轴（见图 9–18）精度的修复

1）先修主轴两端中心孔。在车床上以轴颈 2、7 为测量基准，研磨两端中心孔，使轴颈 2、7 对中心孔轴线的径向圆跳动小于 0.01 mm

2）在外圆磨床上精磨前后轴颈 3、6，磨削轴肩端面 4、5、9、10 及锥面 1、8。在两锥面上配装砂轮盘和带轮，用涂色法检查，其接触面积应大于 70%。其他非配合表面磨圆即可

（3）主轴和轴承的装配与调整

1）将所有零件认真清洗并擦干

2）按图 9–19 选择 6 块厚度相同的轴瓦及 6 只球面支承螺钉。轴瓦与球面支承螺钉为事先研磨好的，应成对装入，不能装错，确认主轴旋转方向，不得装反，先将下面的 4 块轴瓦装好

3）在箱体两端孔中分别装入工艺轴套 2、8，然后装上主轴和上轴瓦

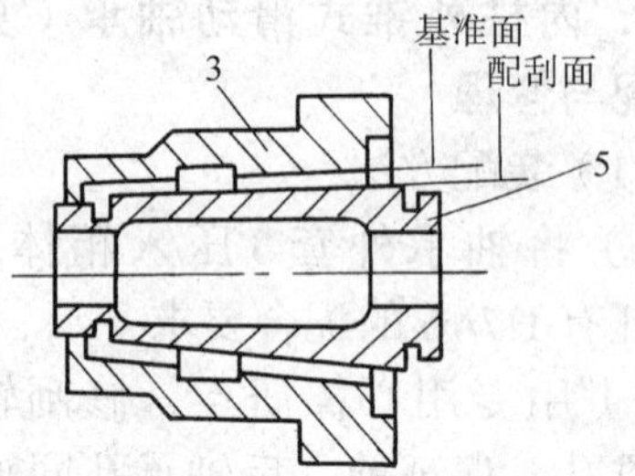

图 9–12

3—轴承外套　5—轴承

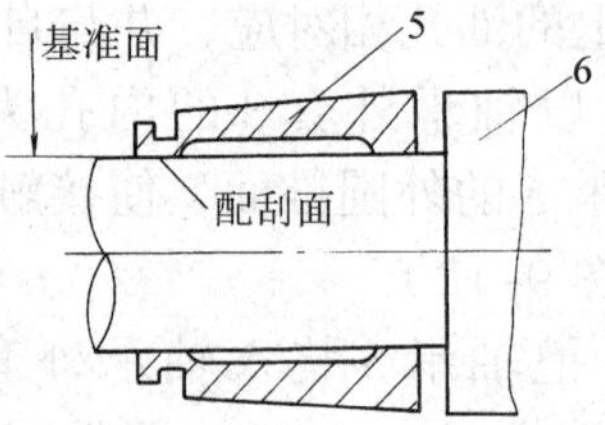

图 9–13

5—轴承　6—主轴

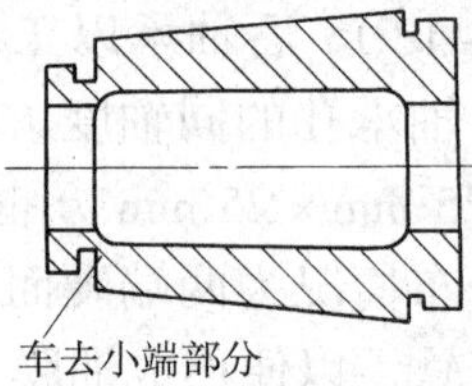

图 9–14

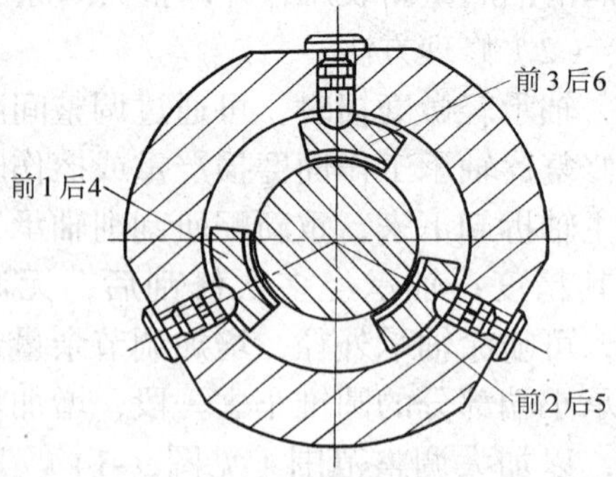

图 9–15

操作项目及要点

4）调节球面支承螺钉，使各轴瓦刚好与主轴接触，并用塞尺检查轴瓦背外径与箱体孔内径的间隙，使间隙保持在 0.15 ~ 0.4 mm 之间

5）检查主轴两端工艺轴套，若工艺轴套转动灵活、进出自如，即证明主轴、轴瓦与箱体孔三者同轴度符合要求

6）调整轴与轴瓦之间的间隙。对三件组成式球面支承螺钉（见图 9–19b），调整轴承间隙时应旋入球头螺钉，前后轴承同时交替调节，并逐步拧紧，直至主轴不能用手转动时再将球面支承螺钉稍退一点。然后旋入空心螺钉，在碰到球面螺钉后倒转退回一点，使两螺钉相距 3 mm 左右，再旋入锁紧螺钉，并用力拧紧。轴与轴承的间隙，以手转动主轴感到轻便为宜。用百分表测量间隙的大小，其测量方法是用 150 ~ 200 N 的力抬、压主轴前端，要求百分表的读数在 0.005 ~ 0.015 mm 即可（见图 9–20）。使前轴承的间隙小于后轴承，调整好后拧上封口螺钉，防止轴承的润滑油泄漏

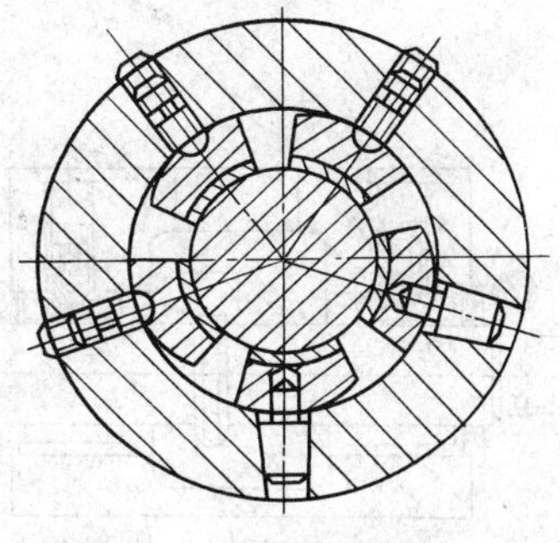

图 9–16

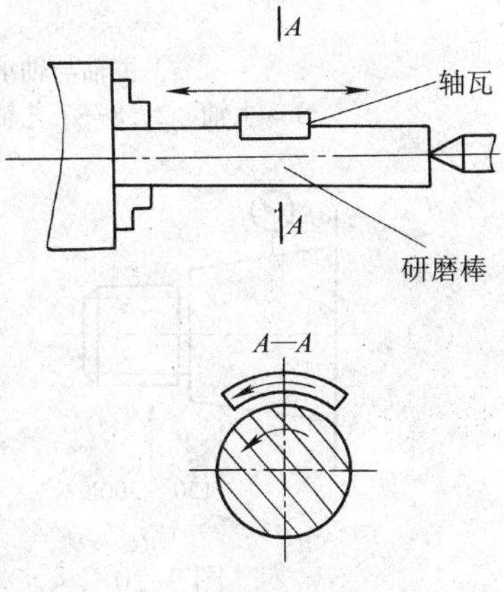

图 9–17

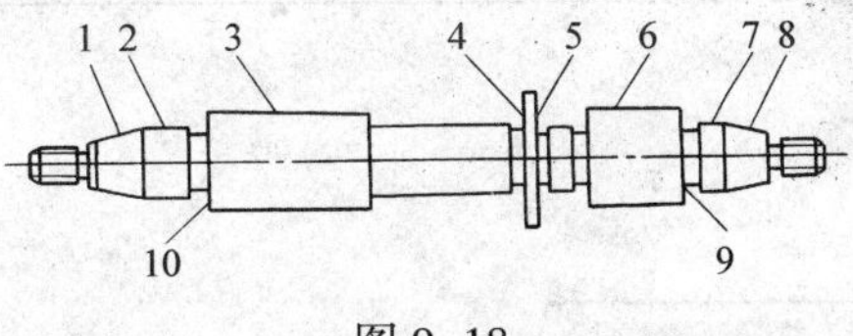

图 9–18

1、8—锥面　2、7—轴颈

3、6—前、后轴颈　4、5、9、10—轴肩端面

注意事项

（1）将整体式滑动轴承装入轴承座或箱体时，一定要放正，注意不能将轴承压变形

（2）对于较大主轴用的剖分式滑动轴承，因主轴外伸较长，装上工件后会发生变形，刮削时注意把下轴瓦在主轴外伸端处刮得低一些（见图 9–21），以防主轴被咬死

（3）刮削内柱外锥式滑动轴承的内圆柱孔（和主轴配合的孔）时，孔中间部分刮削得重一些，中间为软点，两端为硬点

（4）调整自动调位轴承与主轴的间隙时，应先调整下轴瓦，后调整上轴瓦，保证配合间隙正确。间隙太大易影响主轴精度，间隙太小易使主轴卡死

（5）注意安全，防止事故发生

操作项目及要点

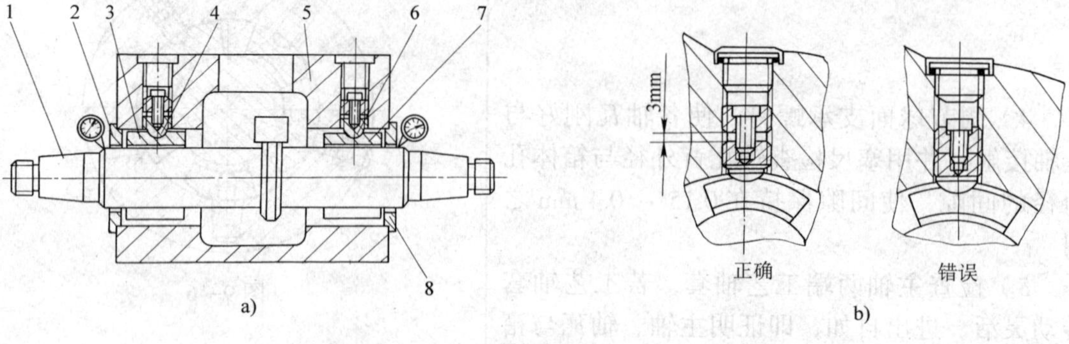

图 9-19
a）主轴与轴承的装配示意　b）调整轴与轴瓦间的间隙
1—主轴　2、8—工艺轴套　3、7—轴瓦　4、6—球面支承螺钉　5—箱体

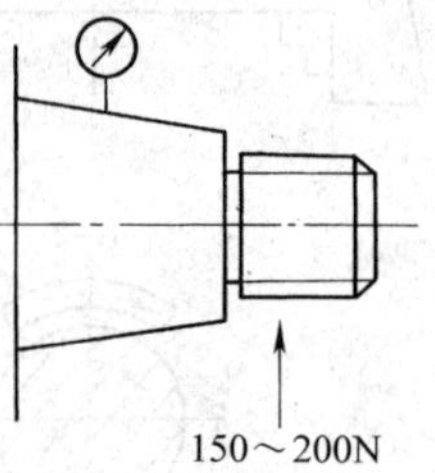

图 9-20

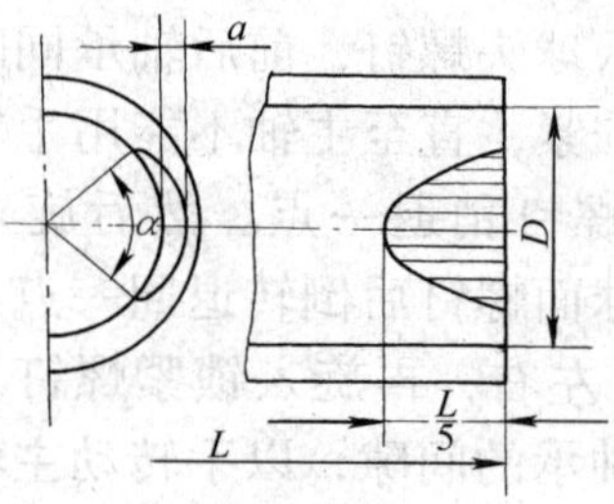

图 9-21

课题二　滚动轴承的装配与修理

本课题主要学习圆柱孔轴承、圆锥孔轴承及推力球轴承的装配方法，滚动轴承的拆卸、修理、预紧方法以及滚动轴承预紧的测量及调整方法等。通过技能训练，掌握滚动轴承装配、修理及预紧的技能。

作业名称	作业要点	工艺装备
滚动轴承的装配与修理	掌握滚动轴承拆卸、装配、修理及预紧的技能	机修钳工常用工具、自制套筒、铜棒等

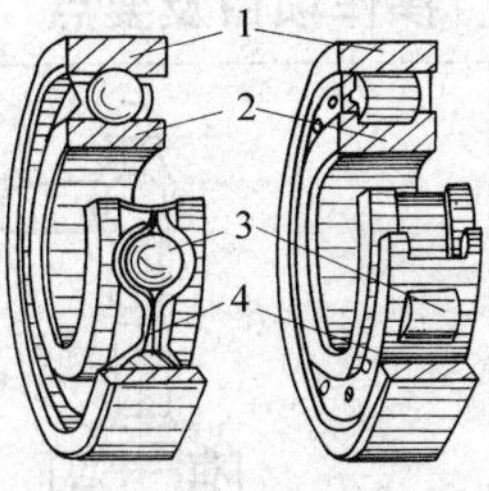

a)　　b)

图 9-22　滚动轴承

a）深沟球轴承　b）圆柱滚子轴承

1—外圈　2—内圈　3—滚动体　4—保持架

操作项目及要点

1. 圆柱孔轴承的装配方法

（1）轴承内、外圈的装配顺序

1）当轴承内圈与轴颈配合较紧而外圈与壳体（或箱体）配合较松时，应先将轴承装配到轴上。装配轴承时，应用软金属套垫在轴承内圈上，然后用压入法或锤击法将轴承装配到轴上（见图 9-23），最后将轴承和轴一起装入壳体中

2）当轴承外圈与孔配合较紧而内圈与轴颈配合较松时，应先将轴承压入壳体中（见图 9-24），然后再将轴装入轴承中

3）当内圈与轴颈、外圈与壳体孔配合都比较紧时，应制作专用的套筒。该套筒的端面应能同时压紧轴承的内、外圈端面（见图 9-25），将轴承同时压入轴上和壳体中

对于分离型轴承（如圆锥滚子轴承）的装配，因其外圈可以分离，可分别将外圈装入壳体，内圈装到轴上，然后将轴组一起装入外圈孔中

（2）轴承内、外圈的装配方法

1）当配合过盈量较小时，可用图 9-26 所示方法将轴承压入：用套筒将轴承敲入（见图 9-26a）；用铜棒对称地沿轴承外圈（或内圈）端面均匀敲入（见图 9-26b）

2）当配合过盈量较大时，可用压力机压入（见图 9-27）

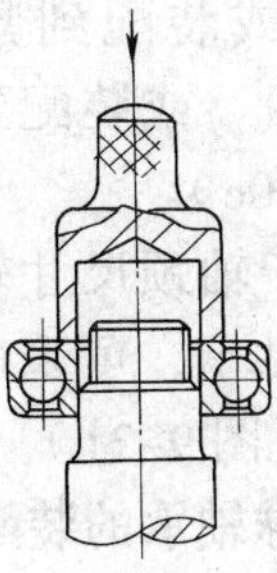

图 9-23

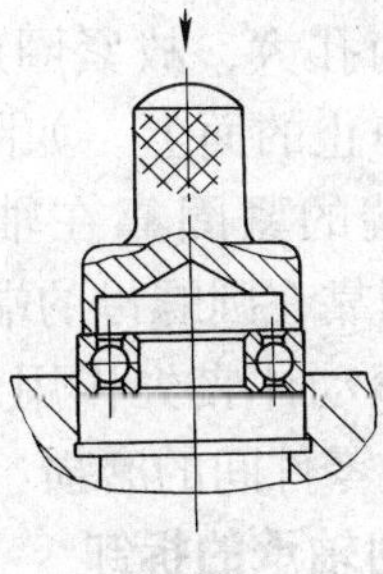

图 9-24

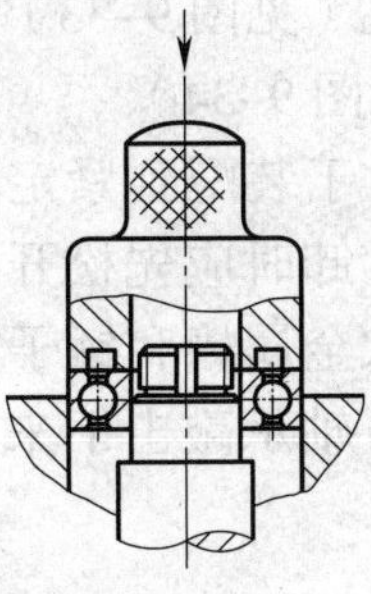

图 9-25

操作项目及要点	
3）当配合过盈量很大时，应采用温差法装配。给轴承加热的方法常用的有两种：在油箱中加热（见图 9–28）和感应加热器加热（见图 9–29） **2. 圆锥孔轴承的装配方法** （1）当过盈量较小时，应根据安装及使用要求不同，可直接将轴承装配到锥度的轴颈上（见图 9–30a），或装配到紧定套上（见图 9–30b），或装配到退卸套上（见图 9–30c） （2）对于轴颈尺寸较大而需经常拆卸的轴承，可采用液压套合法拆装（见图 9–31） **3. 推力球轴承的装配方法** 在装配推力球轴承时，应注意区分紧圈与松圈。松圈的内孔比紧圈的内孔大，故紧圈应靠在与轴相对静止的面上。如图 9–32 所示，右端的紧圈靠在轴肩上，左端的紧圈靠在圆螺母的端面上，否则会使滚动体丧失作用，同时会加速配合零件间的磨损 **4. 滚动轴承的拆卸** （1）一般圆柱孔装配的轴承可用压力机（见图 9–33）或拉拔器拆卸（见图 9–34） （2）对于装配到紧定套上的轴承，在拆卸时应先松开锁紧螺母，再用软金属棒和锤子沿锁紧螺母方向将轴承敲击下来（见图 9–35）	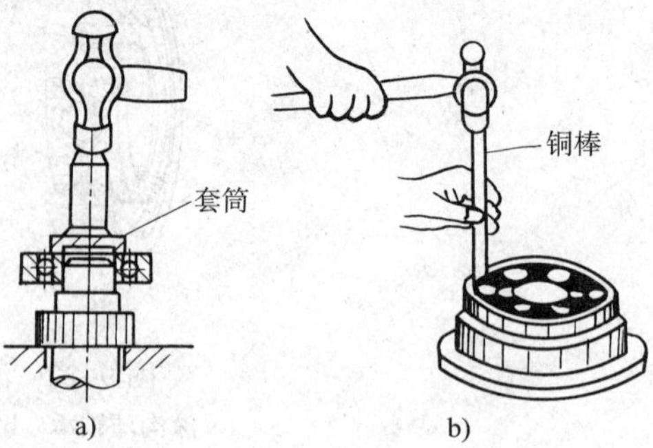 图 9–26 a）用套筒敲入　b）用铜棒敲入 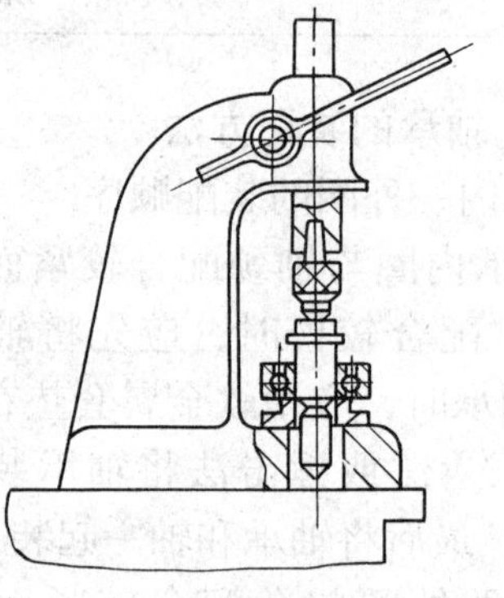 图 9–27 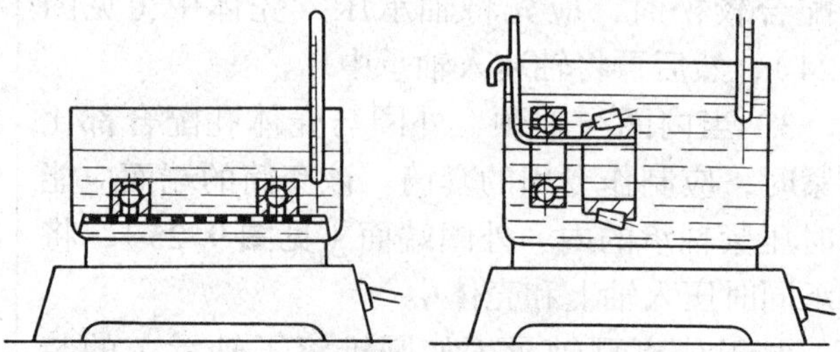 图 9–28 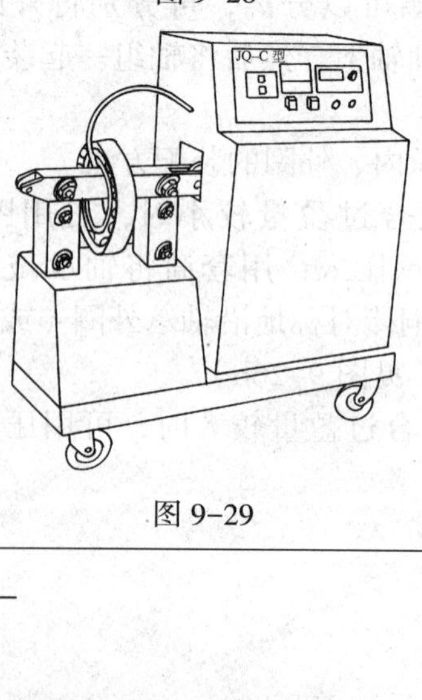 图 9–29

操作项目及要点

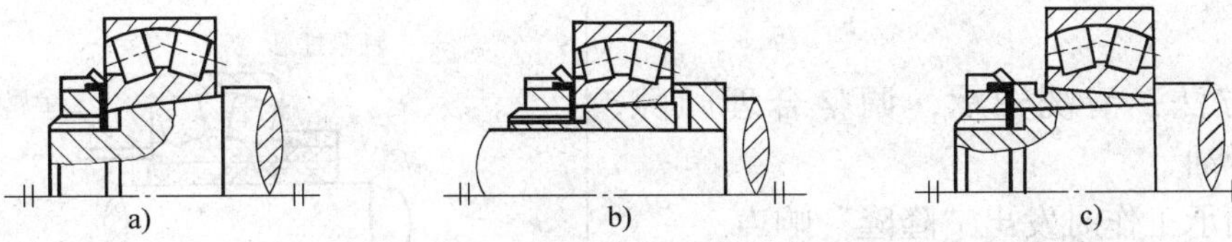

图 9-30

a）直接装配　b）装配到紧定套上　c）装配到退卸套上

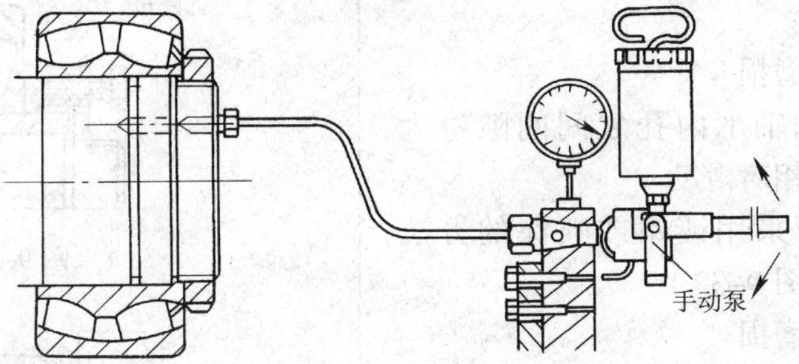

图 9-31

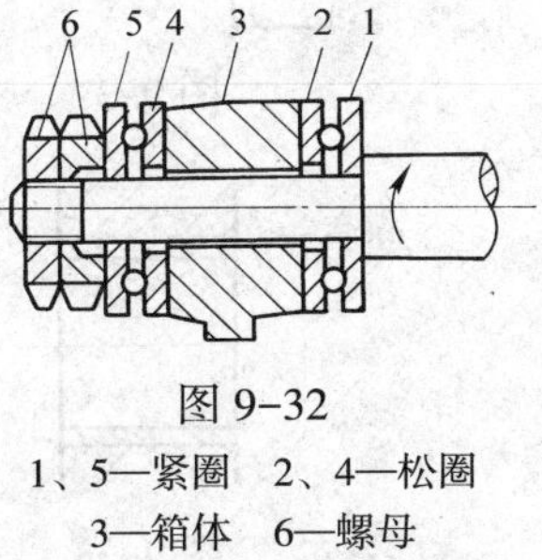

图 9-32

1、5—紧圈　2、4—松圈

3—箱体　6—螺母

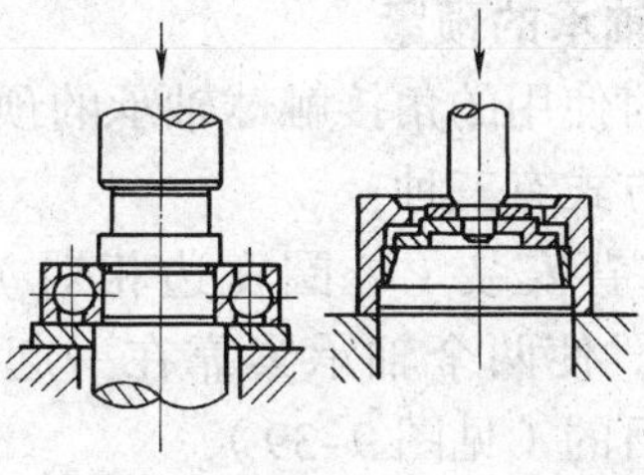

图 9-33

（3）对于装配到退卸套上的滚动轴承，在拆卸时，应先将锁紧螺母卸掉，再用退卸螺母将退卸套从轴承座圈中拆出（见图 9-36）

5. 滚动轴承的修理

（1）轴承工作时发出不规则的响声

原因：有杂物进入轴承滚道内

修理方法：清洗轴承，除去杂物，调整间隙，重新加油润滑

（2）轴承工作时发出冲击声

原因：滚动体或轴承圈有破裂

修理方法：拆下破裂轴承，重新更换新轴承

（3）轴承工作时发出尖哨声

原因：轴承间隙太小，润滑不良等

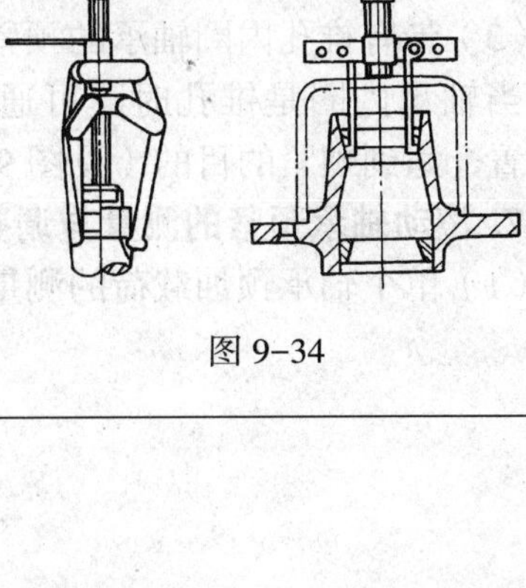

图 9-34

操作项目及要点

修理方法：清洗轴承，调整合理间隙，重新加润滑油

（4）轴承工作时发出“隆隆”响声

原因：轴承内、外圈滚道严重磨损

修理方法：将磨损严重的轴承拆下来，更换新轴承

（5）轴承轴颈磨损

原因：轴颈和轴承内孔之间间隙过大，轴与轴承内圈发生相对滑动

修理方法：可采用镀铬或喷涂的方法，增大轴的直径（见图 9–37）

（6）轴承座孔磨损

可用喷涂法或将轴承座孔车大，再重新镶套修复（见图 9–38）

6. 滚动轴承的预紧

（1）成对使用的角接触球轴承的预紧

其布置方式有三种：

1）背靠背安装（外圈宽边相对）。按箭头方向施力，使两个轴承紧靠在一起，即可达到预紧的目的（见图 9–39）

2）面对面安装（外圈窄边相对）。按箭头方向施加预紧力，使两轴承紧靠在一起，即可达到预紧的目的（见图 9–40）

3）串联安装（外圈宽、窄边相对）。按箭头方向施力，使两轴承靠在一起即可（见图 9–41）

（2）单个轴承在使用时的预紧

旋紧调整螺母，使轴承外圈上的弹簧产生一定的弹力而达到预紧的目的（见图 9–42）

（3）带有锥孔内圈轴承的预紧

当轴承内圈是锥孔时，可通过调整其轴向位置，达到预紧的目的（见图 9–43）

7. 滚动轴承预紧的测量与调整

（1）单个轴承预加载荷的测量

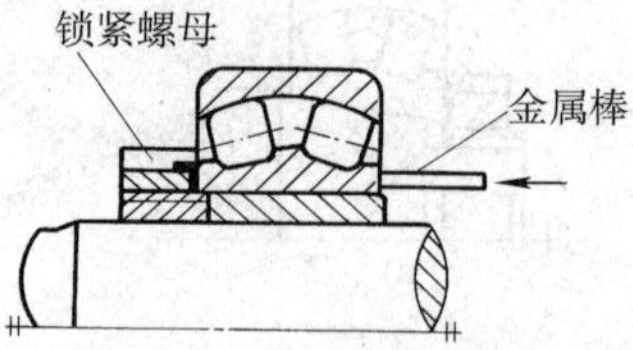

图 9–35

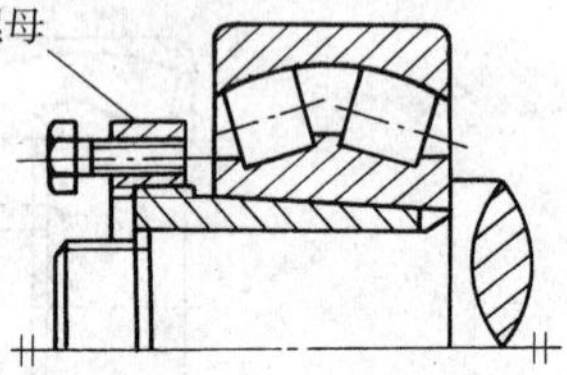

图 9–36

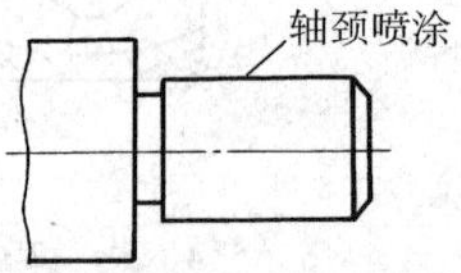

图 9–37

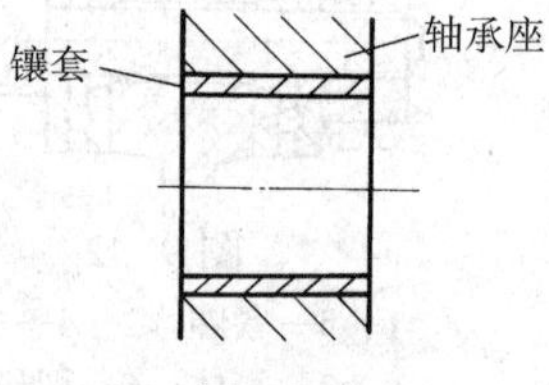

图 9–38

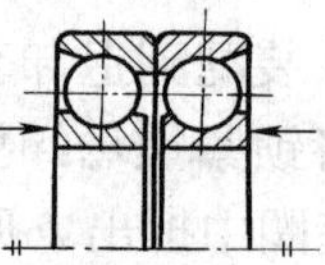
图 9–39

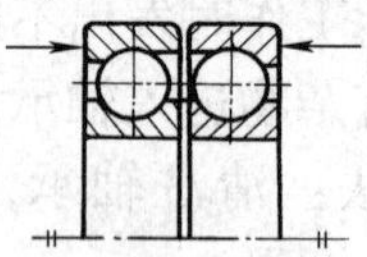
图 9–40

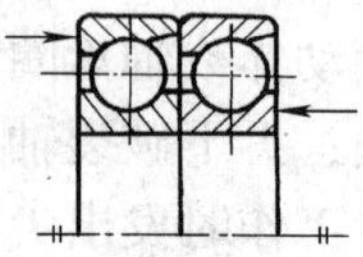
图 9–41

操作项目及要点

把轴承的内圈套入圆柱体的轴肩上，外圈端面用固定套支承，在内圈施加一定的预加载荷 P，然后用杠杆百分表测出轴承内、外圈端面之高度差 ΔK_1 或 ΔK_2，以确定隔套的厚度尺寸（见图 9-44）

（2）面对面安装的角接触球轴承的内、外间隔套的尺寸关系（见图 9-45）

$$b_{外}=b_{内}-(\delta_1+\delta'_1)$$

$$b_{内}=b_{外}+(\delta_1+\delta'_1)$$

式中　$b_{外}$——外间隔套厚度尺寸，mm；

$b_{内}$——内间隔套厚度尺寸，mm；

δ_1——轴承 1 窄边端内、外圈高度差，mm；

δ'_1——轴承 2 窄边端内、外圈高度差，mm。

（3）背对背安装的角接触球轴承的内、外间隔套的尺寸关系（见图 9-46）

$$b_{外}=b_{内}+(\delta_2+\delta'_2)$$

$$b_{内}=b_{外}-(\delta_2+\delta'_2)$$

式中　$b_{外}$——外间隔套厚度尺寸，mm；

$b_{内}$——内间隔套厚度尺寸，mm；

δ_2——轴承 1 宽边端内、外圈高度差，mm；

δ_2——轴承 2 宽边端内、外圈高度差，mm。

（4）串联安装的角接触球轴承的内、外间隔套的尺寸关系（见图 9-47）

$$b_{外}=b_{内}+(\delta_2-\delta'_1)$$

$$b_{内}=b_{外}+(\delta'_1-\delta_2)$$

式中　$b_{外}$——外间隔套厚度尺寸，mm；

$b_{内}$——内间隔套厚度尺寸，mm；

δ_2——轴承 1 宽边内、外圈高度差，mm；

δ'_1——轴承 2 窄边内、外圈高度差，mm。

（5）当预紧力较小或仅希望消除轴承内部游隙时，可凭感觉测量。用重块或用手直接压紧轴承内圈或外圈（压力相当于预紧力），另一只手拨动内、外间隔套，若感觉松紧一样，则内、外间隔套的厚度符合预紧要求（见图 9-48）

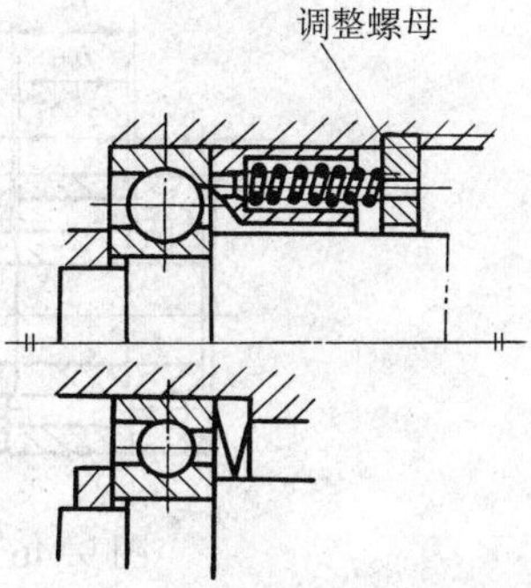

图 9-42

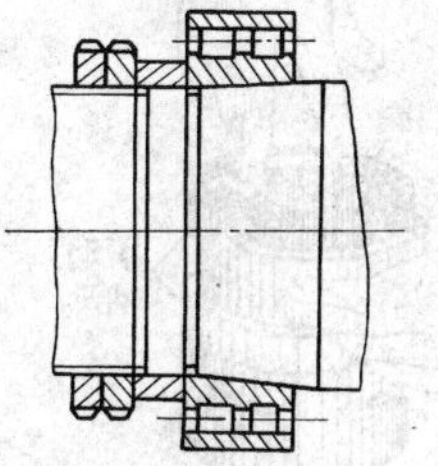

图 9-43

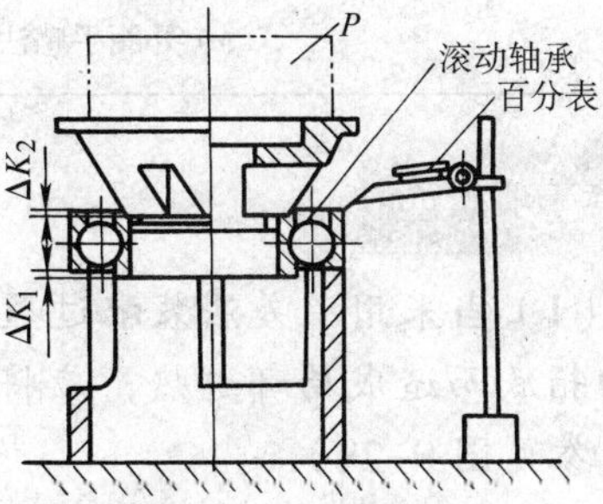

图 9-44

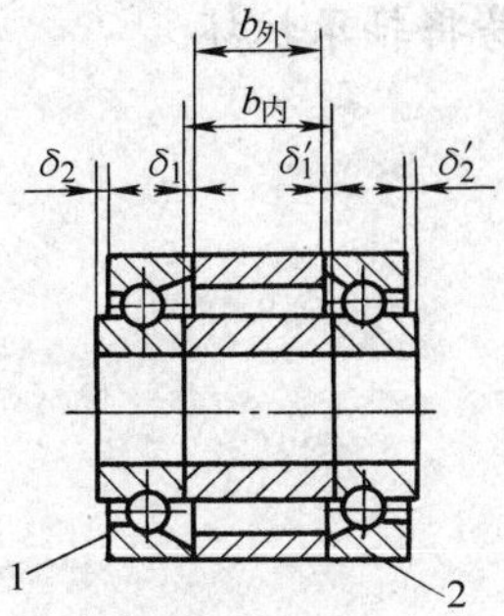

图 9-45

1、2—轴承

操作项目及要点

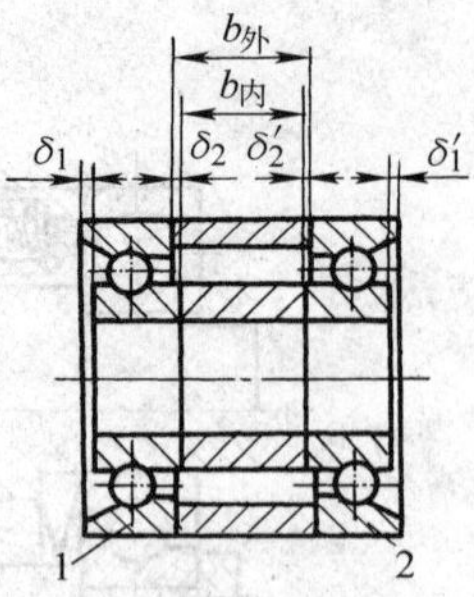

图 9–46

1、2—轴承

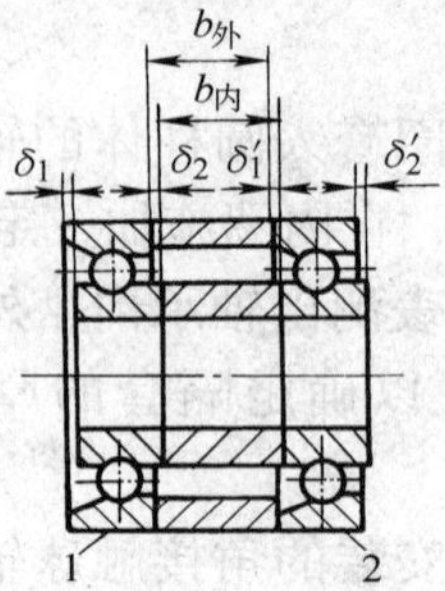

图 9–47

1、2—轴承

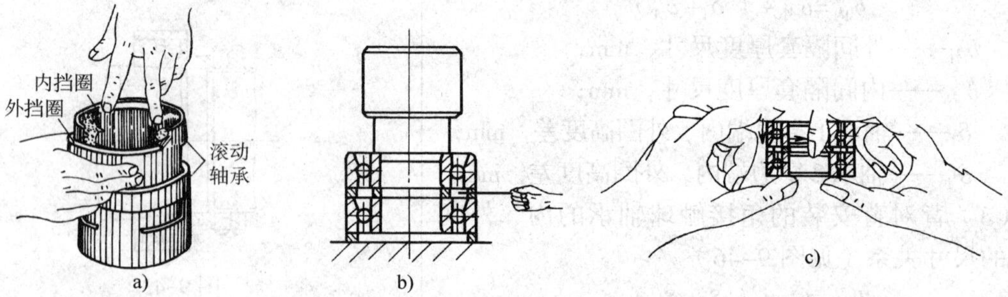

图 9–48

a）外圈手感法　b）用棒拨内间隔套感觉法　c）内圈手感法

注意事项

（1）当采用温差法装配过盈量大的轴承时，在加热过程中为避免轴承接触到比油温高的箱底而造成局部过热，应将轴承搁到油箱的网格上。对于小型轴承可以挂在油中加热（参见图 9–28）

（2）用锤击法装配过盈量较小的轴承时，决不能用锤子直接敲击轴承的内圈或外圈

（3）用拉拔器拆卸轴承时，决不允许用图 9–49 的方法直接拉拔轴承外圈（或内圈），这样做易将轴承拉坏

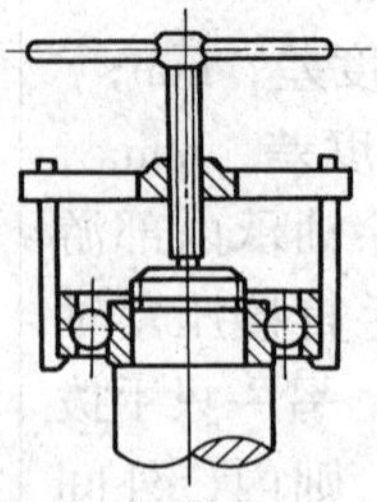

图 9–49

（4）执行“6S”管理，注意安全，防止事故的发生

第十单元

机床导轨的检测与修理

本单元主要学习机床导轨间隙调整的方法、机床导轨精度检验的项目和方法以及导轨磨损后的修复方法等内容。

学习本单元时，要结合实习工厂对机床导轨的维护保养工作，对机床导轨间隙进行必要的调整，对机床导轨的精度进行检测。学完本单元内容后，应能结合机床修理进行一次导轨刮削技能训练。

通过对本单元内容的学习，要掌握导轨间隙的调整方法，并达到规定的技术要求；掌握对机床导轨逐项精度检验的技能；基本掌握导轨的刮削方法及步骤，并能达到技术要求。

课题一　机床导轨间隙的调整

本课题主要学习机床导轨间隙的调整方法，并通过技能训练，掌握对各种机床导轨间隙进行调整的技能。

作业名称	作业要点	工艺装备
机床导轨间隙的调整	掌握各种机床导轨间隙调整的技能	机修钳工常用的工具、量具

操作项目及要点

1. 磨削或刮削调整导轨间隙（见图 10–1）

（1）用塞尺检验压板与导轨配合面之间的间隙

（2）拧下螺钉 2，卸下压板 1

（3）根据用塞尺检验出间隙的大小，磨削或刮削压板上与导轨的配合面，直至符合要求为止

（4）清理压板上的毛刺和切屑，擦干净后将压板装上，拧紧螺钉 2

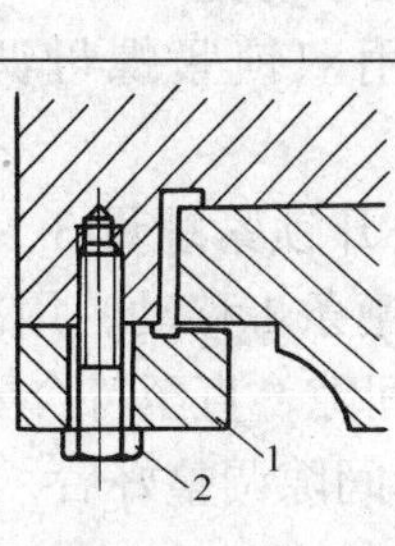

图 10–1
1—压板　2—螺钉

操作项目及要点

2. 用垫片调整导轨间隙（见图 10–2）

（1）用塞尺检查压板与导轨配合面之间的间隙

（2）拧出螺钉 2，卸下压板 1 和调整垫片 3

（3）根据检验结果用改变垫片的片数或磨削垫片的厚度来保证配合间隙要求，直至合格为止

（4）装上垫片和压板，拧紧螺钉 2

3. 用平镶条调整导轨间隙

（1）调整矩形导轨间隙（见图 10–3）

1）拧松锁紧螺母 3

2）转动调整螺钉 2，推动平镶条 1 向导轨方向移动，用塞尺进行检验，调整到间隙符合要求为止

3）旋紧锁紧螺母 3，要保证配合间隙正确

（2）调整燕尾导轨间隙（见图 10–4）

1）旋松锁紧螺母 3

2）转动调整螺钉 2，推动镶条 1 向导轨面移动，用塞尺检验镶条和导轨面的间隙，直至符合要求为止

3）旋紧锁紧螺母 3，在旋紧过程中要保证已调好的间隙不变

4. 用楔形镶条调整导轨间隙

（1）用调整螺钉调整导轨间隙（见图 10–5）

用旋具使调整螺钉 2 旋转，带动楔形镶条 1 移动，用塞尺检验镶条和导轨面之间的间隙，直至符合要求为止

（2）用双锁紧螺母调整导轨间隙（见图 10–6）

1）松开锁紧螺母 3、4，旋转调整螺钉 2，带动楔形镶条 1 移动，用塞尺检验镶条与导轨面之间的间隙，直至符合要求为止

2）待间隙调整好后，紧固锁紧螺母 3、4

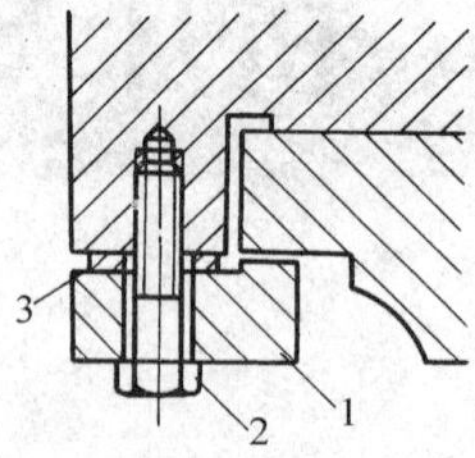

图 10–2
1—压板　2—螺钉　3—调整垫片

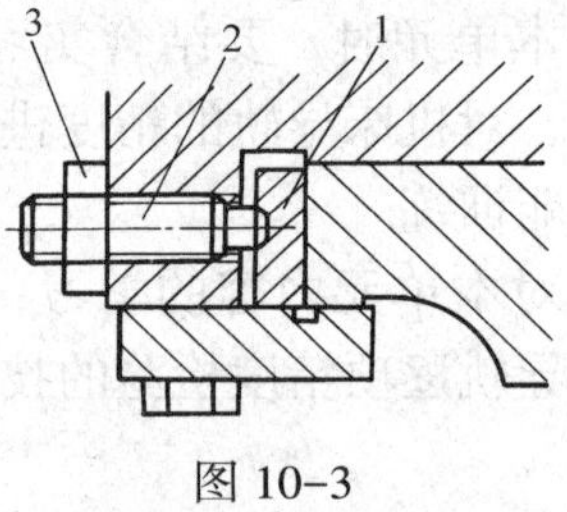

图 10–3
1—平镶条　2—调整螺钉
3—锁紧螺母

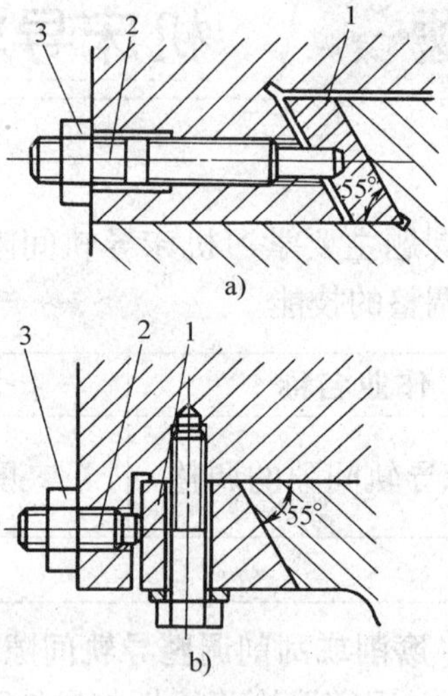

图 10–4
a）两面平行斜镶条调整间隙
b）角度块镶条调整间隙
1—镶条　2—调整螺钉
3—锁紧螺母

操作项目及要点
见下图及注意事项

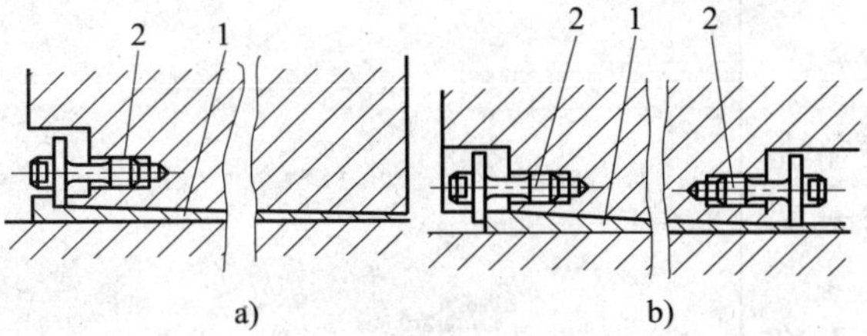

图 10-5

a）用单调整螺钉调整镶条　b）用双调整螺钉调整镶条

1—楔形镶条　2—调整螺钉

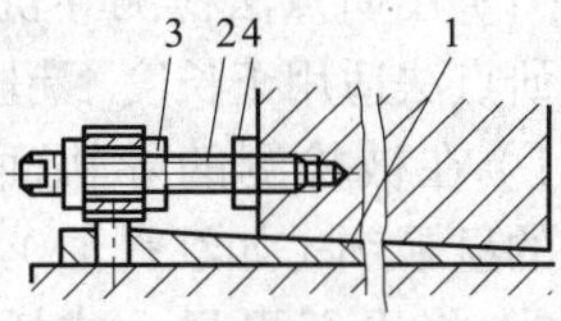

图 10-6

1—楔形镶条　2—调整螺钉

3、4—锁紧螺母

注意事项

（1）用锁紧螺母调整镶条与导轨之间的间隙时，在拧紧螺母时一定要保证事先调整好的间隙不变

（2）用刮削压板方法调整间隙时，在刮削过程中应不断检查，注意不能刮削过多，否则易造成返工，浪费时间，影响进度

（3）注意安全，防止事故发生

课题二　机床导轨精度的检验

本课题主要学习导轨自身的直线度、导轨之间的平行度及垂直度的检查方法。通过技能训练，掌握对机床导轨进行精度检验的技能。

作业名称	作业要点	工艺装备
机床导轨精度的检验	掌握对机床导轨自身的直线度、导轨之间的平行度及垂直度进行检验的技能	几何公差测量工具、仪器、平行平尺、百分表、水平仪等

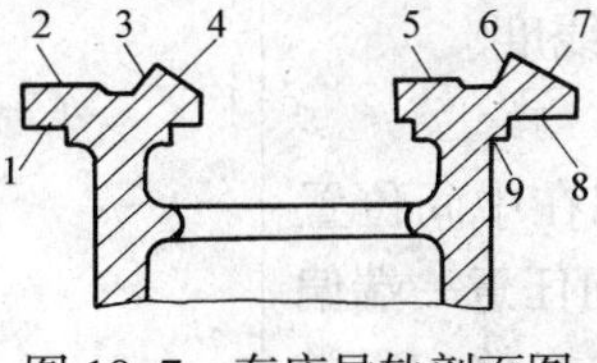

图 10-7　车床导轨剖面图

1、8—压板用导轨　2、6、7—床鞍用导轨　3、4、5—尾座用导轨　9—齿条安装面

操作项目及要点

1. 导轨直线度的检测

（1）用研点法检测导轨的直线度

研点法适用于长度不超过 1.5 m 的短导轨

1）在被检测的导轨面上均匀地涂一层很薄的显示剂（如红丹油）

2）将平行平尺（或桥形平尺）擦干净后置于导轨面上，垂直施加适当的压力后做短距离往复移动

3）进行研点数检测。将 25 mm × 25 mm 方框放在被检测的导轨面上，根据方框内研点数决定导轨的直线度。如果研点在导轨全长上分布均匀，并达到规定的点数，说明直线度符合要求

（2）用平尺拉表法检测导轨的直线度（见图 10–8）

1）将平尺水平放置在被检测导轨旁边（距离越小越好）

2）在被检测的导轨上放置一个配刮好的滑块（或垫铁），将百分表表座固定在滑块上，使百分表测头支顶在平尺上，调整平尺，使百分表在平尺两端的读数相等

3）移动滑块，每隔一定的距离（一般为 200 mm）记录一次百分表的读数，百分表在全长上读数的最大差值即为导轨的直线度误差

（3）用垫塞法检测导轨的直线度（见图 10–9）

1）在被检测导轨 6 上放置一把平行平尺 1，用等高块 2、5 支顶在平行平尺的两端

2）用小于等高块的量块 4 和塞尺 3 在导轨 6 与平行平尺 1 间进行塞测，测出的最大值与最小值之差即为被检测导轨 6 的直线度误差

（4）用水平仪检测导轨的直线度

1）水平仪的读数方法

①绝对读数法。水准器气泡在中间位置时读作 0。以零线为基准，气泡向任意一端偏离零线的格数，就是实际偏差的格数。通常把偏离起端的格数作为“+”，而把偏向起端

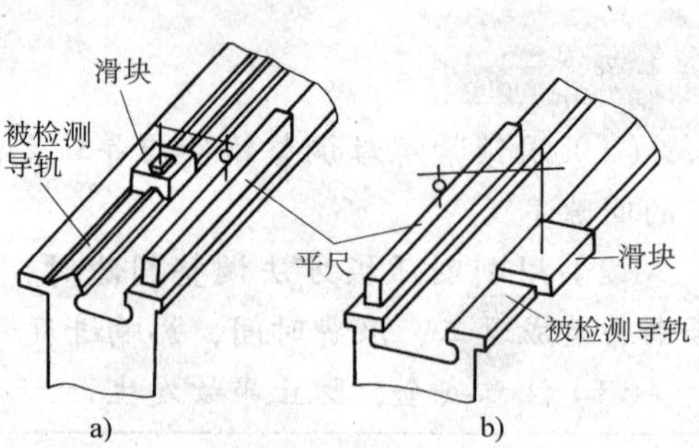

图 10–8
a）检测山形导轨的直线度
b）检测平导轨的直线度

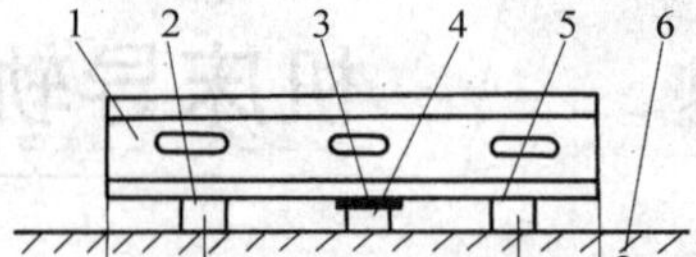

图 10–9
1—平行平尺　2、5—等高块　3—塞尺
4—量块　6—导轨

操作项目及要点

的格数作为“-”。在测量中，习惯上由左向右进行测量，把气泡向右移动作为“+”，向左移动作为“-”。如图 10-10a 所示水平仪的读数为 +2 格

②平均值读数法。当水准器的气泡静止时，读出气泡两端各自偏离零线的格数，然后将两格数相加除以 2，而取其平均值作为读数。如图 10-10b 所示其平均值读数为$\frac{(+3)+(+2)}{2}=+2.5$格

2）测量方法

①将被测导轨放在可调的支承垫铁上，水平仪分别放在导轨中间和两端，初步将导轨找平，使检测时水平仪的气泡在刻度范围内

②分段对导轨进行检测（见图 10-11）。将被测导轨分成等距的若干段，水平仪 1 连同专用垫铁 2 一起沿测量方向移动，测出水平仪在各段上的读数并记录下来

③将水平仪的测量读数依次排列，用直角坐标法画出导轨误差曲线。曲线相对其两端点连线在纵坐标上的最大正负绝对值之和就是该导轨全长的直线度误差。曲线上任意局部测量长度的两端点相对曲线两端点连线的坐标差值，就是导轨局部的直线度误差

④例如用精度为 0.02 mm/1 000 mm 的水平仪来测量长 2 m 车床导轨在垂直平面内的直线度，其方法如下：在床鞍处于近主轴端的极限位置时，首先取水平仪的第一个读数，然后每移动 500 mm 取一个读数，这样在导轨全长上共有四个读数。设这四个读数依次为 +1 格、+2 格、-1 格、-1.4 格，即可按上述读数在坐标纸上画出

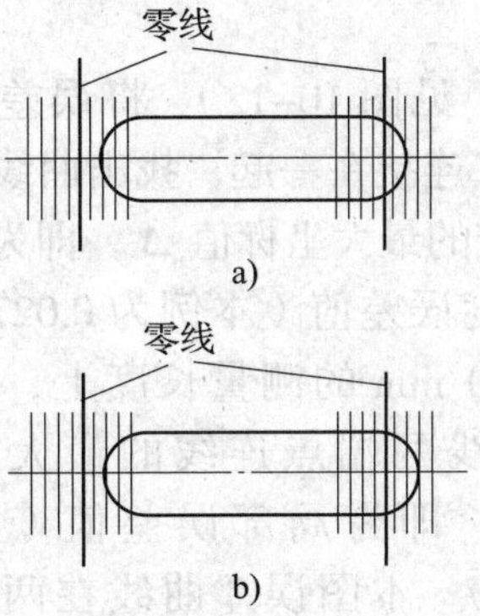

图 10-10

a）绝对读数法　b）平均值读数法

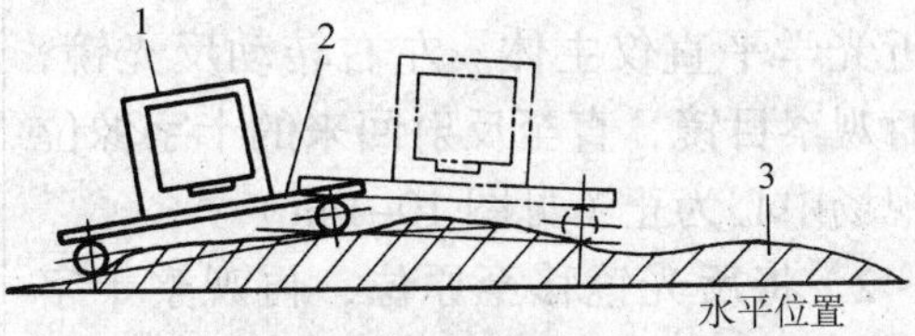

图 10-11

1—水平仪　2—专用垫铁　3—导轨

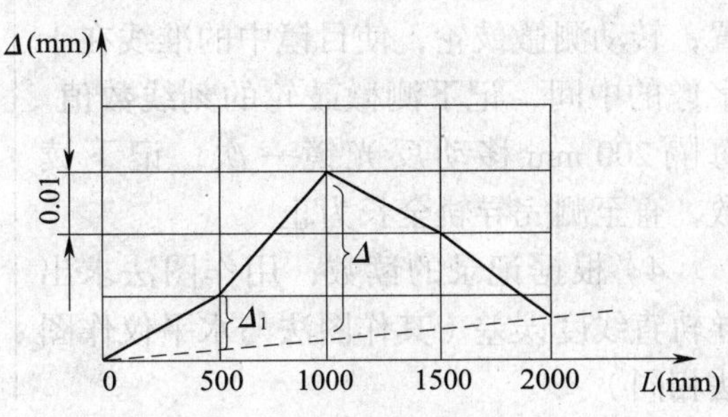

图 10-12

误差曲线（见图 10–12）。将误差曲线的起点和终点连接在一起，找出曲线相对其两端点连线的最大坐标值 Δ，即为导轨全长的直线度误差值（本例为 0.027 mm），在任意 500 mm 的测量长度上，其两端点相对曲线两端点连线的最大坐标差值 $\Delta - \Delta_1$，即为局部误差值（本例为 0.019 mm）。本图误差曲线在两端点连接的同一侧

（5）用光学平直仪检测导轨的直线度

1）将光学平直仪的主体和反光镜分别放在导轨的两端（见图 10–13）的 V 形桥板上。移动反光镜桥板，使反光镜逐渐接近光学平直仪主体。左右转动反光镜，同时观察目镜，直至反射回来的十字像位于视场中心为止（见图 10–14a）

2）将反光镜移至原位，再观察十字像是否仍在视场中心；如果十字像不在视场中心（见图 10–14b、c），应重新调整光学平直仪主体和反光镜，调整好后主体不再移动

3）将反光镜移至导轨的起始测量位置，转动测微鼓轮，使目镜中的准线在十字像的中间，记下测微鼓轮的刻线数值。每隔 200 mm 移动反光镜一次，记下读数，直至测完导轨全长为止

4）根据记录的读数，用作图法求出导轨直线度误差（其作图法与水平仪作图法相同）

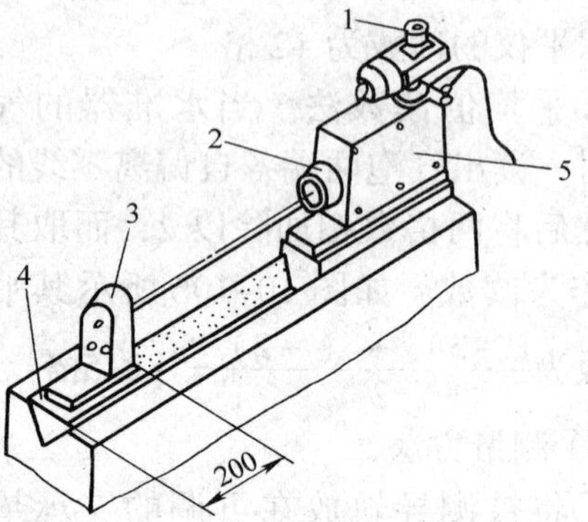

图 10–13

1—目镜　2—望远镜　3—反光镜　4—桥板　5—主体

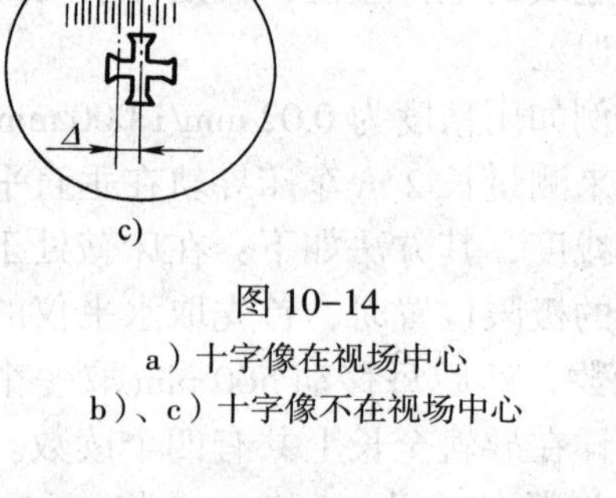

图 10–14

a）十字像在视场中心

b）、c）十字像不在视场中心

操作项目及要点

2. 导轨间平行度误差的检测

（1）用拉表法检测（见图 10–15）

将专用角度滑块 2 放在基准导轨 3 上，使百分表的测头支顶在被测导轨 4 上，沿基准导轨移动专用角度滑块，在导轨全长上百分表读数的最大差值即为导轨的平行度误差

（2）用千分尺检测（见图 10–16）

用千分尺直接测量两平行导轨的平行度误差（见图 10–16a）；利用两根直径相等的检验棒和千分尺测量两燕尾导轨的平行度（见图 10–16b）

测量时，应在导轨两端和中间进行测量，千分尺最大读数和最小读数之差即为导轨的平行度误差

（3）用检验桥板和水平仪检测（见图 10–17）

将检验桥板 3 放在基准导轨 4 和被测导轨 1 之间，将水平仪 2 放在检验桥板 3 上，在导轨全长上移动检验桥板 3，水平仪的最大读数与最小读数之差即为导轨的平行度误差

3. 导轨间垂直度的检测

（1）用框式水平仪检测

图 10–18 所示为用框式水平仪检测摇臂钻床立柱对底座工作台垂直度的方法

1）先将摇臂回转到机床的纵平面内，使摇臂和主轴箱分别位于立柱和摇臂的中间位置，夹紧立柱摇臂和主轴箱

2）在底座工作台面上放置一把长度不小于 1 m 的平行平尺，再把水平仪放在工作台的平尺上，记录下水平仪的读数。再把水平仪的侧面紧靠在立柱上，记录下水平仪的读数，水平仪在平尺和立柱上读数的最大差值，就是立柱与工作台的纵向垂直度误差

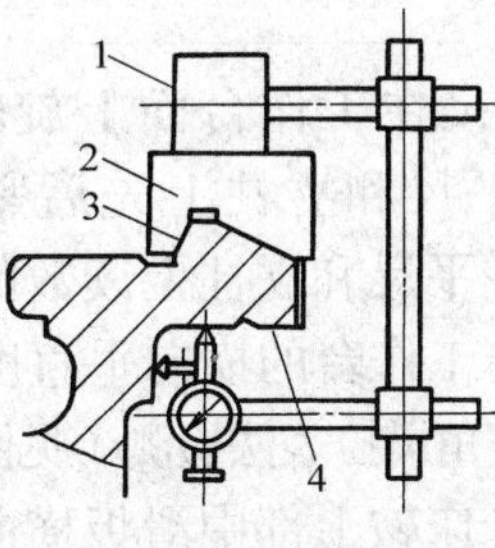

图 10–15

1—百分表表座　2—专用角度滑块

3—基准导轨　4—被测导轨

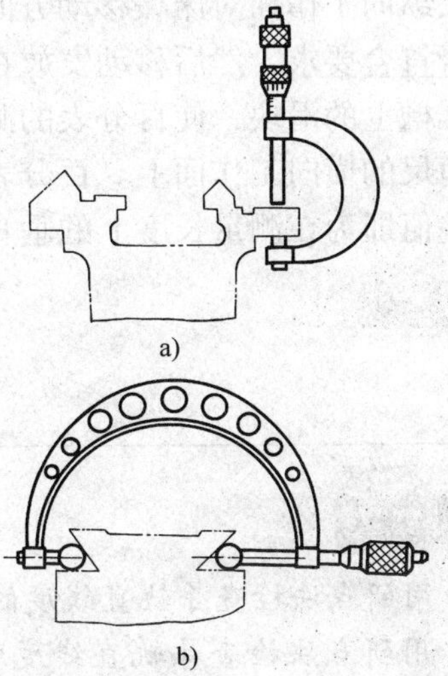

图 10–16

a）用千分尺直接测量

b）用检验棒与千分尺测量

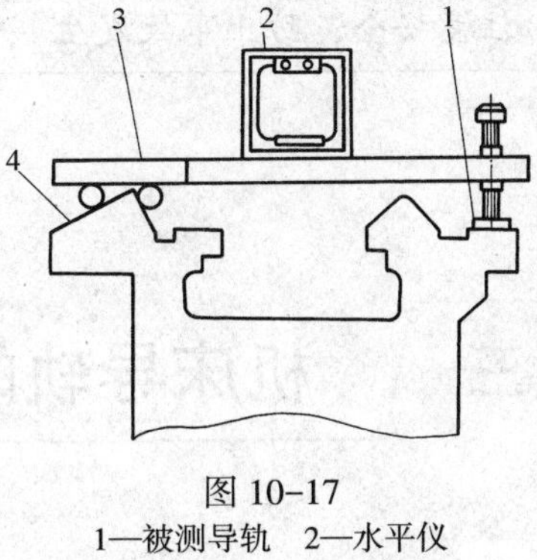

图 10–17

1—被测导轨　2—水平仪

3—检验桥板　4—基准导轨

操作项目及要点

3）将平尺在工作台面上旋转 90° 横向放置，在平尺和立柱上先后紧靠水平仪，水平仪在平尺和立柱上读数的最大差值即为立柱与工作台的横向垂直度误差

（2）用直角尺拉表法检测（见图 10–19）

测量车床床鞍上部中滑板横向移动用燕尾导轨相对于床鞍下部纵向导轨（床身导轨）的垂直度。测量时，先用百分表检查直角尺纵向工作面对床鞍移动方向的平行度是否符合要求，然后移动安放在床鞍上部燕尾槽上的滑块，使百分表的测头触及在直角尺的横向工作面上。百分表读数的最大差值即为在测量长度上的垂直度误差

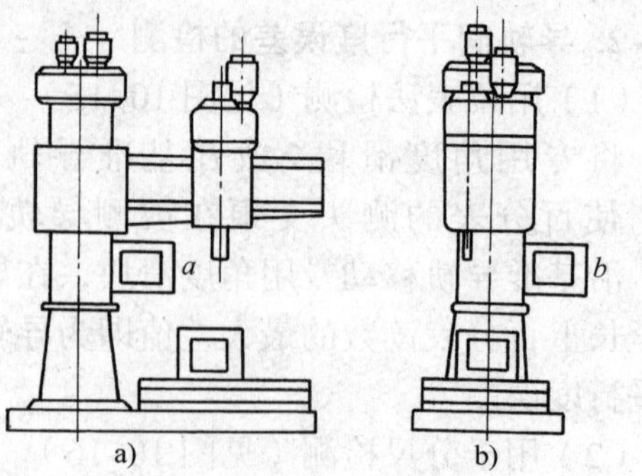

图 10–18

a）纵向垂直度测量方法　b）横向垂直度测量方法

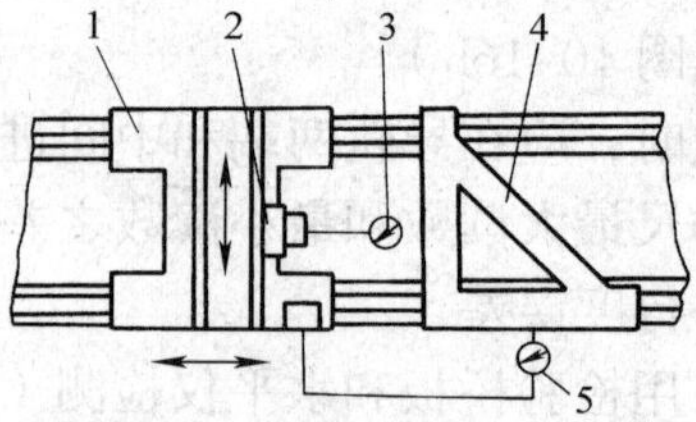

图 10–19

1—床鞍　2—表座　3、5—百分表　4—直角尺

注意事项

（1）用研点法检查导轨直线度的方法只适用长度小于 1.5 m 的导轨

（2）用研点法检查导轨直线度所选用的平行平尺（或桥形平尺）不能太短，推研时不得移动过长

（3）用垫塞法检验导轨直线度时，塞入塞尺、量块时不得用力过大，否则易损坏塞尺，影响测量的准确性

（4）注意安全，防止事故发生

课题三　机床导轨的修复方法

本课题主要学习用刮削、机械加工修复机床导轨的方法。通过技能训练，掌握用刮削法修复机床导轨的技能。

作业名称	作业要点	工艺装备
机床导轨的修复方法	掌握用刮削法、机械加工法修复机床导轨的技能	平尺、水平仪、百分表、研磨工具、专用滑块等

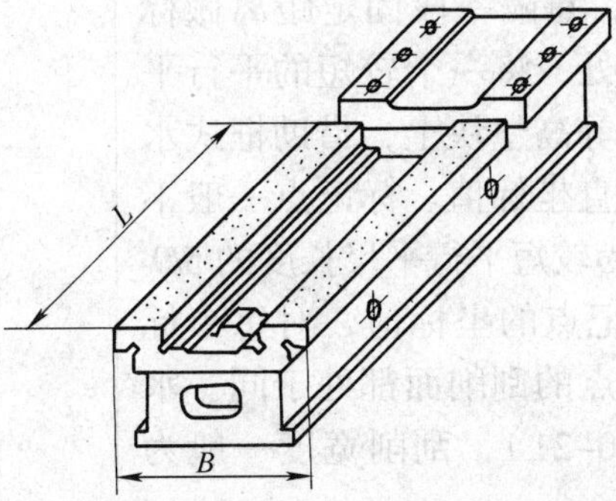

图 10–20　双矩形组合导轨刮削后的研点

操作项目及要点

1. 刮削修复法

刮削机床导轨时需按一定的顺序进行。在选择顺序时，首先要考虑保证导轨副之间的平行度和垂直度要求，在此基础上再考虑尽量减少刮削量的问题。

（1）刮削的顺序

1）先刮削与传动部件有关联、技术要求高的导轨面；后刮削与传动部件无关联、技术要求较低的导轨面

2）先刮削形状较复杂的导轨面；后刮削形状简单的导轨面

3）先刮削加工比较困难的导轨面；后刮削加工比较容易的导轨面

4）先刮削长而且面积较大的导轨面；后刮削长度较短、面积较小的导轨面

5）导轨副配刮时，一般应先刮大部件，再配刮小部件；先刮刚性好的部件，再配刮刚性相对较差的部件；先刮长导轨面，再配刮较短的导轨面

（2）用预选基准刮削法修复导轨（见图 10–21）

1）将框式水平仪 5 放置在导轨 2 上，并用可调垫铁将导轨调平

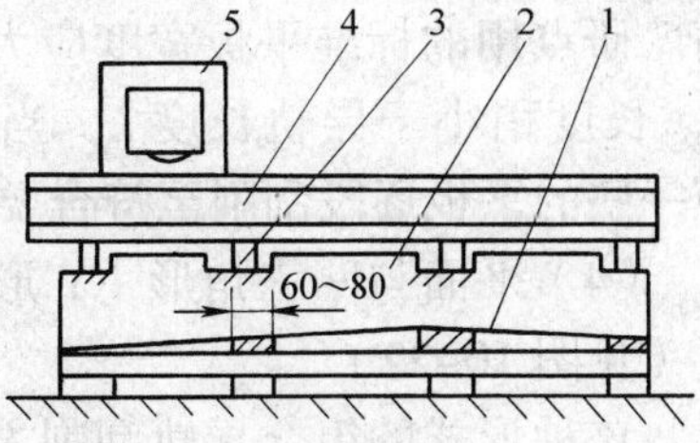

图 10–21

1—误差曲线图　2—导轨　3—等高垫块
4—平行平尺　5—框式水平仪

操作项目及要点

2）根据导轨的磨损情况绘制导轨的误差曲线图 1，确定导轨磨损量最大的点，并以该点为刮削的最低点（刮削的起点）

3）从刮削的起点开始，每隔一段固定距离做标记。将等高垫块 3 放在标记处，将一个较短的平行平尺 4 分别放在每个标记处的等高垫块上，借助框式水平仪 5 测出每一标记处的垂直坐标值。标记点一般不少于 4 点，标记间距一般应为较短平行平尺长度的 5/9

4）根据测出的每个标记点的坐标值，对每个标记处进行刮削，使每个标记点的刮削面都处于同一水平面上（其检验方法见图 10–21），刮削宽度一般为 60 ~ 80 mm

5）以标记处的刮削面为基准，用桥形平尺（或平行平尺）研点进行刮削。当导轨各段的刮削面与标记处的基准面同时与研点的平尺接触时，整个导轨面基本平直

6）对整个导轨面进行精刮，直至接触精度、直线度、平面度符合要求为止

（3）双矩形组合导轨的刮削修复（见图 10–20）

该种导轨面一般不采用逐段刮削的方法，而是使用标准平板对两条导轨上平面同时研点刮削，使两条导轨的自身精度和平行度要求同时达到，工作效率高。研点用的标准平板宽度应大于或等于导轨的宽度 *B*，长度稍小于导轨长度 *L*。当导轨较长时，也可用短一些的平板逐段刮削至符合要求为止

（4）平面与凹三角形（V 形）组合导轨的刮削修复（见图 10–22）

该种形式的组合导轨刮削方法有两种：一种是利用与其相配合的工作台进行研点刮削（因工作台导轨面较短，容易保证精度可先刮削好）；另一种是用校准工具研点刮削，刮好后应进行直线度、平行度检验。下边只介绍用校准工具研点刮削修复的方法

1）用可调垫铁支承导轨，并用水平仪将导轨沿纵向和横向调平

2）用图 10–23 所示的 V 形角形平尺研点，先刮削凹三角形导轨的 *A*、*B* 两导轨面，用水平仪检查凹三角形导轨在垂直平面内的直线度（见图 10–24）

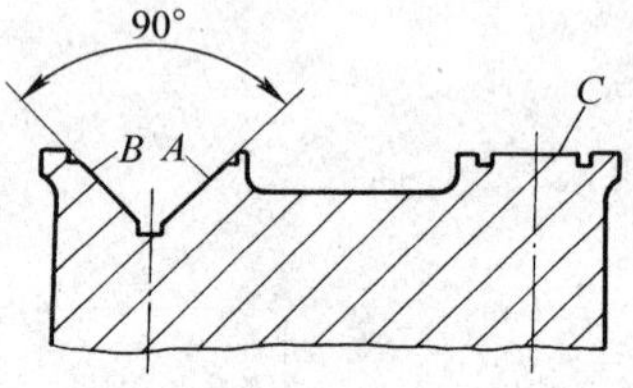

图 10–22

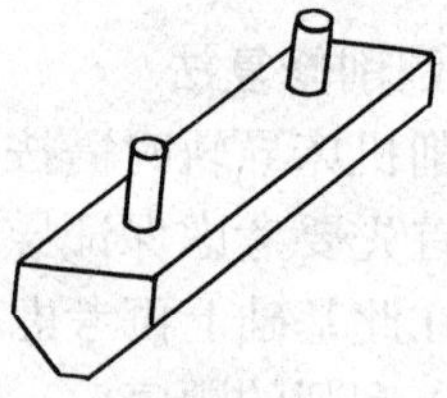
图 10–23

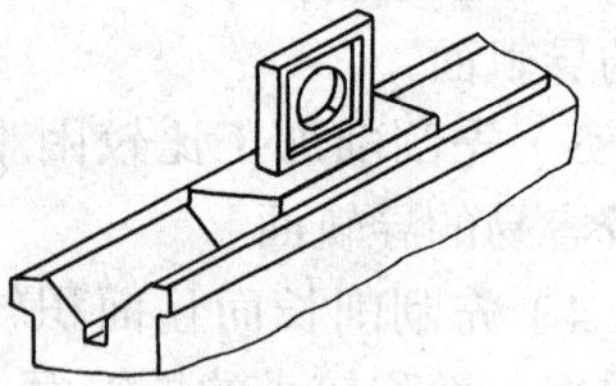
图 10–24

操作项目及要点

3）以凹三角形导轨为基准，用桥形平尺（或平行平尺）研点刮削平导轨面 C

4）用水平仪（或光学平直仪）检测平面导轨 C 的直线度，然后将水平仪置于平行平尺（或专用桥板）上，沿导轨移动逐段检测两导轨的平行度（见图 10–25）

（5）滚动导轨的刮削修复（见图 10–26）

1）将导轨置于可调垫铁上，用水平仪沿纵向、横向将导轨找平

2）分别用 V 形角形平尺和桥形平尺刮削滚动导轨面 1、2 至要求

3）将两组滚柱分别置于滚动导轨面上（见图 10–27），移动桥板，导轨在全长上的直线度 a 和平行度 b 都应符合要求

2. 机械加工修复法

机械加工修复机床导轨的方法主要有两种，一种是精刨法，另一种是用导轨磨床的磨削法

（1）精刨法

机床导轨在精刨前一般要进行预加工，以除去导轨表面的研伤、刻划、不均匀磨损或床身的扭曲变形

精刨时，应在导轨处于自由状态下压紧，防止将导轨压变形。精刨时，要消除刀架的各种间隙，不移动的部件必须锁紧。精刨和刮削一样，要按一定的顺序进行

（2）用导轨磨床磨削修复导轨

常见导轨磨床有单柱工作台移动式导轨磨床（见图 10–28）、落地式导轨磨床（见图 10–29）

利用导轨磨床采用磨削法修复机床导轨，不仅能保证修复精度，还能大大减轻机修钳工的劳动强度，提高生产效率，缩短机床修理时间，这是修复导轨的发展方向

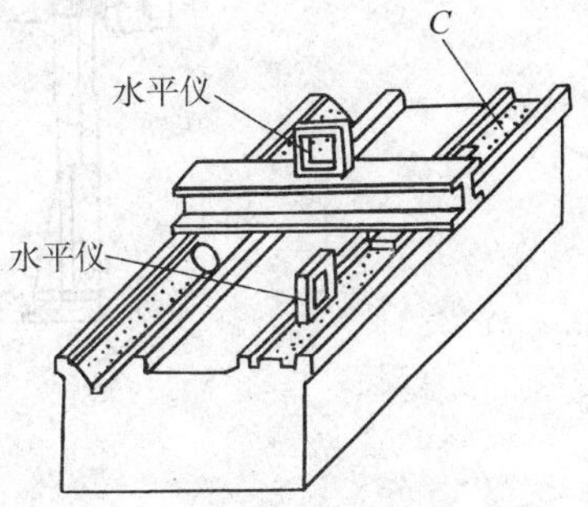

图 10–25

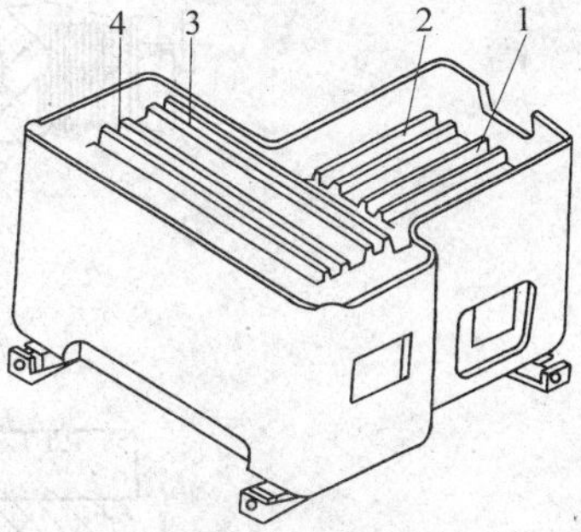

图 10–26
1、2—横向导轨面
3、4—纵向导轨面

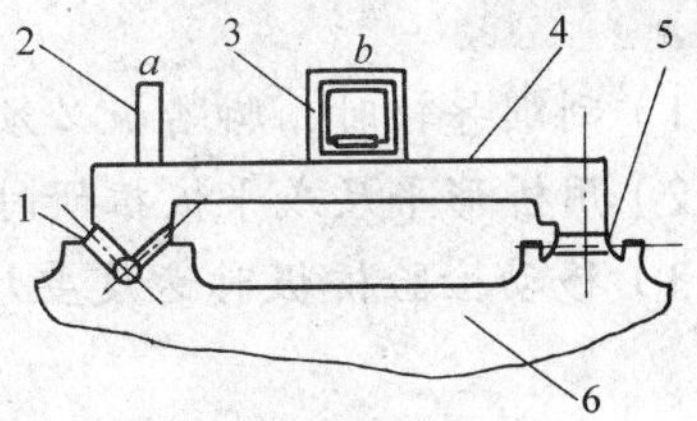

图 10–27
1、5—滚柱　2、3—水平仪
4—检验桥板　6—床身

操作项目及要点
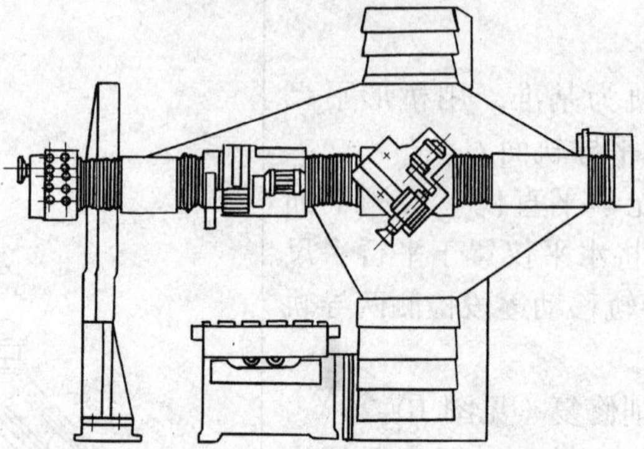 图 10-28 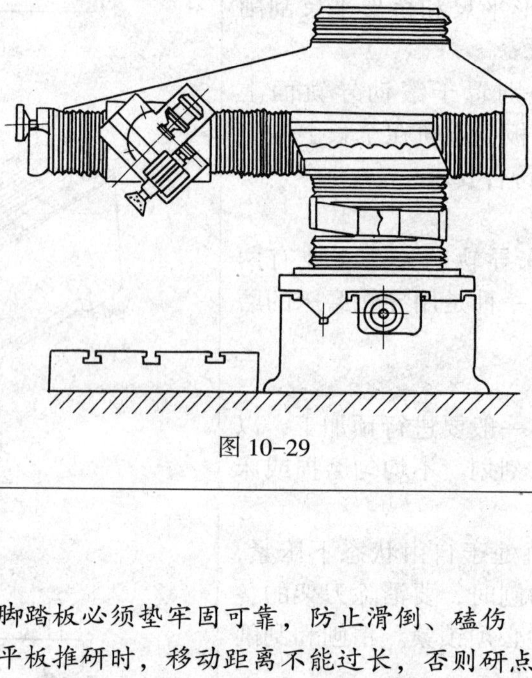 图 10-29
注意事项 （1）刮削导轨时，脚踏板必须垫牢固可靠，防止滑倒、磕伤 （2）用桥形平尺或平板推研时，移动距离不能过长，否则研点不真实 （3）移动检验桥板时速度要均匀，启动、停止要缓慢，应尽量避免水平仪的位置变动 （4）水平仪读数时，一定要等气泡稳定后再读，并沿一个方向读数 （5）注意安全，防止事故发生

第十一单元

卧式车床主要部件的装配与调整

本单元主要学习 CA6140 型卧式车床主轴箱、进给箱、溜板箱的装配与调整等内容。

通过对本单元内容的学习及技能训练，掌握 CA6140 型卧式车床传动系统的主要组成部分；掌握 CA6140 型卧式车床各箱体中主要结构的组成及其调整的技能。

课题一　CA6140 型卧式车床主轴箱的装配与调整

本课题主要学习 CA6140 型卧式车床主轴箱的结构，主轴轴组的装配与调整，多片式摩擦离合器、闸带式制动器及主轴部件的调整和变速操纵机构的工作原理等内容。通过技能训练，掌握对主要部件进行装配与调整的技能。

作业名称	作业要点	工艺装备
CA6140 型卧式车床主轴箱的装配与调整	主轴箱结构、主轴轴组的装配与调整、离合器和制动器及主轴部件的调整	机修钳工常用工具、量具
操作项目及要点		
1. CA6140 型卧式车床主轴箱（见图 11–1） **2. CA6140 型卧式车床主轴轴组的装配** （1）CA6140 型卧式车床主轴的结构形式有 2 种，如图 11–1 中的主轴采用的是三支承结构形式，而现在生产的 CA6140 型卧式车床主轴大多采用图 11–2 所示的双支承结构形式。		

操作项目及要点

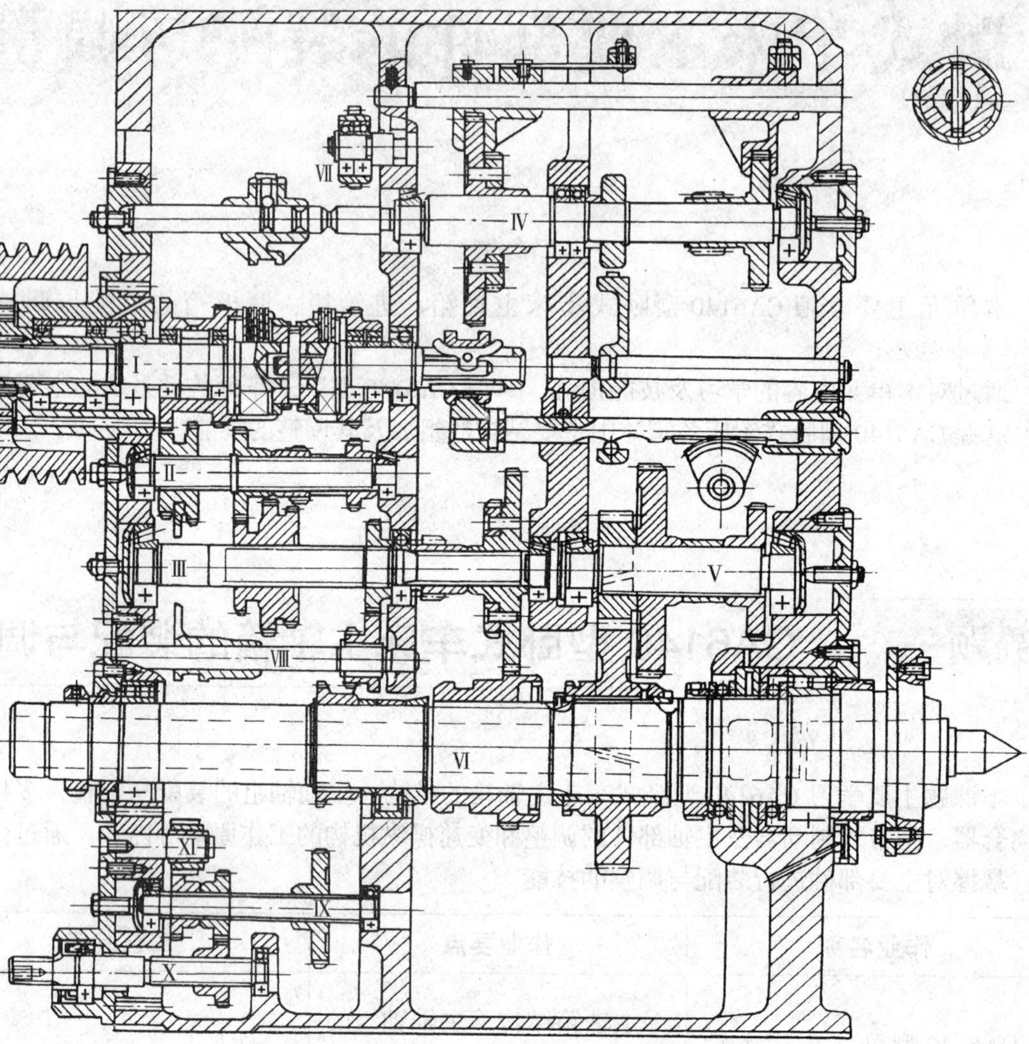

图 11-1　CA6140 型卧式车床主轴箱传动图

（2）装配过程及顺序（见图 11-2）

1）将阻尼套筒 5 的外套和双列短圆柱滚子轴承 4 的外圈及前轴承端盖 3 装入主轴箱体前轴承孔中，并用螺钉将前轴承端盖固定在箱体上

2）把主轴分组件（由主轴 1、前调整螺母 2、双列短圆柱滚子轴承 4 的内圈及阻尼套筒 5 的内套组装而成）从主轴箱前轴承孔中穿入。在此过程中，从箱体上面依次将螺母 6、垫圈 7、齿轮 8、衬套 9、轴用挡圈 10、齿轮 11、轴用挡圈 12、键、齿轮 13、轴用挡圈 14、垫圈 15 及推力球轴承 16 装在主轴 1 上，并将主轴安装至要求的位置。适当预紧螺母 6，防止轴承内圈因转动改变方向

操作项目及要点

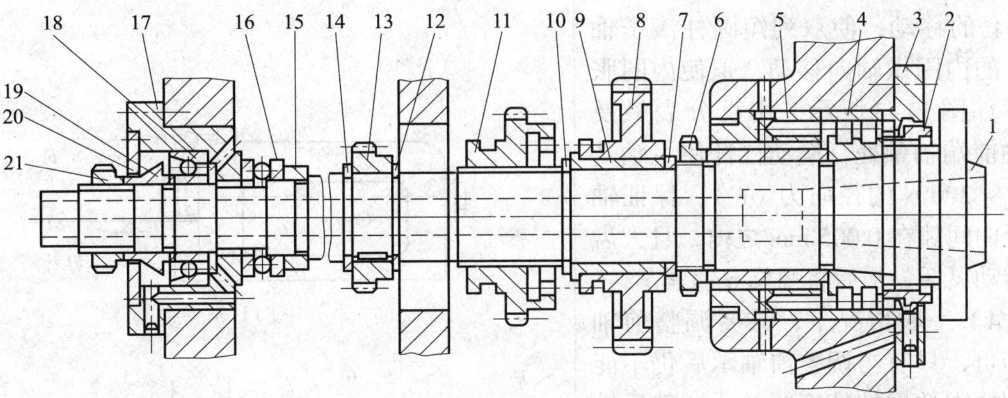

图 11–2

1—主轴　2—前调整螺母　3—前轴承端盖　4—双列短圆柱滚子轴承　5—阻尼套筒
6、21—螺母　7、15—垫圈　8、11、13—齿轮　9—衬套　10、12、14—轴用挡圈
16—推力球轴承　17—后轴承壳体　18—角接触球轴承　19—锥形密封套　20—盖板

3）从箱体后端，将后轴承壳体分组件（由后轴承壳体 17 和角接触球轴承 18 的内圈组装而成）装入箱体，并拧紧螺钉

4）将角接触球轴承 18 的内圈按定向装配法装在主轴上，敲击时用力不要过大，以免主轴移动

5）依次装入锥形密封套 19、盖板 20、螺母 21，并拧紧所有螺钉

6）对装配情况进行全面检查，以防遗漏和错装

注意事项

装配双列短圆柱滚子轴承 4 内圈时，应先检查其内锥面与主轴锥面的接触面积，一般应大于 50%。如果锥面接触不良，收紧轴承时，会使轴承内滚道发生变形，破坏轴承精度，降低轴承使用寿命

（3）主轴轴承间隙的调整方法

1）主轴前、后轴承的调整顺序是：先调整后轴承，再调整前轴承

2）后轴承的调整。如图 11–2 所示，先将螺母 6 松开，旋转螺母 21，逐渐收紧角接触球轴承 18 和推力球轴承 16。用百分表触及主轴前端面，用适当的力前后推动主轴，保证轴向间隙在 0.01 mm 之内

操作项目及要点

3）前轴承的调整。如图 11–2 所示，逐渐拧紧螺母 6，通过阻尼套筒 5 内套的移动，使双列短圆柱滚子轴承 4 的内圈做轴向移动，迫使内圈胀大。如图 11–3 所示，用百分表触及主轴前端轴颈处，撬动杠杆使主轴受 200 ~ 300 N 的径向力（F），保证轴承径向间隙在 0.005 mm 之内，且大齿轮转动灵活，最后将螺母 6 锁紧

4）一般情况下，只要调整前轴承即可，只有当调整前轴承后仍不能达到要求的回转精度时，才调整后轴承

3. 多片式摩擦离合器（见图 11–4）及操纵机构（见图 11–5）

（1）离合器的内摩擦片 3 与轴 4 以花键孔相连接，随轴 4 一起转动。外摩擦片 2 空套在轴 4 上，其外圆有四个凸缘，分别卡在正、反转齿轮的四个缺口中（正、反转齿轮在轴 4 上是空套的）。内外摩擦片相间排列，正转摩擦片数多一些，反转摩擦片数少一些

（2）在图 11–5 中，当操纵手柄 1 处于中间位置（停止位置）时，滑环 12 也处于中间位置，正、反转摩擦片均处于自由状态，主轴停转。当操纵手柄向上抬起时，经连杆 3、5 使扇形齿轮 6 顺时针转动，带动齿条轴 7 向右移动，经拨叉 13 带动滑环 12 向右移动，压迫图 11–4a 中的摆杆 8 绕支点销摆动，下端则拨动拉杆 7 向左移动，使正转摩擦片被压紧，主轴正转

（3）当操纵手柄 1 向下压时，使反转摩擦片被压紧，主轴反转

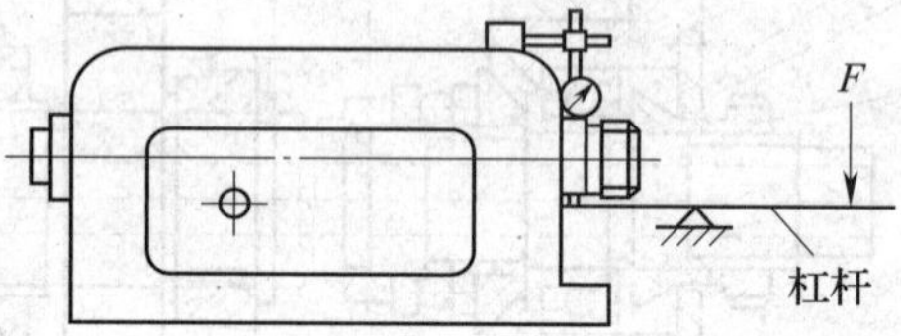

图 11–3

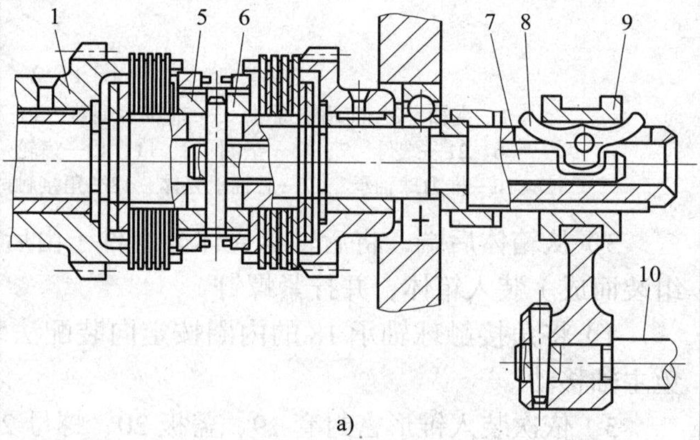

a)

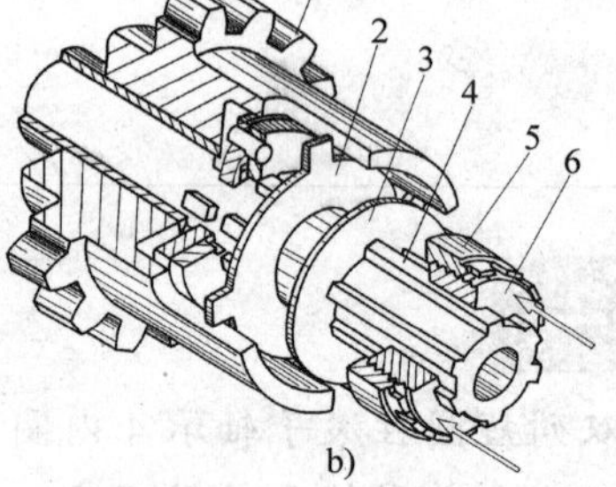

b)

图 11–4

1—齿轮　2—外摩擦片　3—内摩擦片

4—主轴箱内的 1 轴　5—加压套　6—螺圈

7—拉杆　8—摆杆　9—滑环　10—连杆轴

操作项目及要点

4. 离合器摩擦片的调整方法

在图 11–6 中，先将弹簧销 2 从加压套 3 的缺口中按下，然后转动加压套 3，使其相对于螺圈 1 做少量的轴向移动，即可改变摩擦片的间隙。摩擦片间隙合理的标准是：机床停止时内外摩擦片能完全脱开；主轴在最大切削力情况下，能正常转动，而不会造成“闷车”现象。调整完毕后，让弹簧销 2 从加压套 3 的任一缺口中弹出，以防止加压套 3 在旋转中松脱

5. 闸带式制动器的调整（见图 11–7）

当车床主轴停转时，钢带（制动带）7 将制动轮 8 抱紧。若机床停止时主轴不能迅速停止转动，说明钢带和制动轮之间的间隙较大（即钢带较松），应调紧制动带，即：先将锁紧螺母 6 松开，然后旋转（顺时针）调整螺钉 5，调整合适后再将锁紧螺母 6 拧紧

6. 主轴变速操纵机构（见图 11–8）

主轴箱内有两组滑移齿轮 *A*、*B*，双联齿轮 *A* 有左、右两个啮合位置，三联齿轮 *B* 有左、中、右三个啮合位置。两组滑移齿轮由装在主轴箱前侧面上的手柄 6 操纵

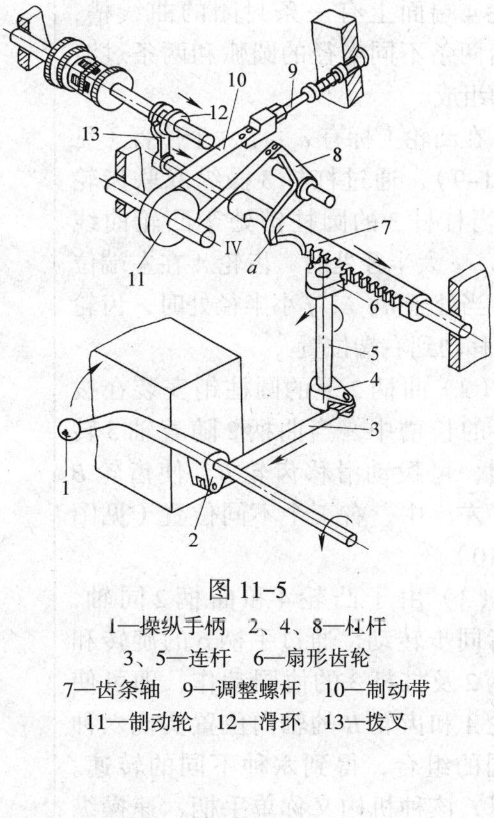

图 11–5

1—操纵手柄　2、4、8—杠杆
3、5—连杆　6—扇形齿轮
7—齿条轴　9—调整螺杆　10—制动带
11—制动轮　12—滑环　13—拨叉

操作项目及要点

（1）手柄6通过传动比为1 ∶ 1的链传动，带动轴5和手柄6同步转动。轴5上装有盘状凸轮4和曲柄2。凸轮4端面上有一条封闭的曲线槽，它由两条不同半径的圆弧和两条过渡直槽组成

在凸轮上标有$a \sim f$六个位置（见图11-9），通过杠杆3操纵双联齿轮A，当杠杆3的圆柱销处于凸轮曲线a、b、c大半径处时，齿轮A在左端位置；当处于d、e、f小半径处时，齿轮A则移动到右端位置

（2）曲柄2上的圆柱销安装在拨叉1的长槽中，当曲柄2随着轴5转动时，可拨动滑移齿轮B，使齿轮B处于左、中、右三个不同位置（见图11-10）

（3）由于凸轮4和曲柄2同轴，两者同步转动，通过手柄6的旋转和曲柄2及杠杆3的协同动作，即可使齿轮A和齿轮B的轴向位置实现六种不同的组合，得到六种不同的转速。所以，该种机构又称单手柄六速操纵机构

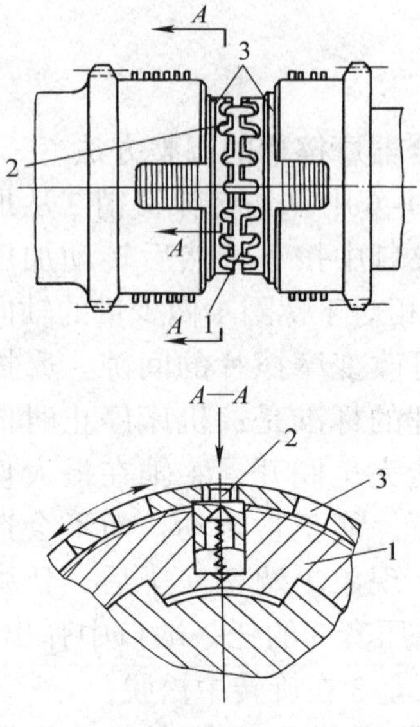

图 11-6

1—螺圈　2—弹簧销　3—加压套

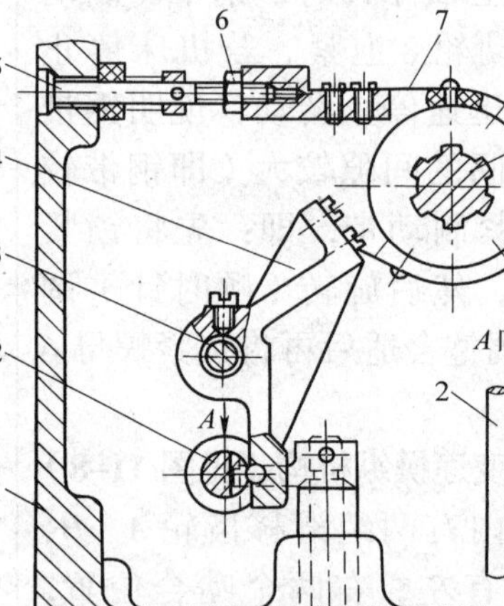

图 11-7

1—主轴箱体　2—齿条轴

3—轴　4—杠杆　5—调整螺钉

6—锁紧螺母　7—制动带　8—制动轮

操作项目及要点

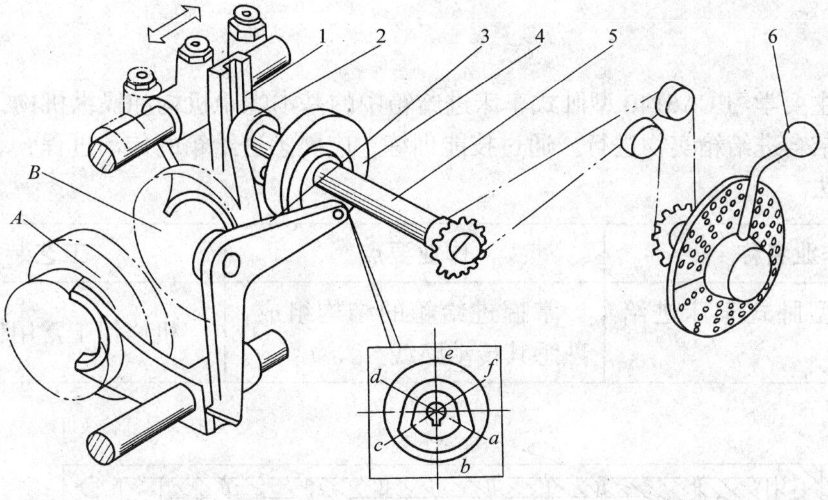

图 11-8

1—拨叉　2—曲柄　3—杠杆　4—凸轮　5—轴　6—手柄

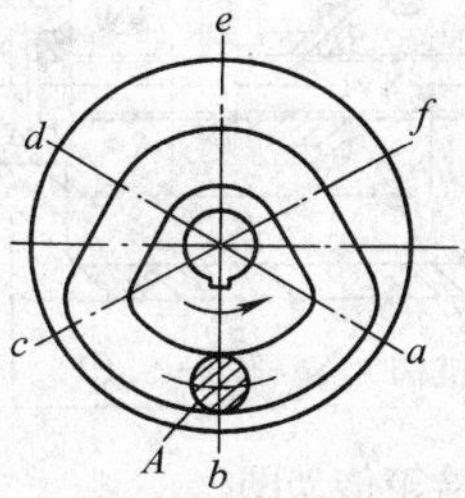

图 11-9

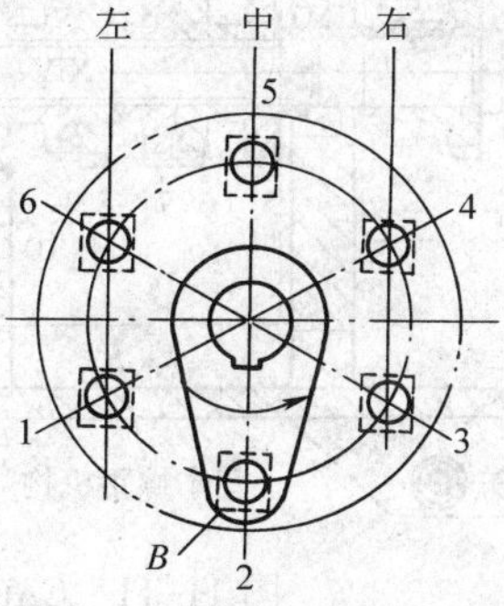

图 11-10

注意事项

（1）调整多片式摩擦离合器摩擦片间隙时，间隙既不能太大，也不能太小。间隙太大时，传递扭矩不足，易造成“闷车”现象；间隙太小，易造成摩擦片的磨损，甚至会损坏操纵装置

（2）调整闸带式制动器，既不能太紧，也不能太松。合适的标准是：当主轴转动时钢带能完全松开，主轴停转时钢带能将制动轮抱死，使主轴立即停止转动

（3）主轴前、后轴承的调整螺母上都有锁紧螺钉，调整时应先将锁紧螺钉拧松，调整好后，一定要把锁紧螺钉拧紧

课题二　CA6140 型卧式车床进给箱的装配

本课题主要学习 CA6140 型卧式车床进给箱中的基本螺距机构和操纵机构，整个学习过程都应紧密结合进给箱实物进行。通过技能训练，应熟悉进给箱的传动过程，掌握其结构组成及操纵方法。

作业名称	作业要点	工艺装备
CA6140 型卧式车床进给箱结构	掌握进给箱的结构组成，熟悉其传动路线	机修钳工常用工具

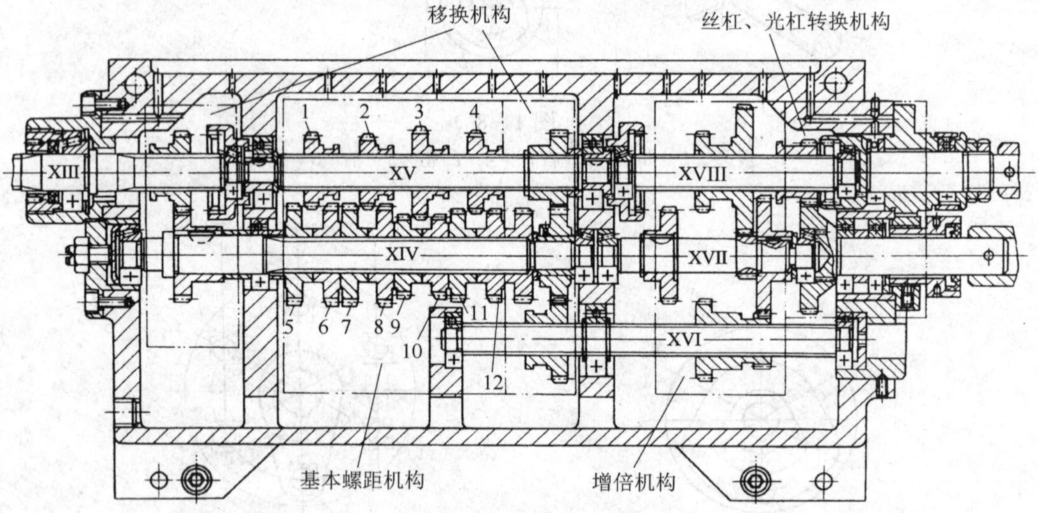

图 11-11　CA6140 型卧式车床进给箱传动图

操作项目及要点

CA6140 型卧式车床进给箱（见图 11-11）

进给箱的功用是将主轴箱经交换齿轮箱传来的运动，经变速后传给光杠和丝杠，以满足机动进给和车削不同螺距螺纹的需要。进给箱主要由基本螺距机构，增倍机构，移换机构，光杠、丝杠转换机构和操纵机构等组成

（1）进给箱中基本螺距机构由XV轴上四个滑移齿轮 1、2、3、4 和XIV轴上八个固定齿轮 5、6、7、8、9、10、11、12 组成。每个滑移齿轮依次与XIV轴相邻的两个固定齿轮中的一个啮合，而且要保证在同一时刻内，基本螺距机构中只能有一对齿轮啮合。控制齿轮啮合的四个滑块是由一个手柄统一操纵的

（2）根据图 11-12 可知，基本螺距机构的四个滑移齿轮分别由四个拨块 2 来拨动，每个拨块的位置是由各自的销子 4 通过杠杆 3 来控制。四个销子均匀地分布在操纵手轮 5 背面的环形槽 *E* 中。环形槽上有两个间隔 45°的孔 *a* 和孔 *b*，孔中分别装有带斜面的压块

操作项目及要点	
6、6′。安装时压块 6 的斜面应向外斜，以便与销 4 接触时能向外抬起销 4；压块 6′的斜面应向里斜，以便与销 4 接触时能向里压销 4。这样通过环形槽和压块 6、6′，可操纵销 4 和杠杆 3，使每个拨块及其滑移齿轮能依次有左、中、右三个位置 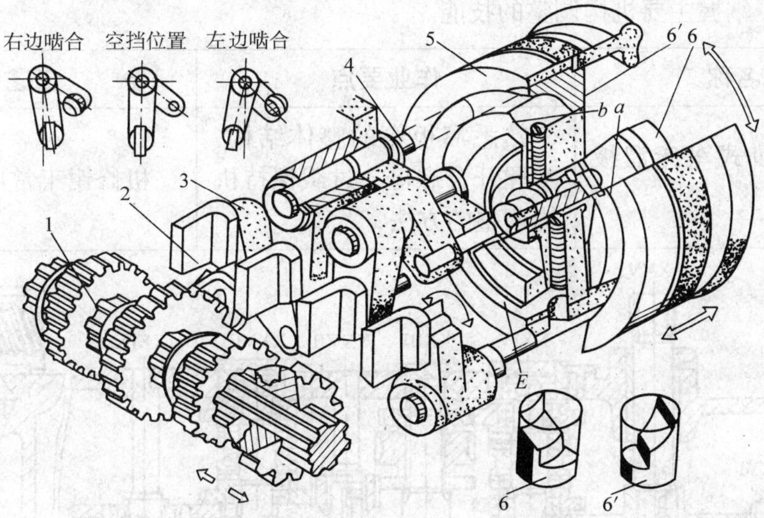 图 11-12 1—滑移齿轮　2—拨块　3—杠杆　4—销　5—手轮　6、6′—压块	
（3）操纵手轮 5 在圆周方向有八个均匀分布的位置。它在图 11-13 所示位置时，只有左上角的销 4′在压块 6′的作用下靠在孔 *b* 的内壁上。此时杠杆将拨动滑移齿轮右移，使 XV 轴上的第三个滑移齿轮 3 向左移动，与 XIV 轴上的齿轮 9 啮合（见图 11-11）。其余三个销子因在环形槽 *E* 内，相应的其他三个滑移齿轮都在中间位置，从而保证 XV 轴和 XIV 轴之间只有一对齿轮啮合 当手轮 5 旋转一周时，能使基本螺距机构的八个速比依次啮合	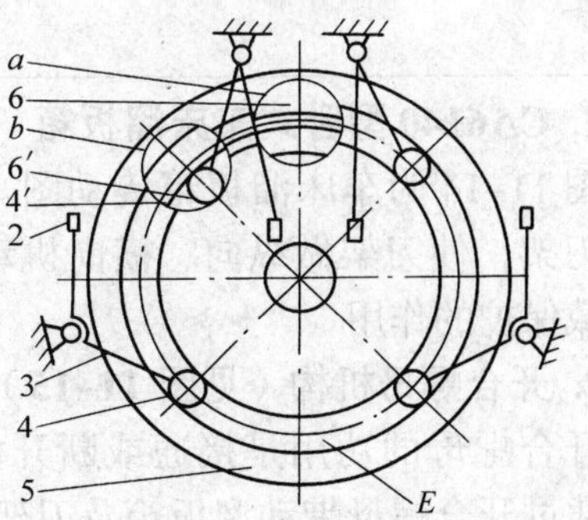 图 11-13

课题三　CA6140 型卧式车床溜板箱的装配与调整

本课题主要学习 CA6140 型卧式车床溜板箱的功用及主要机构中的开合螺母、机动进给、快速移动操纵、互锁机构和超越离合器的结构及调整等内容。通过技能训练，熟悉溜板箱的整体结构，掌握主要机构调整的技能。

作业名称	作业要点	工艺装备
CA6140 型卧式车床溜板箱的结构与调整	熟悉溜板箱的整体结构，掌握开合螺母、过载保持机构调整的方法	机修钳工常用工具

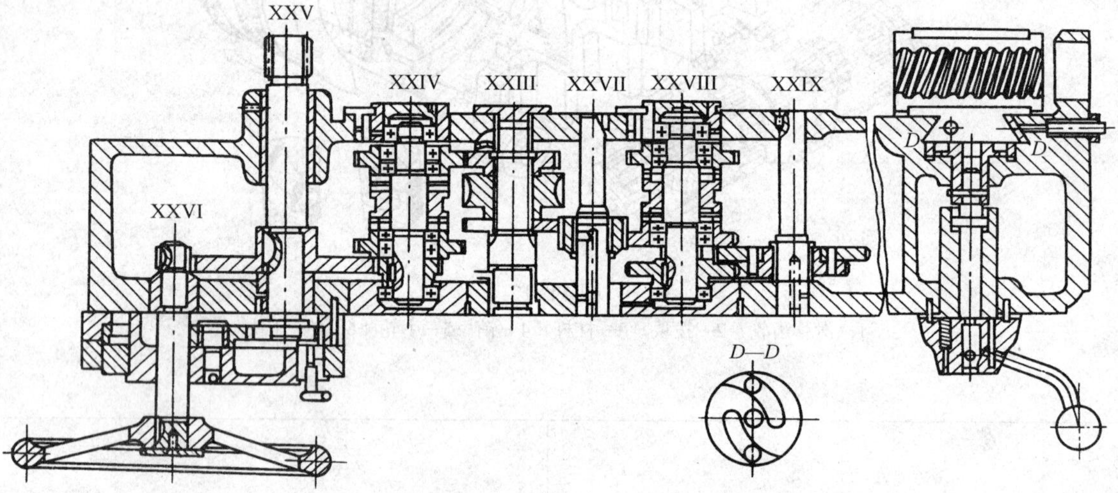

图 11–14　CA6140 型卧式车床溜板箱传动图

操作项目及要点

1. CA6140 型卧式车床溜板箱

图 11–14 为车床溜板箱传动图。溜板箱的功用是将进给箱传来的运动，经操纵机构传给刀架，使刀架做纵向、横向机动进给或车削螺纹运动。溜板箱在机动进给运动时还有过载保护的作用

2. 开合螺母机构（见图 11–15）

开合螺母的功用是接通或断开由丝杠传来的运动。车削螺纹时，将开合螺母合上，丝杠通过开合螺母带动溜板箱及刀架运动

开合螺母机构的下半螺母 1、上半螺母 2 装在溜板箱背后的燕尾形导轨中，可做上、下移动。在上、下半螺母的背面各装有一个圆柱销 3，其伸出端分别嵌在槽盘 4 的两条曲线槽中。转动手柄 6，经轴 7 使槽盘转动，当槽盘逆时针旋转时，曲线槽迫使两个圆柱销 3 互相靠近，使开合螺母合拢，与丝杠啮合，刀架做车削螺纹运动。当槽盘顺时针旋转

操作项目及要点

时，曲线槽迫使上、下螺母分开，脱离丝杠传动，溜板箱运动停止

开合螺母的松紧程度可由调整螺钉 8 来调整。调整时，先松开锁紧螺母 9，拧动调整螺钉 8，当开合螺母的松紧程度调整合适后，再将锁紧螺母 9 拧紧

3. 纵向、横向机动进给及快速移动操纵机构

图 11–16 为溜板箱传动操纵机构示意图。车床纵向、横向机动进给的接通、断开及变向，都是由装在溜板箱右侧的手柄 1 集中操纵，手柄扳动方向与进给方向一致，使用非常方便。向前或向后扳动手柄 1，通过手柄座 3 使轴 19 以及固定在它左端的凸轮 18 转动，凸轮上的曲线槽通过销钉 15 使杠杆 16 绕销轴 17 摆动，再经杠杆 16 上的另一个销钉 14，带动轴 6 以及固定在其上的拨叉 13 做轴向移动，并拨动双面斜爪形离合器 M_7 向前或向后，接通向前或向后的横向机动进给运动。此时，若按下手柄 1 上的快速移动按钮 K，刀架实现快速横向移动，直到松开 K 时为止

向左或向右扳动手柄 1，使手柄座 3 绕销钉 2 摆动（销钉 2 装在轴向固定的轴 19 上），手柄座下端的开口槽通过球头销 4 拨动轴 5，使轴 5 沿轴向移动，再经杠杆 7 和连杆 8 使凸轮 9 转动，凸轮上的曲线槽通过销钉 10，带动轴 11 以及固定在它上面的拨叉 12 向前或向后移动，通过拨叉使双面斜

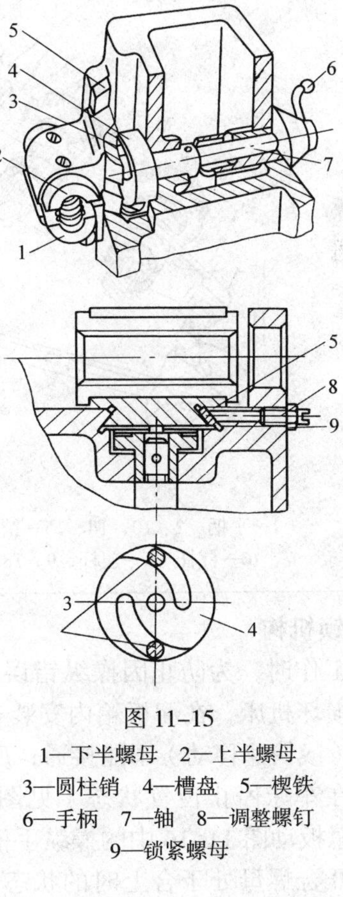

图 11–15

1—下半螺母　2—上半螺母
3—圆柱销　4—槽盘　5—楔铁
6—手柄　7—轴　8—调整螺钉
9—锁紧螺母

操作项目及要点
爪形离合器 M_6 向前或向后啮合，便可接通向左或向右的纵向机动进给。此时按下手柄 1 上的快速移动按钮 K，刀架实现快速纵向移动，松开按钮 K，快速进给停止，恢复正常纵向自动进给 当手柄 1 处于中间位置时，离合器 M_6 和 M_7 都处于脱开位置，此时断开机动进给 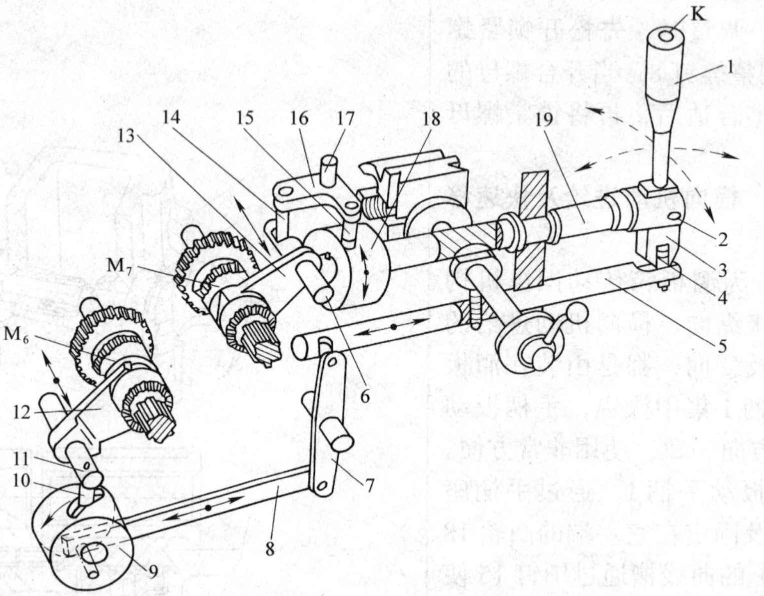 图 11–16 1—手柄 2、10、14、15—销钉 3—手柄座 4—球头销 5、6、11、19—轴 7、16—杠杆 8—连杆 9、18—凸轮 12、13—拔叉 17—销轴 K—快速按钮
4. 互锁机构 车床工作时，为防止因操纵错误将开合螺母和纵、横向机动进给（或快速移动）同时接通而损坏机床，在溜板箱内安装有互锁机构。互锁机构的功用是当开合螺母合上时，机动进给（或快速移动）不能接通；反之，机动进给接通时，开合螺母不能合上 （1）在车床停止位置状态（见图 11–17a），即开合螺母脱开，机动进给也未接通，此时可任意扳动图 11–16 中的操纵手柄 1 或开合螺母的手柄 （2）开合螺母处于合上时的状态（见图 11–17b），由于开合螺母的操纵轴 2 转过了一定的角度，它的凸肩 *T* 进入横向机动进给操纵轴 1（即图 11–16 中轴 19）的槽中，将轴 1 卡住，使之不能转动，无法接通横向机动进给。同时凸肩 *T* 又将固定轴套 3 横向孔中的球头销 4 往下压，使它的下端插入轴 6（即图 11–16 中的轴 5）的孔中，将轴 6 锁住，无法接通纵向机动进给。由此可知，当开合螺母合上时，机动进给和快速移动就不能接通 （3）处于接通纵向机动进给的状态时（见图 11–17c），轴 6 沿轴向移动了位置，其上的横向孔与球头销 4 错开被轴外圆顶住，开合螺母操纵轴 2 就无法转动，开合螺母就不能合上

操作项目及要点

（4）处于接通横向机动进给的状态时（见图 11–17d），由于轴 1 转动了一个角度，其上的沟槽不再对准轴 2 上的凸肩 T，使轴 2 不能转动，所以开合螺母就不能闭合

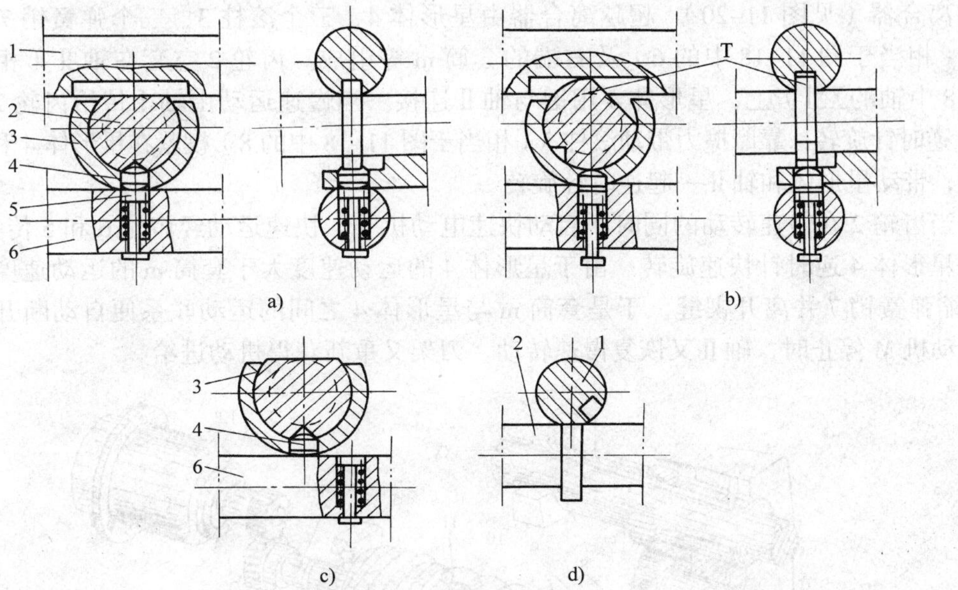

图 11–17

a）停止状态　b）机动进给、快速移动锁定状态　c）接通纵向机动进给状态　d）接通横向机动进给状态

1、6—轴　2—操纵轴　3—固定轴套　4—球头销　5—弹簧销

5. 安全与超越离合器（见图 11–18）

（1）安全离合器（又称过载保护机构）

安全离合器的功用是在机动进给中，当进给过载或刀架受阻时，能自动断开机动进给，保证传动件不发生损坏

1）安全离合器由两个端面带齿爪的接合子 4 和 5 组成，左接合子 5 和单向超越离合器星形体 9 连接在一起，且空套在蜗杆轴 XXII 上；右接合子 4 和蜗杆轴用花键连接，并可在花键轴上轴向滑动，依靠弹簧 2 的弹力与左接合子 5 紧紧地啮合在一起传递机动进给运动

2）图 11–19 为安全离合器的工作原理图。图 11–19a 为正常机动进给的状态，运动由单向超越离合器传给左接合子 5，弹簧 2 将右接合子 4 和左接合子 5 压在一起，完成运动传递，由右接合子 4 带动蜗杆轴运动，形成正常的机动进给运动。图 11–19b 为机动进给过载或刀架受阻时，蜗杆轴扭矩增大，使两结合子之间的轴向力大于弹簧弹力，右边的接合子 4 被推开。图 11–19c 为右接合子 4 被彻底推开，此时左接合子 5 继续转动，而右接合子 4 不能被带动而出现打滑现象，使自动进给停止，保护传动件不被损坏

操作项目及要点

（2）单向超越离合器

超越离合器的功用是当有快、慢两种速度交替传到轴上时，能实现自动转换。CA6140 型卧式车床为实现机动进给和快速移动之间的自动转换，在溜板箱内安装有单向超越离合器（见图 11–20）。超越离合器由星形体 4、三个滚柱 3、三个弹簧销 7 以及齿轮 2（相当于图 11–18 中的 6）及右端的套筒 m 等组成。齿轮 2 空套在轴Ⅱ（相当于图 11–18 中轴的ⅩⅪ）上，星形体 4 用键与轴Ⅱ连接。当慢速运动由轴Ⅰ传给齿轮 2，使套筒 m 逆时针旋转，靠摩擦力带动滚柱 3（相当于图 11–18 中的 8）楔紧在星形体 4 和套筒 m 之间，带动星形体和轴Ⅱ一起逆时针旋转

当齿轮 2 在慢速转动的同时，启动快速电动机 M，快速运动经齿轮 6 和 5 传给轴Ⅱ，带着星形体 4 逆时针快速旋转。由于星形体 4 的运动速度大于套筒 m 的运动速度，滚柱 3 压缩弹簧销 7 并离开楔缝，于是套筒 m 与星形体 4 之间的运动联系便自动断开。当快速电动机 M 停止时，轴Ⅱ又恢复慢速转动，刀架又重新获得机动进给

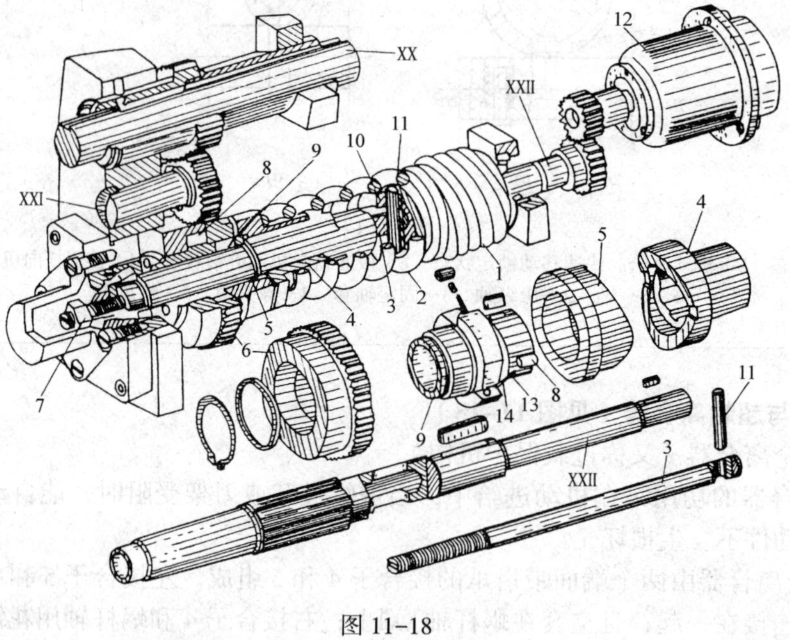

图 11–18

1—蜗杆　2、14—弹簧　3—螺杆　4—右接合子　5—左接合子　6—齿轮　7—螺母　8—滚柱　9—星形体　10—止推套　11—圆柱销　12—快速电动机　13—顶销

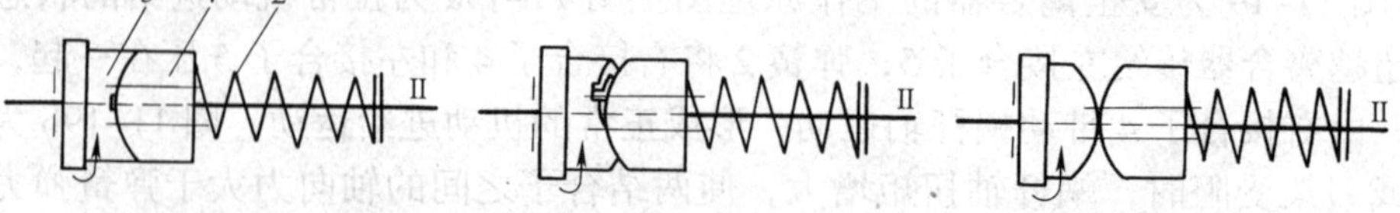

图 11–19

a）正常机动进给状态　b）机动进给过载或刀架受阻状态　c）自动进给断开状态

操作项目及要点
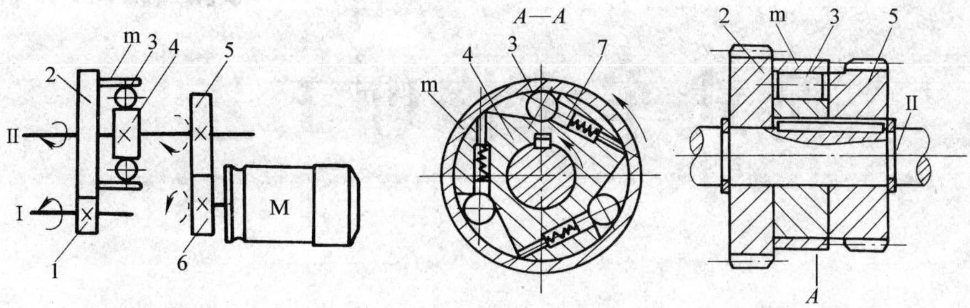 图 11-20 1、2、5、6—齿轮　3—滚柱　4—星形体　7—弹簧销 m—套筒　M—快速电动机
6. 安全离合器的调整 安全离合器中弹簧弹力的大小必须合适，若弹力太大，过载时，离合器右边的接合子推不开，起不到过载保护的作用；若弹力太小，则不能选用较大的背吃刀量和进给量，否则，机动进给将停止。安全离合器的调整方法是：旋转调整螺母 7，使螺杆 3 通过圆柱销 11 拉动止推套 10 来控制弹簧 2 的压力大小，以适应安全离合器所需要的安全扭矩（见图 11-18）

第十二单元

卧式车床修理工艺

本单元主要学习卧式车床床身、床鞍、刀架、主轴箱、尾座、溜板箱、进给箱等部件的修理以及总装配和几何精度、工作精度检验等内容。

通过技能训练，熟悉车床的结构；理解其传动过程；掌握床身导轨的测量及刮削技能；掌握车床主要部件修理与测量的技能；掌握总装配及总成几何精度检验的技能等。

课题一　床身的修理

本课题主要学习车床床身中床鞍用导轨、尾座用导轨及压板用导轨的刮削与检验方法。通过技能训练，掌握其刮削和检验的技能。

作业名称	作业要点	工艺装备
床身的修理	掌握导轨刮削与检验的技能	检验桥板、直角尺、角度底座、V形架、检验心棒、水平仪、平行平尺（或桥形平尺）、百分表等

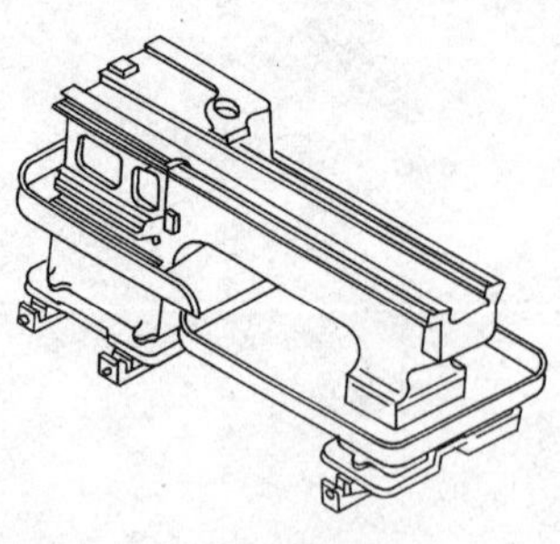

图 12-1　车床床身

操作项目及要点

1. 床鞍用导轨的刮削与检验

（1）将车床床身置于调整垫铁上，用水平仪将床身水平找正至最小值（见图 12–2）

（2）先刮削基准导轨面（山形导轨）6、7（见图 12–3）

1）先用平行平尺研点刮削导轨面 7，再用平行平尺和角度底座研点刮削导轨面 6。用角度底座检验山形导轨在全长上角度的一致性

2）用图 12–4 所示方法检验山形导轨在垂直平面的直线度

3）用图 12–5 所示方法检验山形导轨在水平面内的直线度。分别在上母线及侧母线内校正检验心棒两端，当校正好检验心棒后，移动角度底座，沿侧母线全长上百分表读数的最大差值即为山形导轨在水平面内的直线度误差

（3）以已刮好的山形导轨面 6、7 为基准，用平行平尺研点刮削床鞍用导轨面 2，要保证导轨面 2 本身的平面度、直线度，还要保证其对基准导轨面 6、7 的平行度。其检验方法如图 12–6 所示，百分表在导轨全长上的最大读数差即为平行度误差

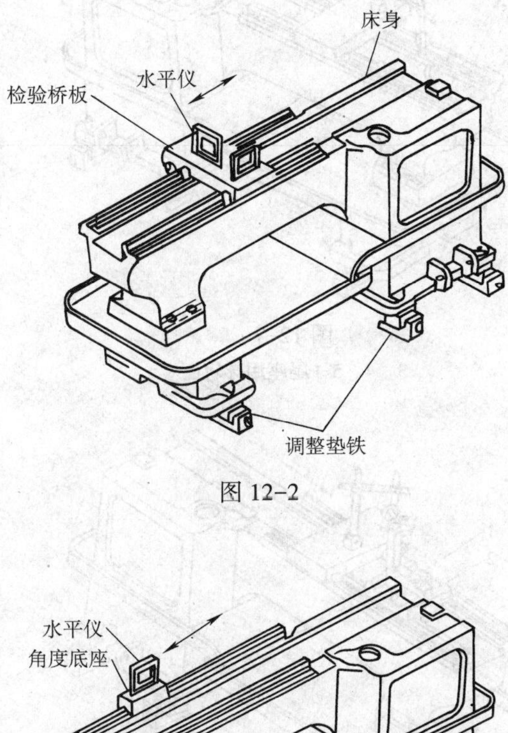

图 12–2

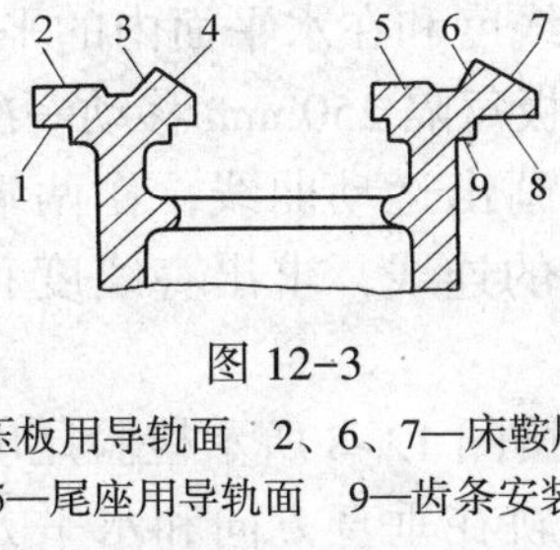

图 12–3

1、8—压板用导轨面　2、6、7—床鞍用导轨面

3、4、5—尾座用导轨面　9—齿条安装导轨面

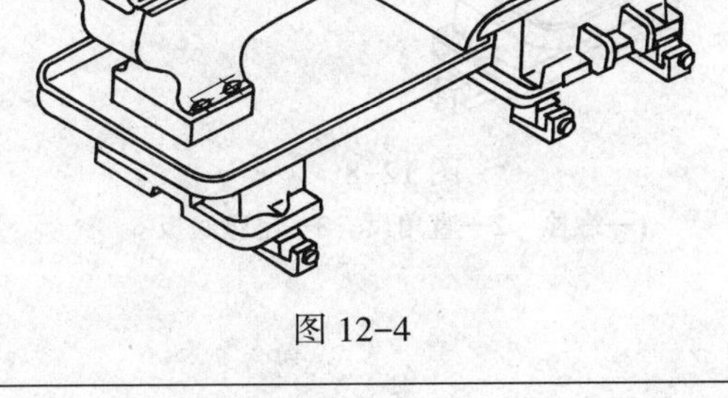

图 12–4

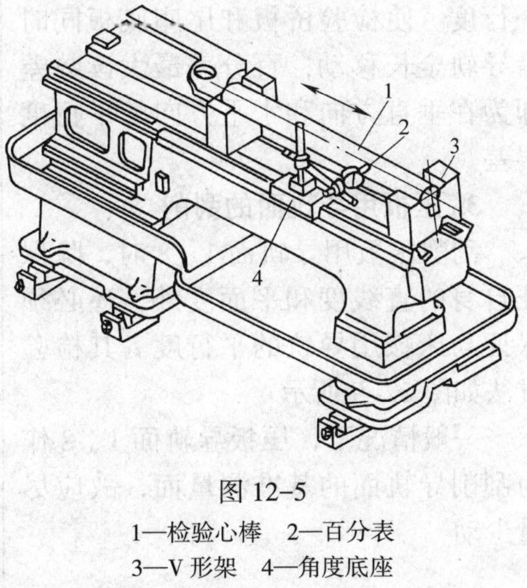

图 12–5

1—检验心棒　2—百分表

3—V 形架　4—角度底座

操作项目及要点

2. 尾座用导轨的刮削及检验

（1）刮削尾座用导轨面5。以已刮好床鞍用导轨面2、6、7为基准，用平行平尺研点刮削平面5，达到自身的直线度、平面度以及对基准导轨的平行度。其检验方法如图12–7所示，百分表在导轨全长上读数的最大差值即为平行度误差

（2）刮削导轨面3、4（山形导轨）。刮削方法与刮削基准导轨面6、7相同，除保证自身的直线度、平面度外，还必须保证其对基准导轨面2、6、7的平行度。平行度的检验方法如图12–7所示

（3）床身上面的导轨刮削完毕后，应按图12–2所示方法检验导轨在垂直面内的直线度和在水平面内的平行度。将检验桥板每隔250 mm移动一次，做好记录，画出运动曲线，作两端以及每米长度的连线，求出直线度和平行度误差

（4）按图12–8所示检验尾座导轨对床鞍导轨在垂直方向和水平方向的平行度。使检验桥板和尾座底板同时沿导轨全长移动，百分表最大读数差即为在垂直方向和水平方向的平行度误差

3. 压板用导轨面的刮削

刮削压板用导轨面1、8时，除保证自身的直线度和平面度外，还必须保证与床鞍用导轨的平行度。其检验方法如图12–9所示

一般情况下，压板导轨面1、8作为刮削导轨面的基准测量面，故应尽量少动

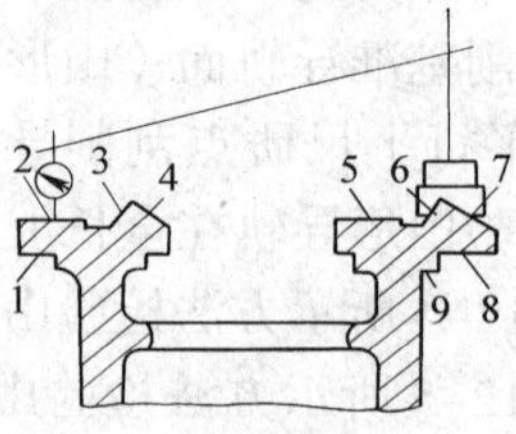

图12–6

1、8—压板用导轨面　2、6、7—床鞍用导轨面
3、4、5—尾座用导轨面　9—齿条安装导轨面

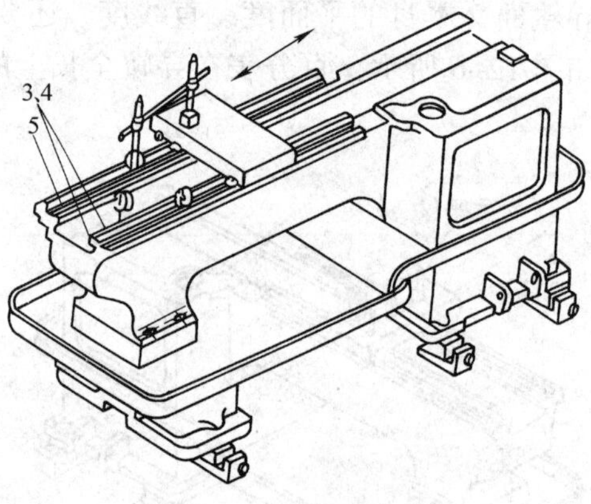

图12–7

3、4、5—尾座用导轨面

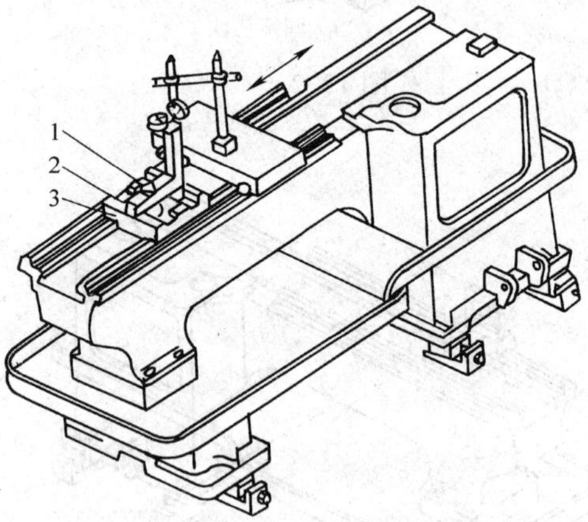

图12–8

1—螺栓　2—直角尺　3—尾座底板

操作项目及要点

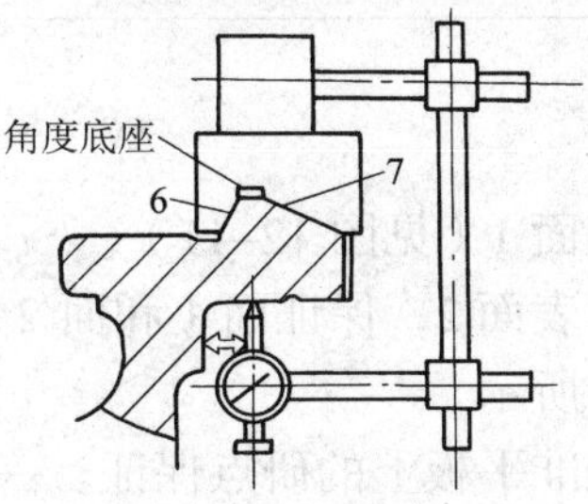

图 12-9

6、7—床鞍用导轨面

注意事项

（1）刮削时应按照床身导轨面在调整后测量的磨损状况及对齿条安装导轨面9的平行度，选择最有利的方案，使刮削量减少至最小值

（2）凡用检验桥板或角度底座移动检验时，启动和停止要稳，移动要缓慢、匀速，否则会影响读数的准确程度

（3）刮削床身上导轨面时，垫的脚踏板一定要牢固可靠，防止事故发生

课题二　床鞍部件的修理

本课题主要学习中滑板、床鞍的刮削以及中滑板与床鞍和床鞍与床身的配刮。通过技能训练，熟悉对床鞍的精度要求；掌握中滑板、床鞍的刮削与检验技能。

作业名称	作业要点	工艺装备
床鞍部件的修理	掌握中滑板、床鞍刮削与检验的技能	角形平尺、检验心棒、校准平板、工艺心棒、测量棒、千分尺、百分表等

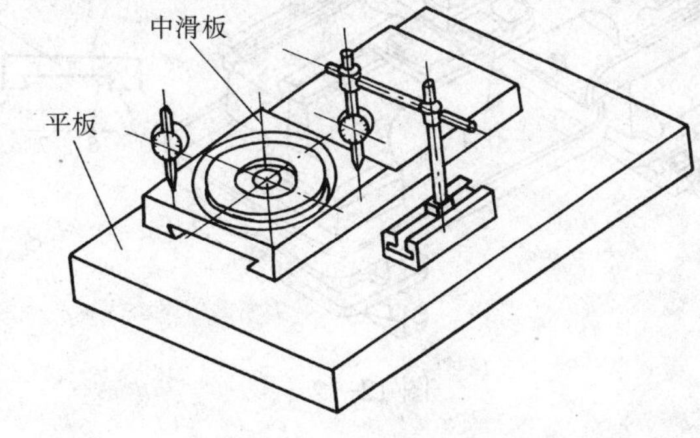

图 12-10　中滑板的检验

操作项目及要点

1. 中滑板的刮削与检验

（1）用校准平板研点刮削表面 1（见图 12-11）

（2）在校准平板上研点刮削表面 2，保证面 1 和面 2 的平行度要求。其检验方法如图 12-10 所示

（3）各平面的平面度以在校准平板上的研点保证。一般要求平面 1、2 中间的研点可淡（软）一些

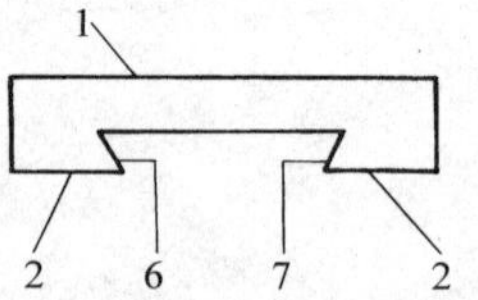

图 12-11

2. 床鞍导轨的刮削及检验

（1）用中滑板表面 2 研点刮削床鞍导轨面 3（见图 12-12），推研长度不宜超过床鞍过多。工艺心棒用于手握推研，主要是防止手指插入孔内推研时被挤伤

（2）将床鞍斜靠在木架上（见图 12-13a），用角形平尺研点精刮床鞍燕尾导轨面 4 及粗刮燕尾导轨面 5。并用图 12-13b 所示方法检验 4、5 两导轨面的平行度。测量时将测量棒放在导轨两端，两次测量中千分尺的读数差值，就是两个导轨面的平行度误差

（3）刮削后的导轨面 3、4 必须与床鞍上的中滑板丝杠孔 *A* 保持平行。其测量方法如图 12-14 所示。在孔 *A* 中插入检验心棒，百分表吸附在角形平尺（或中滑板）上，紧贴导轨面 3、4 移动角形平尺，百分表读数的最大差值，就是导轨面 3、4 对孔 *A* 轴心线的平行度误差

（4）刮削后的各导轨面用 0.03 mm 塞尺检验，塞入深度不得大于 20 mm

3. 床鞍上导轨面的配刮与检验

（1）以床鞍导轨面 4、5 为基准对中滑板导轨面 6、7 进行研点，配刮导轨面 6、7（见图 12-12）

（2）配刮镶条。若是新制的镶条应比原镶条长 20%，先在校准平板研点粗刮，然后塞入中滑板面 7 和床鞍面 5 之间反复配刮，床鞍面 5 的精刮也同时进行（见图 12-12）

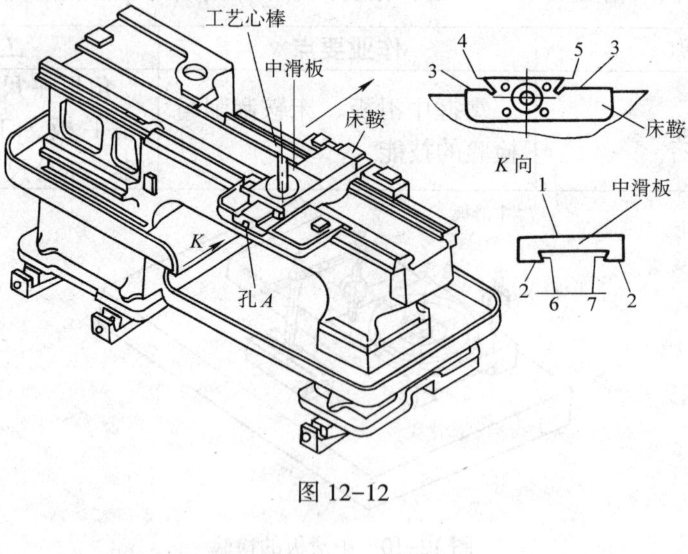

图 12-12

操作项目及要点

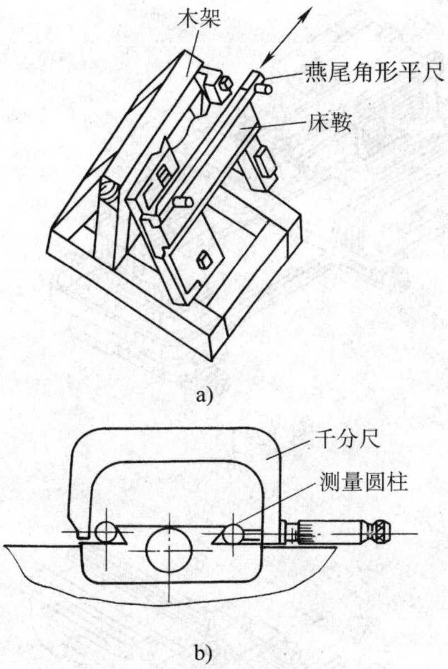

图 12-13

a）刮研导轨面 b）检验平行度

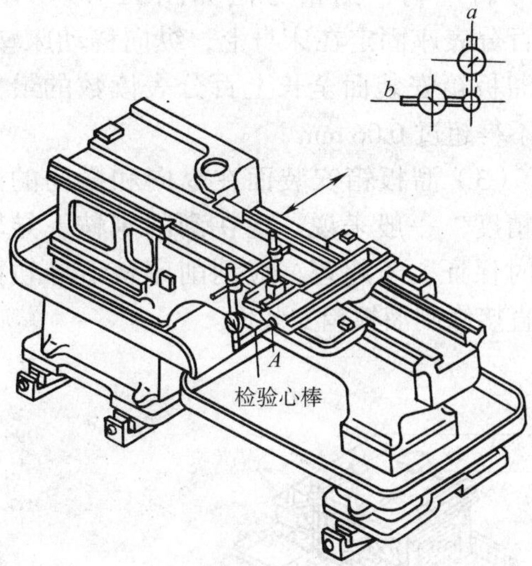

图 12-14

（3）切去镶条多余的长度后，应保证镶条还有 10 ~ 15 mm 的调整余量，接触面的间隙用 0.03 mm 塞尺检查，插入深度不得大于 20 mm

4. 床鞍下导轨面的配刮与检验

（1）将床鞍在床身导轨上研点，配刮床鞍下导轨面至要求

1）检验床鞍在纵向的平行度（见图 12-15）。将百分表座固定在床身上，百分表测头支顶在中滑板上平面上，移动床鞍，百分表读数差值即为在一定长度上的平行度误差

2）检验横向行程内的平行度（见图 12-16）。先将平行平尺找平，全长上移动中滑板，百分表读数的最大差值即为在横向行程内的平行度误差

3）检验床鞍导轨面 4（见图 12-12）对床身（或对车床主轴轴线）的垂直度（见图 12-17）。将直角尺（或框式水平仪）支顶在床身上，先使床鞍纵向移动，校正直角尺的一边，然后将百分表座固定在中滑板上，百分表测头支顶在直角尺的另一边，横向移动中滑板，百分表的最大读数差即为垂直度误差

（2）床鞍下导轨面要求中间的研点应稍淡（软）一些，接触面间隙用 0.03 mm 塞尺检查，插入深度不得大于 20 mm

5. 溜板箱安装面的刮削与检验

（1）床鞍上溜板箱安装面横向应与进给箱、托架安装面垂直，其测量方法如图 12-18 所示。在床身进给箱安装面上用夹板夹持一直角尺，在直角尺处于水平状态的上平面上移动百分表检验溜板箱安装面的位置精度；也可用框式水平仪分别紧贴进给箱安装面和溜板箱安装面，读取水平仪的读数之差来确定。要求允差为 0.03 mm/100 mm

操作项目及要点

（2）床鞍上溜板箱安装面纵向应与床身导轨平行，测量方法如图 12–19 所示。将百分表座固定在床身上，纵向移动床鞍，在溜板箱安装面全长上百分表读数的最大差不得超过 0.06 mm

（3）溜板箱安装面在纵向和横向的两项精度，一般来说，应在刮削床鞍下导轨面时保证。若超差，应刮削床鞍下导轨面或直接修刮溜板箱安装面

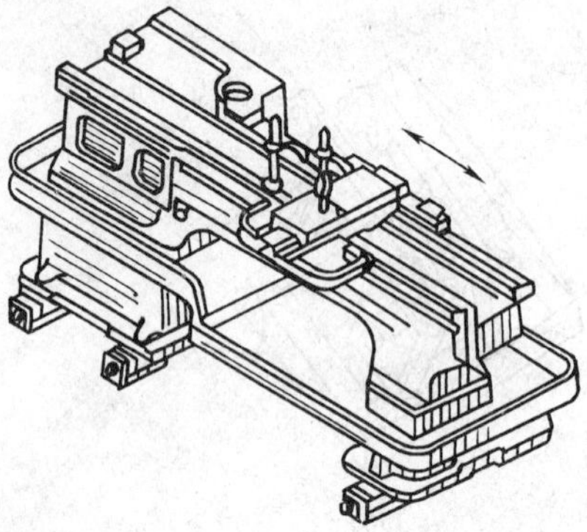

图 12–15

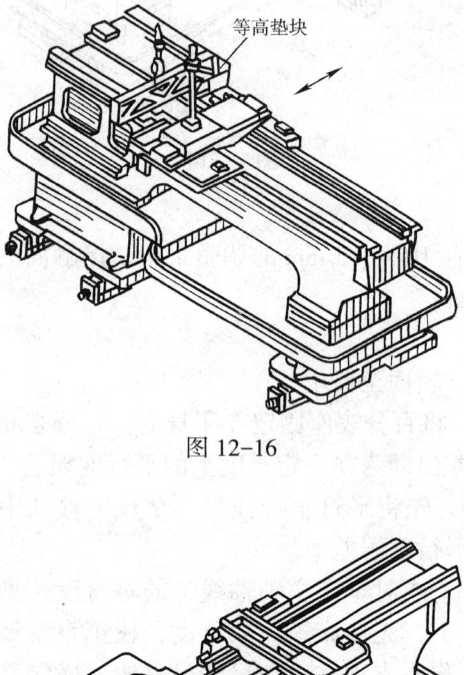

图 12–16

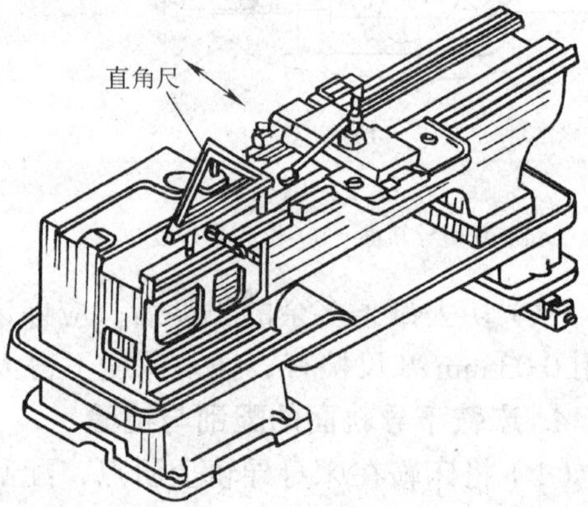

图 12–17

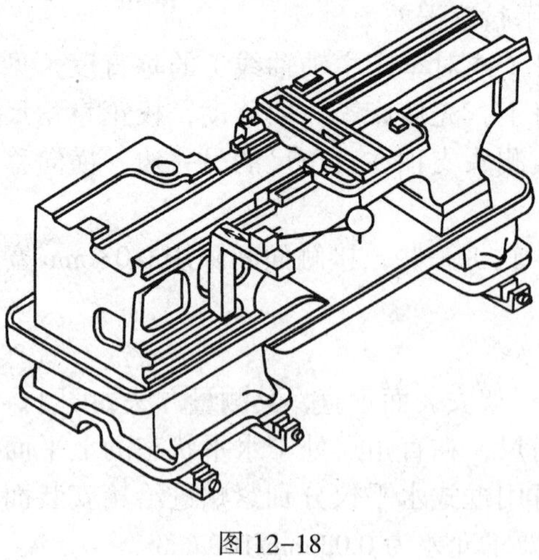

图 12–18

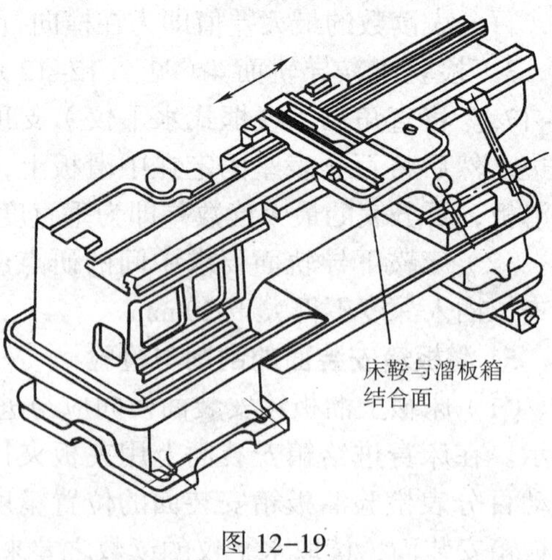

图 12–19

操作项目及要点
注意事项 （1）用中滑板对床鞍研点推研中滑板时，中滑板上一定要安装工艺心棒，否则，很容易将手指挤伤 （2）中滑板和床鞍上导轨面配刮时，中滑板在床鞍上推研不得移动过长，否则会影响研点的正确性 （3）将床鞍斜靠在木架上刮削床鞍时，木架一定要牢固，床鞍一定要放稳固，防止床鞍滑下造成事故

课题三 床身与床鞍的拼装

本课题主要学习刮削床鞍两侧压板安装面以及精度检验等内容。通过技能训练，掌握床鞍与床身拼装及检验的技能。

作业名称	作业要点	工艺装备
床身与床鞍的拼装	掌握床鞍与床身拼装及检验的技能	刮削工具、百分表等

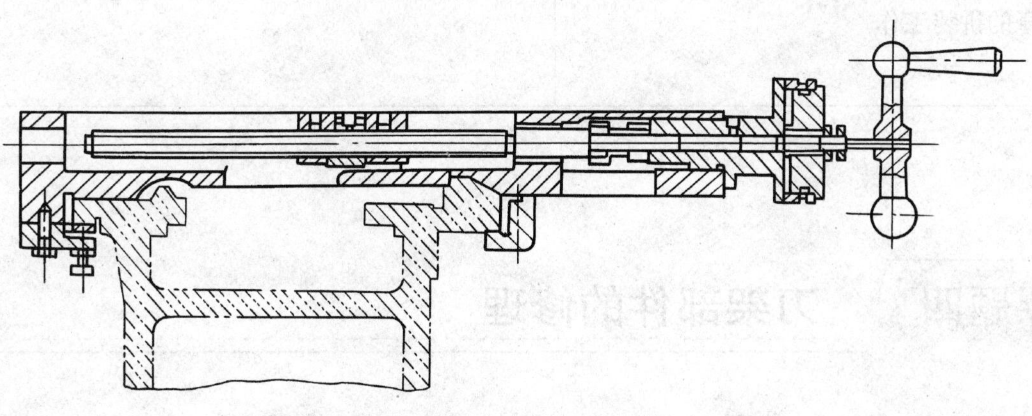

图 12-20　床身与床鞍的拼装

操作项目及要点	
床身与床鞍的拼装 主要是刮削床鞍两侧压板安装面及配刮床鞍压板，以达到床鞍与床身导轨在全长上能均匀结合，平稳地移动 （1）按图 12–21 所示，装上两侧压板并调整到适当的配合位置，推研床鞍，按接触情况刮削两侧压板，要求接触点为 6 ~ 8 点 /（25 mm × 25 mm）。全部螺钉调整紧固后，用 200 ~ 300 N 的力推动床鞍在导轨全长上移动，应无阻滞现象；用 0.03 mm 塞尺检查压板与导轨面的密合程度，插入深度不大于 20 mm （2）床鞍内侧还有一个用来紧固床鞍的紧固压板，该压板一般情况下处于松开状态，当刀架横向进给车削较大平面时，应将床鞍固定，防止床鞍纵向移动，影响工件平面精度。修刮该紧固压板时，应检验其夹紧与松开的可靠性 当压板和床身刮削工作结束后，可将压板卸下，将床鞍吊下来，在床身上导轨面上进行装饰性刮花，然后将床身、床鞍、压板全部擦干净，再将床鞍与床身重新拼装，调整好压板，完成床鞍与床身的拼装工作	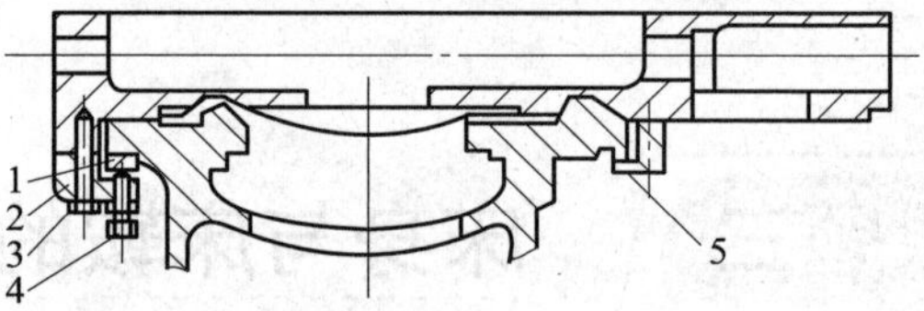 图 12–21 1—调整垫铁　2—外侧压板　3—紧固螺栓 4—调整螺钉　5—内侧压板

课题四　刀架部件的修理

本课题主要学习刀架转盘、小滑板及方刀架的修理与检验。通过技能训练，熟悉刀架的结构，掌握刀架部分的修理、装配与检验的技能。

作业名称	作业要点	工艺装备
刀架部件的修理	掌握刀架部件的装配、修理与检验的技能	机修钳工常用工具、千分尺、检验心棒、百分表、角形平尺、校准平板等

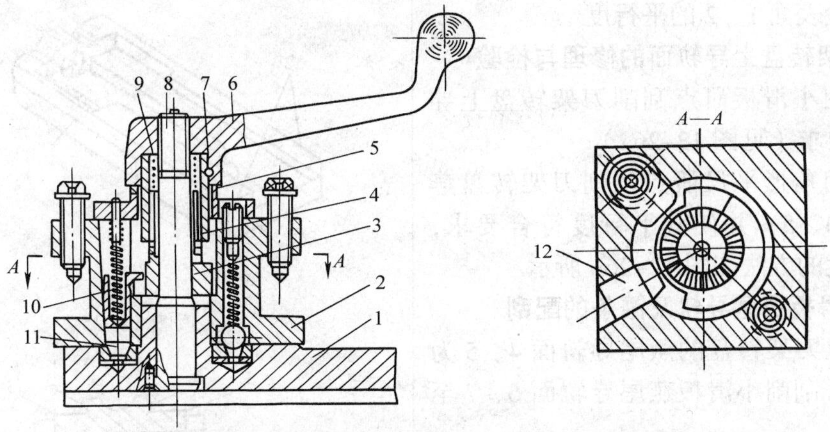

图 12-22　刀架的结构

1—小滑板　2—方刀架　3—凸轮　4、5—套筒
6—手柄　7—固定销　8—中心轴　9、10—弹簧
11—定位销　12—销

操作项目及要点

1. 小滑板上表面的修理与检验

（1）在使用过程中，由于方刀架经常转换位置，其定位销在弹簧作用下会在小滑板的上表面上磨出一圈很深的沟槽，因而会造成定位不准、不牢。可采用将上表面车去 5 ~ 6 mm，镶一块如图 12-23 所示的钢板的修复方法

（2）车削上表面时，应以小滑板上表面上的定心轴颈和检验心棒为基准（见图 12-24）

（3）当上表面磨损较轻时，可不镶配钢板，而采用一个专用研点工具修刮上表面，使之达到垂直度要求

2. 小滑板下导轨面的修理与检验

（1）在校准平板上研点刮削小滑板下导轨平面 2 至要求（见图 12-25）

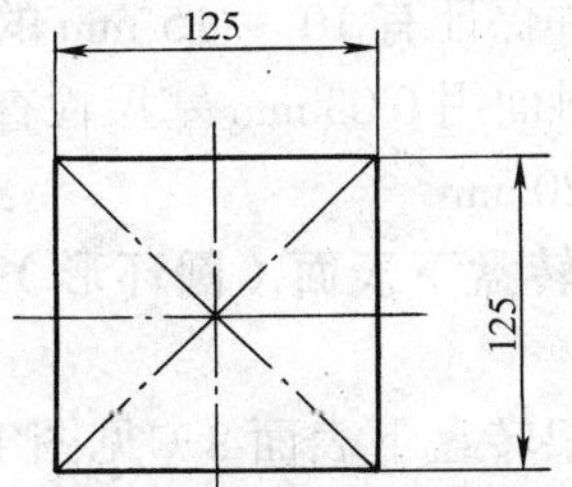

图 12-23

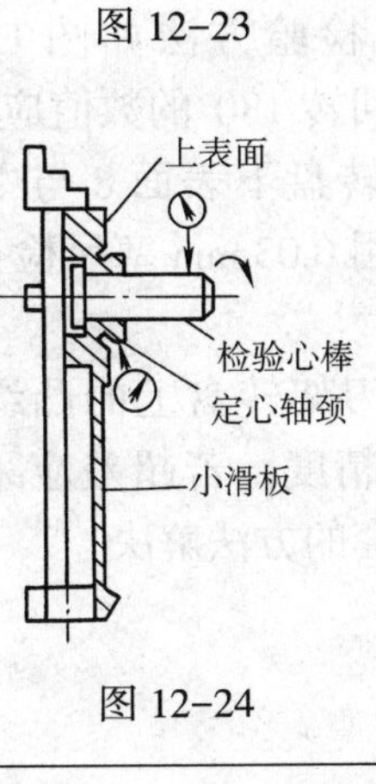

图 12-24

操作项目及要点

（2）用百分表在校准平板（或检验平板）上检验表面 1、2 的平行度

3. 刀架转盘上导轨面的修理与检验

（1）用小滑板研点刮削刀架转盘上导轨面 3 至要求（见图 12–26a）

（2）用角形平尺研点刮削刀架转盘燕尾导轨面 4、5，并使其平行度符合要求，测量平行度的方法如图 12–26b 所示

4. 小滑板燕尾导轨及镶条的配刮

（1）以刀架转盘的燕尾导轨面 4、5 为基准研点，刮削小滑板燕尾导轨面 6、7 至要求

（2）先将镶条的一个面（即和刀架转盘燕尾导轨接触的平面）在校准平板上研点进行粗刮，然后将镶条插进小滑板和刀架转盘中配刮，同时将各燕尾导轨面进行精刮修整直至符合要求。然后切去镶条多余的长度，并保证有 10 ~ 15 mm 的调整余量。导轨接触面用 0.03 mm 塞尺检查，插入深度不大于 20 mm

5. 刀架转盘下表面（圆环形）的修理与检验

（1）刀架转盘下表面 8（见图 12–26a）应在中滑板上平面上配刮研点，并达到平行度要求。其检验方法如图 12–27 所示。检验时，转盘回转 180°的数值应相同

（2）刀架转盘下表面 8 与中滑板上平面的接触间隙用 0.03 mm 塞尺检查，塞尺不能插入为合格

（3）检查刀架转盘上的凸缘与中滑板定位孔的配合精度，若超差应采用在中滑板或凸缘上镶套的方法解决

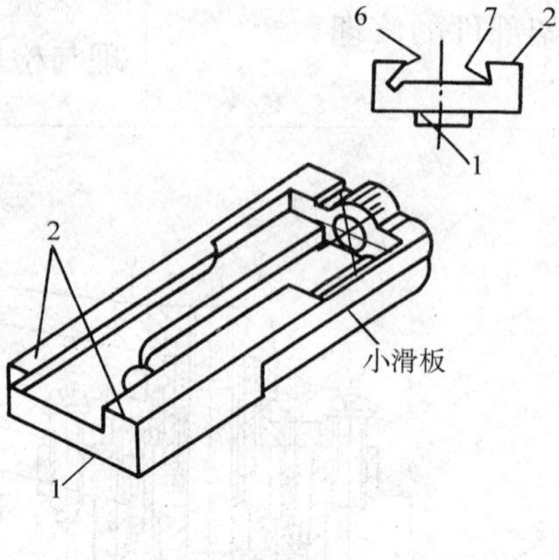

图 12–25

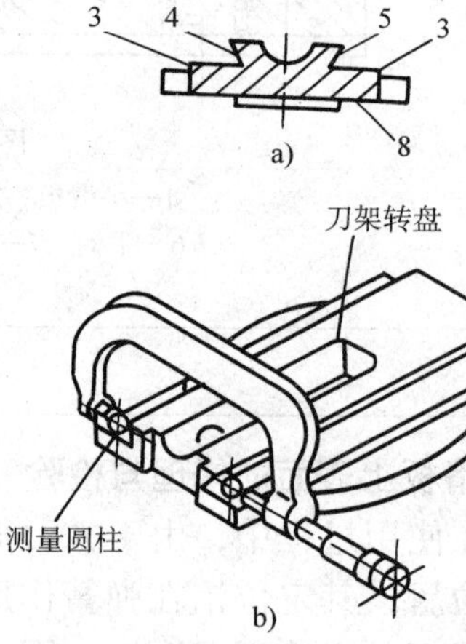

图 12–26

a）刮削导轨面　b）测量平行度

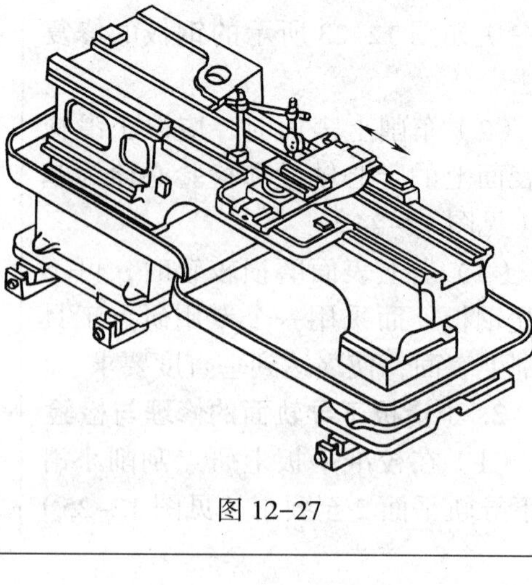

图 12–27

操作项目及要点	
6. 方刀架下表面（和小滑板接触的表面）的修理与检验 先将方刀架下表面 9（见图 12–28）在校准平板上研点精刮，然后在小滑板表面 1（见图 12–25）上研点配刮至要求。因刀具在压紧过程中方刀架会发生变形，所以配研时方刀架表面 9 的四个角上的研点应淡（软）一些，用 0.03 mm 塞尺检验接触情况，塞尺不能插入为合格	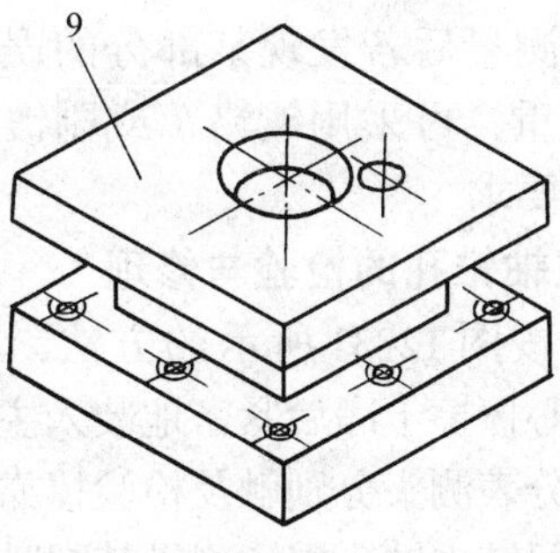 图 12–28

课题五　主轴箱部件的修理

本课题主要学习车床主轴定心轴颈、轴肩支承面、锥孔的精度检验以及其修理与装配后的调整，主轴箱箱体孔的精度检验与修理，主轴箱安装面的精度检验与调整等内容。通过技能训练，掌握主轴部件精度检验、修理与调整的技能。

作业名称	作业要点	工艺装备
主轴箱部件的修理	掌握主轴精度检验、修理与调整的技能	机修钳工常用工具、检验平板、检验心棒、研磨棒、百分表、V 形架等

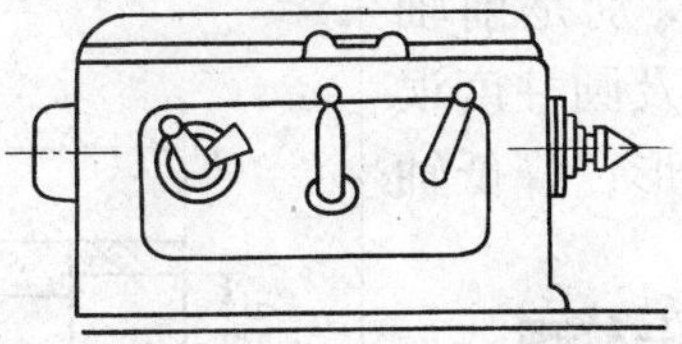

图 12–29　车床主轴箱

操作项目及要点
1. 主轴定心轴颈的检验与修理 （1）主轴拆卸后应对主轴的精度进行检验，其测量装置如图 12–30 所示。在主轴后端的孔中镶一个闷头，闷头中心孔内粘一个钢球支顶在测量架的挡铁上，百分表测头分别触及主轴各部分的定心轴颈，转动主轴一周，测出各部分的误差

操作项目及要点

（2）测量后若发现某部分的误差超差或磨损严重，可采用镀铬（或刷镀）的方法修理至要求

2. 主轴锥孔的检验与修理

（1）按图 12–31 所示的方法，将带锥柄的检验心棒擦干净后紧密地装入主轴锥孔内，将百分表测头分别触及检验棒靠近两端的部分，回转主轴一周，测量其圆跳动量

（2）若锥孔圆跳动量在允差范围内，表面有轻微磨损时，可用标准研磨棒研磨修复（见图 12–32）或用标准铰刀铰削修复。若锥孔表面磨损严重或圆跳动量超差较多时，应在磨床上精磨内孔或在机床总装后由自身刀架装夹车刀精车修整

3. 主轴箱箱体孔的检验与修理

（1）检验

将箱体放在镗床工作台上，用 3 个千斤顶支承底面并进行找正（见图 12–33），在镗刀杆上装一杠杆百分表，检测前、后轴承孔同轴度，一般不超过 0.015 mm；同时检查两端面 B 和 C 对主轴孔的垂直度，在安装连接盘的直径范围内不应超过 0.015 mm；再检查孔的直线度，一般不应超过 0.01 mm

（2）修理

如果主轴孔严重损坏，特别是前轴承孔配合过松或有较大的锥度及圆柱度误差，都将直接引起轴承外圈变形，降低轴承精度，常采用镶套法修复

4. 主轴后轴承壳体的检验与修理

（1）如图 12–34 所示，首先检测后轴承壳体内孔 ϕ180 mm 的尺寸精度是否合格，其直线度和圆度一般允差为 0.01 mm

（2）将轴承外圈装进轴承壳体，再将轴承内圈装在检验心轴上，将其置于平板上（见图 12–34），用百分表检测外径

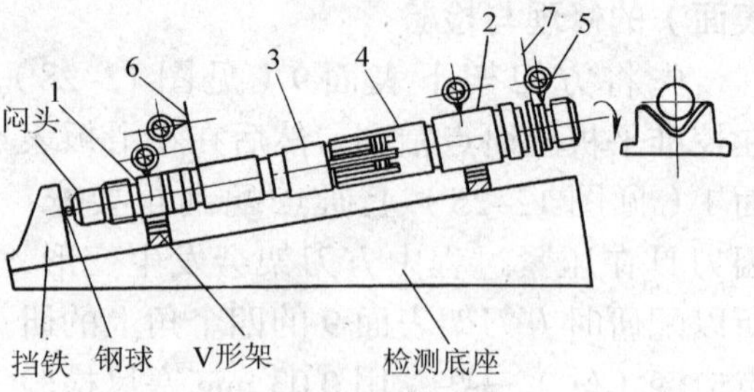

图 12–30

1 ~ 7—待测量面

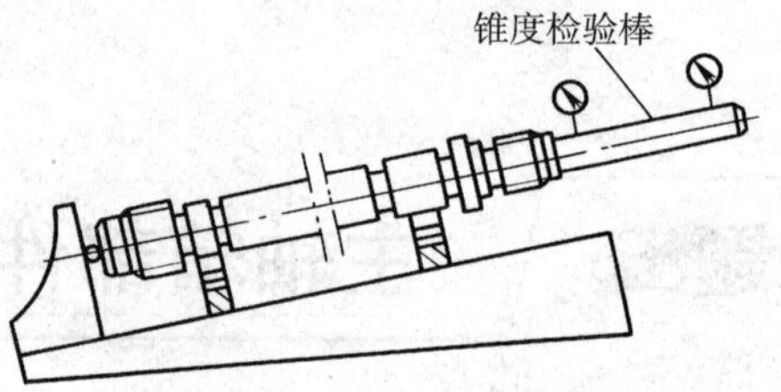

图 12–31

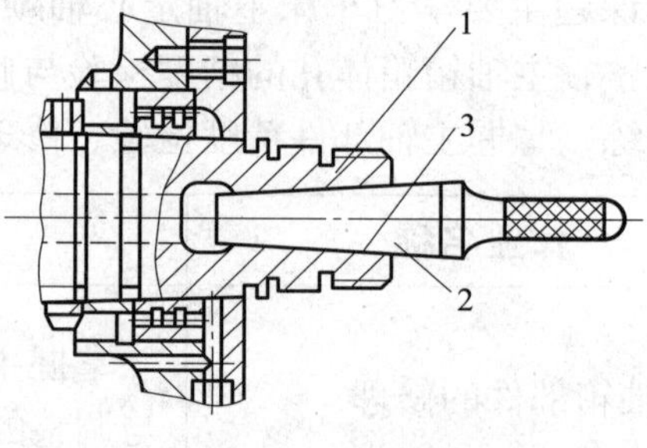

图 12–32

1—主轴　2—研磨棒　3—主轴锥孔

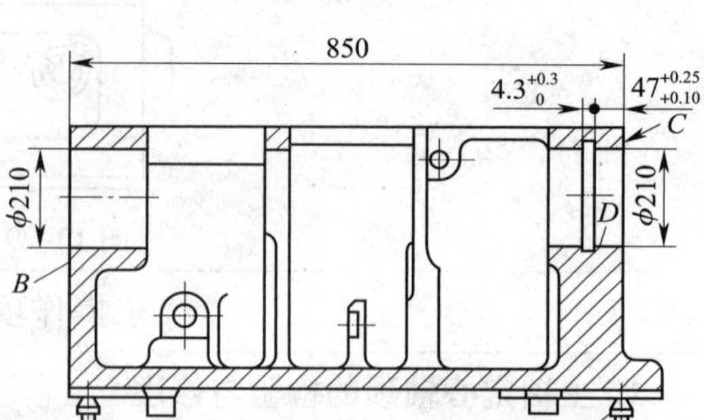

图 12–33

操作项目及要点

ϕ210 mm 上的圆跳动，不应超过 0.01 mm，端面 *C*、*E* 的圆跳动不应超过 0.005 mm，若超过允差则要刮研 *C*、*E* 面至要求尺寸

5. 衬套、垫圈、圆螺母的检验与修理

（1）检验

在标准平板上用涂色法检测衬套、垫圈、圆螺母两端面的接触面，一般不应低于 85%；再用杠杆千分尺检测两端面平行度（允差为 0.005 mm），而后将垫圈、开口垫圈与推力球轴承组合起来，放在标准平板上（见图 12–35），用百分表在四个方向上测量平行度（允差 0.005 mm）

（2）修理

衬套、垫圈若超过平行度允差，则应在平面磨床上磨平或研磨达到要求。对于圆螺母可在车床上车一螺纹心轴，将圆螺母拧上紧固，用车刀将圆螺母与衬套接触的平面 *F* 车平，使之符合要求（见图 12–36）

6. 主轴轴向窜动的检验与调整（见图 12–37）

将带有锥柄的短检验棒插入主轴锥孔内，在检验棒中心孔内用润滑脂粘一个钢球，用百分表的平表头支顶在钢球上，回转主轴一周，测量主轴的轴向窜动量，若超差可检查主轴的止推垫圈及推力轴承。主轴的轴向窜动应控制在 0.01 ~ 0.015 mm

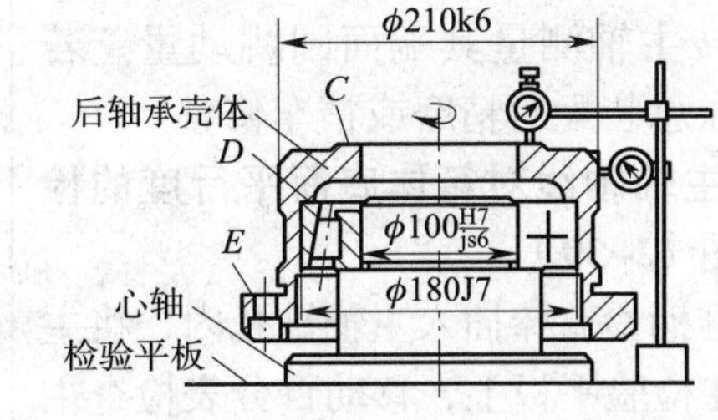

图 12–34

图 12–35

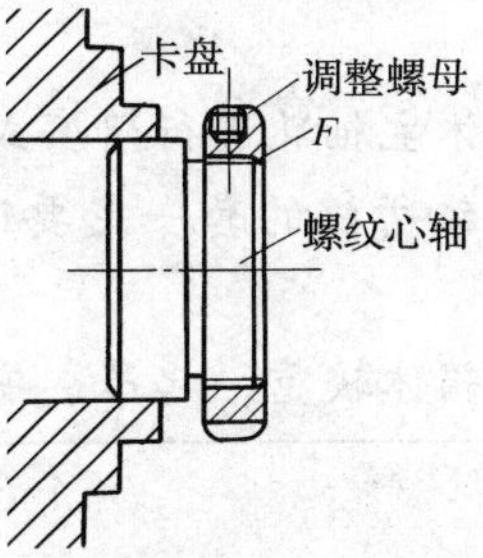

图 12–36

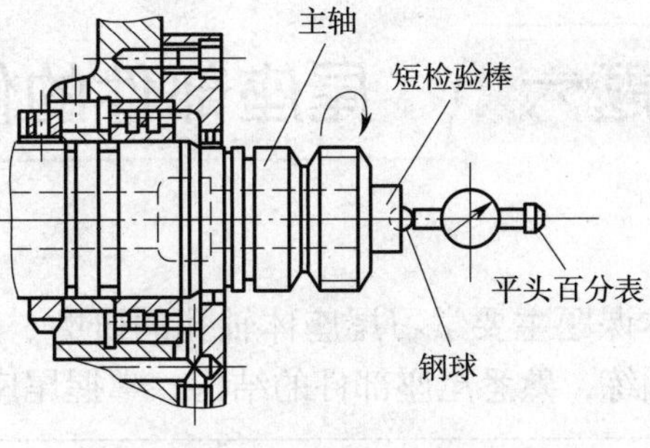

图 12–37

操作项目及要点	
7. 主轴轴肩支承面的检验与修复 将百分表的测头支顶在主轴轴肩上（见图 12–38），沿主轴轴线加一力 F，慢慢旋转主轴测量其端面圆跳动量。若超差可在总装配后精磨或精车修整 **8. 主轴轴线对箱体底面平行度的检验（见图 12–39）** 将锥柄检验棒插入主轴锥孔内，将主轴箱放在检验平板上，移动百分表检查主轴中心线对底面的平行度。超差时应分析原因，因为底面是加工箱体孔的基准面，一般不会超差，只有确认不牵涉其他因素时才允许刮削箱体底面至要求	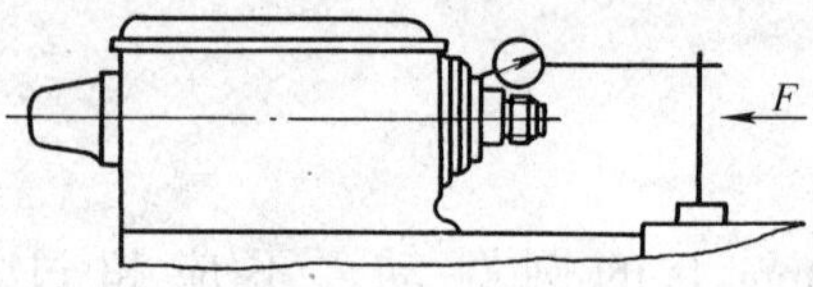 图 12–38 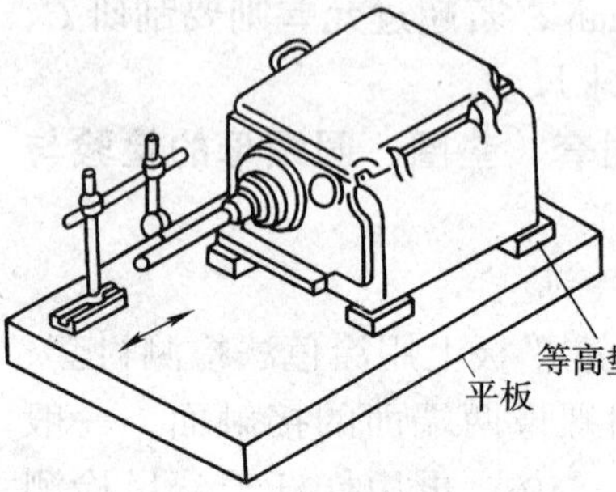 图 12–39

注意事项

（1）用磨削法加工主轴锥孔或总装后由车床自身精车主轴锥孔时，切削量应尽可能少一些

（2）对箱体主轴孔进行研磨或镗削镶套修复时，一定要保证前、后主轴孔的同轴度

（3）对箱体所镶的套一定要进行精度检验，主要检验轴线对端面的垂直度和两端面的平行度

（4）主轴箱体较重，起吊、安放、检验时一定要注意安全，防止事故发生

课题六 尾座部件的修理

本课题主要学习尾座体轴孔的研磨、尾座套筒的修复及尾座底板的刮削等内容。通过技能训练，熟悉尾座部件的结构，掌握尾座部件修理的技能。

作业名称	作业要点	工艺装备
尾座部件的修理	掌握尾座体轴孔研磨和尾座底板刮削的技能	机修钳工常用工具、校准平板、检验棒、研磨棒、百分表等

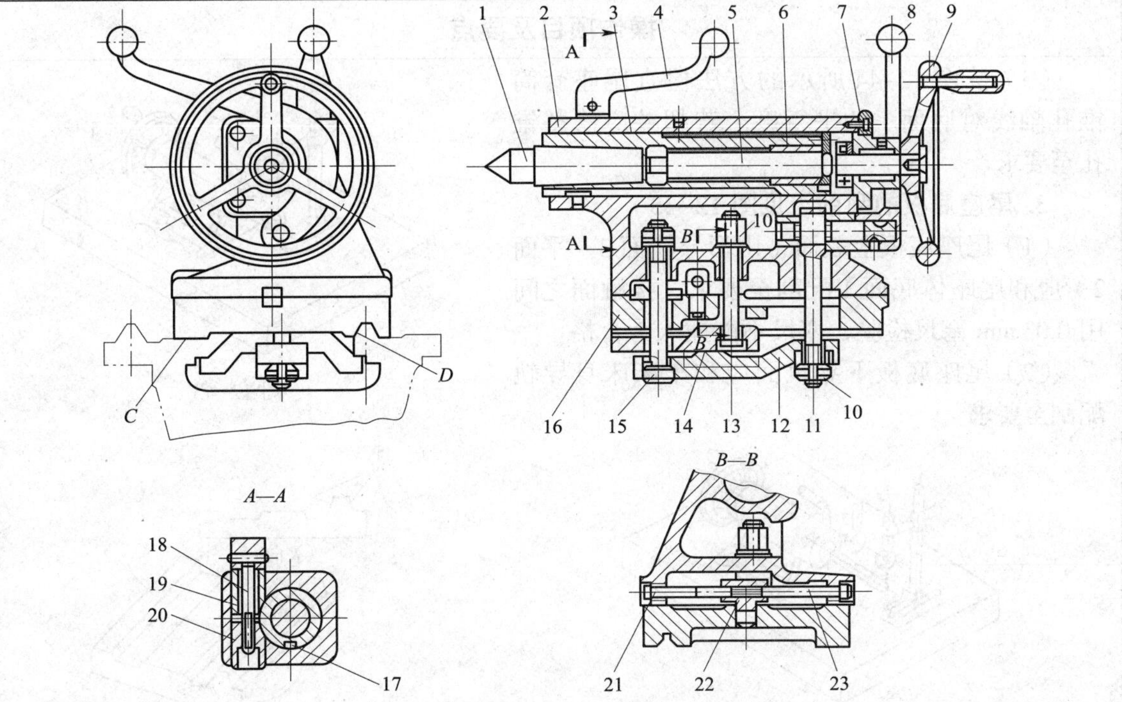

图 12-40　CA6140 型卧式车床尾座结构

1—后顶尖　2—尾座体　3—顶尖套　4—手柄　5—丝杠　6—丝杠螺母　7—端盖　8—快速紧固手柄　9—手轮　10—螺母　11—拉杆　12—压紧块　13、15—螺钉　14—压板　16—尾座底板　17—平键　18—螺杆　19、20—套筒　21、23—调整螺钉　22—调整螺母

操作项目及要点

1. 尾座体轴孔的修理

（1）尾座体轴孔修理前一般都是前端孔径较大，修理的目的是使孔径的中心线呈直线，而孔的形状（圆柱度）最好呈腰鼓形（即孔中间略大一些）。其修理方法大都采用研磨棒研磨修复

（2）研磨时最好采用两根研磨棒，一根粗研，另一根精研如图 12-41 所示。有条件时可在珩磨机上珩磨，一般都是手工研磨或在摇臂钻床上研磨，尾座体的装夹方法如图 12-42 所示

2. 尾座体装配后的精度检验与修理

（1）尾座体装配达到使用要求后，将尾座体置于平板上，把尾座套筒摇出 100 mm，按图 12-43 所示的方法测量尾座套筒与底面的平行度

（2）若平行度超差时，应修刮尾座体底面 1 至要求

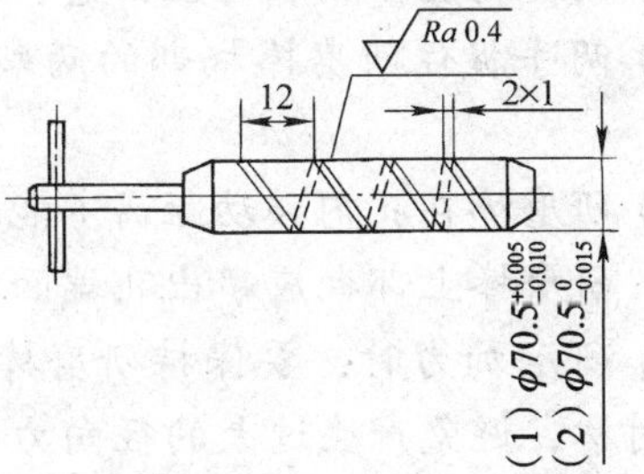

图 12-41

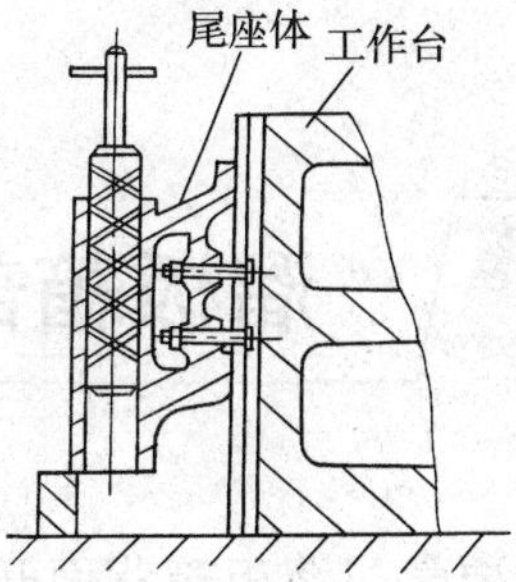

图 12-42

操作项目及要点
（3）按图 12-44 所示的方法检查尾座套筒锥孔轴线对底面 1 的平行度。若超差应修整锥孔至要求 **3. 尾座底板的刮削（见图 12-45）** （1）尾座底板上表面（山形导轨面 3、平面 2）应和尾座体底面 1 配刮至要求。接触面之间用 0.03 mm 塞尺检验，塞尺不能插入为合格 （2）尾座底板下导轨面应和车床床身导轨配刮至要求

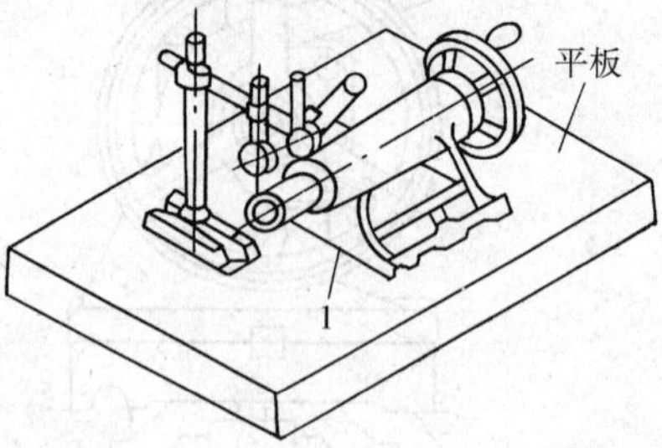

图 12-43

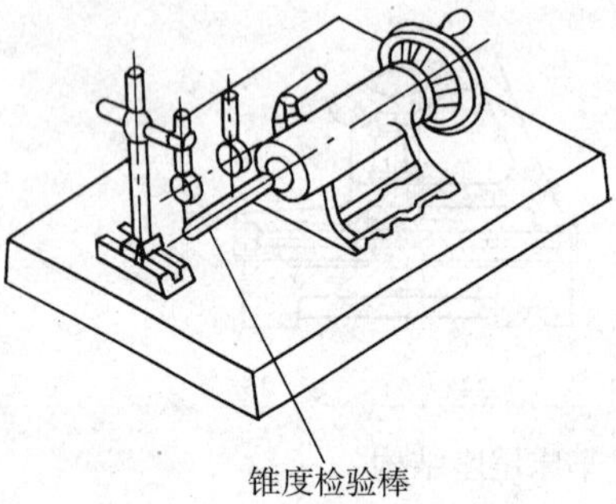

图 12-44

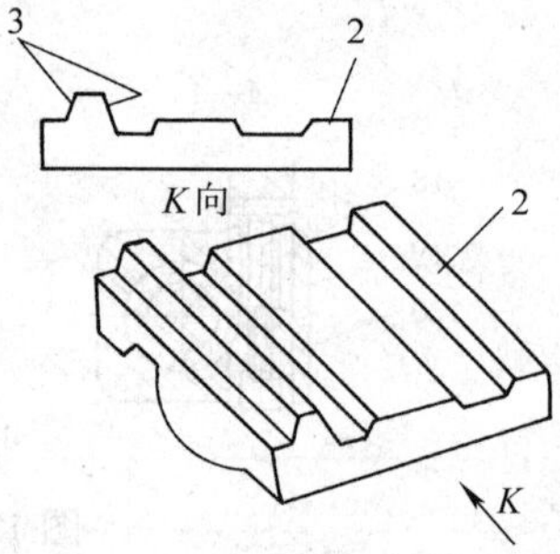

图 12-45

注意事项

手工研磨尾座体轴孔时应注意：

（1）两手握住研磨棒柄部的两端，左右旋转着向上提拉或向下推压研磨棒做往复直线运动

（2）研磨棒在孔内移动距离不能过大。推压时，研磨棒下端超出孔端面 50 ~ 80 mm；上提时，研磨棒上部也应超出孔端面 50 ~ 80 mm

（3）研磨加力时，要保持研磨棒中心始终和尾座体孔中心重合，施加转矩时，两手力量要对称，避免产生过大的径向力导致孔口扩大

（4）根据研磨好的尾座体轴孔，重新制作新的尾座套筒

课题七　溜板箱部件的修理

本课题主要学习溜板箱背面开合螺母用导轨的刮削、开合螺母更换后的修理与检验等内容。通过技能训练，掌握溜板箱中开合螺母部分修理的技能。

作业名称	作业要点	工艺装备
溜板箱部件的修理	掌握开合螺母部分修理与调整的技能	机修钳工常用工具、平板、角形平尺、检验棒、百分表、塞尺等

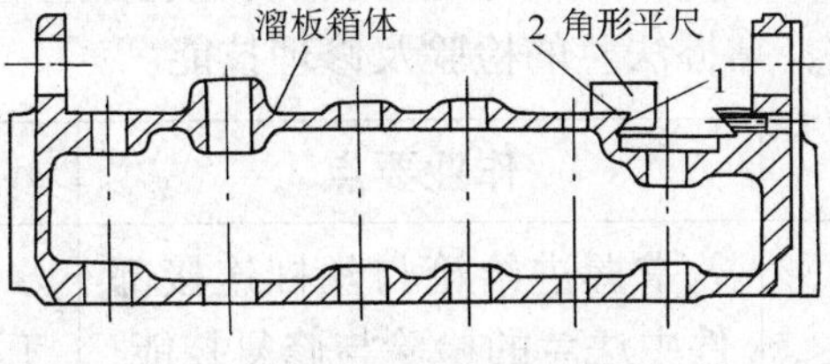

图 12-46　溜板箱箱体

操作项目及要点

1. 溜板箱背面开合螺母用导轨的刮削

（1）开合螺母用导轨面 2 应用小平板研点刮削至要求

（2）燕尾导轨面 1 应用角形平尺（见图 12-47）研点刮削至要求

（3）刮削开合螺母用导轨时应保证导轨与床鞍结合面垂直，角形平尺与研刮面之间用 0.03 mm 塞尺检查，塞尺不能插入为合格

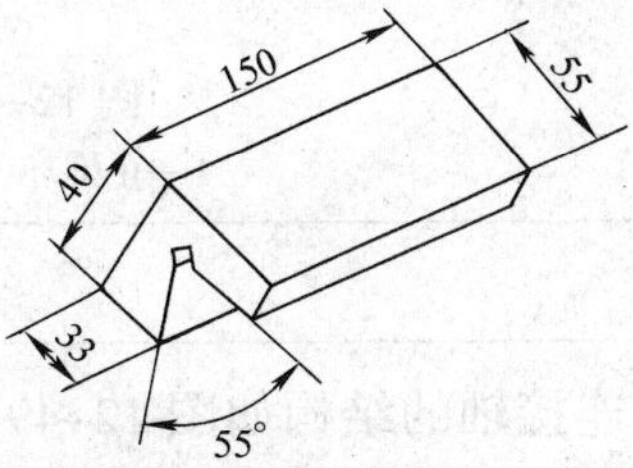

图 12-47

2. 开合螺母的修复

（1）开合螺母磨损严重时，一般是采用更换新的开合螺母方法修复

（2）开合螺母的导轨面应当以溜板箱上导轨面为基准，配刮至要求

（3）开合螺母导轨和溜板箱导轨之间的镶条，也需要配刮至要求

3. 开合螺母轴线与溜板箱上平面平行度的检验与修理

如图 12-48 所示，将开合螺母上的手柄等零件全部装到溜板箱上，将溜板箱反扣在平板上，使上平面 3 和平板接触。在开合螺母内卡紧一根检验棒，用百分表检查它的平行度。若超差，应刮削溜板箱上平面 3 至要求

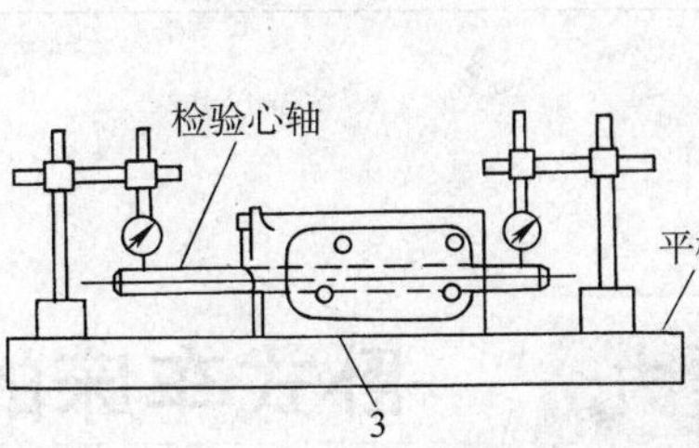

图 12-48

课题八 进给箱部件的修理

本课题学习进给箱和丝杠连接部件中法兰的精度检验及修理方法。通过技能训练，熟悉进给箱的检验及装配要领，掌握法兰的检验及修理技能。

<table>
<tr><th>作业名称</th><th colspan="2">作业要点</th><th>工艺装备</th></tr>
<tr><td>进给箱部件的修理</td><td colspan="2">掌握进给箱与丝杠连接部件中法兰的检验与修复技能</td><td>百分表、研刮心棒、常用工具等</td></tr>
<tr><td colspan="4">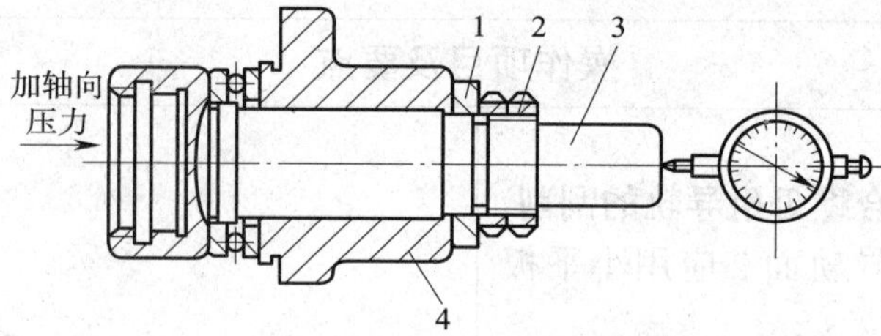

图 12-49　进给箱与丝杠的连接部件
1—止推环　2—螺母　3—丝杠连接轴　4—法兰</td></tr>
<tr><th colspan="4">操作项目及要点</th></tr>
<tr><td colspan="2">丝杠连接轴的结构如图 12-49 所示。用图 12-50 所示的方法检查并刮削法兰两端面 1、2，使两端面不仅与轴线垂直，而且还保持相互平行
装配后施以轴向力，检查它的轴向窜动量及轴向游隙，轴向游隙一般保持在 0.04 mm 左右，其检查方法如图 12-49 所示。将连接部件装到进给箱后应再复测一次</td><td colspan="2">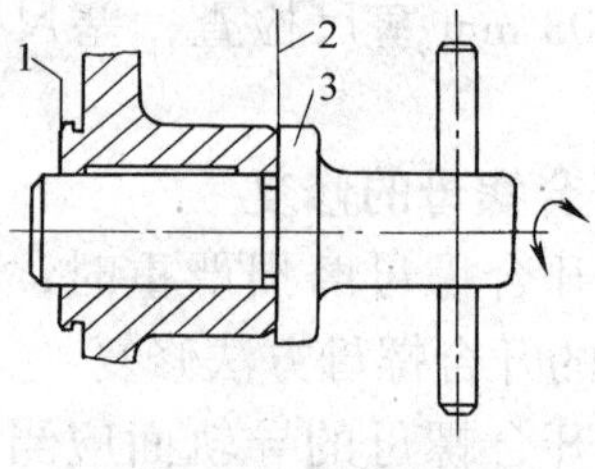

图 12-50
1、2—法兰两端面　3—研刮心棒</td></tr>
</table>

课题九 卧式车床的总装配

本课题主要学习车床总装配中各大部件的安装顺序、主要精度检验及调整方法。通过技能训练，熟悉车床的组成及各大部件的精度要求，掌握车床总装配的步骤、精度检验与调整的技能。

作业名称	作业要点	工艺装备
卧式车床的总装配	掌握车床总装配的步骤、主要部件精度检验与调整的技能	机修钳工常用的工具、检验心轴、百分表、平板、水平仪、检验桥板、丝杠中心测量工具等

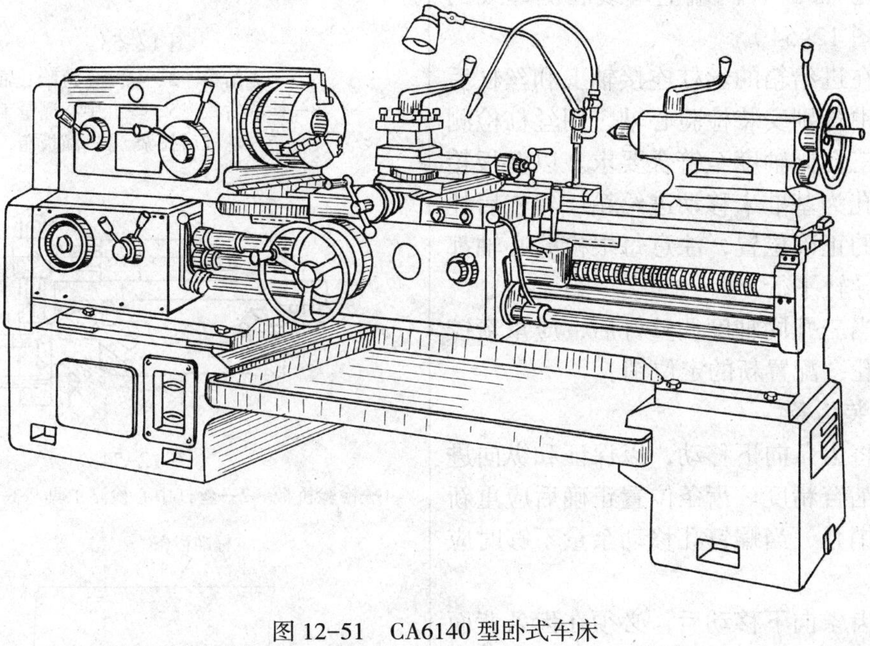

图 12-51　CA6140 型卧式车床

操作项目及要点

1. 安装溜板箱

（1）将溜板箱用螺钉紧固在床鞍上。由于原来的安装表面（床鞍安装面、溜板箱上表面）都经过修整，为了保证横向进给齿轮副的正确啮合，所以溜板箱在安装时应向左或右做微量移动（见图 12-52）

（2）检验横向进给齿轮副齿侧间隙的方法有三种，最常用的是将一张厚度为 0.08 mm 的纸放在齿轮啮合处，转动齿轮，若印痕呈现将断不断的状态即为齿侧间隙正常

2. 进给箱、开合螺母、丝杠后托架三孔同轴度的检验

（1）按图 12-53 所示，在溜板箱开合螺母内夹紧一根检验心轴 4，在床身的检验桥板

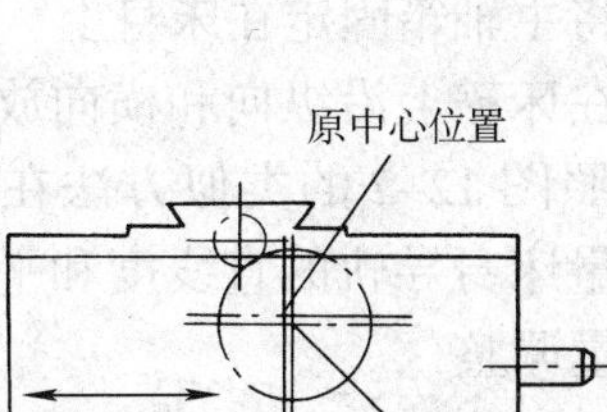

图 12-52

操作项目及要点

3 上紧固丝杠中心测量工具 5，分别校正溜板箱检验心轴 2、4 两端上母线和侧母线的读数（见图 12–54）

（2）在进给箱的丝杠连接轴上和丝杠后托架 7 孔中分别安装检验心轴，用丝杠检测工具校正三孔同轴度至符合要求。以溜板箱开合螺母孔为基准来移动进给箱、丝杠后托架 7 至新的正确位置，注意每根检验心轴都应与床身导轨平行

（3）当三孔同轴度调整好后，应重新铰削定位销孔，配置新的定位销

3. 安装齿条

（1）将齿条向下移动，以保证和纵向进给齿轮的啮合精度。齿条位置正确后应重新铰削定位销孔，当螺钉孔移动余量不够时应另行钻孔

（2）齿条向下移动后，必须在齿条背面加固定垫片

（3）齿条在全长上应保持 0.08 mm 的啮合间隙，两根齿条啮合处应采用标准齿条来进行跨接校正（见图 12–55）

4. 安装主轴箱

（1）将主轴箱固定在床身上

（2）在床鞍上沿纵向和横向放置两个水平仪，参照图 12–2 的类似方法在导轨全长上再次测量床身导轨的直线度和平行度。有变形时微量调整

（3）按图 12–56 所示的方法，测量主轴在上母线和侧母线两个方向上与床身的平行度，并将误差记录下来，与下一工序的测量结果同时考虑修整方案

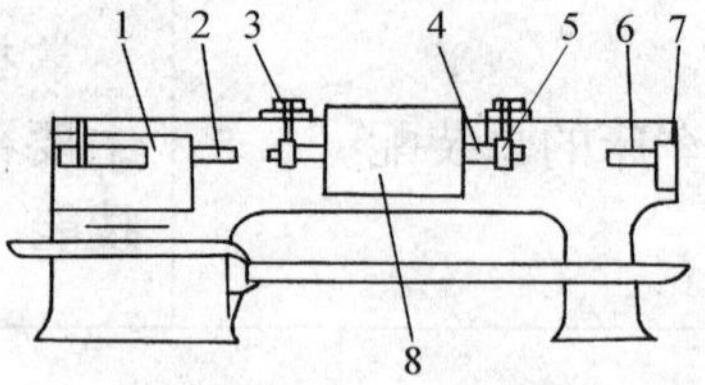

图 12–53

1—进给箱　2、4、6—检验心轴
3—检验桥板　5—丝杠中心测量工具
7—丝杠后托架　8—溜板箱

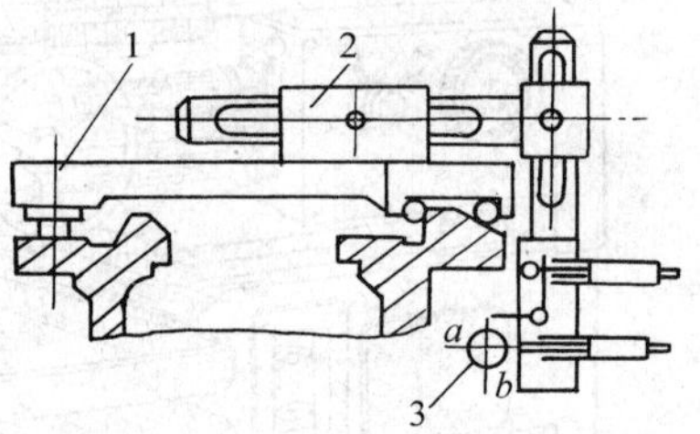

图 12–54

1—检验桥板　2—丝杠中心检测工具　3—检验心轴

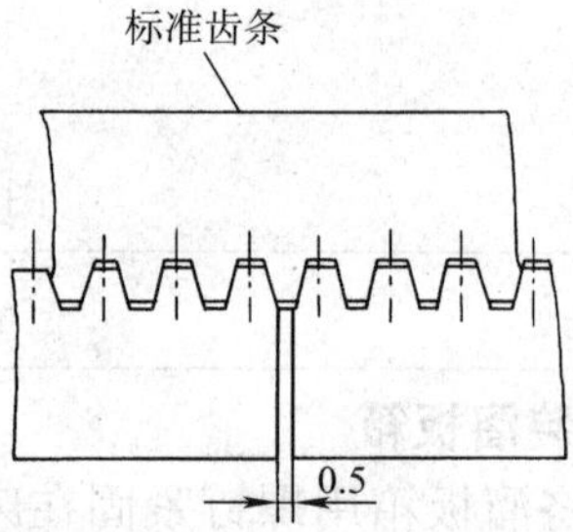

图 12–55

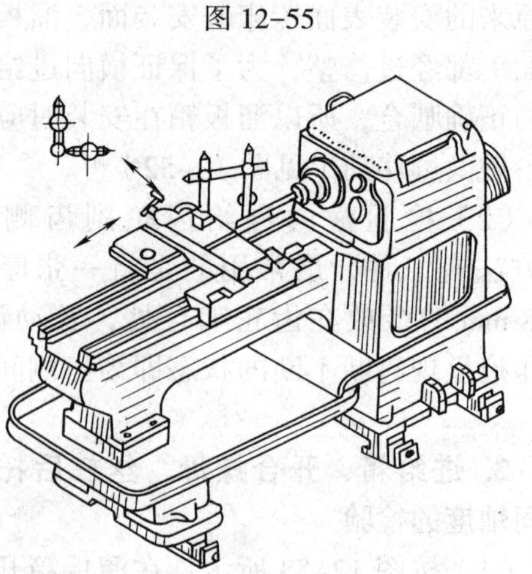

图 12–56

操作项目及要点

5. 安装尾座

（1）将尾座安装到床身上并固定，把尾座套筒摇出 100 mm 长，按图 12–57 所示检查尾座套筒与床身的平行度

（2）在尾座套筒和主轴锥孔内分别装入顶尖，在两顶尖间装一根 1 500 mm 的标准圆柱检验棒，移动床鞍检查尾座套筒锥孔轴线和主轴锥孔轴线对床身导轨的等高度（见图 12–58）。如果没有长的检验棒，也可采用图 12–59 的方式检验等高度

（3）等高度允差为 0.06 mm，只许尾座高于主轴箱。若不合格，应通过修刮尾座底板与尾座连接面来调整。修刮后要求尾座体与尾座底板之间接触面用 0.03 mm 塞尺检查时无法插入，用手扳动时不得出现左右摇晃现象

6. 床鞍移动对尾座套筒锥孔轴线平行度的检验与调整

在尾座套筒锥孔内插一根检验心轴（测量长度 300 mm），尾座套筒退回尾座体内并锁紧。然后移动床鞍，在上母线和侧母线两个方向上检查其平行度（见图 12–60）。上母线、侧母线允差均为 0.03 mm/300 mm，若超差可刮削尾座底板下导轨面或尾座体与底板连接面

7. 安装刀架

将小刀架部件安装到中滑板上（见图 12–61），移动小滑板测量它对主轴轴线的平行度。如果超差，则修刮刀架转盘与小滑板的结合面

8. 安装丝杠、光杠

将丝杠、光杠等零件按要求装到床身上，把丝杠中心测量工具靠近溜板箱，操纵开合螺母，检查丝杠在开合螺母闭合与打开时

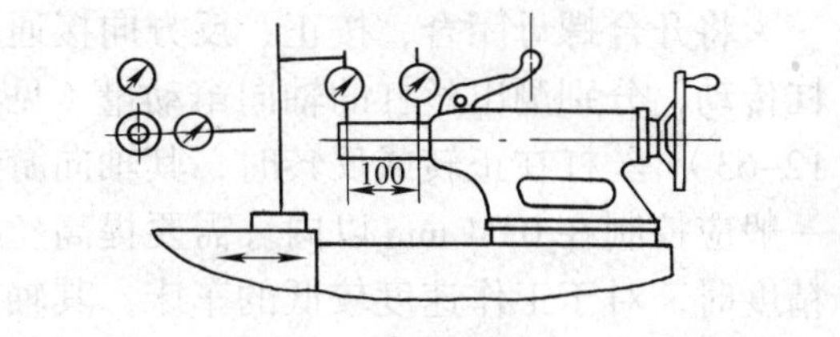

图 12–57

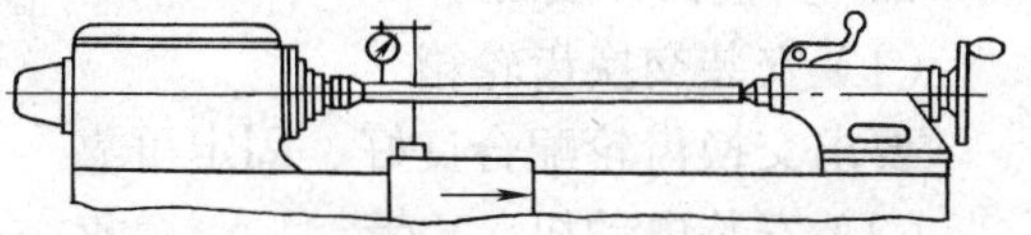

图 12–58

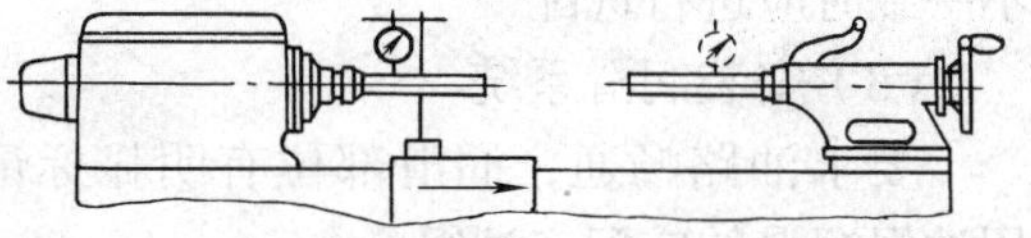

图 12–59

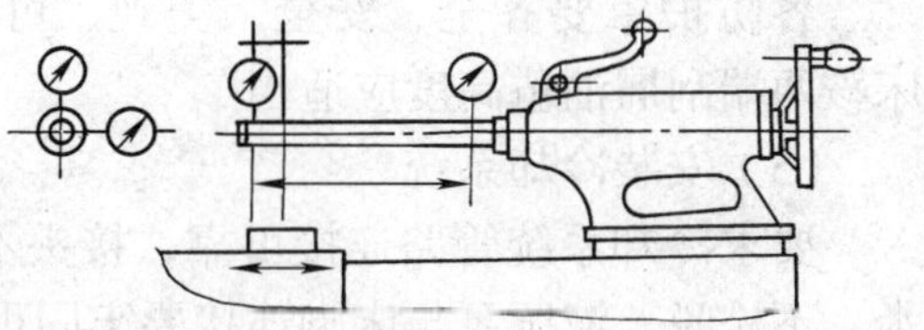

图 12–60

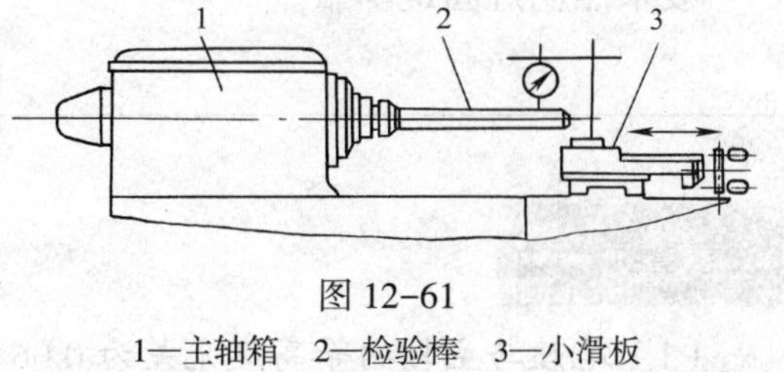

图 12–61

1—主轴箱　2—检验棒　3—小滑板

操作项目及要点	
的径向圆跳动量，然后在床身全长上检验其圆跳动量（见图 12–62） **9. 丝杠轴向窜动的检验** 将开合螺母闭合，按正、反方向接通丝杠传动，分别测出丝杠的轴向窜动量（见图 12–63）。丝杠在正转或反转时，其轴向游隙一般应控制在 0.04 mm 以内。需要提高丝杠精度时，对于工作速度较低的车床，其轴向游隙应控制在 0.01 ～ 0.02 mm **10. 其他部件安装** （1）安装交换齿轮箱 要求交换齿轮配合良好、固定可靠 （2）安装电动机、V 带 V 带的松紧要适当，当发现 V 带的松紧不一致时应进行选配 （3）安装润滑系统 要求油路畅通，润滑部位有明显标记，用油绳润滑的应配齐油绳 （4）安装防护部分 各防护罩要齐全、安全、美观、可靠，床鞍两端刮屑油毡高度应适当 （5）安装冷却系统 要求冷却系统管路连接可靠，接头不漏水、不松脱，液压泵与床脚连接要牢固可靠 （6）安装照明系统 要求照明灯固定牢靠	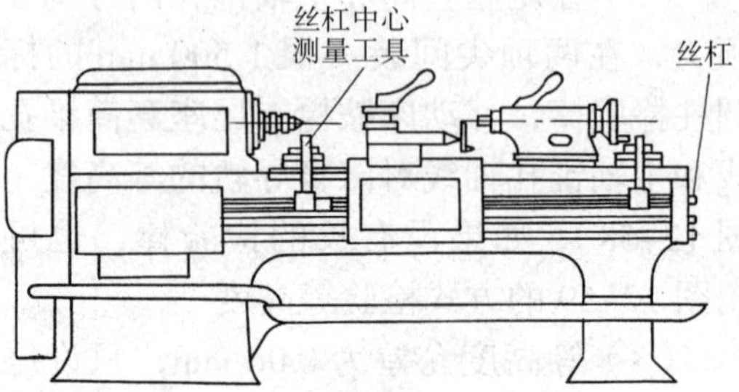 图 12–62 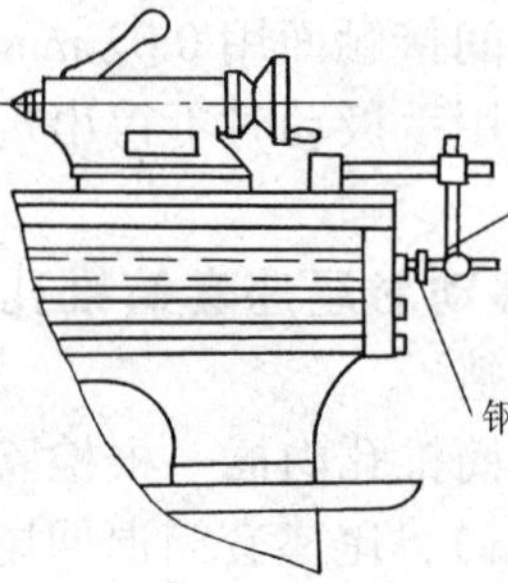 图 12–63

注意事项

（1）尾座与主轴的等高度允差为 0.06 mm，为弥补使用中的磨损，只允许尾座高

（2）安装刀架时，刀架移动应保持平稳、无阻滞、滑动面无过大间隙（用 0.04 mm 塞尺检查时要求不能插入）

（3）总装时凡是较大、较重的部件都要用起重设备吊装，注意安全，防止事故发生

课题十　卧式车床几何精度与工作精度的检验

本课题主要学习卧式车床在空运转试验后、负荷试验前的几何精度检验及负荷试验后的工作精度检验等内容。通过技能训练，熟悉卧式车床几何精度、工作精度的检验项目及要求，掌握几何精度与工作精度检验的技能。

作业名称	作业要求	工艺装备
卧式车床几何精度与工作精度的检验	掌握几何精度、工作精度检验的技能	机修钳工常用工具、百分表、检验心棒、专用顶尖、钢直尺、水平仪、千分尺、钢球等

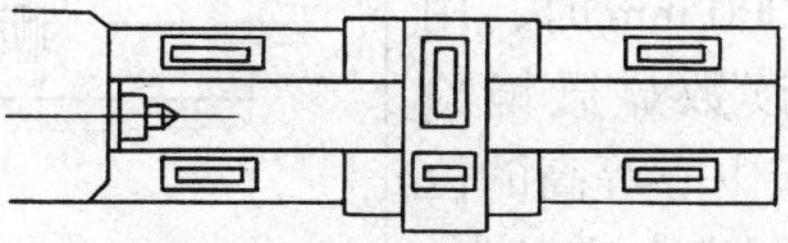

图 12-64　车床几何精度的检验

操作项目及要点

车床总装配后，应进行空运转试验和负荷试验。在车床空运转试验后的热平衡状态下，应按 GB/T 4020—1997 进行几何精度检验，并做好记录，合格后方可使用。序号 G1 ~ G15 为卧式车床几何精度检验，序号 P1 ~ P3 为卧式车床工作精度检验，其允差参见配套的工艺学教材

1. 检验序号 G1（床身导轨调平）

（1）导轨在垂直平面内的直线度

在床鞍上靠近前导轨处，沿纵向放一台水平仪，等距离（近似等于规定的局部误差的测量长度）移动床鞍检验，画出导轨误差曲线

也可将水平仪直接放在床身上进行检验（见图 12-65*a*、*b*、*c*、*d* 位置）

（2）导轨在垂直平面内的平行度（见图 12-65）在床鞍上 *f* 位置横向放置一台

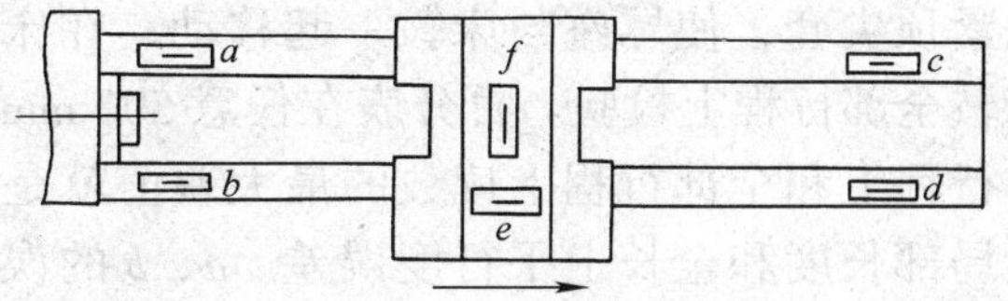

图 12-65

操作项目及要点

水平仪，等距离移动床鞍检验（移动距离与检验垂直面内的直线度相同）

2. 检验序号 G2（床鞍移动在水平面内的直线度）

（1）当床鞍行程小于或等于 2 000 mm 时，可利用检验心棒和百分表检验（见图 12–66a）。将百分表固定在床鞍上，使测头触及检验心棒表面，调整尾座，使百分表在检验心棒两端的读数相等。移动床鞍在全部行程上检验，百分表读数的最大差值即为直线度误差

（2）当床鞍行程大于 2 000 mm 时，用直径约为 0.1 mm 的钢丝和读数显微镜检验（见图 12–66b）。在与机床中心等高的位置上绷紧一根钢丝，显微镜固定在床鞍上，调整钢丝，使显微镜在钢丝两端的读数相等。等距离移动床鞍，在全部行程上检验，显微镜读数的最大差值即为该导轨直线度误差

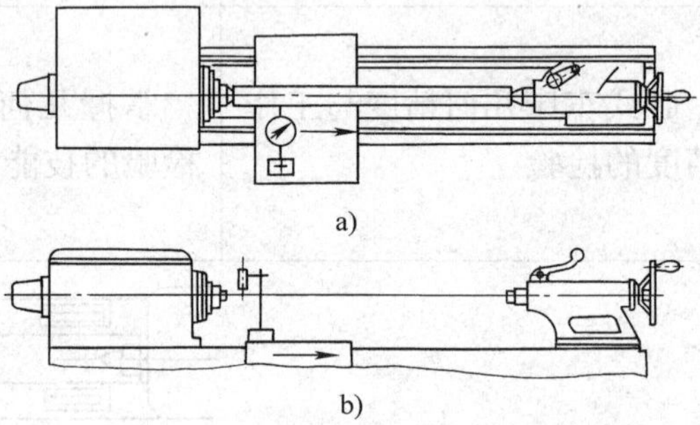

图 12–66

3. 检验序号 G3（尾座移动对床鞍移动的平行度）

将百分表固定在床鞍上，使其测头触及尾座体端面的顶尖套上（见图 12–67）：a 为在垂直平面内；b 为在水平平面内。锁紧顶尖套，使尾座与床鞍一起移动，在床鞍全部行程上检验。百分表在任意 500 mm 行程上和全部行程上读数的最大差值就是局部长度和全长上平行度误差。a、b 的误差应分别计算

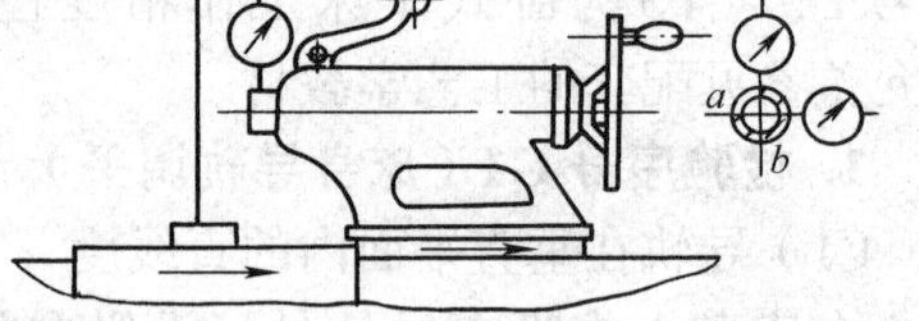

图 12–67

4. 检验序号 G4（主轴的轴向窜动和主轴轴肩支承面的圆跳动）

（1）主轴的轴向窜动

固定百分表，使百分表测头触及检验心棒端部中心孔内的钢球上（见图 12–68 的 a 处）。为消除主轴游隙对测量的影响，

操作项目及要点	
在测量方向上沿主轴轴线加一力 *F*。缓慢旋转主轴，百分表读数的最大差值就是轴向窜动误差 （2）主轴轴肩支承面圆跳动 固定百分表，使其测头触及主轴轴肩支承面上（见图 12–68 的 *b* 处），沿主轴轴线加一力 *F*。慢慢旋转主轴，将百分表放置在轴肩支承面不同直径处的一系列位置上检验，其中最大误差值就是包括轴向窜动误差值在内的轴肩支承面的圆跳动误差 **5. 检验序号 G5（主轴定心轴颈的径向圆跳动）** 固定百分表，使其测头垂直触及轴颈（包括圆锥轴颈）的表面，沿主轴轴线加一力 *F*。旋转主轴检验，百分表读数的最大差值就是径向圆跳动误差（见图 12–69） **6. 检验序号 G6（主轴轴线的径向圆跳动）** （1）将检验心棒插入主轴锥孔内，固定百分表，使其测头触及检验心棒的表面，*a* 为靠近主轴端面，*b* 为距主轴端面 *L* 处，旋转主轴检验（见图 12–70） （2）拔出检验棒，相对主轴旋转 90°，重新插入主轴锥孔中，依次重复，共检验四次，四次测量结果的平均值就是径向圆跳动误差值。*a*、*b* 的误差应分别计算	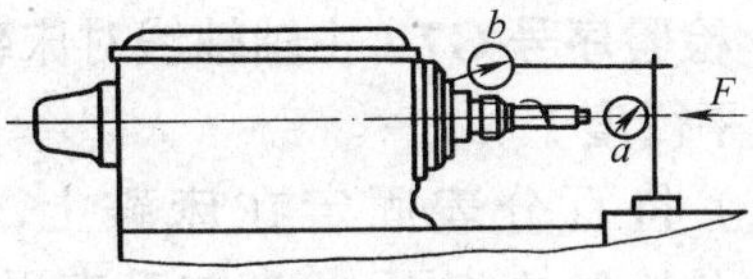 图 12–68 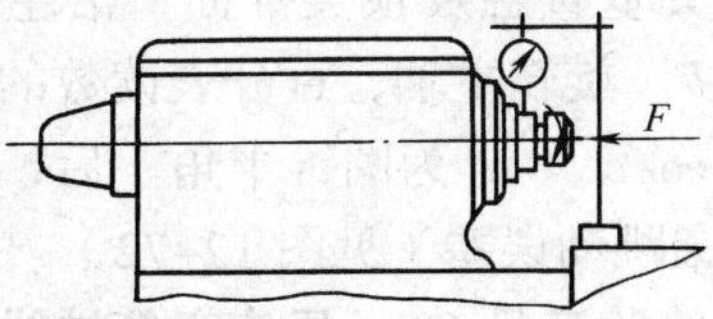 图 12–69 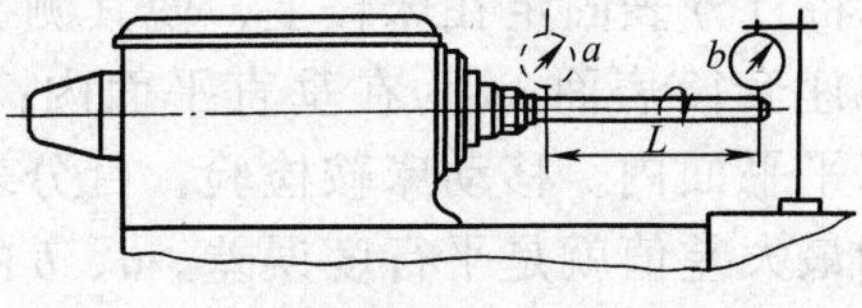 图 12–70

操作项目及要点

7. 检验序号 G7（主轴轴线对床鞍纵向移动的平行度）

（1）将百分表固定在床鞍上，使其测头触及检验棒表面：a 为在垂直平面内，b 为在水平面内。移动床鞍进行检验

（2）将主轴旋转 180°再重复检验一次，两次测量结果代数和的一半就是平行度误差，a、b 的误差应分别计算（见图 12–71）

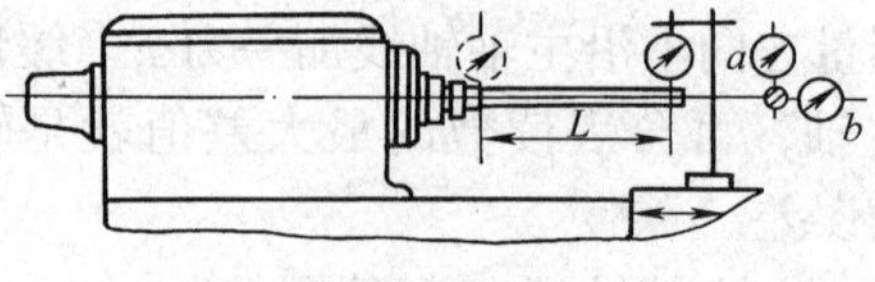

图 12–71

8. 检验序号 G8（主轴顶尖的径向圆跳动）

将顶尖插入主轴锥孔内，固定百分表，使其测头垂直触及顶尖锥面，沿主轴轴线加一力 F。旋转主轴，百分表读数的最大差值乘以 $\cos\alpha$（α 为圆锥半角）后，就是顶尖径向圆跳动误差（见图 12–72）

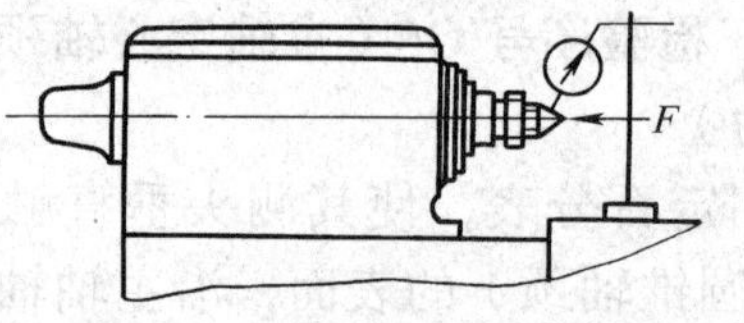

图 12–72

9. 检验序号 G9（尾座套筒轴线对床鞍移动的平行度）

当被加工工件最大长度 D_c 小于或等于 500 mm 时，应将尾座紧固在导轨的末端；当 D_c 大于 500 mm 时，应紧固在 $D_c/2$ 处，但最大不大于 2 000 mm。尾座套筒伸出量约为最大伸出量的一半，并锁紧

将百分表固定在床鞍上，使其测头触及尾座套筒表面：a 为在垂直平面内；b 为在水平平面内。移动床鞍检验，百分表读数的最大差值就是平行度误差。a、b 的误差应分别计算（见图 12–73）

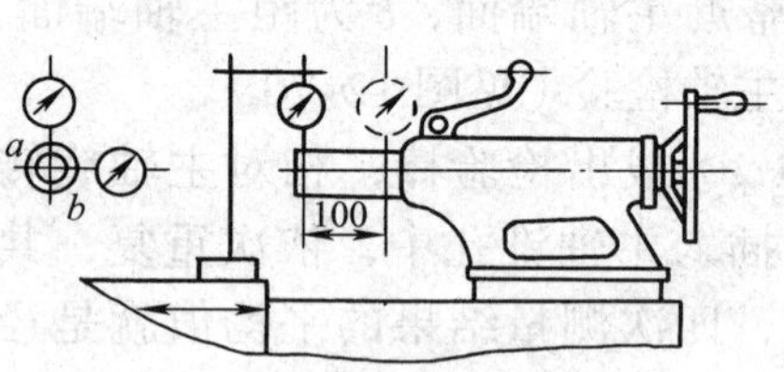

图 12–73

操作项目及要点

10. 检验序号 G10（尾座套筒锥孔轴线对床鞍移动的平行度）

检验时尾座的位置同 G9，尾座套筒退入尾座孔内，并锁紧

在尾座套筒的锥孔内插入检验心棒，百分表固定在床鞍上，使其测头触及检验心棒表面：*a* 为在垂直平面内；*b* 为在水平平面内。移动床鞍检验，一次检验后，拔出检验心棒，旋转 180°重新插入尾座套筒的锥孔内，重复检查一次。两次测量结果的代数和之半就是平行度误差。*a*、*b* 误差应分别计算（见图 12–74）

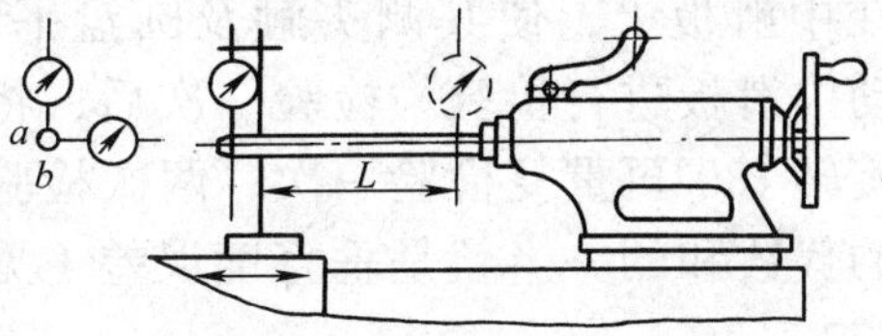

图 12–74

11. 检验序号 G11（主轴和尾座两顶尖的等高度）

在主轴与尾座两顶尖间装入检验心棒，百分表固定在床鞍上，使其测头在竖直平面内触及检验心棒，移动床鞍在检验心棒两极限位置上检验。百分表在检验心棒两端的读数差就是等高度误差（见图 12–75）。检验时尾座套筒应退回尾座体内，并锁紧

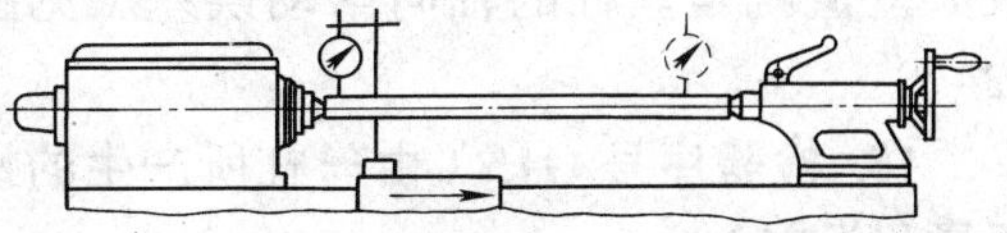
图 12–75

12. 检验序号 G12（小滑板纵向移动对主轴轴线的平行度）

将检验心棒插入主轴锥孔内，百分表固定在小滑板上，使其测头在水平面内触及检验心棒。调整小滑板，使百分表在检验心棒两端的读数相等，再将百分表的测头在竖直平面内触及检验心棒，移动小滑板检验。检验一次后将主轴旋转 180°，再重复检验一次，两次检验结果代数和的一半就是平行度误差（见图 12–76）

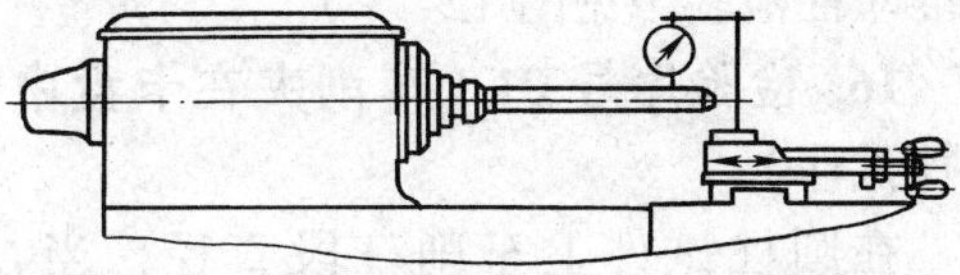
图 12–76

操作项目及要点	
13. 检验序号 G13（中滑板横向移动对主轴轴线的垂直度） 将平面圆盘固定在主轴上。百分表固定在中滑板上，使其测头触及圆盘平面，移动中滑板进行检验。检验一次后，将主轴旋转 180°再重复检验一次，两次检验结果的代数和的一半就是垂直度误差（见图 12-77） **14. 检验序号 G14（丝杠的轴向窜动）** 将百分表固定在床身上，使其测头触及丝杠中心孔内的钢球（钢球应用润滑脂粘牢）。在丝杠中段处闭合开合螺母，旋转丝杠检验。检验时，有后托架的丝杠应在装有后托架的状态下检验。百分表读数的最大差值就是丝杠的轴向窜动误差（见图 12-78） **15. 检验序号 G15（由丝杠所产生的螺距累积误差）** 将不小于 300 mm 长的标准丝杠装到主轴与尾座的两顶尖间。电感器固定在刀架上，使其测头触及螺纹侧面，移动床鞍进行检验。电感器在任意 300 mm 和任意 60 mm 测量长度内的读数差，就是丝杠所产生的螺距累积误差。也可用螺纹样板代替标准丝杠检验（见图 12-79） **16. 检验序号 P1（车削夹在卡盘中的圆柱试件）** 在圆柱试件上车削三段直径，当 $L_1<$ 50 mm 时可车削两段直径。精车后在三段直径上检验圆度和圆柱度 （1）圆度误差以试件同一横截面内最大值与最小值之差计算	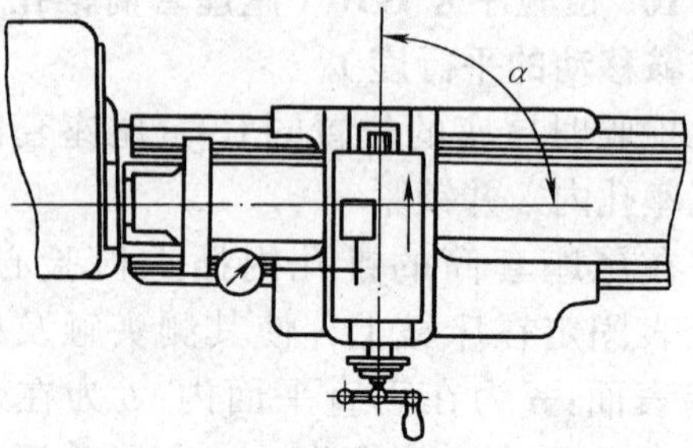 图 12-77 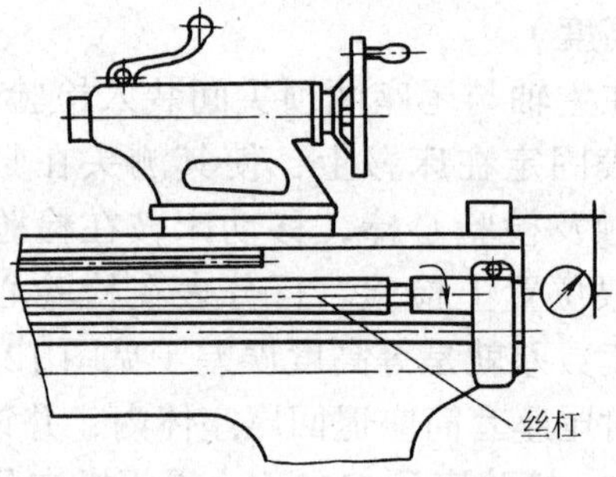 图 12-78 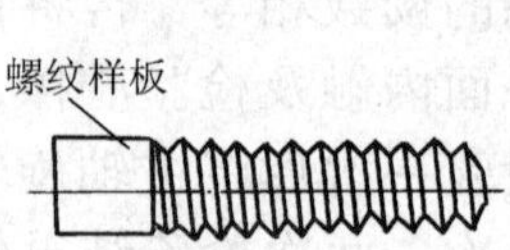 图 12-79

操作项目及要点

（2）圆柱度误差以试件任意轴向截面内最大值与最小值之差计算（见图 12–80）

17. 检验序号 P2（车削夹在卡盘中的圆柱试件）

（1）精车垂直于主轴的端面（可车两个或三个 20 mm 宽的平面，其中之一为中心平面）

（2）将百分表固定在中滑板上，使其测头触及端面的后部半径上，移动中滑板检验。百分表读数最大差值的一半就是平面度误差（见图 12–81）

18. 检验序号 P3（圆柱试件的螺纹加工）

试件螺距应与车床丝杠的螺距相同，直径应接近丝杠的直径。精车后在 300 mm 和任意 50 mm 长度内进行检验，螺纹表面应洁净，无凹陷与波纹（见图 12–82）

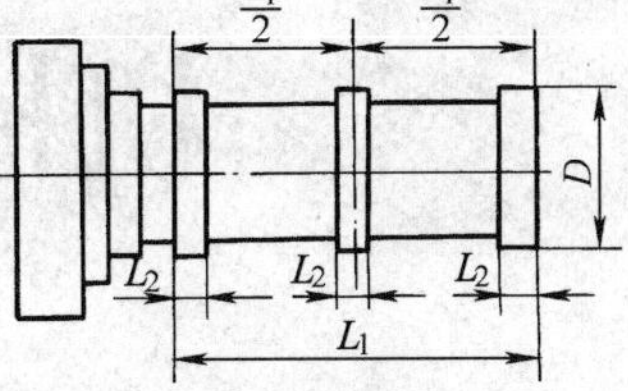

图 12–80

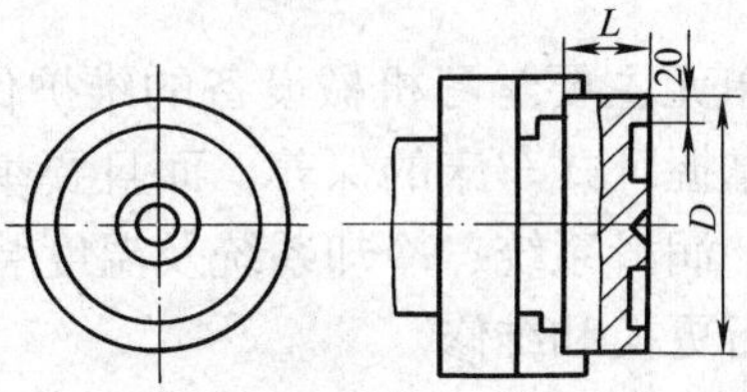

图 12–81

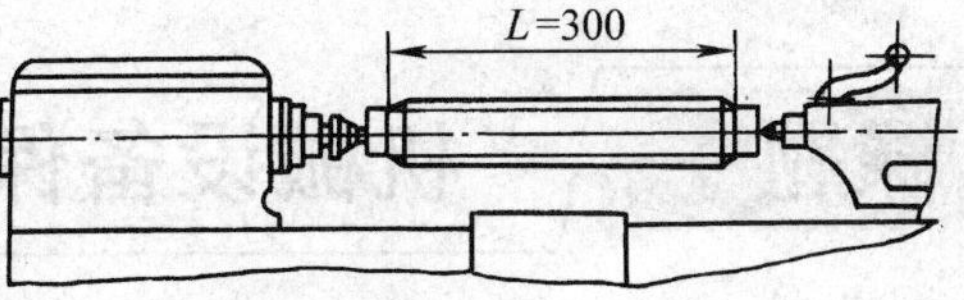

图 12–82

注意事项

卧式车床几何精度检验共 15 项，为提高测量精度、减少测量误差，检验时应注意以下几点：

（1）测量时，被测件和量仪等的安装面和测量面都应擦干净

（2）测量时被测件和量仪应安放稳定，接触良好，并注意周围振动对测量稳定性的影响

（3）用水平仪测量时，由于测量时间较长，应特别注意避免环境温度的变化使气泡变形而对测量准确性的影响

（4）用水平仪移动测量时，必须遵守水平仪单向移动测量的原则

（5）对水平仪读数时，必须确认气泡已处于稳定静止的位置

（6）当被测要素的实际位置不能直接测量而必须通过过渡工具间接测量时（如 G6、G7、G13 等），为消除过渡工具的替代误差对测量的影响，一般应采用正、反两次测量法（或半周期法），并取测量的平均值

第十三单元

机械设备保养

本单元主要学习机械设备的维护保养常识和卧式车床的保养。通过本课题的技能训练，不仅要掌握卧式车床的保养，而且要举一反三，掌握所有中型通用设备的操控装置、安全防护装置、润滑系统、冷却系统及温度装置、仪表装置的维护保养，并能对车床等中型设备易损件进行更换和维修。

课题一 机械设备保养常识

通过本课题的学习，要求熟悉机械设备日常保养、一级保养、二级保养的工作内容，掌握润滑剂的种类、特点及应用，了解润滑剂失效的鉴别方法。

<table>
<tr><th>作业名称</th><th>作业要点</th></tr>
<tr><td>机械设备保养常识</td><td>掌握机械设备保养及润滑常识</td></tr>
<tr><th colspan="2">操作项目及要点</th></tr>
<tr><td colspan="2">1. 机械设备保养内容
保持设备清洁、整齐、润滑良好、运行安全，包括及时紧固松动的紧固件，调整活动部分的间隙等。简言之，即“清洁、润滑、紧固、调整、防腐”十字作业法
实践证明，设备的寿命很大程度上取决于维护保养的质量
维护保养依工作量大小和难易程度分为日常保养、一级保养、二级保养等
（1）机械设备的日常保养
机械设备的日常保养是由当班的操作人员进行的，机修钳工负责对维护保养进行指导和监督。日常保养包括日保养和周保养
1）设备的日保养。上班前对设备进行检查、润滑；班中严格按设备操作规程使用设备，发现故障及时处理；下班前对设备进行清扫、擦拭，并将设备状况记录在交接班记录本上。日常保养是设备保养最基础的工作，要求做到经常化、制度化</td></tr>
</table>

操作项目及要点

2）设备的周保养。在周末和节假日之前对设备进行较为彻底的清理、保养、擦拭和涂油

（2）机械设备的一级保养

以操作工人为主，由设备维修工人辅助，按预先排定的计划对设备进行局部拆卸、检查、清洗；疏通油路，更换不合格的毡垫、油线；调整各配合间隙；紧固各部位。电气部分则由维修电工负责。一级保养简称一保

（3）机械设备的二级保养

以维修人员为主进行，列入设备的检修计划，对设备进行部分解体检查修理，更换或修复磨损件，清洗、换油和检查修理电气部分，使设备技术状况（包括精度）全面达到设备完好标准要求。设备经二级保养之后，可按设备完好标准进行外观检查

2. 机械设备的润滑

（1）目的

合理选择润滑、密封装置，可以减少摩擦、降低磨损、提高机械设备的使用效率，延长寿命，同时还可以起到冷却、防锈、防尘和吸振等作用

（2）润滑剂种类

种类		特点及应用
润滑油	机械油（L-AN 全损耗系统用油）	其牌号有 N10、N15、N20、N30、N32 和 N46 等。数值表示油的黏度等级。黏度等级小的油适用于高速轻载的机械；黏度等级大的油适用于低速重载的机械
	精密机床主轴油	其牌号有 N2、N5、N7 和 N15 四种。既适用于精密机床主轴的滑动轴承，也适用于中等转速的精密滚动轴承
	重型机械用油	其牌号为 N68。适用于大型轧钢机和剪板机
润滑脂	钙基润滑脂	应用最广，呈黄色，防水性好，但熔点低，耐热性差。适用于工作温度不高和潮湿的场合
	钠基润滑脂	呈暗褐色或黑色，耐热性好，但不耐水。适用于高温重载的场合
	锂基润滑脂	一种高效能润滑脂，呈白色，表面光滑，具有良好的防腐和耐水性能。适用于高速和精密机床的滚动轴承
	铝基润滑脂	呈奶油状，表面光滑，缺乏塑性。具有很好的耐水、耐热、润滑和黏附性。常用于精密仪器和高速齿轮等润滑
固体润滑剂	石墨、二硫化钼、聚四氟乙烯等	耐高温、高压，适用于速度很低、载荷特重或温度很高、很低的特殊条件及不允许有油、脂污染的场合
气体润滑剂	空气、蒸汽、氮气、氦气等	将摩擦面用高压气体分开，起到润滑作用。常用于重型机器的推力轴承、高速内圆磨头的轴承

（3）润滑油失效鉴别

1）外观鉴别

①颜色。润滑油在使用过程中，由于杂质污染及氧化变质，会使原来颜色较浅的润

操作项目及要点
滑油变深，甚至发黑。因此，从油品的颜色变化可以判断油品的变质程度。为了提高颜色测定的准确性，将油品分为16个色号，0号为无色，依次从浅黄、黄、深黄、棕、深棕至8号为近黑色，8号以后各色号逐渐加黑。各色号做成标准玻璃色片以便对照。润滑油新油一般都在3号以下，当使用中油品的颜色加深到5号时就要考虑换油 ②透明度。质量好的润滑油有较好的透明度。当油中含有水分、气体杂质及其他外来成分时，会使透明度下降。检验方法是将油倒入试管中冷却至5 ℃，此时油中含有的杂质会在低温下析出，以此判断其透明度。有时为了证明油是否失效，可反复升温至室温后冷却，如此反复2 ~ 3次后，油仍未浑浊，说明质量良好 ③气味。优良的润滑油在使用过程中不应散发出刺激性气体或臭气。如果油发出难闻的气味，说明润滑油已腐败变质失效。特别严重时会发臭、引起头晕呕吐，此时必须立即更换新油 2）流动性鉴别。润滑油在使用过程中，黏度是会发生变化的，例如氧化变质、混入水分后乳化等，所以要定期检测油的黏度，将它控制在允许的范围内 在实验室里测定润滑油的运动黏度是用毛细管黏度计。测定的方法是用一定量的试油，在规定的温度（40 ℃、50 ℃、100 ℃）下，通过毛细管所需时间（s），乘以毛细管黏度计校正系数，得到该试油的运动黏度 3）酸值的鉴别。润滑油在使用过程中，因氧化分解，酸值不断增加，当增加到一定程度时，就应该立即更换新油 酸值的测定多采用滴定法，测得中和1 g润滑油中含有的有机酸所需要的氢氧化钾（KOH）的质量（mg），用mg/g来表示。当酸值比规定值大0.5或以上时，说明润滑油已老化变质，应更换新油 4）杂质含量鉴别 ①机械杂质。它是悬浮或沉淀在润滑油中的不溶物质（如尘土、泥沙、金属粉末、砂轮粉末等）的统称。测量方法是取一定的试样溶于规定的溶剂中，经过过滤后，不溶于溶剂的物质就会残留在滤纸上，以百分率表示，如超过0.005%就认为该润滑油含杂质严重 ②苯不溶物与正戊烷不溶物的差值。正戊烷的溶解能力差，测得的杂质含量较高。苯的溶解能力强，油中的老化产物大部分被溶解，因此测得的杂质含量较低。两者之差值便会显示出油的老化程度 ③清洁度。主要指油中细微颗粒杂质的含量。检测清洁度的方法有两种，第一种是计数法，即用特制的、精度为0.45 ~ 0.8 mm的过滤膜，过滤100 mL油样，在显微镜下观察，计算过滤膜上的颗粒数量，按颗粒大小及数量对照标准确定该油品的清洁度等级；第二种是称量法，即用上述过滤膜，过滤100 mL油样，用天平称膜上杂质的质量（mg），对照标准即可判定该油品的清洁度等级 5）用电子仪器来判断润滑油是否失效　如图13-1所示为判定润滑油是否失效的电子仪器，通过仪器的示数即可判断润滑油是否失效

操作项目及要点
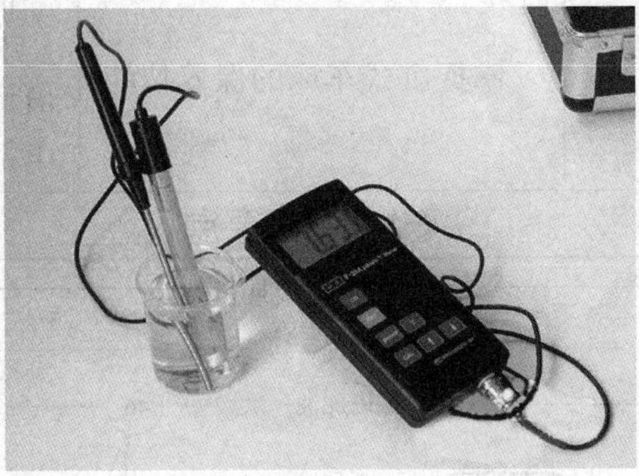 图 13-1
知识链接 润滑油失效原因 （1）高温影响 1）润滑油长期处在高温环境中，会氧化失效，出现变黑、变稠的现象 2）润滑油内部的腐蚀物增加，如发动机工作中形成的酸性物质等 3）积炭、油泥、漆膜等物质的增加 （2）杂质 主要来源于空气中的尘埃、金属颗粒、渗漏物（燃油、水等）、润滑油氧化物以及燃料燃烧产生的物质等 （3）添加剂失效 一些润滑油因为其中的添加剂失效或用完而性能下降。例如润滑油中的抗磨剂用完，会使抗磨性下降 （4）黏度指数增进剂失效 因为其有机物分子长链断裂，不再具有增黏作用 （5）基础油失效 基础油是添加剂的载体，基础油失效则添加剂不会发挥作用

课题二　卧式车床的保养

本课题主要学习卧式车床的保养，通过技能训练，要求熟悉卧式车床的润滑方式和润滑部位，掌握卧式车床的日保养、周保养和一级保养技能。

作业名称	作业要点	工艺装备
卧式车床的保养	掌握卧式车床的保养技能	棉纱、油枪、油壶、油桶、2 号钙基润滑脂、L-AN46 全损耗系统用油及机修钳工常用工具等

操作项目及要点

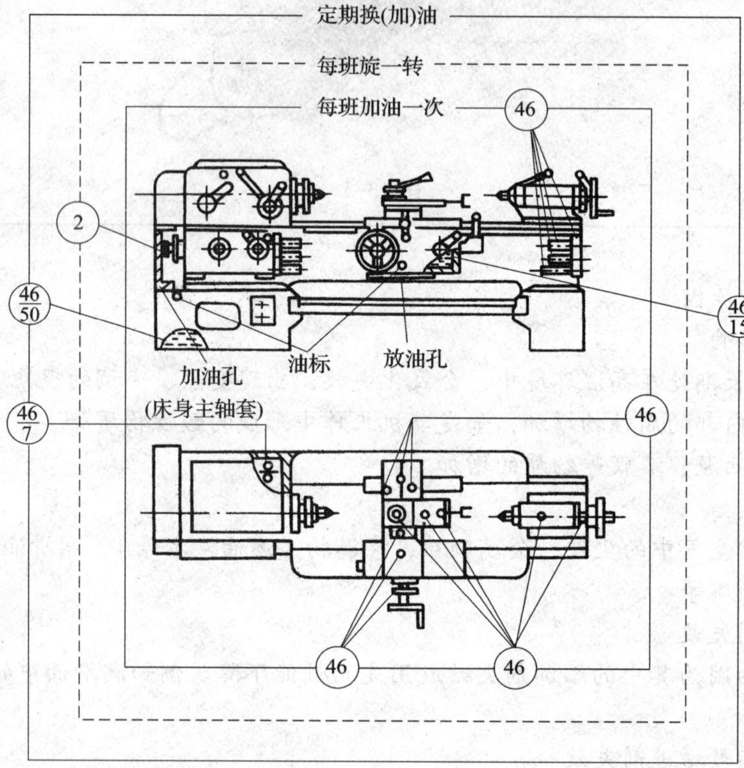

图 13-2　CA6140 型卧式车床润滑系统位置示意图

1. 卧式车床的润滑方式

（1）浇油润滑

车床外露的滑动表面，如床身导轨面、中滑板和小刀架等，擦干净后用油壶浇油润滑

（2）溅油润滑

车床齿轮箱内的零件一般是利用齿轮的转动，由轮齿把润滑油蘸起并飞溅到各处进行润滑

（3）油绳导油润滑

如图 13-3 所示，将油绳浸在油槽内，利用毛细现象把油引到所需润滑的部位，如车床进给箱就是利用油绳润滑的

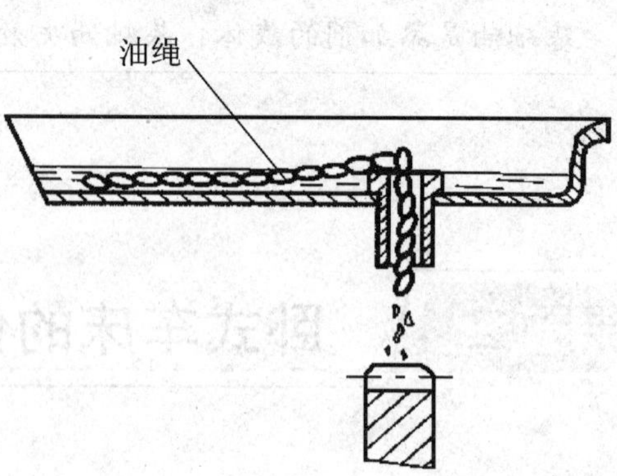

图 13-3

操作项目及要点

（4）压配式压注油杯（俗称弹子油杯）润滑

如图 13–4 所示，润滑尾座、中滑板、小刀架的进给丝杠轴承处采用了压配式压注油杯，给这类润滑点加油，必须采用手推式油枪，用油枪的油嘴将油杯的钢珠压下后，手推油枪筒身，润滑油在一定压力作用下射入油杯

（5）旋盖式油杯润滑

如图 13–5 所示，交换齿轮架的中间齿轮采用润滑脂润滑。润滑时，先在旋盖式油杯的旋盖内装满润滑脂，旋转油杯旋盖，润滑脂就会被挤入轴承套内

（6）油泵循环润滑

车床主轴箱内有一个单柱塞泵，车床运转时依靠杠杆上的打油轴承压缩柱塞泵，将主轴箱内油池的润滑油抽上来，润滑主轴轴承、摩擦离合器等润滑点，润滑油从润滑部位又流回主轴箱底的油池，形成循环润滑

2. 卧式车床的具体润滑部位

图 13–2 所示为 CA6140 型卧式车床的润滑系统位置示意图。示意图解读如下：

（1）数字表示润滑部位

（2）②处的润滑部位用 2 号钙基润滑脂进行润滑

（3）㊻表示 L–AN46 全损耗系统用油

（4）（$\frac{46}{15}$）、（$\frac{46}{7}$）、（$\frac{46}{50}$）表示油类 / 两班制换油天数

除图中所示的润滑部位外，还有如下部位需要润滑：

（1）刀架和中滑板丝杠每班用油枪加油

（2）尾座套筒和丝杠螺母每班用油枪加油

（3）光杠、长丝杠后轴承每班用油枪从轴承座上面的方腔加油（见图 13–6）

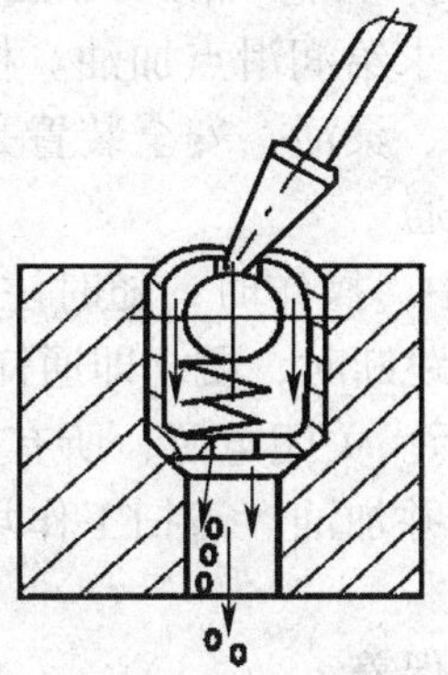

图 13–4

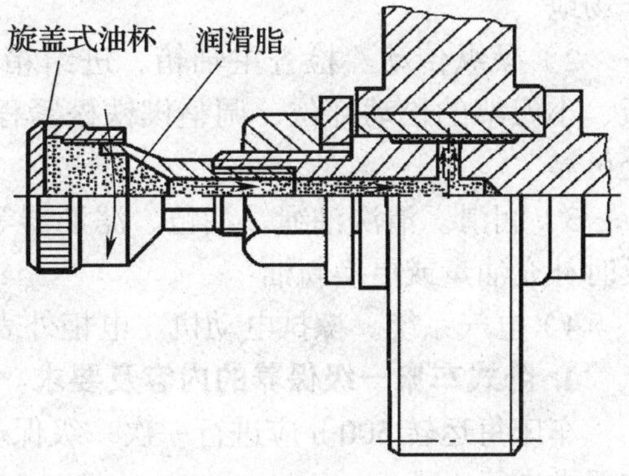

图 13–5

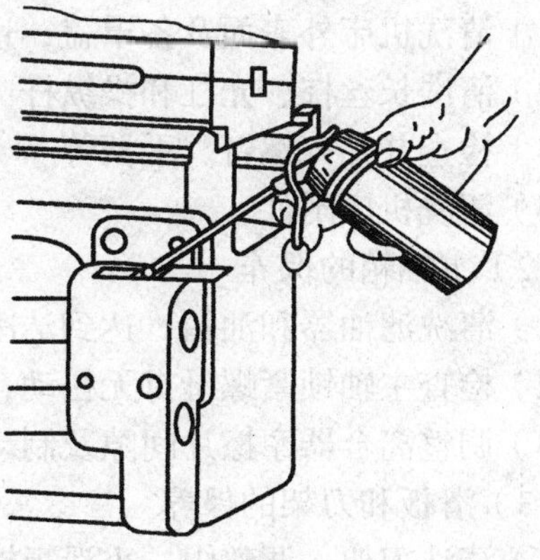

图 13–6

操作项目及要点
3. 卧式车床的日常保养 （1）日保养 1）班前。熟悉当班要加工的产品图样，检查交接班记录。擦拭机床各导轨面，按机床润滑图要求给润滑点加油。检查主轴箱、进给箱、溜板箱的手柄位置和手动运转各部位是否正确、灵活，安全装置是否可靠。低速运转检查传动装置是否正常，润滑、冷却系统是否畅通 2）班中。操作时，随时注意机床是否有异常声音，主轴温升和安全保险是否正常，当热继电器跳断时，要立即通知电气维修人员前来排除故障，不得自行接通 3）班后。关闭电源，所有手柄归到零位。清除铁屑、污物，擦净车床导轨面上的切屑、油污，并加油。清扫工作场地，整理车床附件、工具。填写交接班记录或办理交接班手续 （2）周保养 1）外观。擦净机床各导轨面、齿条及纵向进给丝杠，擦拭机床各外露表面，清扫工作场地 2）操纵传动。检查主轴箱、进给箱、溜板箱和尾座的技术状态。紧固床鞍、中滑板、小刀架的松动部位，调整楔铁松紧程度，检查互锁、保险装置，达到传动正常、安全可靠 3）润滑。清洗油绳、油毡、滤油器等。如发现主轴箱内油面过低或油已变质时，应及时补充油量或更换新油 4）电气系统。擦拭电动机、电柜外表、蛇皮管外表面 **4. 卧式车床一级保养的内容及要求** 车床每运转 500 h 应进行一次一级保养。保养时，必须先切断电源，然后按下述顺序和要求进行 （1）外保养 1）清洗机床外表面及各罩盖，达到内、外清洁，无锈蚀，无油污 2）清洗长丝杠、光杠和操纵杆 3）检查并补齐螺钉、手柄等 4）清洗机床附件 （2）主轴箱的保养 1）清洗滤油器和油箱，达到洁净、无杂物状态 2）检查主轴锁紧螺母有无松动，紧定螺钉是否拧紧 3）调整离合器摩擦片间隙及制动器，使其达到要求 （3）滑板和刀架的保养 1）清洗刀架。调整中、小滑板镶条间隙，使其达到要求 2）清洗并调整中、小滑板丝杠螺母间隙，使其达到要求 （4）交换齿轮箱的保养 1）清洗齿轮、轴套，并在油杯中注入新油脂

操作项目及要点

2）调整齿轮啮合间隙，使其达到要求

3）检查轴套有无晃动现象

（5）尾座的保养

摇出尾座套筒，并擦净涂油，以保持内、外清洁

（6）润滑系统的保养

1）清洗冷却泵、滤油器和盛液盘

2）清洗油绳、油毡，保证油孔、油路清洁畅通

3）检查油质、油杯、油窗，分别达到良好、齐全、明亮

（7）电气部分的保养

1）清扫电动机、电气箱

2）检查电气装置位置，位置应固定且清洁整齐

5. 润滑系统的清洗实训

（1）选用 L-AN15 或 L-AN20 全损耗系统用油作为清洗油液（若将清洗油加热到 50 ~ 60 ℃，则清洗效果更佳）

（2）将润滑系统进油口通入清洗油容器中，将各润滑点用的油管接至清洗油回路中作为回油路

（3）清洗时一边清洗一边轻敲油管，清洗时间通常为 1 h

（4）不能使用汽油、酒精等作为清洗液

（5）清洗后必须将清洗油尽可能排除干净，严防混入润滑油中

6. 主轴箱清洗实训

（1）先把容器放在主轴箱的放油孔处，再拧开油塞，将主轴箱内的润滑油放净

（2）重新拧紧油塞后，注入清洗用油（通常采用煤油）

（3）将长柄毛刷伸入主轴箱内仔细清洗，死角部位更要细心用力

（4）对主轴箱内齿轮、轴、轴承等处用勺子舀清洗油反复冲淋，将其上黏附的脏物尽可能冲净

（5）拧开油塞，放净主轴箱内的清洗油

（6）用棉纱或棉布将主轴箱仔细擦净

（7）再拧紧油塞，注入新润滑油至油面要求高度

注意事项

（1）换油时，应先放净废油，再用干净煤油把箱体内部及油绳彻底洗净

（2）注新油时应使用过滤网

（3）注油时，应保证油面不低于油标中心线

第十四单元

中级技能考核训练

技能考核训练一

考核件名称	材料	毛坯件数	加工套数	考核时间	分值
工字体相配	Q235	1	1	300 min	100
考核要求	见工件图				

1. 备料图

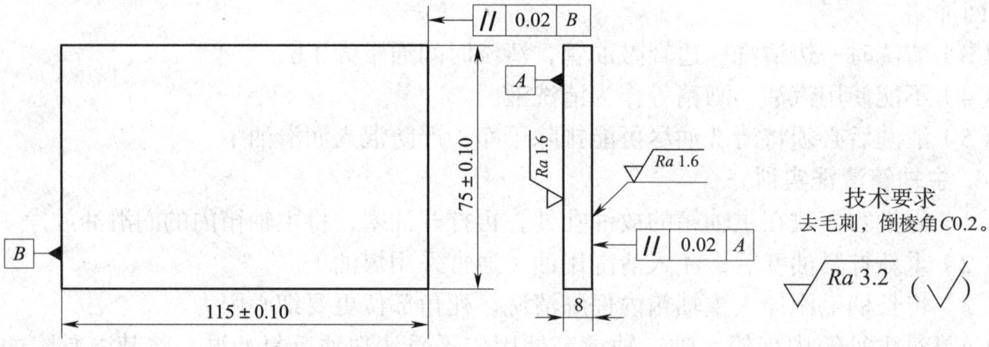

图 14–1

2. 工件图

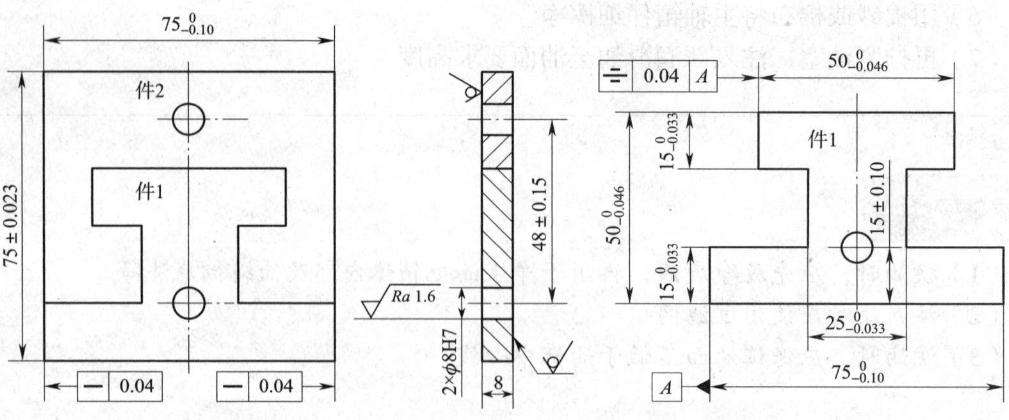

技术要求
1.配合间隙和换位间隙≤0.04mm；
2.孔口倒角$C0.5$；
3.去除棱边毛刺。

$\sqrt{Ra\ 3.2}$ ($\sqrt{}$)

图 14–2

3. 评分标准

项目	序号	技能要求	配分	评分要求	检测记录	得分
锉削（44%）	1	$50_{-0.046}^{\ 0}$ mm	3×2	超差不得分		
	2	$75_{-0.10}^{\ 0}$ mm	3×2	超差不得分		
	3	$15_{-0.033}^{\ 0}$ mm	3×4	超差不得分		
	4	$25_{-0.033}^{\ 0}$ mm	4	超差不得分		
	5	⌯ 0.04 A	4	超差不得分		
	6	$Ra3.2$ μm	0.5×24	升高一级不得分		
孔加工（12%）	7	（15±0.10）mm	3	超差不得分		
	8	（48±0.15）mm	3	超差不得分		
	9	ϕ8H7	2×2	超差不得分		
	10	$Ra1.6$ μm	1×2	升高一级不得分		
配合（44%）	11	（75±0.023）mm	2×2	超差不得分		
	12	配合间隙 $\delta \leqslant 0.04$	2×9	超差不得分		
	13	换位间隙 $\delta \leqslant 0.04$	2×9	超差不得分		
	14	— 0.04	2×2	超差不得分		
其他	15	安全文前生产	倒扣	违者扣 1 ~ 10 分		
	16	毛刺、缺陷	倒扣	每处扣 1 ~ 5 分，严重者每处扣 5 分		

技能考核训练二

考核件名称	材料	毛坯件数	加工套数	考核时间	分值
十字开口配	Q235	1	1	300 min	100
考核要求	见工件图				

1. 备料图

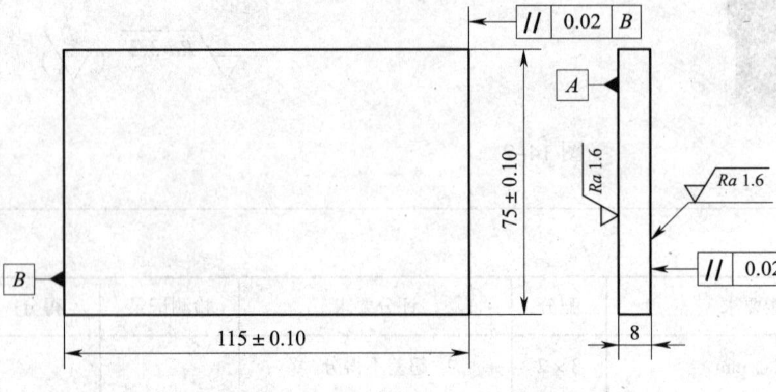

技术要求
去毛刺，倒棱角C0.2。

Ra 3.2 (√)

图 14–3

2. 工件图

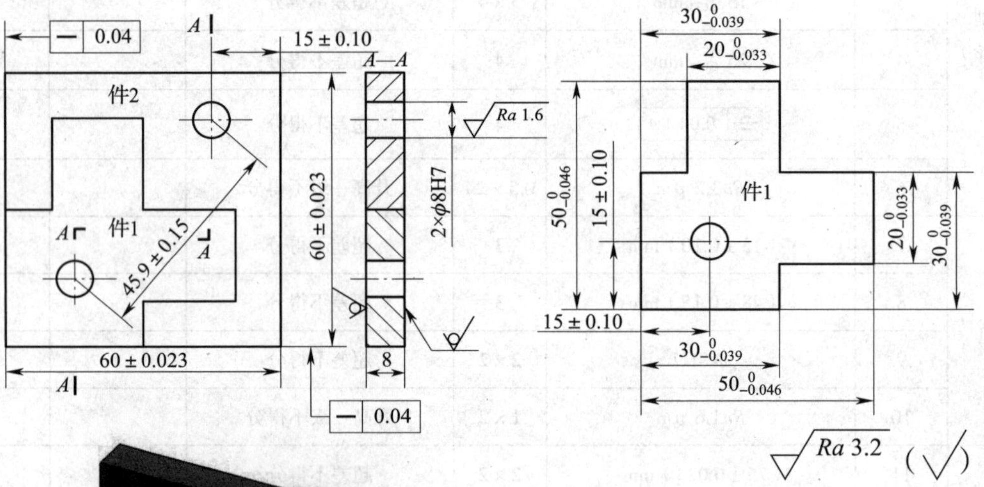

技术要求
1. 配合间隙和换位间隙均≤0.04mm；
2. 孔口倒角C0.5；
3. 去除棱边毛刺。

图 14–4

3. 评分标准

项目	序号	技能要求	配分	评分要求	检测记录	得分
锉削（35%）	1	$50^{\ 0}_{-0.046}$ mm	4×2	超差不得分		
	2	$30^{\ 0}_{-0.039}$ mm	2×3	超差不得分		
	3	$20^{\ 0}_{-0.033}$ mm	4×2	超差不得分		
	4	（60 ± 0.023）mm	4×2	超差不得分		
	5	*Ra*3.2 μm	0.5×10	升高一级不得分		
孔加工（16%）	6	（15 ± 0.10）mm	2×3	超差不得分		
	7	ϕ8H7	2×2	超差不得分		
	8	*Ra*1.6 μm	1×2	升高一级不得分		
	9	*C*0.5 mm	1×4	超差不得分		
配合（49%）	10	（49.5 ± 0.15）mm	3	超差不得分		
	11	配合间隙 $\delta \leqslant 0.04$ mm	2×8	超差不得分		
	12	换位间隙 $\delta \leqslant 0.04$ mm	2×8	超差不得分		
	13	— 0.04	4×2	超差不得分		
	14	*Ra*3.2 μm	0.5×12	升高一级不得分		
其他	15	安全文明生产	倒扣	违者扣 1 ~ 10 分		
	16	毛刺、缺陷	倒扣	每处扣 1 ~ 5 分，严重者每处扣 5 分		

技能考核训练三

考核件名称	材料	毛坯件数	加工套数	考核时间	分值
斜梯开口配	Q235	1	1	300 min	100
考核要求	见工件图				

1. 备料图

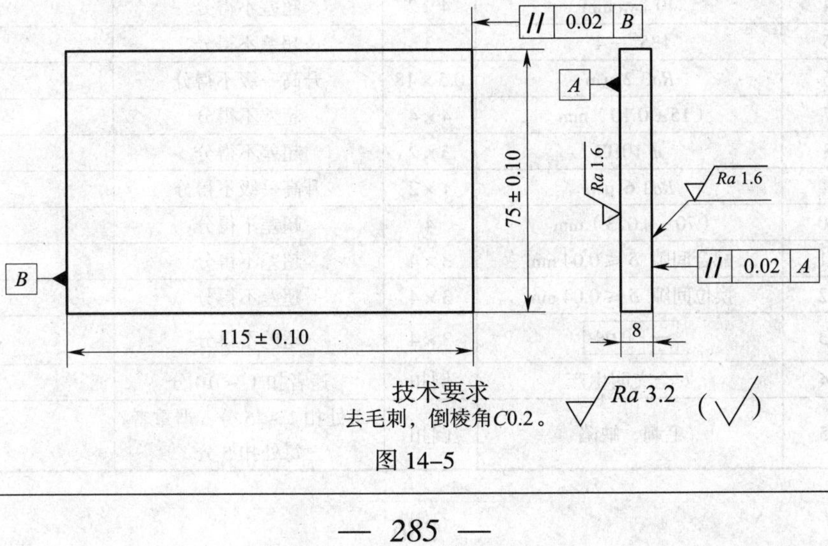

技术要求
去毛刺，倒棱角*C*0.2。

Ra 3.2 （√）

图 14-5

2. 工件图

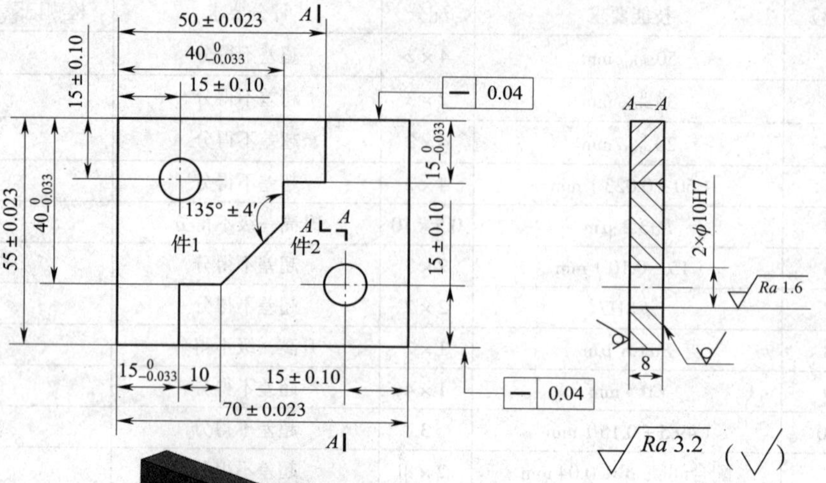

技术要求

1.配合间隙和换位间隙均≤0.04mm；

2.孔口倒角C0.5；

3.去除棱边毛刺。

图 14–6

3. 评分标准

项目	序号	技能要求	配分	评分要求	检测记录	得分
锉削（36%）	1	（55 ± 0.023）mm	4	超差不得分		
	2	（50 ± 0.023）mm	4	超差不得分		
	3	$15_{-0.033}^{0}$ mm	4 × 2	超差不得分		
	4	$40_{-0.033}^{0}$ mm	4 × 2	超差不得分		
	5	135° ± 4′	3	超差不得分		
	6	*Ra*3.2 μm	0.5 × 18	升高一级不得分		
孔加工（24%）	7	（15 ± 0.10）mm	4 × 4	超差不得分		
	8	ϕ 10H7	3 × 2	超差不得分		
	9	*Ra*1.6 μm	1 × 2	升高一级不得分		
配合（40%）	10	（70 ± 0.023）mm	4	超差不得分		
	11	配合间隙 $\delta \leqslant 0.04$ mm	3 × 4	超差不得分		
	12	换位间隙 $\delta \leqslant 0.04$ mm	3 × 4	超差不得分		
	13	— 0.04	3 × 4	超差不得分		
其他	14	安全文明生产	倒扣	违者扣 1 ~ 10 分		
	15	毛刺、缺陷	倒扣	每处扣 1 ~ 5 分，严重者每处扣 5 分		

技能考核训练四

考核件名称	材料	毛坯件数	加工套数	考核时间	分值
斜型开口配	Q235	1	1	300 min	100
考核要求	见工件图				

1. 备料图

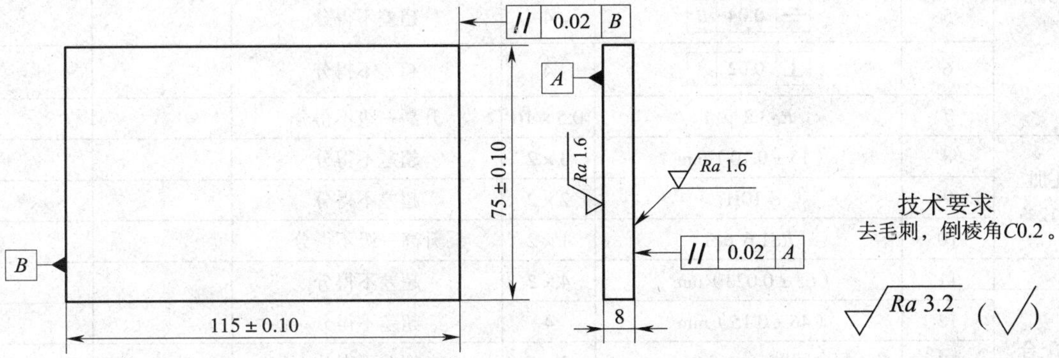

图 14–7

2. 工件图

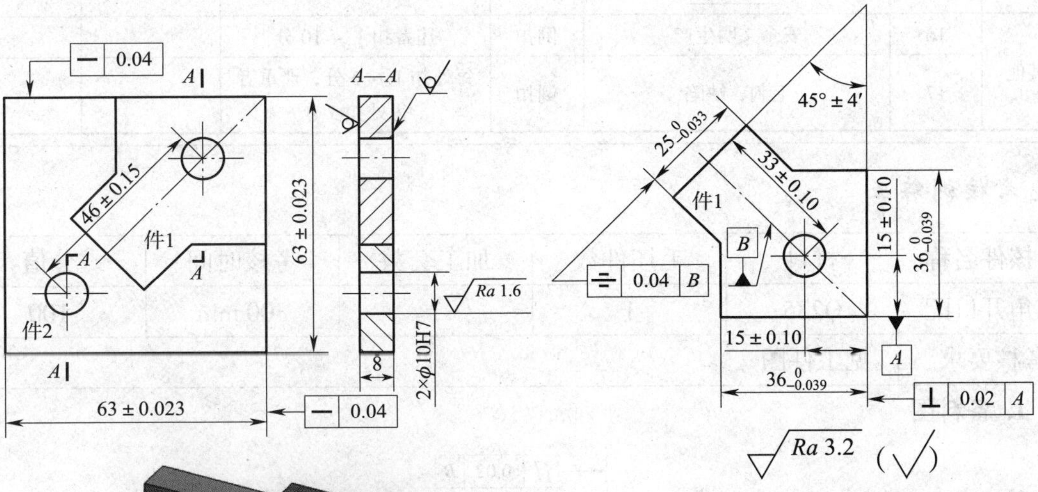

技术要求

1.配合间隙和换位间隙均≤0.04mm；

2.孔口倒角C0.5；

3.去除棱边毛刺。

图 14–8

3. 评分标准

项目	序号	技能要求	配分	评分要求	检测记录	得分
锉削（38%）	1	$36_{-0.039}^{0}$ mm	5×2	超差不得分		
	2	$25_{-0.033}^{0}$ mm	4	超差不得分		
	3	45° ±4′	4	超差不得分		
	4	（33±0.10）mm	4	超差不得分		
	5	⌯ 0.04 B	4	超差不得分		
	6	⊥ 0.02 A	4	超差不得分		
	7	*Ra*3.2 μm	0.5×16	升高一级不得分		
孔加工（12%）	8	（15±0.10）mm	3×2	超差不得分		
	9	ϕ10H7	2×2	超差不得分		
	10	*Ra*1.6 μm	1×2	升高一级不得分		
配合（50%）	11	（63±0.023）mm	4×2	超差不得分		
	12	（46±0.15）mm	4	超差不得分		
	13	配合间隙 $\delta \leqslant 0.04$ mm	3×5	超差不得分		
	14	换位间隙 $\delta \leqslant 0.04$ mm	3×5	超差不得分		
	15	— 0.04	2×4	超差不得分		
其他	16	安全文明生产	倒扣	违者扣1～10分		
	17	毛刺、缺陷	倒扣	每处扣1～5分，严重者每处扣5分		

技能考核训练五

考核件名称	材料	毛坯件数	加工套数	考核时间	分值
三角开口配	Q235	1	1	300 min	100
考核要求	见工件图				

1. 备料图

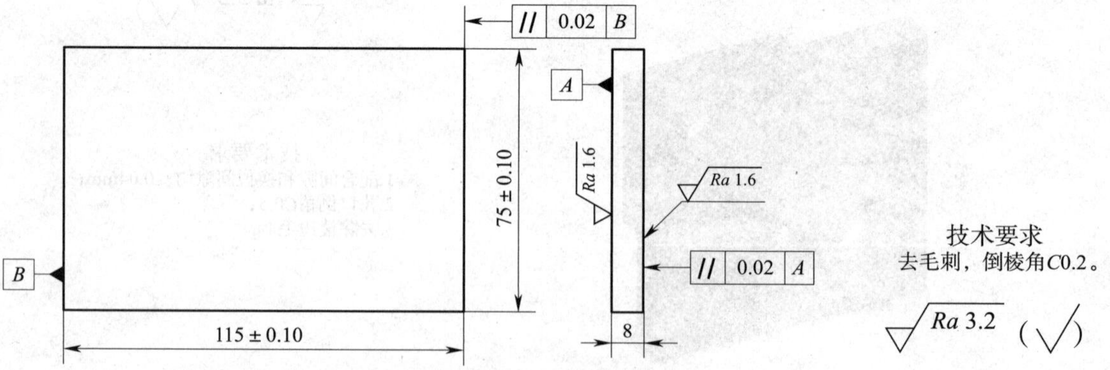

图 14–9

2. 工件图

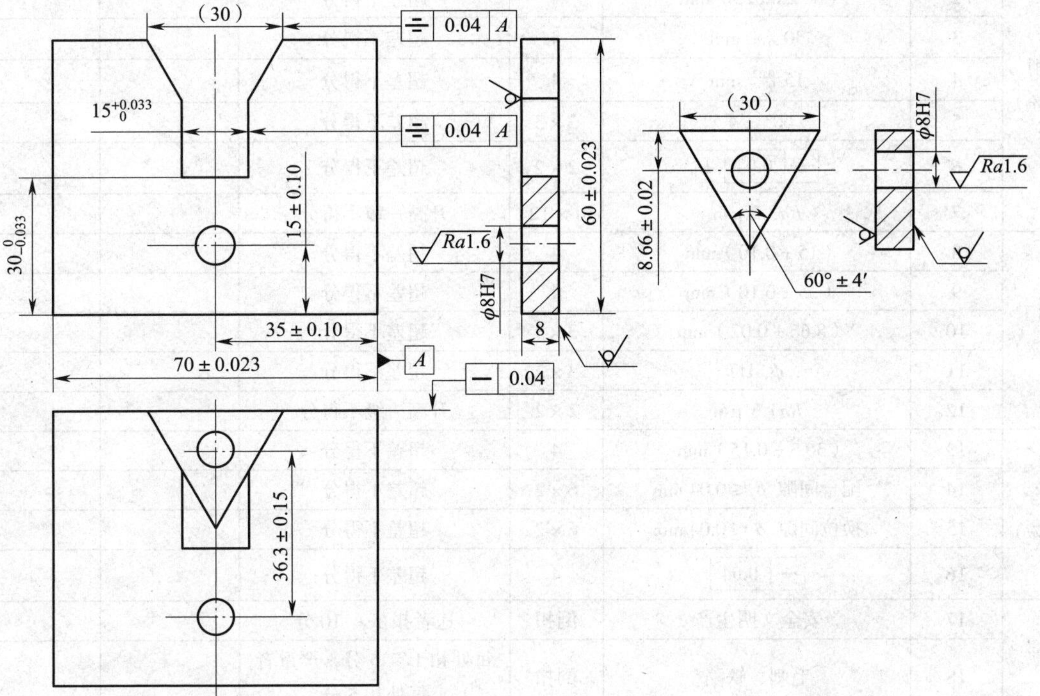

技术要求

1.配合间隙和换位间隙均≤0.04mm;

2.孔口倒角C0.5;

3.去除棱边毛刺。

$\sqrt{Ra\ 3.2}$ ($\sqrt{}$)

图 14-10

3. 评分标准

项目	序号	技能要求	配分	评分要求	检测记录	得分
锉削（41%）	1	（70 ± 0.023）mm	4	超差不得分		
	2	（60 ± 0.023）mm	4	超差不得分		
	3	$30_{-0.033}^{0}$ mm	4	超差不得分		
	4	$15_{0}^{+0.033}$ mm	4	超差不得分		
	5	60° ± 4′	3 × 3	超差不得分		
	6	⌯ 0.04 A	2 × 2	超差不得分		
	7	*Ra*3.2 μm	1 × 12	升高一级不得分		
孔加工（27%）	8	（15 ± 0.10）mm	4	超差不得分		
	9	（35 ± 0.10）mm	4	超差不得分		
	10	（8.66 ± 0.02）mm	3 × 3	超差不得分		
	11	ϕ 8H7	3 × 2	超差不得分		
	12	*Ra*1.6 μm	2 × 2	升高一级不得分		
配合（32%）	13	（36.3 ± 0.15）mm	4	超差不得分		
	14	配合间隙 $\delta \leqslant 0.04$ mm	6 × 2	超差不得分		
	15	换位间隙 $\delta \leqslant 0.04$ mm	6 × 2	超差不得分		
	16	— 0.04	4	超差不得分		
其他	17	安全文明生产	倒扣	违者扣 1 ～ 10 分		
	18	毛刺、缺陷	倒扣	每处扣 1 ～ 5 分，严重者每处扣 5 分		

技能考核训练六

考核件名称	材料	毛坯件数	加工套数	考核时间	分值
单燕尾配合	Q235	1	1	300 min	100
考核要求	见工件图				

1. 备料图

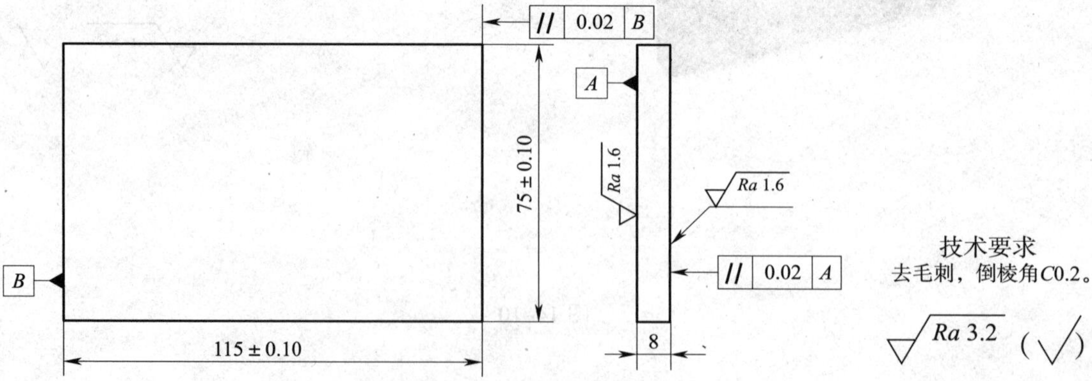

图 14–11

2. 工件图

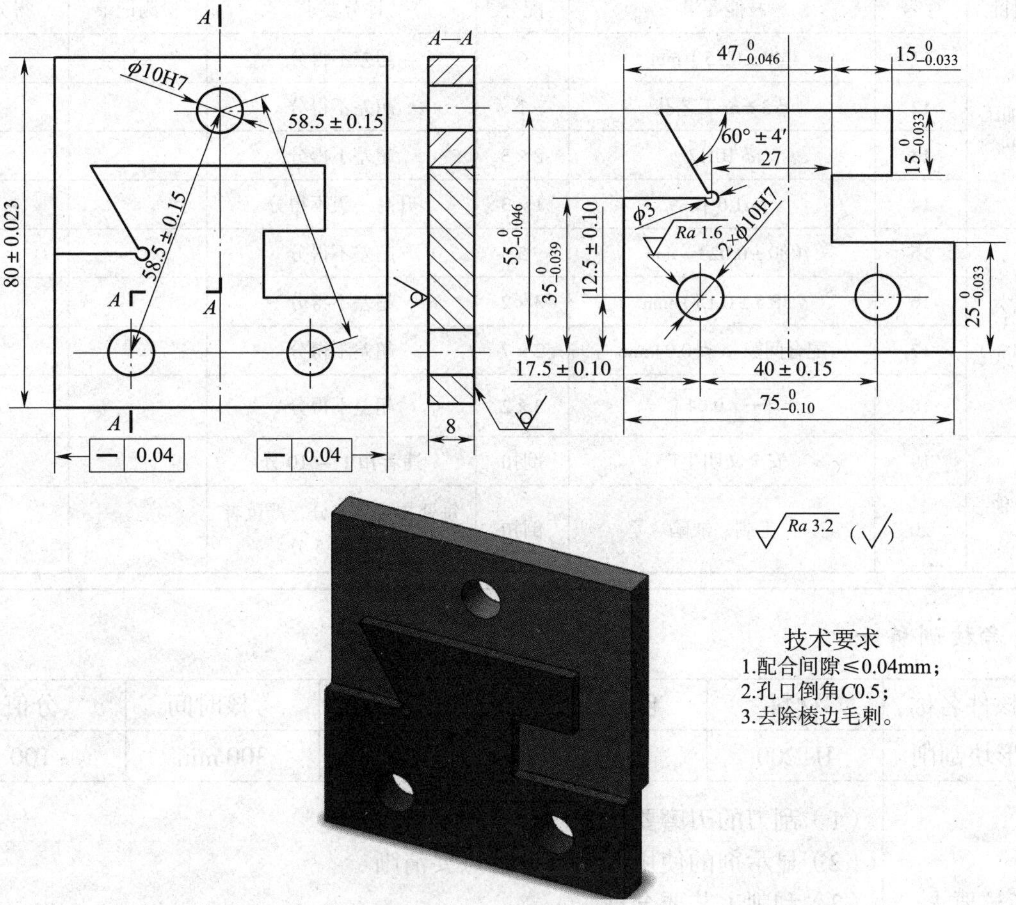

图 14–12

3. 评分标准

项目	序号	技能要求	配分	评分要求	检测记录	得分
锉削（45%）	1	$75_{-0.10}^{0}$ mm	5	超差不得分		
	2	$55_{-0.046}^{0}$ mm	5	超差不得分		
	3	$35_{-0.039}^{0}$ mm	5	超差不得分		
	4	$25_{-0.033}^{0}$ mm	5	超差不得分		
	5	$15_{-0.033}^{0}$ mm	5	超差不得分		
	6	$47_{-0.046}^{0}$ mm	5	超差不得分		
	7	60° ±4′	5	超差不得分		
	8	*Ra*3.2 μm	0.5×20	升高一级不得分		
孔加工（24%）	9	（12.5±0.10）mm	4	超差不得分		
	10	（17.5±0.10）mm	4	超差不得分		

续表

项目	序号	技能要求	配分	评分要求	检测记录	得分
孔加工（24%）	11	（40 ± 0.15）mm	6	超差不得分		
	12	ϕ3 mm 工艺孔	1	超差不得分		
	13	ϕ10H7	2 × 3	超差不得分		
	14	Ra1.6 μm	1 × 3	升高一级不得分		
配合（31%）	15	（80 ± 0.023）mm	5	超差不得分		
	16	（58.5 ± 0.15）mm	3 × 2	超差不得分		
	17	配合间隙 $\delta \leqslant 0.04$ mm	2 × 7	超差不得分		
	18	⏤ 0.04	3 × 2	超差不得分		
其他	19	安全文明生产	倒扣	违者扣 1 ~ 10 分		
	20	毛刺、缺陷	倒扣	每处扣 1 ~ 5 分，严重者每处扣 5 分		

技能考核训练七

考核件名称	材料	毛坯件数	加工套数	考核时间	分值
V 形块刮削	HT200	1	1	300 min	100
考核要求	（1）刮刀的刃磨要正确 （2）显示剂的使用要正确，显点要清晰 （3）刮削工艺要合理 （4）刮削面研点数不小于 16 点（25 mm × 25 mm） （5）刮削后平面度允差：0.02 mm/1 000 mm				

1. 备料图

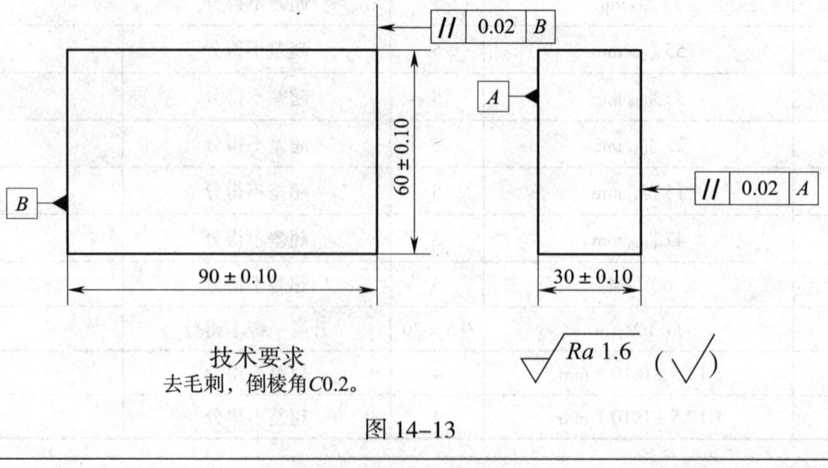

图 14–13

2. 工件图

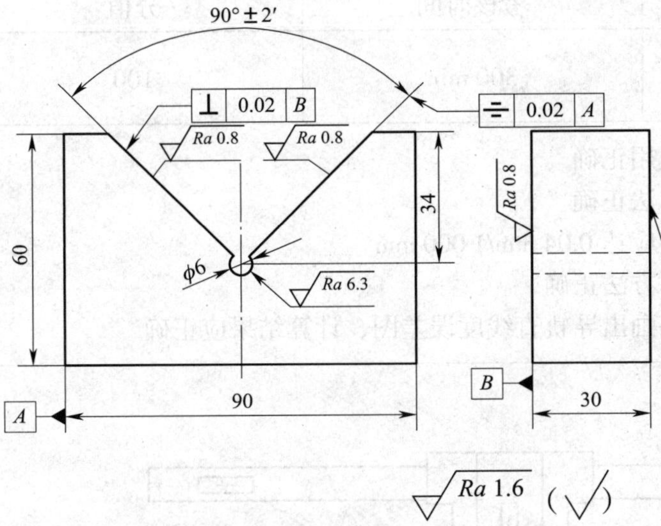

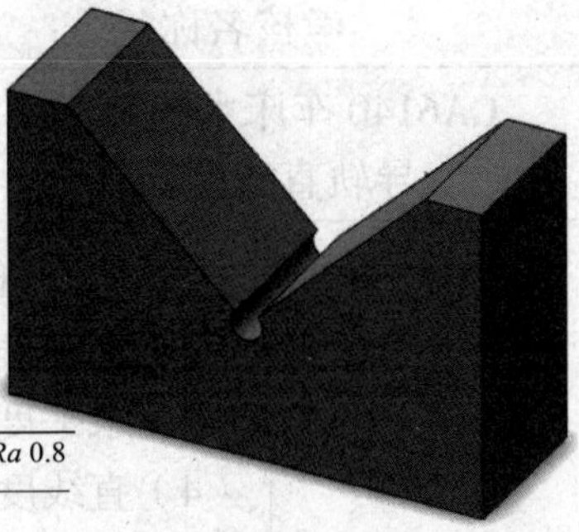

技术要求

1.材料退火处理；

2.去毛刺倒棱角C0.2；

3.刮削面为两V形面及两端面，其刮削面研点数不小于16点/（25mm × 25mm）；

4.刮削后平面度允差为0.02mm/1000mm。

图 14–14

3. 评分标准

项目	序号	考核内容及要求	配分	评分标准	得分
一般项目(56%)	1	90° ± 2′	8	超差不得分	
	2	⊥ 0.02 B	4 × 2	超差不得分	
	3	// 0.02 B	8	超差不得分	
	4	⌯ 0.02 A	8	超差不得分	
	5	Ra0.8 μm	4 × 4	不合格不得分	
	6	用 ϕ30 心棒检验尺寸 62.21 mm	8	超差不得分	
主要项目(44%)	7	刮面显点数：16 点 /（25 mm × 25 mm）	6 × 4	少 1 点，扣 2 分	
	8	平面度允差：0.02 mm/1 000 mm	3 × 4	超差不得分	
	9	刮刀刃磨（细刮刀）	8	刃磨角度、形状不正确，扣 8 分	
安全文明生产	10	安全操作	倒扣	违反操作规程，每次扣 5 ~ 10 分	
	11	正确使用工具、场地整洁	倒扣	工、量具使用不正确每次扣 2 分，场地不整洁扣 2 分	

技能考核训练八

考核名称		考核时间	分值
CA6140 车床水平调整及导轨直线度检测		300 min	100
考核要求	（1）工、量具使用正确 （2）水平调整方法正确 （3）水平度调整应达 0.04 mm/1 000 mm （4）直线度检测方法正确 （5）采集数据并画出导轨直线度误差图，计算结果应正确		

1. 考核图

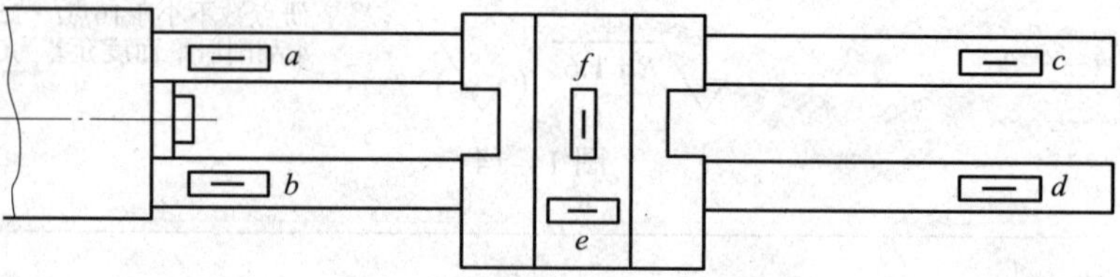

图 14–15

2. 评分标准

项目	序号	考核内容及要求	配分	评分标准	得分
主要项目（80%）	1	调整方法正确	20	调整方法不正确，每次扣 5 分	
	2	调整到位，水平度要求达 0.04 mm/1 000 mm	20	调整不到位，扣 20 分	
	3	直线度检测方法正确	20	方法不正确，每次扣 5 分	
	4	数据采集合理，并能画出直线度误差图，直线度测量结果应正确	20	数据不合理，每处扣 1 分，未能画出直线度误差图，测量结果不正确扣 15 分	
一般项目（20%）	5	框式水平仪使用正确	10	使用不当，扣 10 分	
	6	工具使用正确	10	工具使用不当，每次扣 5 分	
安全文明生产	7	安全操作	倒扣	违反操作规程，每次扣 5 ~ 10 分	
	8	场地整洁	倒扣	场地未清扫，扣 5 分	